바이오매스와 저탄소녹색마을

" 바이오매스 기반의 저탄소녹색마을 구축 방안 "

배 재 근 저

서울과학기술대학교
폐자원바이오매스에너지화센터
WASTE-RESOURCE BIOMASS ENERGY CENTER

A-JIN 도서출판 아 진

"나의 가는 길은 오직 그가 아시나니 그가 나를 단련하신 후에는 내가 정금같이 나오리라 (욥23 : 10)"

머리말

최근에 에너지 문제, 온실가스 감축의 대책으로서 신재생에너지에 대한 관심이 높아지고 있습니다. 우리나라는 온실가스 감축목표(2005년 발생량 대비 4%감축)를 준수하기 위하여 신재생에너지 보급목표를 설정하고 있으며, 보급목표를 달성하기 위하여 RPS제도를 비롯한 다양한 제도를 실시하고 있습니다.

RPS(Renewable Portfolio Standard) 제도는 발전사업자에게 사용하고 있는 화석연료를 대체하여 신재생에너지 발전량을 의무할당시키는 제도로서 우리나라는 2012년부터 시행하고 있으며, 이 제도에 의하여 신재생에너지 시장에 많은 변화가 예상됩니다.

신재생에너지 중에서도 보급목표를 가장 수월하게 달성할 수 있는 수단이 바이오매스로서 평가되고 있습니다. 바이오매스는 "생물총량" 이라는 단어 해석이 가능하며, "생물유래(동식물성)의 재생이용 가능한 자원" 이라는 정의가 가능하며, 우리나라에서는 이전에 유기성폐기물로 불리던 것을 지칭합니다.

주변에서 쉽게 에너지원을 확보하는 것이 가능하고, 지역내에서 발생하는 것을 효율적으로 이용할 경우에 유통수단 없이 직접 이용이 가능하며, 유가 상승으로 경제성이 확보되고 있고, 이산화탄소의 발생 증감에 영향을 주지 않는 카본뉴트롤이기 때문에 더욱더 관심의 대상이 되고 있습니다.

독일 등의 선진국에서는 2050년까지 원자력이 배제되어진 신재생에너지 기반의 사회조성을 위하여 바이오매스를 적극적으로 이용하는 계획을 수립하고 있습니다. 우리나라도 2008년도 말에 "폐자원 및 바이오매스 에너지화 종합대책" 에서 바이오매스의 중요성이 강조되었으며, 이후에 다양한 정책이 수립되고 있으며, 현재는 농림부, 환경부, 지경부, 국토부 등에서 바이오매스라는 용어를 사용하고 있습니다.

최근에는 바이오매스를 기반으로 하는 저탄소 녹색마을 조성하기 위하여 많은 국가에서 계획을 수립하고 있으며, 일부 지역에서는 상당한 성과를 거두고 있으며, "에너지자립화 마을" 로도 잘 알려져 있습니다.

본 서는 바이오매스를 이용하여 저탄소녹색마을 구축하는 과정에서 필요한 각종 관련 사항을 정리하였으며, 관련 정책 및 제도, 저탄소 녹색마을 조성에 관한 선진사례, 시설의 설치 및 운영에 있어서 참고가 될 수 있는 국내·외 바이오매스 활용기술, 저탄소 녹색마을의 유형별로 사례 등의 내용을 포함하고 있습니다.

향후 소규모 또는 대규모의 녹색마을을 조성하는 과정에서 조금이나마 나침반 역할을 하는 저서로 남길 바랍니다. 새로운 의견 및 사례가 계시면 연락주시기 바랍니다. 바이오매스 이용에 관한 기술 및 정보가 공유되도록 노력하겠습니다.

저자 배 재 근 올림

차 례

제 I 장

지역단위 바이오매스 이용과 에너지화 개요

1. 녹색성장정책과 신재생에너지
2. 폐자원 및 바이오매스에너지화
3. 지역단위 폐자원순환망 구축

1. 녹생성장정책과 신재생에너지

세계는 지금 급격한 석유사용량의 증가로 인해 고유가로 대표되는 자원위기와 기후변화로 상징되는 환경위기에 동시에 직면하였다. 향후 석유자원의 고갈 가능성을 고려할 때 과도한 화석연료의존에서 시급히 탈피할 필요성이 있으며 화석연료 사용증가로 지구의 평균 기온 및 해수면 상승과 각종 이상기후로 인한 인명·재산 피해가 커지고 있다. 2006년 스턴보고서에 의하면 현재와 같은 에너지 다소비체제가 지속될 경우 기후변화로 인한 경제적 손실만도 매년 세계 GDP의 5~20%에 달할 것으로 전망하였다.

특히 우리나라는 세계 10대의 에너지소비국으로서 총에너지의 97%를 해외 수입에 의존하고 있다. 에너지수입액은 2011년 기준 1712억불로 이중에 원유가 686.6억불, 석유제품이 173.3억불, 가스 302.7억불, 석탄 128.6억불로서 201년대비 42% 증가하였다. 전체 수입에 차지하는 수입액의 28.84%를 차지하고 있어 에너지에 의하여 영향을 크게 받는 국가이며, 에너지적인 측면에서는 아주 취약한 특성을 가지고 있으나, 국제유가는 지속적인 공급 불확실성으로 높은 수준을 유지할 것이며, 국내 경제에 큰 영향을 줄 것으로 예측되고 있다.

1) 저탄소 녹생성장 정책

이와 같은 자원의 고갈과 더불어 화석연료에 유래되는 환경위기 맞아 '저탄소 녹색성장' 정책이 미래 국가경쟁력의 핵심으로 본격 대두되고 있으며, 경쟁 선진국들은 녹색산업을 새로운 성장엔진으로 활용하려는 전략을 채택하는 등 발 빠르게 대응하고 있다.

미국의 오바마 대통령은 향후 10년간 신재생에너지에 1,500억 달러를 투자하여 500만개의 신규 일자리를 창출하겠다고 선언하였으며, 영국은 2008년 '그린혁명계획' 을 수립하고, 2020년까지 신재생에너지 분야에 207조원을 투자한다는 입장이다. 세계적 자원·환경위기를 극복하기 위하여 우리나라도 2008년 8.15경축사에서 나라의 신성장동력으로 녹색성장의 중요성을 강조하여 각종 대책을 내놓았다.

지금까지 우리나라는 지속가능한 발전(경제발전·사회적 형평·환경보호 통합)이라는 용어로서 지구환경문제를 대응해 왔으나, 이 용어는 추상적이며, 광범위하다는 점에서 새로운 용어가 필요, 이를 대체하여 녹색성장이라는 용어를 사용하였다. 녹색성장은 가능성을 보완하는 개념으로 경제성을 설정하였으며, 경제성장의 패턴을 환경친화적으로 전환시켜 환경적으로 지속가능한 경제성장을 실시하고자 하였으며, 환경적 측면을 우선 강조하는 경제성장을 추구, 경제성장과 환경파괴의 탈동조화(Decoupling)를 실현하는 것을 목표로 한다.

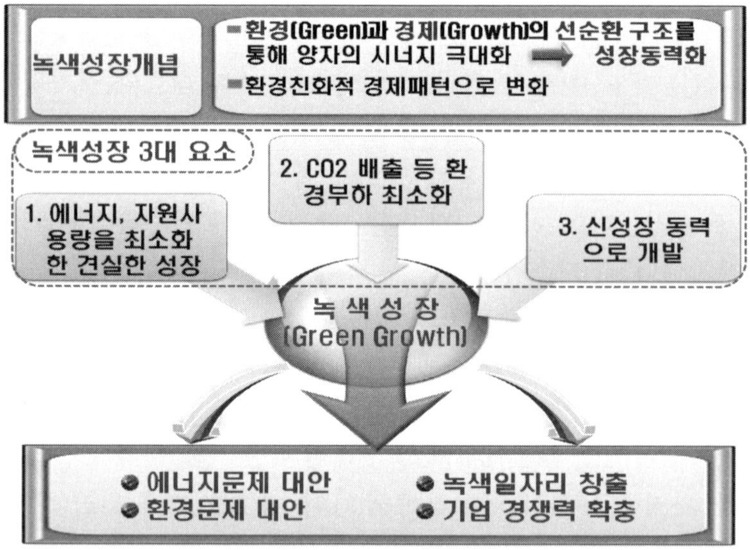

<그림 1-1> 녹색성장의 개념

녹색성장의 개념은 첫째로 환경과 경제의 선순환을 통해 성장패턴과 경제구조의 전환을 실시하며 환경과 경제 양축의 시너지(Synergy) 효과 극대화와 핵심 주력산업의 녹색화, 저탄소형 녹색산업 육성, 가치 사슬의 녹색화 추진을 목표로 한다. 두 번째로 삶의 질 개선 및 생활의 녹색혁명을 통해 국토, 도시, 건물, 주거단지 등 우리 생활 모든 곳에서의 녹색생활 실천 및 녹색산업 소비기반을 마련하고자 한다.

<그림 1-2> 녹색성장정책의 내용

세 번째로 국제 기대에 부합하는 국가위상 정립이다. 국제적 기후변화 논의에 적극 대응함으로써, 녹색성장을 국가발전의 새로운 모멘텀으로 활용하며 녹색 가교 국가로서 글로벌 리더십 발휘를 통해 세계 일류의 녹색 선진국으로 발돋움하는 것을 목표로 하고 있다.

녹색성장은 환경과 경제의 선순환구조를 통하여 양자의 시너지화를 극대화하여 국가 성장동력화 한다는 개념이며 환경 친화적 경제패턴으로 변화하게 된다. 녹색성장의 3대요소로는 에너지, 자원사용량을 최소화한 견실한성장, CO_2배출 등 환경부하의 최소화, 신성장동력으로 개발이 있다. 이러한 녹색성장을 통해 에너지문재, 환경문제의 대안으로 삼을 수 있으며 녹색일자리창출과 기업경쟁력을 확충 할 수 있다. 녹색성장의 특징과 세부 효과는 〈표 1-1〉에 나타냈다.

<표 1-1> 녹색성장의 특징 및 세부 효과

특 징	비 고
1. 온실가스를 줄이는 저탄소 정책 - 기존 요소투입위주의 성장모형과 달리 탄소저감정책과 친환경정책을 통해 경제성장과 환경 훼손 최소화	
2. 신 성장동력 - 녹색기술은 자원이용의 효율성을 제고하며, 오염물질의 배출을 최소화하는 기술	
3. 고도의 융합기술 정책 - IT, BT, NT기술 등을 활용한 융합녹색기술 개발·촉진으로 수출 산업화	〈사례〉 ET+NT+IT+BT =〉GT
4. 새로운 일자리(Green Job)창출 전략 - 기존산업에 비해 높은 일자리 창출효과 - 신재생 에너지를 통해 2030년까지 약 95만명의 일자리 창출하는 것을 국가에너지 기본계획으로 함. =〉 국가 에너지기본계획	
5. 기업의 경쟁력 강화정책 - 지구온난화에 따른 국제환경규제의 강화가 예상됨 - 불가피한 선진환경규제의 적극적 도입을 통해 녹색기술보급유도와 개도국 제품 및 서비스 국내 시장진입 제한병행 - 기존산업과 새로운 녹색기술의 접목을 통해 경쟁력 확보 및 융합기술 산업화 추구	
6. 교통, 건물, 도시, 국토까지 개조 - 에너지 절약형 대중교통 활성화, - 그린홈 · 그린빌딩 확대 - 저탄소 녹색성장을 촉진하는 국토·도시공간 조성	
7. 소비에서 의식주까지 바꾸는 생활혁명 - 소비자의 녹색제품 구매 유도 - 의식주 생활습관 개선	
8. 문화정책 - 생태문화관광 확대 및 레저도시개발사업 패러다임 전환·생태 문화도시 모델 개발 및 재생에너지 생산지의 관광 자원화	
9. 국가브랜드를 높이는 외교 정책 - 그린 코리아 브랜드 마케팅으로 국가 이미지 제고 - 기후변화 대응에있어 선·개도국간 가교 역할 수행으로 국제적 리더쉽 제고	

자료) 2008.10.17 「시 · 도 환경과장 녹색성장 워크샵」 녹색성장 전략과 녹색성장 포럼 운영방향 발표자료

녹색성장(Green Groth)은 환경(Green)과 경제(Growth)의 상생을 구체화 한 것으로 상생의 방향에 따라 두 가지 의미를 지닌다. 그 첫 번째로 환경을 훼손하는 것이 아니라 개선하는 경제성장으로 기존의 '요소투입' 위주 성장모형에서는 경제성장과 환경훼손의 동조화(Coupling)가 필연적으로 발생하여 경제가 성장함에 따라 자연자원의 이용이 증가하고 생산 및 소비과정에서 오염물질의 배출도 동반 증가한다. 하지만 녹색성장은 경제성장과 환경훼손의 탈동조화(Decoupling)추구, 자원이용이 효율성을 최대화하고 환경오염을 최소화 하는 에코효율성(Eco-Efficiency)에 기반한 성장이다.

두 번째 의미는 환경을 새로운 동력으로 삼는 경제성장을 이룬다는 의미로 경제활동의 환경친화성을 증가시키는 녹색기술 및 녹색산업을 새로운 동력으로 삼는 경제성장이다. 제품생산에 있어 에코효율성을 제고 할 뿐만 아니라, 생산된 제품의 소비 시 에도 에너지사용을 줄이고 오염물질 및 폐기물의 배출을 최소화 하는 녹색기술을 신성장동력화하는 개념이 녹색성장의 특징이다.

2) 에너지정책과 신재생에너지

정부의 녹색성장의 일환으로 2008년 8월『제1차 국가에너지기본계획(2008~2030)』을 발표하였으며 그 특징을 살펴보면 신재생에너지의 2030년까지 연평균 6.2%로 가장 높은 증가율을 나타내며 2006년 1.9%이던 것을 2030년 5.4%까지 확대될 전망이지만, 정부에서는 더 높은 목표로 2030년 11.3%까지 증가시킨다는 계획이다. 이와 같은 목표를 달성하기 위해 정부에서는 2030년까지 예산지원 효과가 큰 바이오 연료, 폐기물 연료 등에 대한 지원을 강화할 계획이다. 지식경제부에서는 이러한 신·재생에너지 목표를 달성하기 위하여 2030년까지 총 111.5조원(보급투자비 100조원, 기술개발투자비 11.5조원)의 투자비가 소요될 전망이며, 이중 정부에서 39.2조원, 보급투자비는 32조원, 기술개발투자비는 7.2조원이 투입 될 것으로 전망하였다. 이렇게 정부에서 신·재생에너지에 대한 지원은 예산지원효과가 크기 때문이다.

<표 1-2> 신.재생에너지 보급목표

구분(단위 : 천TOE)	'06년	'12년	'20년	'30년	'50년
1차 에너지 수요 전망	233,372	255,179	287,976	300,417	373,872
신재생에너지 중장기 보급목표	2.24% (5,225)	4% (10,207)	5.64% (16,241)	11% (33,027)	20% (74,774)
폐자원 및 바이오매스 에너지 보급목표	1.82% (4,250)	3.3% (8,565)	4.7% (13,383)	7% (21,000)	10% (37,387)
신재생에너지 생산 목표량 대비 점유비율	81.3%	83.9%	82.4%	63.6%	50%

※ 지식경제부, '30년 국가에너지기본계획('08.8.27)

세부 지원방법으로는 신・재생에너지설비 융자지원제도를 통하여 상용화가 완료된 분야의 시설에 설치자 및 생산자를 대상으로 장기저리의 융자를 지원해 주고 있으며, 설치비의 일정부분을 정부에서 무상보조 지원함으로써 국내 개발제품의 상용화를 촉진하고 초기 시장진출 및 보급활성화를 유도하고자 하는 지원이 있다. 다른 지원방법으로는 신・재생에너지 지방보급사업으로 지역 특성에 맞는 환경친화적 신・재생에너지 공급체계 구축, 에너지이용합리화를 통한 지역경제의 발전을 위해 지방자치단체에서 추진하는 제반사업이 있다. 기타 지원사항으로는 신・재생에너지 인증재도, 발전차액지원제도, 공공기관 신・재생에너지 이용의무화, 국제협력을 이용한 기반조성사업이 있다.

현재 우리나라에서는 신・재생에너지에 대해서는 "신・재생에너지 개발 및 이용・보급 촉진법"에서 정하고 있으며, 석유, 석탄, 원자력, 천연가스가 아닌 에너지로서 11개 분야를 지정하고 있으며 재생에너지분야와 신에너지분야로써 분류하고 있다. 재생에너지(Renewable Energy)는 태양열, 태양광, 바이오, 풍력, 소수력, 지열, 해양, 폐기물에너지 등의 8개 분야이며, 신에너지(New Energy)는 수소, 연료전지, 석탄 액화・가스화한 에너지로 구분하고 있다.

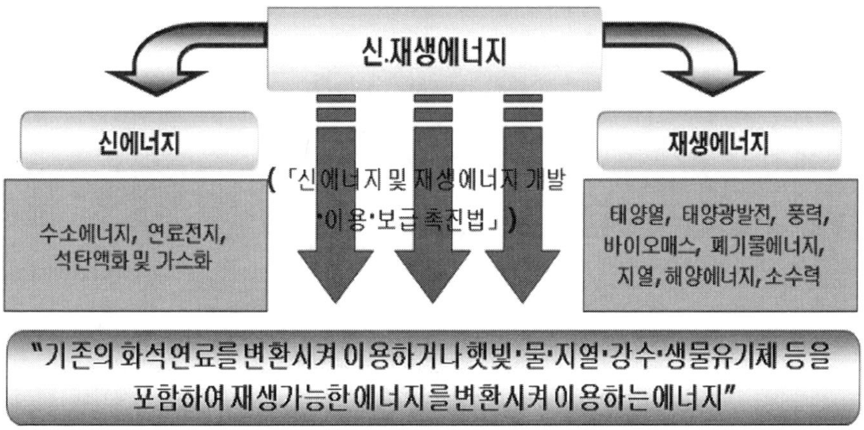

<그림 1-3> 신재생에너지의 구분 및 정의

저탄소 녹생성장은 자원과 에너지에 초점이 맞추어져 있으며, 물질의 생성부터 이용까지 자원 및 에너지의 투입이 최소화되면서 화석연료의 사용을 절감하고 신재생에너지 및 자연력 에너지 사용을 극대화, 인간과 자연이 공존하는 사회시스템을 만들기로 정의를 내릴 수 있다.

"신・재생에너지 개발 및 이용・보급 촉진법" 에서는 신재생에너지의 활성화를 위한 법으로서 신·재생에너지설비 융자지원제도를 통하여 상용화가 완료된 분야의 시설에 설치자 및 생산자를 대상으로 장기저리(長期低理)의 융자를 지원해 주고 있으며, 설치비의 일정부분을 정부에서 무상보조 지원함으로써 국내 개발제품의 상용화를 촉진하고 초기 시장진출 및 보급활성화를 유도하고자 하는 지원이 있다. 다른 지원방법으로는 신·재생에너지 지방보급사업으로 지역 특성에 맞는 환경친화적 신·재생에너지 공급체계 구축, 에너지이용합리화를 통한 지역경제의 발전을 위해 지방자치단체에서 추진하는 제반사업이 있다. 기타 지원사항으로는 신·재생에너지 인증제도, 발전차액지원제도, 공공기관 신·재생에너지 이용의무화, 국제협력을 이용한 기반조성사업이 있다.

신・재생에너지가 중요한 이유는 과다한 초기투자의 장애요인에도 불구하고 화석에너지의 고갈문제와 환경문제에 대한 핵심 해결방안으로 지속 가능한 에너지 공급 체계를 위한 미래 에너지원이라는 점에서 중요성을 찾을 수 있기 때문이다. 이에 선진 각 국에서는 신·재생에너지에 대한 과감한 연구개발과 보급정책 등을 추진하고 있다. 더욱이 최근 유가의 불안정과 기후변화협약 규제 대응 등 신・재생에너지의 중요성이 재인식되면서 에너지 공급방식의 다양성이 요구 되었으며, IT, BT, NT산업과 더불어 미래산업, 차세대산업으로 급신장 할 것으로 예상된다.

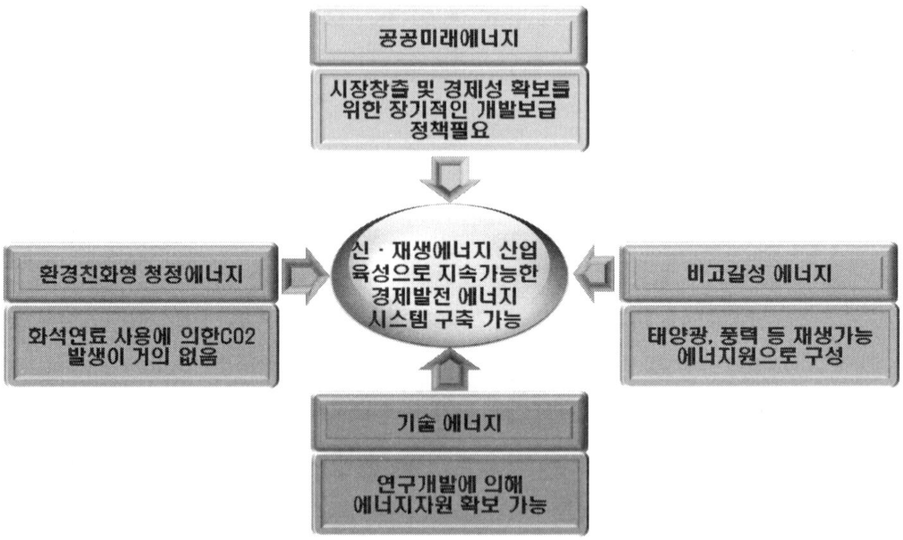

<그림 1-4> 신.재생에너지의 특성 및 가능성

신재생에너지는 환경친화형 청정에너지로 화석연료 사용에 의한 CO_2발생이 거의 없으며 시장창출 및 경제성 확보를 위한 장기적인 개발보급 정책이 필요하다. 또한 태양광, 풍력 등 재생가능한 에너지원으로 구성되었으며, 연구개발에 의해 에너지자원 확보가 가능하다. 이러한 신・재생에너지산업을 육성할 경우 지속가능한 경제발전에너지시스템을 구축 할 수 있다.

지금까지 발전차액제도 등에 의하여 태양열 및 광·풍력 등에 지원이 되면서 활성화가 이루어져 왔으나, 태양광 혹은 풍력 등에 있어서 경제적 효율성이 지적되면서 활성화제도가 RPS[1)]제도로 전환되어 2012년부터 시행될 예정에 있는 시점에서 폐기물 등의 분야에 관심이 높아지고 있다.

〈표 1-3〉에는 총1차 에너지에 대한 신재생에너지 종류별 차지하는 비중을 나타냈다. 1차에너지

1) RPS(Renewable energy Portfolio Standard) : 신재생에너지 의무할당제도

사용량 전체에 대하여 매년 그 비중이 증가하고 있다. 신재생에너지 국가보급목표는 '10년 2.98%, ' 20년 6.1%, '30년 11%로 설정되어 있으며, 신재생에너지 폐기물유래의 보급목표는 '10년 2.2% (67.4%), ' 20년 3.28%(44.3), '30년 3.67%(33.4%)로 설정되어 있다. 초기에 2010년에는 폐기물의 비중이 67.4%이나, 점차 비중을 낮추어가 2030년에는 33.4%로 감소되는 것으로 설정되어 있다. '10년도 국가 신재생에너지 목표 2.98%인 7,566천Toe에 대하여 폐기물에너지 5,098천Toe을 보급하여 폐기물에너지보급목표율 100%달성하고 있다.

<표 1-3> 신.재생에너지 수요전망 - 목표안 (단위: 천TOE, %)

	2008	2010	2015	2020	2030	연평균 증가율
태양열	33(0.5)	40(0.5)	63(0.5)	342(2.0)	1,882(5.7)	20.2
태양광	59(0.9)	138(1.8)	313(2.7)	552(3.2)	1,364(4.1)	15.3
풍 력	106(1.7)	220(2.9)	1,084(9.2)	2,035(11.6)	4,155(12.6)	18.1
바이오	518(8.1)	987(13.0)	2,210(18.8)	4,211(24.0)	10,357(31.4)	14.6
수 력	946(14.9)	972(12.8)	1,071(9.1)	1,165(6.6)	1,447(4.4)	1.9
지 열	9(0.1)	43(0.6)	280(2.4)	544(3.1)	1,261(3.8)	25.5
해 양	0(0.0)	70(0.9)	393(3.3)	907(5.2)	1,540(4.7)	49.6
폐기물	4,688(73.7)	5,097(67.4)	6,316(53.8)	7,764(44.3)	11,021(33.4)	4.0
합 계	6,360	7,566	11,731	17,520	33,027	7.8
1차에너지 (백만TOE)	247	253	270	287	300	0.9
보급비율(%)	2.58%	2.98%	4.33%	6.08%	11.0%	

<표 1-4> 신재생에너지 보급 목표

구분		2008	2010	2012	2015	2020	2030	2050
신재생에너지 보급목표	비중(%)	2.58	2.98	4	4.33	6.08	11.0	20
	천TOE	6,360	7,566	10,207	11,731	17,520	33,027	74,774
폐기물신재생에너지 보급목표	비중(%)	1.92	2.02	3.3	2.31	2.70	3.67	10
	천TOE	4,688	5,097	8,565	6,316	7,764	11,021	37,387
폐기물신재생에너지목표 달성정도	비중(%)		100%					
	천TOE		5,098					

'10년도에서 보급되어진 신재생에너지의 세부 내역은 폐기물유래가 1,079천TOE이며, 나머지는 폐가스 등의 기타로서 4,020천TOE를 차지하고 있다. 폐기물유래는 가연성 203, 유기성 78, 소각여열 677, 매립가스 120천TOE로서 소각여열이 62.7%이다. 폐가스 등의 기타는 포항제철의 용광로의 폐가스 등으로 산업현장에서 발생된 부생가스 등을 이용한 에너지이다.

<표 1-5> 폐기물의 종류별 신재생에너지 생산량(단위: 천TOE)

구 분	계	가연성	유기성	소각여열	매립가스	기타 (폐가스 등)
2010	5,098	203	78	677	120	4,020
2009	4,827	120	70	660	125	3,852

※ 폐가스 등 기타 산업폐기물은 국가 신재생에너지 목표 성장율 적용

현재 우리나라의 통계체계 내에서 폐기물유래 재생에너지 보급목표율 2.2%(5,098천Toe)를 달성한 것으로 판단되나, 통계방법에 대해서는 다양한 논의가 진행되고 있다. 목표달성에 기여도가 높원은 폐기물에너지 원은 산업폐가스와 소각여열이며, 이들 원의 신재생에너지로서 분류기준이 불명확한 것으로 지적되고 있다. 즉 소각여열과 산업폐가스는 화석연료에 기인하여 발생되는 가스를 회수하여 이용하는 것으로 제외하거나, 필요시에 바이오매스만을 인정하는 등의 의견 제기되고 있다. 제3차신재생에너지 기술개발 및 이용보급계획에서는 비유기성폐기물(중질잔사유가스화, 시멘트킬른보조연료, 부생가스)은 보급 순위에서 제외하는 것으로 제안하고 있다. 한편 업계(제철사, 정유사 등) 에서는 주어진 신재생에너지(온실가스, 에너지감축)목표율을 달성하기 위한 수단으로 부생가스 등의 인정이 불가피하며, 그 필요성을 강조하고 있는 것으로부터 당분간 현재의 통계유지가 불가피한 측면이 있으며, IEA, EU, 국내기준으로 차별화하고, 필요시에 각기관이 원하는 통계로서 재 산출할 필요성이 있다.

2010년 현재는 신재생에너지 국가보급목표는 2.98%이며 이중에 폐기물유래의 보급목표는 2.2%(67.4%)를 달성하고 있으며, '15년 4.3%, ' 20년 6.1%, '30년 11% 목표에 대해서 폐기물에너지 신재생에너지 ' 15년 2.17%(53.8), ' 20년 3.28%(44.3), '30년 3.67%(33.4%)의 목표를 달성은 가능할 것으로 판단된다. 단, 목표달성량에 있어서 제철 및 정유사, 폐유 등의 재활용에 의하여 얻어진 재생이용량은 지속적으로 논란의 대상이 될 수 있다.

선진국에서도 신재생에너지 의존비율을 확정하여 보급계획을 수립하여 실시하고 있으며, 우리나라는 이들 국가에 비교하여 아주 낮은 값을 보여주고 있다. 우리나라가 기후변화협약에 의하여 온실가스 의무감축국이 될 경우 이들 신·재생에너지의 비율에 의하여 좌우될 것으로 판단됨에 따라 신·재생에너지의 비율을 높여가는 것이 요구되며, 선진국 수준으로 신·재생에너지 비율을 높여가기 위해서는 폐기물에 대한 특별한 관심이 필요하다.

유럽연합(EU)은 '20년 재생에너지 공급 목표를 최종에너지의 20%(발전량의 34%, 수송용 연료의 10% 목표)로 설정하고 있다. 독일은 '20년 재생에너지 공급 목표는 최종에너지의 18%(1차에너지의 10%, 발전량의 20%, 수송용 연료의 6.7% 목표)로 하고 있으며, 기준가격의무구매제(Feed-In Tariff: FIT)의 성공적 추진으로 재생에너지 보급의 선도국가로 부상, 태양광 기술개발을 바탕으로 태양광지붕 10만호 프로그램 및 보조지원 정책을 통해 태양광 분야가 급격히 성장하고 있다. 특히 가축분뇨를 이용하여 바이오가스를 생산, 발전하는 소규모 발전사업자가 비약적으로

증가하고 있다.

미국은 주(州)별로 RPS와 기준가격의무구매제(FIT), 요금상계제도(Net Metering) 등의 보급정책을 시행하고 있으며, 발전부문에서 태양광, 풍력의 기술개발 강화와 수송부문에서 대체연료차 개발보급 확대를 적극 추진 (Advance Energy Initiative, 2006)하고 있다.

일본은 '10년 신에너지 공급목표는 1차에너지의 3%로 설정하고 있으며, '07년 RPS법 개정을 통해 '14년까지 신에너지 발전비중을 1.63% (16TWh)까지 확대 ('02년 기존계획 : '14년까지 발전비중 1.35%), '08년 Cool Earth 프로그램(중점분야 기술개발 및 산업화 지원) 도입하고 있다. 중국은 '20년 재생에너지 공급목표는 1차에너지의 15%로 설정하고 있으며, 수력 300GW, 풍력 30GW, 바이오매스 30GW, 태양광 1.8GW 등 재생에너지개발 주요계획('06~' 11년 11차 5개년 계획)에 풍력, 태양광, 수력 등의 기술개발 및 보급에 관한 구체적 계획 수립하고 있다.

2. 폐자원 및 바이오매스의 에너지화

1) 폐자원 및 바이오매스 에너지화대책

범지구적으로 문제가 되고 있는 지구 온난화 문제에 있어서도, 그 영향인자 중에서 가장 큰 CO_2와 CH_4가스가 폐기물을 처리하는 과정에서 발생되고, 또한 인간이 삶을 유지하기 위한 생산 소비 활동에서 자원과 에너지를 투입하여 환경문제가 일어나는 것으로부터 자원과 에너지 문제는 폐기물문제와 별개로 분류하는 것이 불가능하다. 즉 지구환경문제의 대부분을 폐기물과 연계하는 것이 가능하다.

인간이 생산 및 소비활동을 하면서 더 이상의 효용성, 즉 경제적인 가치를 상실하여 처리하는 과정에서 비용이 수반하면 폐기물이라고 말할 수 있으며, 버려진 폐기물을 다시 회수, 부가가치를 부여하여 경제성, 효용성을 다시 갖게 하는 것을 재활용 및 자원화라고 한다. 최근에 발생된 폐기물의 성상이 개선되고, 특정기술에 의하여 부가가치를 창출할 수 있는 기술이 확보됨에 따라 폐기물이라는 용어가 폐자원 혹은 바이오매스라는 용어로 대체되고 있다. 폐기물이 없는 순환사회의 형성을 위해서는 폐자원 및 바이오매스라는 용어를 사용하여 그것을 재이용하거나, 재활용 및 에너지화 등에 의하여 자원화 하는 방법론의 개발을 경제논리와 기술적인 관점에서 접근하는 것이 필요하다.

최근에 지구환경 문제 및 지역 환경문제가 크게 부각되면서 결국에는 에너지 및 자원으로 귀결되는 현상이 나타나고 있으며, 이러한 범지구적인 환경문제를 최소화하기 위하여 규제를 위한 법을 초월하여 새로운 개념으로 접근이 이루어지고 있다. 매립지 내에 폐자원 및 바이오매스의 반입을 억제하기 위하여 매립금지 및 매립세 등의 신설이 이루어지고 있으며, 폐기물을 자원으로서 재인식하여 적극적인 개념에서 자원화가 이루어지고 있다.

미래사회에 경제성이 확보될 수 있는 새로운 대체에너지가 개발되어 보급된다면, 우리인류의 편리성 추구는 계속될 수 있지만, 많은 미래학자가 말하는 미래사회는 자원의 고갈, 인구증가에 의하여 충분한 삶을 영위할 정도의 에너지 확보가 어려울 것으로 예견되고 있다. 에너지가 부족하고 자원의 채굴(採掘)에 한계성이 있다는 전제에서는 원유 및 원자재의 가격이 폭등할 것이라는 것이 당연하다. 이러한 사회가 형성될 때에는 폐기물은 폐자원이 아닌 자원으로서 재평가될 것이며, 4R[2] 개념 하에서 경제논리에 의하여 자원화가 이루어지고 최후수단으로서 에너지회수에 의한 부가가치의 창출이 필수 불가결해 질 것이다. 이를 위해서는 폐기물의 자원화에 대한 다양한 기술축적이 이루어져야 한다. 순환사회형 기술로써 폐기물의 자원화는 자원에 얼마만큼의 부가가치를 부여하느냐에 따라 좌우될 것이다.

환경부에서는 "폐자원 및 바이오매스 에너지화 종합대책"을 수립하고, 2009년도 7월에 구체적으로 실행계획을 발표하였다. 신재생에너지 중 폐기물을 이용한 비율이 현재에도 가장 높으나, 〈그림 1-5〉와 같이 향후 2050년에는 5.3%의 목표율을 제시 하고 있다. 계획에서는 전국의 각종 폐자원 에너지화 시설을 거점화하여 에너지 생산효율을 극대화하여 2013년까지 전국 8대 권역별로 14개 환경에너지 타운을 조성하고, 2020년까지 폐자원이나 농업 부산물 등을 활용해 에너지 자급률을 향상시킬 수 있는 '저탄소 녹색마을' 600개소를 조성하는 것으로 계획하고 있다.

국내 폐자원 에너지 가용량은 연간 1,169만t 수준이며, 이 가운데 에너지화 되는 량은 2007년 기준으로 1.9%에 해당하는 22만t 수준에 불과하지만 환경에너지타운 건설로 2013년까지 각 환경에너지타운에 48개의 폐자원 에너지화 시설(1만4000t/일)을 설치하여 이용 가능한 전체 폐자원의 33%에 해당하는 386만t의 폐자원을 에너지화 하는 것으로 계획되었다.

또 2013년까지 가용 소각여열(남는 열)과 매립가스의 연간 재활용량을 각각 41만 기가칼로리(Gcal), 9,219만㎥로 끌어올릴 방침이며, 특히 455만㎡의 매립 예정부지를 활용해 수도권매립지에 세계 최고의 '환경에너지 종합타운'을 조성해 녹색성장의 전진기지로 조성하여 부대적으로 자연력, 바이오, 환경, 문화 등 4개의 테마타운 별로 조성해 세계적인 환경 명소로 육성할 예정이다.

또한 정부는 2010년부터 농촌과 소도시를 중심으로 각각 다른 유형의 저탄소 녹색마을을 조성하여 에너지 자립률을 높이는 것으로 계획하고 있다. 에너지를 자급자족하는 마을 조성은 농림수산 식품부, 환경부, 행정안전부, 산림청 등이 내년부터 농촌과 소도시를 중심으로 각각 다른 유형의 저탄소 녹색마을을 조성해 에너지 자립률을 높혀 가는 것으로 계획하고 있다.

2) 4R(Reduction, Reuse, Recycle, Recovery)

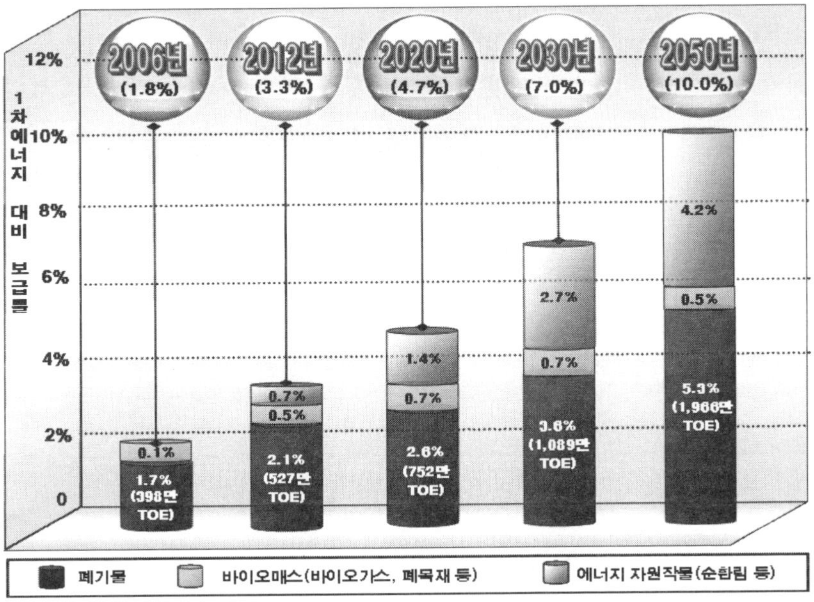

<그림 1-5> 에너지 보급목표 달성계획

자료) 2008.10 「녹색성장과 기후변화대응을 위한 폐자원 및 바이오매스 에너지 대책」

<그림 1-6> 수도권매립지 에너지종합타운 전경

<그림 1-7> 수도권매립지 에너지종합타운 구상

우선 2010~2012년까지 농림수산식품부는 농어촌형 2곳, 환경부는 도시형 2곳, 행정안전부는 도·농(都農) 복합형 2곳, 산림청은 산촌형 4곳 등 모두 10개 마을을 시범 저탄소 녹색마을로 만든다.

일상생활, 산업활동의 부산물로 많은 자원이 발생되지만 에너지로는 활용되지 못하는 자원들을 체계적으로 활용할 수 있는 설비와 체계를 갖추어 해당지역의 에너지 자립도를 40% 이상으로 높이는 것을 목표로 하고 있다. 농식품 잔재물, 가축분뇨, 농업 부산물, 음식물 쓰레기, 폐식용유, 잔가지. 낙엽 등 임목 부산물, 폐가구, 가연성 생활폐기물, 태양광, 풍력, 소수력 등 자연에너지가 활용 대상이다. 일례로 농림수산식품부는 시범마을 한 곳당 265억 원을 투입해 농촌지역에서 쓸 수 있는 모든 신·재생에너지를 활용하는 '농촌형 에너지 자립 녹색마을'을 만들 계획이며, 40~50가구 규모의 마을에 가축분뇨 자원화 시설, 목재 펠릿(압축목재 연료) 보일러 외에도 태양광 발전시설 등을 지어 지속 가능한 미래형 농촌마을의 모습을 제시할 예정이다.

시범마을이 성공하면 이를 확산시켜 2020년까지 저탄소 녹색마을 600곳을 만든다는 목표를 설정하고 있으며, 사업이 성공할 경우 에너지 자립 외에도 자원 절약, 재활용, 생태하천, 친환경 주택 등을 포괄하는 '광의의 저탄소 녹색마을'로 확대해 '제2의 새마을운동'으로 추진할 예정이다. 계획내에서는 유기성 폐자원, 임목, 해조류, 옥수수, 볏짚 같은 초본(草本) 등과 같은 미이용 바이오매스를 에너지화 하는 사업도 추진되며 가축분뇨와 잔가지 등을 에너지원으로 사용할 예정이다. 또한 이전에 서술한 사업과 별도로 가축분뇨에 대하여 에너지화 사업이 예정되어 있으며, 2013년까지 환경부는 가축분뇨 공공자원화시설을 18개소, 농림수산식품부는 가축분뇨 공동자원화 시설 76개소를 설치하여 자원화 비율을 현재의 84%에서 90%로 끌어올리고, 이중에 가축분뇨 에너지화 시설 15개를 설치해 매월 270만㎾의 전기를 생산할 계획이며 생산한 전기는 9천여 농가가 한 달간 쓸 수 있는

량으로 추산된다. 또한 산림청에서는 2013년까지 국토 면적의 10%인 127만ha에 대해 숲 가꾸기 사업을 벌여 발생하는 잔가지, 낙엽, 작물 등 임산 잔재물 650만㎥를 수집해 52만t의 목재 펠릿을 공급할 계획을 수립하고 있으며, 인도네시아, 남미 등 해외에도 생산기지를 만들어 35만t을 공급하는 등 87만t을 확보한다는 목표를 설정하고 있다.

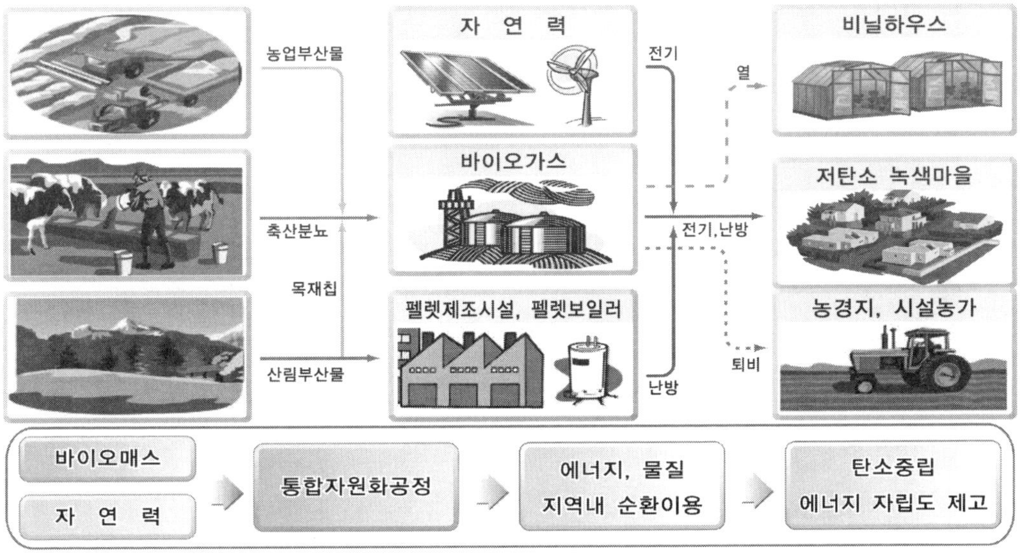

<그림 1-8> 저탄소녹색마을 개념도

국토해양부에서는 동해안, 제주도 연안의 바다사막화현상[3] 방지와 수산자원 확보를 위해 추진할 바다 숲[4] 조성을 통해 해조류 바이오매스를 확보할 계획을 수립하고 있다. 정부에서는 2013년까지 연근해에 7천ha의 바다 숲을 조성하고 2020년까지 50만ha 규모의 대규모 해조류 양식장을 조성할 계획이다. 이렇게 하여 2020년까지 22억7천L의 바이오에탄올을 생산할 것으로 추산하고 있다. 이러한 량은 2020년 국내 자동차 휘발유 사용량 114억L의 약 20%에 해당하는 규모다.

〈표 1-6〉에 의하면 2020년까지 약 27조 4,660억원의 투자비가 소요될 것으로 예상되며 2013년까지 총 투자비의 약 19%인 5조 3,149억원이 소요될 것으로 예상된다. 이 중 폐자원 에너지화(7조 9천억원) 및 바이오매스 에너지화(14조원)는 전체의 80%가 소요될 것으로 예상된다. 국비, 지방비나 공기업 투자 외에도 민자 유치, 자부담 등을 통해 재원을 조달할 계획이다. 이번 에너지 대책을 통해 2020년까지 일자리 18만 3천개를 창출, 또 2020년까지 폐기물 처리비 절감, 원유대체, 온실가스 감축 등에 따른 경제 효과가 15조 2천억 원에 이를 것으로 추정하고 있다.

선진국에서는 지금까지 기후변화협약에 대응하기 위해 다양한 대책을 수립하고 추진하였으나, 투

3) 바다사막화현상 : '백화현상' 이라고도 하며 연안 암반에서 해조류가 사라지고 흰색 산호류로 뒤덮이는 현상
4) 바다 숲 : 바다 속에 인위적, 자연적으로 만든 해조류 군락지

자(모든 역량) 대비 온실가스 감축이 미진한 실정이어서 효과를 직접적으로 얻을 수 있는 수단으로 폐기물 및 바이오매스에 집중 투자하고 있다. 폐기물의 경우에는 가연성에 화석연료에 기인한 플라스틱이 혼재되어 있어 논란이 되고 있으나, 바이오매스의 경우에는 재생 가능한 카본뉴트럴(탄소중화)5)로서 에너지를 회수하는 만큼 화석연료가 절감되면서 온실가스 저감에 직접 연계되는 것으로부터 바이오매스에 대한 정책적 집중, 각종 인센티브의 개발 및 투자를 증가시키고 있다.

우리나라는 폐자원 및 바이오매스 에너지화에 대한 필요성을 느끼고 정책적 접근이 시작된 이후 3~4년 정도이다. 기술에 대한 정보는 있으나 실제 현장에 각종 시설이 설치되어 많은 시행착오를 갖고 있는 것이 현실이다. 본 폐자원 및 바이오매스의 발생, 특성, 기술, 정책 등에 대한 전반적인 내용을 포함, 서술되어 시행착오를 최소화하는 것이 가능할 것이다.

<표 1-6> 폐자원 및 바이오매스 에너지화 투자 금액(단위 : 억원)

구 분		2008~2012	2013~2020	합계
총 계	총사업비	53,149	221,511	274,660
	정부	37,535	179,161	216,695
	민간	15,614	42,350	57,965
폐자원 에너지화	총사업비	24,398	54,305	78,703
	정부	13,983	31,123	45,106
	민간	10,415	23,182	33,597
목질계·초본계·해양계 바이오매스 에너지화	총사업비	12,074	128,480	140,554
	정부	11,358	126,520	137,878
	민간	716	1,960	2,676
수도권 시범단지 조성	총사업비	8,950	8,525	17,475
	정부	6,104	4,358	10,462
	민간	2,845	4,168	7,013
저탄소 녹색마을 조성	총사업비	180	20,820	21,000
	정부	90	10,410	10,500
	민간	90	10,410	10,500
R&D, 전문인력 양성 및 산업육성	총사업비	7,547	9,381	16,928
	정부	5,999	6,750	12,749
	민간	1,548	2,631	4,179

출처 : 폐자원 및 바이오매스의 에너지화 종합대책 실행계획, 환경부

2) 자원순환형 사회형성 정책

우리 인간이 자연계에서 자원을 지속적으로 추출하여 사용 후에 대기로 날려 버리면, 이들 가스가 또다시 광합성 등을 통하여 이용 가능한 자원으로 합성될 때까지는 많은 시간이 걸리게 된다. 즉 자연의 순환계가 단절되면 한 방향으로만 문제가 지속되어 지구생태계는 균형을 유지하지

5) 카본 뉴트럴(탄소중화) : 유기성 자원 중 버려지는 바이오매스를 다시 에너지원으로 사용할 경우, 이용에 따른 발생 CO_2는 원래 유기성 자원의
일부로서 지구 전체 CO_2 발생량 측면에서 본다면 대기 중 CO_2의 농도는 증가하지 않는다는 원리

못하고 파괴된다.

21세기에는 더 이상의 환경파괴, 생태계교란을 방지하기 위해서 더 많은 노력이 요구되고 있으며, 새로운 개념의 가치관 정립이 필요하다. 폐기물을 처리 및 자원화해야 한다는 강제적인 사회시스템보다는 모든 기술과 여건이 조화된 새로운 사회시스템의 구축이 필요하며, 이러한 사회시스템을 선진국에서는 순환형사회(循環刑社會)시스템이라고 한다.

자연생태계의 원리인 물질 및 에너지의 순환흐름을 인간사회에 적용한 것이라 할 수 있다. 즉 순환형사회란 제품이 폐기물 등으로 되는 것을 억제하며, 또한 제품 등이 순환자원이 된 경우에는 적정하게 순환적으로 이용할 것을 촉진하고, 순환적으로 이용하지 않는 순환자원에 대해서는 적정한 처분이 확보된 사회를 말한다.

여기서 순환자원이란 폐기물 등에서 발생되며 유용하게 사용할 수 있는 폐자원을 말한다. 순환형사회는 천연자원의 소비를 억제하며 환경의 부하가 가능한 저감되는 사회이다. 즉, 물질이 순환형사회에 투입되면 일차적으로 오염통제가 이루어지고 이차적으로 방출된 물질인 폐기물은 물질이나 에너지로 재사용, 재활용되는 순환체계를 이루게 된다. 그리고 에너지는 고품질 에너지가 순환형 사회를 지나가면서 일부 회수되어 재사용하거나 저품질 에너지로 방출된다. 순환자원의 전부 또는 일부를 재사용하지 않는 경우 재생하거나 열회수하여 순환적으로 이용하는 것이다.

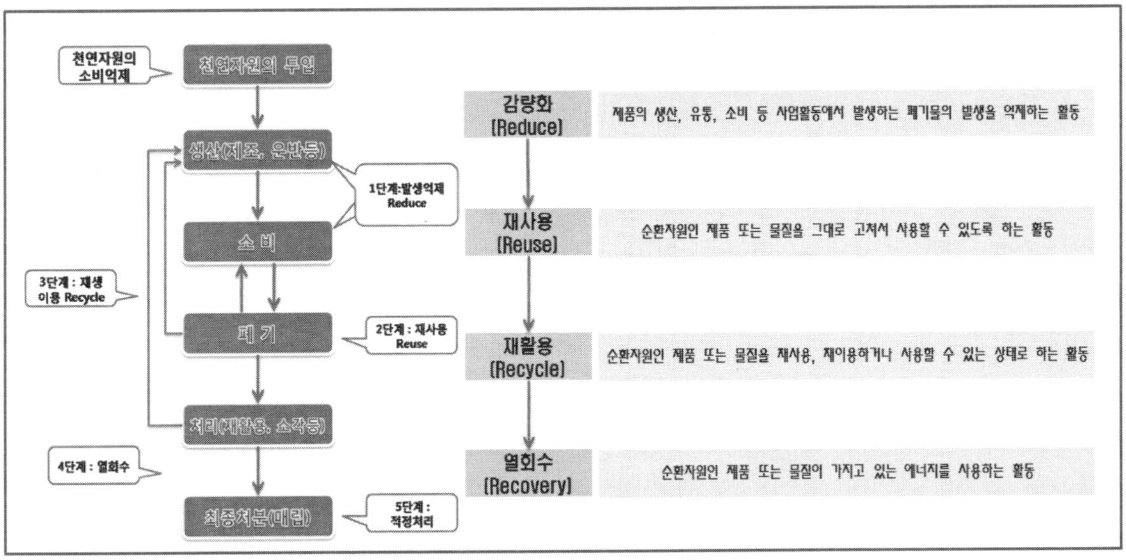

<그림 1-9> 순환형 사회의 개념

다시 말해, 순환형사회는 폐기물의 발생억제(Reduce), 재사용(Reuse), 재생이용(Recycle), 열회수(Recovery)의 순으로 강조되고 있다. 순환형사회는 큰 측면에서 보면 국가나 기업이 시작하는 면이 있으며 작은 측면에서는 우리가 생활에서 하는 재활용도 순환형사회를 만들어 가는데 일조한다. 또한 이러한 재활용 행위를 하나로 엮어서 지역내에서, 권역내에서, 국가내에서 자원순환을 촉진시키는 거도 순환형 사회형성을 위하여 중요하다.

3. 지역단위 폐자원 순환망 구축

1) 폐자원순환 관련 정책 및 방향

우리나라는 1986년에 폐기물관리법이 정비되고, 90년 초부터 분리수거제도를 도입하면서 재활용촉진법을 정비하고, 95년 종량제 도입, 2000년대 초에 EPR제도, 2005년 1월부터 음식물쓰레기 직매립 금지 등의 제도를 도입하면서 폐기물의 감량화, 재활용 체계가 체계화 되어왔다.

이와 같은 자원 · 환경위기의 시대를 맞아 '저탄소 녹색성장' 이 미래 국가경쟁력의2006년 OECD가 발표한 「한국 환경성과평가 보고서」는 한국이 '97년 이후 폐기물관리에서 상당한 진전을 거두었지만, 원자재 수입에 의존하고 있는 한국경제가 "순환형 경제" 로 가기 위해서는 폐기물관리에 있어 경제적 효율성이 향상될 필요가 있고 폐기물의 감량, 재사용, 재활용(3R)을 위한 추가적 노력이 필요함을 지적하였다. 이에 따라, OECD는 한국정부에 대하여 효율적인 폐기물의 감량, 재사용 및 재활용을 통하여 한국 경제의 자원생산성(material intensities)을 개선할 것을 권고하고 있다.

이러한 권고 등에 따라 재활용 계획을 새롭게 정비하고, 자원순환이라는 새로운 개념을 도입하게 되었으며, 자원의 순환성을 검토하기 위하여 물질수지개념이 폐기물분야에 도입되었으며, 주요물질별 물질흐름도를 연차적으로 작성하고 있다. 한편으로는 저탄소녹색성장이라는 정책 목표를 달성하기 위하여 에너지에 대한 관심이 높아지면서 2008년도부터 "폐자원 및 바이오매스 에너지화 종합대책" 을 수립하여 적극적으로 자원을 회수하는 쪽으로 정책을 전환되었다.

2010년에 들어와 새롭게 등장한 이슈는 신흥공업 국가 등에서 에너지·자원의 사용 증가 등에 따라 유가 및 주요 자원의 가격이 지속적으로 상승하고, 자원민족주의의 확산으로 에너지·자원의 안정적 확보가 전례 없이 중요한 사안으로 부각된 것이다. 특히 희소성자원 특히 희토류 금속 등을 생산하는 중국이 수출을 제한하는 등의 조치에 의하여 원자재의 가격이 상승하고 있고, 각 국가별로 희토류 금속확보를 위하여 다양한 전략을 수립하고 있다.

자원을 확보하기 위한 전략으로서 원료를 생산하는 거점을 장악하는 방안과 폐기물로서 배출되는 것에서 원하는 물질을 회수하는 방법으로 구분이 가능하며, 최근에 일본 등에서 폐유리 등의 폐자원에서 희귀자원을 회수하기 위하여 계획을 수립하고 있다.

가. 재활용 및 자원화의 현실

에너지자립도가 낮으며 주요 자원을 수입에 의존하고 있는 우리나라는 에너지·자원의 안정적 확보가 시급하며, 이를 위해서는 국가의 부존자원(재생에너지원 등)을 효율적이고 친환경적으로 이용하기 위한 노력이 필요하다.

전 세계적으로 현재와 같은 대량생산, 대량소비, 대량폐기형 경제사회가 지속되는 상황에서 야기되는 주요 천연자원의 고갈과 폐기물 처리계의 수용력 결여 등은 한 나라의 경제성장 및 발전에 큰 영향을 미칠 수 있다. 좁은 국토면적과 부존자원이 제한된 우리나라의 경우, 발생되는 폐기물을 매립 · 소각하는 등의 단순처리방법을 극복하고 재이용, 재활용을 통해 순환이용 하는 것이야말로 지속가능한 성장에 필수적이다.

아울러 기후변화의 심화에 따른 국제적 대응노력이 확대되면서, 우리나라는 어떤 형태로든 온실가스 감축을 위한 국제적 노력에 동참할 수밖에 없는 상황으로, 온실가스의 주요 배출원의 하나인 폐기물부문에서의 온실가스 감축을 위한 준비와 노력 확대가 필요하다.

1995년 생활폐기물 종량제 및 2005년도 음식물류 폐기물 직매립금지 조치 이후 종량제봉투투입 생활쓰레기 중 종이류와 나무류 등의 가연성분 비중이 80% 이상으로 높아지는 추세이나, 에너지 혹은 물질로서 회수가 가능한 잠재자원의 상당량이 매립·소각 등의 단순한 방법에 의하여 처리되어 소실되고 있는 실정이다.

기존 소각시스템의 경우, 급격히 증가한 가연성폐기물의 고발열량화는 완전연소와 배기가스의 오염물질 제어를 어렵게 할 뿐만 아니라 운전 및 관리비용을 높이는 주 원인이 되고 있으며, 고체연료의 발열량에 육박하는 귀중한 에너지자원을 낭비하고 있는 측면도 있다. 따라서 생활폐기물이 갖고 있는 높은 잠재열량은 반드시 회수하여 활용되어야 할 귀중한 에너지 자원이라고 평가할 수 있다.

폐기물의 최종처리 단계로 알려진 매립 시스템은 매립된 폐기물을 침출수와 매립가스등의 또 다른 형태의 오염물로 전환시키는 단계로 볼 수 있으므로, 생산에서부터 쓰레기 발생을 줄이는 것은 물론 최종처리 단계의 쓰레기도 철저히 분리하여 자원으로 다시 활용함을 통해 폐기물 매립량을 최소화함으로 환경 오염물질의 발생을 최소화 하여야한다. 따라서 폐기물 관리정책은 폐기물의 감량화와 함께 최대한 재활용함으로써 최종처리를 최소화 하는데 중점을 두고 있다.

또한 최근에 지역단위에서 발생되는 각종 폐기물이 재활용이라는 전제하에서 단순열회수 방법에 의하여 처리되고 있다. 예를 들면 물질회수가 가능한 폐목재가 부산 등의 경남지역에서 회수되어 충북지역의 시멘트 공장 등으로 반입되고 있다. 단순하게 매립 및 소각하는 것보다는 부가가치가 높은 쪽으로 움직이고 있으나, 재활용에 있어서 4R개념에서는 문제가 있다. 가능한 자원의 절약과 물류에너지의 절약이라는 측면에서 접근하는 것이 필요하며, 단지 입찰비용에 의하여 재활용에 있어서 지켜야할 기본이 흔들려서는 안 된다.

이러한 상황을 고려하여 자원의 절약, 신소재 및 신재생에너지의 개발 등과 함께 환경부하가 최소화된 지역 내 폐기물 재활용 시스템 구축 및 지자체간 폐기물자원순환망 구축 등을 통한 자원순환형 사회의 실현이 요구된다.

나. 재활용업의 영세성과 입지제한

재활용업체는 폐기물을 취급한다는 이유로 입지에 많은 어려움을 겪고 있다. 지가문제와 지역민원 회피를 위해서 폐기물 발생원에서 멀리 떨어진 도시 외곽 혹은 농촌지역의 인구밀도가 낮은 지역으로 재활용업체가 입지하고 있다. 소규모 재활용업체의 분산입지는 폐자원 물류의 비용을 증가시키며, 환경관리 비용도 증가시킨다. 소규모 수집상은 농지점용 혹은 개발제한구역 입지 등 불법적인 상태의 입지가 많아 시설에 대한 투자를 제대로 할 수 없고, 이로 인하여 지역의 환경을 훼손하는 비점오염원이 누출될 우려도 높다.

더욱 큰 문제는 개발이 확산되면서 기존에 입지한 재활용업체도 지역주민의 민원에 노출되어 이전의 압력을 받는 경우도 많아 재활용업체의 부지문제는 심각해지고 있다. 재활용업체에 대한 기존의 조사에 의하면 부지문제를 가장 큰 애로사항으로 꼽고 있다.

지속가능발전(ESSD)을 구현하기 위한 주요 원칙 중의 하나가 최근접 결정의 원칙이다. 최근접 결정의 원칙은 작은 단위나 규모에서의 결정이 큰 단위나 규모에서의 결정보다 더 효율적임을 전제한다.(이정전, 2000) 이를 자원순환체계 구축방향에 적용하면, 지역단위의 소규모 자원순환 체계의 구축이 광역단위의 자원순환 체계구축에 선행되어야 함을 의미한다. 지역에서 배출되는 폐기물은 지역에서 처리될 필요가 있다.

폐기물 처리와 관련한 개인의 책임을 강조하는 것이 쓰레기 종량제이다. 배출량만큼의 비용부과를 통하여 개별 배출자의 폐기물 배출행위의 변화를 유도하는 정책이다. 그렇지만 앞으로 폐기물 처리와 관련한 지역단위의 책임 또한 강조될 필요가 있다. 환경윤리의 측면에서도 지역에서 발생하는 폐기물은 지역에서 책임지는 것이 마땅하다.

폐기물 처리를 대부분 외부에 의존하는 대도시는 이러한 측면에서 '폐기물 처리에 있어서 무책임한 도시'라고 할 수 있을 것이다. Zero Emission 혹은 Zero Waste City 구축이 필요하며, 지역단위에 자원순환망을 정비하고, 지역내에서 발생되는 폐기물은 지역내에서 자원화하고, 소량 다품종으로서 지역내에서 자원화가 불가능한 것에 대해서는 재활용에 경제성이 확보되는 수집망을 통하여 광역권에서 자원화되는 체계의 정비가 시급하다.

<그림 1-10> 재활용업체 입지의 사례사진

2) 지역단위 폐자원순환망의 개념

폐자원순환망(폐자원순환네트워크)은 지역 내 폐자원 및 관련시설, 인적자원의 유기적인 연계망을 의미하는 것으로, 이러한 연계망을 통하여 폐자원이 폐기물로 단순처리되는 것이 아니라 유용한 자원으로 효율적으로 이용가능하도록 하는 것이며, 이를 통하여 저탄소형, 자원순환형의 사회형성을 조기에 이루어가는 수단이다. 이를 위하여 한정된 지역내에 중개역활을 할 수 있는 센터를 설치하고, 물류의 연계, 인적자원의 연계, 자원순환시설의 연계 등이 가능한 지역단위 폐자원순환망, 지역망을 연계하여 국가단위 자원순환망을 형성한다.

폐자원[6]의 효율적 이용이란 자원으로 이용되지 않고 방치되거나, 폐기물로 처리되고 있는 것을 자원으로 이용되도록 하거나(미이용 폐자원의 이용량 증대), 이용되고 있다고 하더라도 생산성이 낮거나, 부가가치가 낮은 이용방식을 개선하여 고부가가치로 이용되도록 하거나(생산성 향상), 물류의 비효율성을 개선하여 폐자원의 장거리 물류에 수반되는 사회적 비용을 저감하는 것(물류효율 증대)을 말한다.

폐기물을 유용한 자원으로 활용한다는 측면에서 폐자원순환망의 가장 자연적인 형태는 재활용 시장이다. 즉 재활용 시장에서는 이미 폐기물의 배출자와 재활용업체간 계약에 의하여 거래관계가 형성되어 재활용되고 있으므로 폐자원순환망이 형성되어 있다고 말할 수 있다. 그렇지만 기존의 재활용시장에서 형성되어 있는 폐자원순환망과 구분되는 의미로 '폐자원순환망

6) 폐자원은 협소한 개념으로 이해할 경우 「폐기물관리법」의 적용을 받는 폐기물만을 의미하고, 포괄적 개념으로 이해할 경우 폐기물을 포함한 부산물 모두를 통칭한다. 농업부산물이나 산림부산물, 액상의 폐수나 기체상의 폐가스 등도 모두 폐자원의 개념에 포함시켜 폭넓은 의미로 이해할 수 있다.

구축'이라는 용어를 사용할 때 이것은 공공 혹은 기타 주체의 계획적인 개입을 통하여 폐자원의 효율적 이용을 이끌어 내기 위하여 계획적으로 폐자원순환망을 형성하는 것을 의미한다.

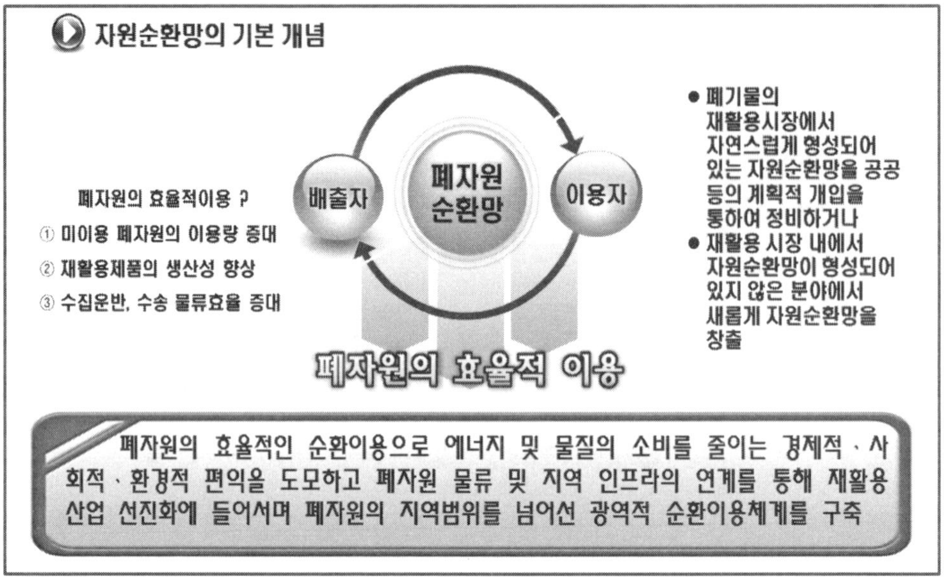

<그림 1-11> 폐자원순환망의 개념

폐자원순환망의 구축은 재활용 시장에서 자연스럽게 형성되어 있는 폐자원순환망을 공공 등의 계획적 개입을 통하여 정비하거나 재활용 시장 내에서 폐자원순환망이 형성되어 있지 않은 분야에서 새롭게 폐자원순환망을 창출한다는 의미가 된다.

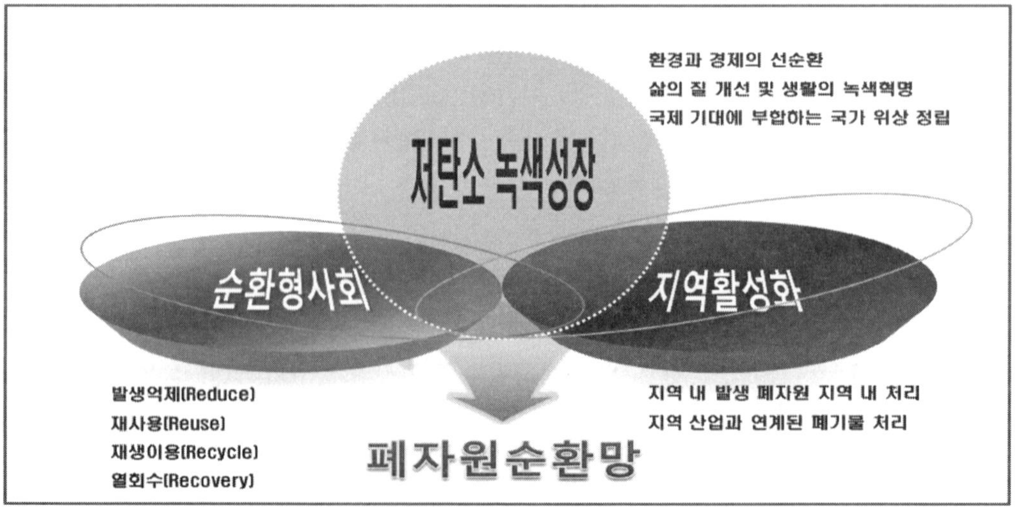

<그림 1-12> 폐자원순환망 구성을 위한 사회적 정책 및 제도

폐자원순환망의 개념은 폐자원의 효율적인 순환이용으로 에너지 및 물질의 소비를 줄이는 경제적·사회적·환경적 편익을 도모하고 폐자원 물류 및 지역 인프라의 연계를 통해 재활용산업 선진화에 들어서며 폐자원의 지역범위를 넘어선 광역적 순환이용체계를 구축하여 폐기물발생 억제(Zero-waste) 및 녹색성장 기반을 마련하기 위함이다.

3) 폐자원순환망의 기본방향

폐자원순환망은 지역특성에 기반한 물리적 재활용기반시설과 정보·기술 지원체계, 지역사회와의 관계망의 조합으로 구성된다.

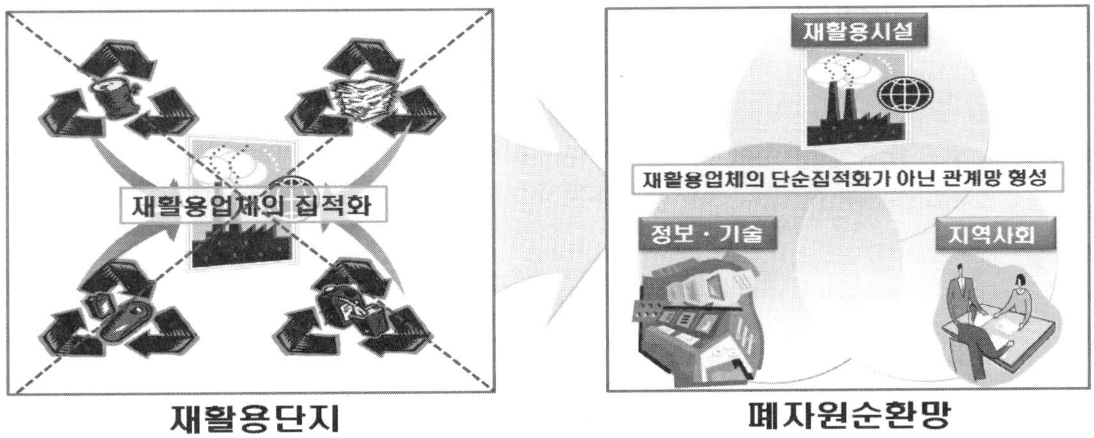

<그림 1-13> 재활용단지와 자원순환망의 차이점

폐자원순환망은 단순한 물리적 재활용시설의 집적이 아니라 비가시적인 정보·기술의 교류 시스템, 지역사회와의 관계를 중시한다는 측면에서 단순한 재활용단지의 조성과는 차별된다.

지역특성에 기반한 물리적 재활용기반시설의 내용은 다음과 같다. 첫째, 지역에서 발생하는 폐자원을 처리할 수 있어야 한다. 지역의 생활계에서 발생하는 폐자원의 수집·재활용 가공시설, 산업계에서 발생하는 폐자원의 종류별 재활용 시설이 우선적으로 입주하여야 한다. 특히 생활계 및 산업계에서 배출되는 폐자원 중 미이용되는 폐자원에 대한 시설의 입주가 우선 고려되어야 한다.

둘째, 재활용 가공물이나 부산물을 지역에서 활용할 수 있어야 한다. 전자가 배출원 지향의 재활용단지 구성이라면, 후자는 수요자 지향의 재활용단지 구성이다. 가장 이상적인 것은 배출원에서 배출된 폐자원을 지역에서 다시 순환하는 배출원 지향과 수요자 지향이 결합하여 재활용단지가 구성되는 것이다. 셋째, 재활용 시설 간 연계성이 있어야 한다. 즉, 재활용단지 역시 생태산업단지의 개념으로 설계될 필요가 있다.

넷째, 지역여건에 따라 대단위 재활용단지의 조성이 불가능할 경우, (생활계)폐자원의 수집·운반에 특화된 소규모 재활용단지의 조성하고, 이들 소규모 재활용단지를 연계한 재활용단지의 연계망을 구축할 필요가 있다. 소규모 재활용단지 조성에서는 민간자본의 참여를 적극적으로 유도할 필요가 있다. 부지문제가 해결된다면, 재활용관련 협동조합에서는 단지조성에 참여할 의향이 있는 것으로 파악된다.

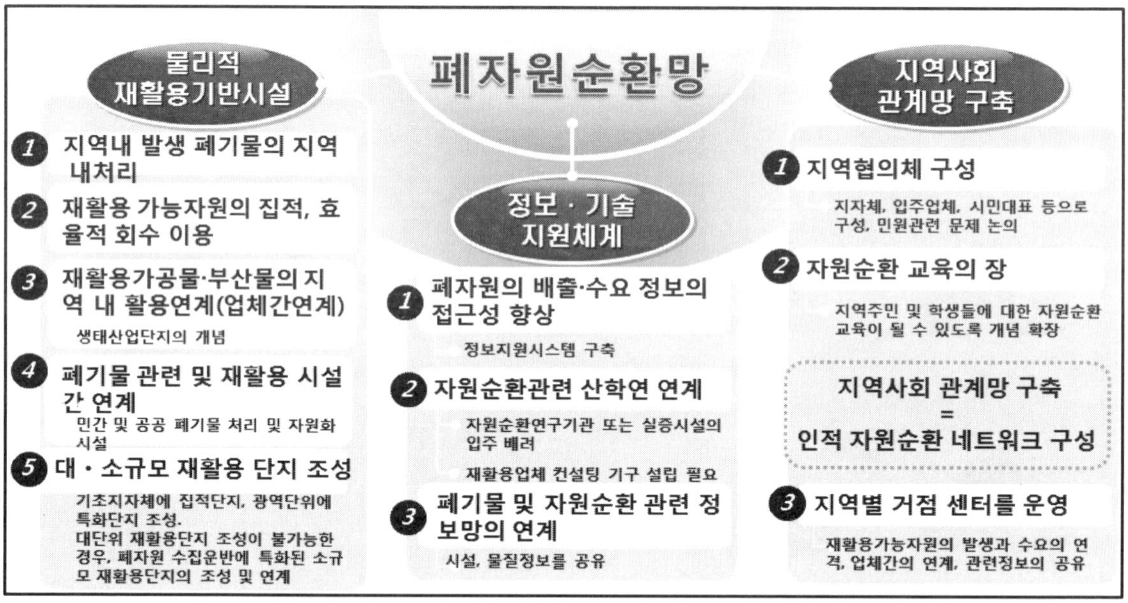

<그림 1-14> 폐자원순환망의 구축방향

정보 · 기술 지원체계는 다음과 같다. 첫째, 폐자원의 배출과 수요에 대한 정보접근성이 높아져야 한다. 폐자원의 배출자가 필요한 수요자를 찾거나 수요자가 폐자원을 공급해 줄 수 있는 배출자에 대한 검색이 가능한 시스템을 구축할 필요가 있다. 현재 운영되고 있는 올바로 시스템을 개선할 경우 이러한 정보지원시스템 구축은 크게 어렵지 않을 것으로 판단된다. 둘째, 재활용 단지의 일부를 자원순환연구기관 혹은 실증시설 등이 입주할 수 있도록 배려하여, 자원순환관련 산학연 연계가 재활용 단지 내에서 원활하게 이루어질 수 있도록 할 필요가 있다. 또한 환경공단에서 현재 하고 있는 재활용업체 컨설팅 개념도 도입되어 재활용 업체의 기술적 어려움에 대한 지원역할을 할 수 있는 기구의 설립도 필요하다.

지역사회 관계망 구축은 다음과 같다. 첫째, 지자체, 입주업체, 시민대표 등으로 구성된 지역협의체 구성이 필요하다. 지역협의체에서 지역주민에 대한 지원 및 지역주민 및 입주업체의 민원관련 문제를 논의할 수 있을 것이다. 지역주민에 대한 지원과 관련하여 기금조성이 필요하며, 이와 관련한 지침의 개발이 필요하다. 둘째, 지역주민 및 학생들에 대한 자원순환 교육의 장이 될 수 있다. 단순 지역주민에 대한 민원해소의 개념이 아니라 지역주민 등의 자원순환 교육이 될 수 있도록 개념을 확장할 필요가 있다. 지역사회 관계망은 즉 인적 자원순환 네트워크의 구성을 말한다.

4) 지역단위 폐자원순환망의 유형

폐자원순환망의 지역적 범위, 핵심주체, 처리성격, 조성주체 등 대분류로 구분하여 크게 4가지 유형으로 나타낼 수 있으며, 폐자원순환망은 순환망이 형성되어 있는 지역적 범위에 따라 커뮤니티(마을단위)형 폐자원순환망, 기초 지자체단위 폐자원순환망, 광역단위 폐자원순환망, 국가단위 폐자원순환망, 국제단위 폐자원순환망으로 구분된다.

가. 커뮤니티단위(마을단위)폐자원순환망

마을단위 폐자원순환망이란, 동 또는 리 단위로 발생되는 폐자원(가전제품, 의류 등)을 지역 내의 민간단체 혹은 공공에서 지원을 받아 운영하는 재활용센터 등을 통해 재활용가능물질 수집하거나, 일정기간 동안 집적시킨 후에 수요처에 공급하는 최소한의 지역단위 순환망이다. 또한, 소규모 단위의 마을을 지향하며 지역에서 발생하는 폐자원을 최대한 활용하고자 하는 저탄소 녹색마을, 지역의 문제를 비즈니스를 활용해 해결하고, 그 이익을 지역사회에 환원하는 커뮤니티 비즈니스가 마을단위 폐자원순환망의 활동주체, 견인차의 역할을 하게 된다.

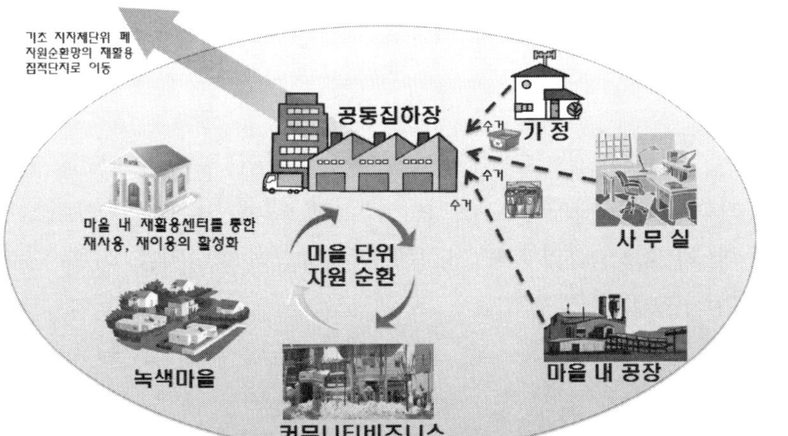

<그림 1-15> 마을단위 폐자원순환망의 개념

나. 기초 지자체단위 폐자원순환망

기초 지자체단위 폐자원순환망이란, 마을단위 폐자원순환망보다 한 단계 발전된 개념으로 기초 지자체인 시군구 단위의 범위로 폐자원을 집적, 저장, 단순가공 등을 통해 처리하는 개념이다. 이는 집적단지의 형성을 통해 마을 단위의 집하장에 저장된 폐자원들을 지자체 단위로 확장하여 단순가공 형태로 재활용 처리할 수 있으며 지역 내에서 재활용 처리 될 수 없는 집적단지 내 저장된 폐자원을 타 지역으로 운반할 수 있는 기능까지 더해 광역단위의 폐자원순환망의 전초기지 역할을 수행하게 된다.

<그림 1-16> 기초 지자체단위 폐자원순환망의 개념

또한, 재활용 관련 제도의 강화로 인하여 재활용업체의 입지의 어려움을 집적단지를 통해 해소할 수 있다. 최종적으로 폐기물의 처리는 지자체 내에 위치한 소각시설이나 매립시설, 자원화시설 등을 통해 처리할 수 있으며 처리된 잔재물 및 에너지를 서로 연계함으로서 폐기물의 물류를 효율화 할 수 있다.

다. 광역단위 폐자원순환망

광역단위 폐자원순환망이란, 지자체단위의 재활용집적단지에서 재활용이 불가한 폐자원을 처리하기 위해 광역권으로 특정지역에 자원순환특화단지를 조성하여 분리 선별, 추출 등의 특정기술을 사용하여 재생원료를 추출하거나 재활용제품을 제조한다. 광역단위 폐자원순환망은 단순히 폐자원의 재활용뿐만 아니라 광역권 내에 발달된 특화산업과 연계가 가능하며 산업 폐기물을 해체, 재생, 재가공 등 폐기 처리하는 정맥산업의 시작점이라 할 수 있다. 광역단위 폐자원순환망의 범위는 시군구 보다 큰 개념인 시·도 단위로 하며 관리는 환경부 또는 한국환경공단에서 담당하게 된다. 광역단위의 폐자원순환망을 효율적으로 관리하기 위해 관리 주체는 광역단위의 자원순환비즈니스센터로 하며 이는 다시 IT정보망인 올바로시스템과 자원순환정보시스템을 통해 정보 및 자료를 실시간으로 검색하여 폐자원이 필요한 업체 및 시설 등이 효과적으로 사용할 수 있게 한다. 광역단위 폐자원순환망은 자원순환특화단지 뿐만 아니라 생태산업단지, 리사이클링센터, 환경에너지종합타운 등과 연계되며 향 후 국가단위 폐자원순환망 구축을 위한 포석을 마련하게 된다.

<그림 1-17> 광역단위 폐자원순환망의 개념

라. 국가단위 폐자원순환망

국가단위 폐자원순환망이란, 광역단위 폐자원순환망을 IT정보망을 통해 서료 연계함으로서 광역별로 필요한 폐자원을 운반, 수송을 실시하여 국내에서 발생되는 폐자원을 낭비하지 않고 유기적으로 사용할 수 있게 만드는 자원순환체계이다.

광역단위 자원순환비즈니스센터를 총괄하는 국가단위 자원순환비즈니스센터를 통해 광역권에 위치한 폐자원순환망의 정보 등을 파악할 수 있어 광역별로 폐자원의 효율적인 이동이 가능하게 한다.

마. 국제단위 폐자원순환망

국제단위 폐자원순환망은 국내에서 발생되는 폐자원을 물량부족이라던가 고도처리기술 미비로 인해 활용할 수 없을 시 타 국으로 수출을 통해 처리를 할 수 있으며 반대로 외국에서 물량부족 등으로 처리할 수 없는 폐자원을 국내에서 처리함으로서 폐자원순환망 확대를 통해 국제적으로 폐자원을 순환시키는 시스템이다.

이는 바젤협약의 내용을 확대시키는 개념으로서 폐기물의 국제적인 이동을 통해 통제하고 금지하기보다는 국가간의 폐자원을 활용함으로서 국내를 넘어 국제적으로 폐자원순환망을 형성한다는 개념이다. 현재 일본에서는 지역순환권을 통해 국제적인 규모의 순환 형성을 위해 노력중이며 국제 이동에 있어서 토레사비리치(Trace ability)를 활용하여 순환 자원의 국제 이동의 원활화를 위해 노력 중이다.

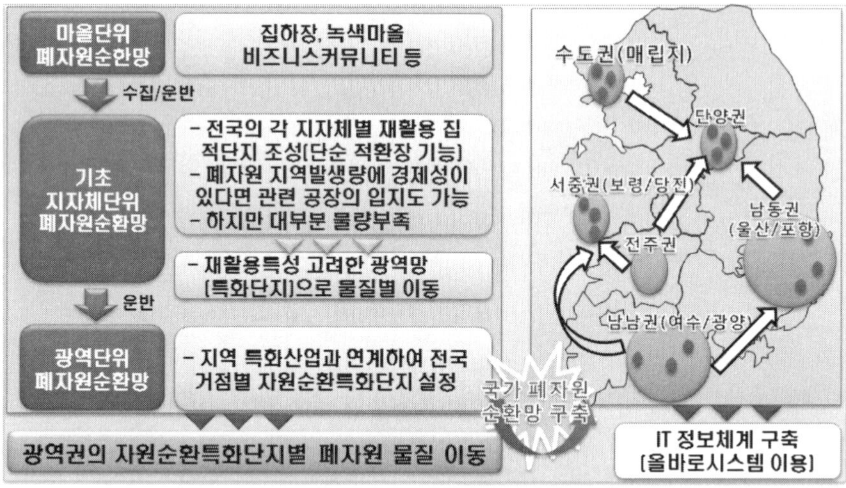

<그림 1-18> 국가단위 폐자원순환망의 개념

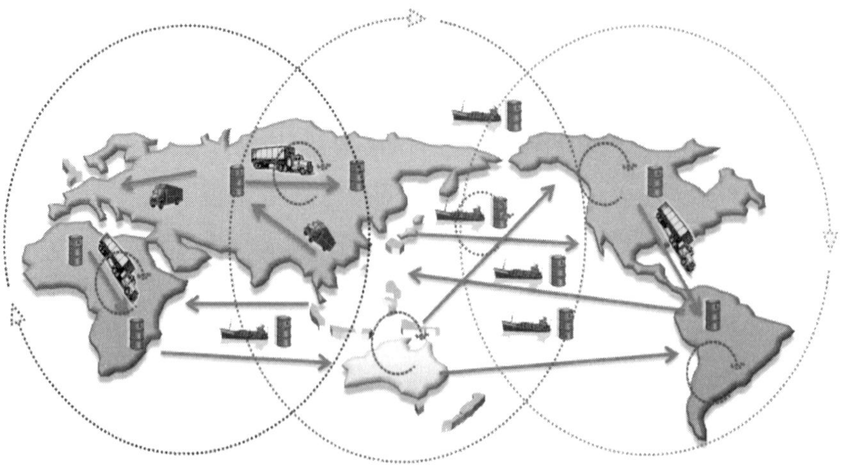
<그림 1-19> 국제단위 폐자원순환망의 개념

5) 폐자원순환망의 구성요소

공공의 개입을 통한 폐자원순환망 구축은 지역 내 발생 폐자원을 지역특성에 맞게 지역 내에서 자원화하고, 지역 내 자원화가 어려운 폐자원은 순환범위를 광역화하여 자원화 순환체계를 구축·운영하는 시스템이다. 폐자원순환망의 구성요소로서는 하드웨어적 요소와 소프트웨어적 요소로 구분이 가능하며, 하드웨어적 요소는 재할용업체 또는 공공에서 보유하고 운영하는 자원화시설, 폐기물 관련시설, 재활용업체를 집적시킨 집적단지, 광역단위의 자원순환특화단지로 구분되며, 소프트웨어는 이들을 연계하는 시스템으로 구분할 수 있다.

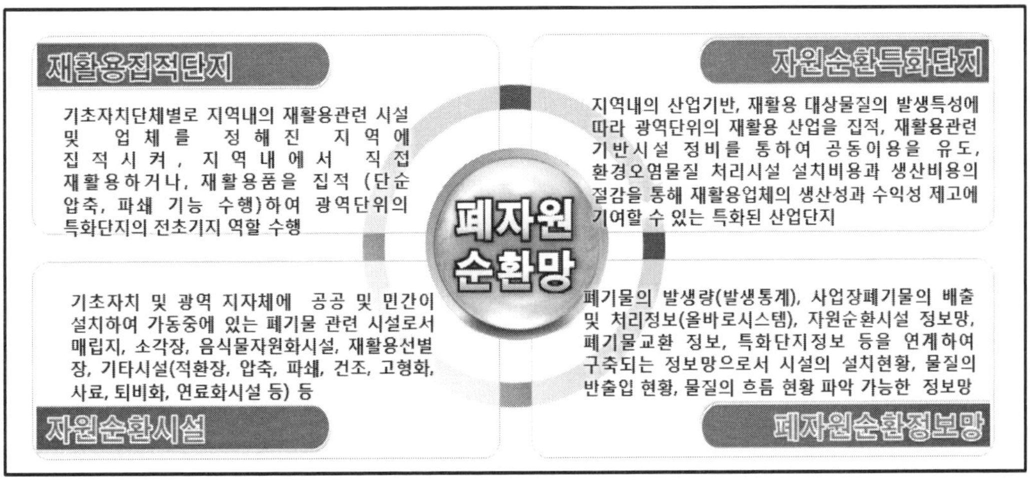

<그림 1-20> 폐자원순환망의 구성요소

구체적으로 하드웨어적 요소는 기초자치단체별로 지역내의 재활용관련시설 및 업체를 정해진 지역에 집적시켜 지역내에서 직접 재활용하거나, 재활용품을 집적(단순 압축, 파쇄기능 수행)하여 광역단위의 특화단지의 전초기지 역할을 수행하는 "재활용집적단지", 지역내의 산업기반, 재활용 대상물질의 발생특성에 따라 광역단위의 재활용 산업을 집적, 재활용관련 기반시설 정비를 통한 공동이용을 유도, 환경오염물질 처리시설 설치비용과 생산비용의 절감을 통해 재활용업체의 생산성과 수익성 제고에 기여할 수 있는 특화된 사업단지 인 "자원순환특화단지", 기초자치 및 광역 지자체에 공공 및 민간이 설치하여 가동 중에 있는 폐기물 관련 시설로서 매립지, 소각장, 음식물자원화시설, 재활용선별장, 기타시설 등을 총칭하는 "자원순환시설" 이 있다.

폐자원순환망이 활성화되기 위해서는 시설이나 업체의 집적만으로 한계가 있으며 관련 정보센터나 기술지원센터 혹은 기술연구기관 등의 입지가 병행되어야 하며 관련 주체가 유기적 협력체계 구축을 위한 기구의 구성이 필요하다. 이를 위한 소프트웨어적인 측면으로는 폐기물의 발생량, 사업장폐기물의 배출 및 처리정보, 자원순환시설 정보망, 폐기물교환 정보, 특화단지 정보 등을 연계하여 물질의 흐름현황이 파악 가능한 "폐자원순환정보망" 등으로 구성된다.

제 II 장

지역단위 바이오매스 이용 정책 및 제도

1. 저탄소 녹색마을 개념 및 기본방향
2. 녹색마을 조성관련 정부정책 및 계획
3. 녹색마을 관련 법 및 제도

1. 저탄소 녹색마을 개념 및 기본방향

앞서 언급한 세계적 자원·환경위기를 극복하기 위한 대응전략인 녹색성장을 이룩하기 위하여 정부에서는 2008년 10월 "녹색성장과 기후변화 대응을 위한 폐자원 및 바이오매스 에너지 대책(안)"을 발표하였다. 이 대책(안)의 7대 중점 추진과제 중 "저탄소 녹색마을 600개 조성" 과제에서는 각 지역별 국지적으로 발생되는 폐자원 및 바이오매스를 마을단위로 이용하여 마을의 에너지자립도를 '20년까지 40~50%까지 제고함을 목표로 하고 있다.

녹색마을의 정의가 무엇인지 확인하기 위하여 국외 사례를 살펴보았다. 대표적인 마을로 독일의 윤데마을이 있다. 윤데마을은 독일의 첫 번째 바이오에너지 마을로, 윤데공동체는 마을의 에너지수요 전체를 재생에너지에 의해 충족한다는 목표 및 개념이다. 독일 남부의 프라이암트 마을은 태양광, 풍력, 소규모 수력발전 등의 자연력과 가축분뇨바이오매스를 통한 바이오가스 등의 신 · 재생에너지를 이용하여 열 및 전기를 생산 · 이용하고 있다. 오스트리아의 머렉시는 폐식용유, 목재칩, 가축분뇨 등의 바이오매스를 이용하여 100% 에너지 자립을 하고 있다.

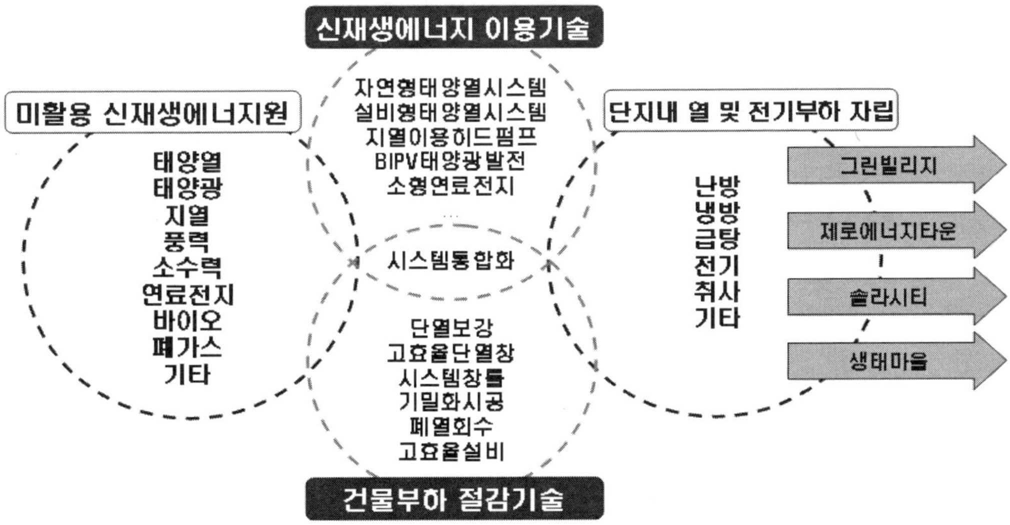

<그림 2-1> 그린빌리지(Green Village)의 개념

자료) 원주시(2008), 지속가능한 친환경 에너지자립형 도시 조성사업

일본에서는 바이오매스 타운이라는 용어를 사용하고 있다. 바이오매스타운이란 "시정촌 안에서 지역의 관계자 간에 제휴된 추진 체계 하에서 지역의 다양한 바이오매스의 발생부터 이용까지의 효율적인 수집 · 수송 · 변화 · 이용의 시스템을 구축하여 안정적이고 적정한 바이오매스 이용계획을 실현시키는 바이오매스 활용제도의 하나"로 보고 있으며, 이것은 바이오매스 일본 종합전략에서 매우 중시하는 바이오매스사업의 결정체로 작용하고 있다. 또한 일본의 관동지역 바이오매스

활용사례집을 보면, 바이오매스 타운이란, "지역에서 관계자의 제휴아래, 바이오매스의 발생부터 이용까지 효율적인 프로세스로 연결된 종합적인 활용 시스템이 구축되어 안정적이고 적절하게 바이오매스를 이용 및 활용하고 있거나, 혹은 향후 계획이 있는 지역"으로 보고 있다.

이상의 현황을 종합해 보면 바이오에너지 마을, 혹은 바이오매스 타운 등으로 불리고 있는 각 나라의 에너지 자립형 마을은 모두 그 지역에서 발생되는 바이오매스와 자연력(태양열, 풍력, 소수력 등)을 종합적인 시스템을 통하여 효율적으로 마을의 에너지원으로 이용하고 있고, 이를 통하여 마을의 에너지 자립도를 높이는 공통점을 가지고 있다.

국내에서는 현재 지식경제부에서 추진 중에 있는 그린빌리지(Green Village)가 있다. 그린빌리지는 각 지역특성에 적합한 미활용 대체에너지원을 발굴하여 궁극적으로 단지내(약 50가구 규모)에 필요한 열 및 전기 에너지부하를 자립하는 개념으로, 그린빌리지의 규모 및 설계범위를 확대할 경우 제로에너지타운, 쏠라시티, 생태마을, 환경친화단지 등으로 확대될 수 있는 개념이다.(원주시, 2008)

저탄소 녹색마을의 사전적 의미를 풀이해보면, 우선 정부의 정책목표인 녹색성장(Green Growth)에서 비롯된 것으로서 녹색성장이란, 경제성장으로 인한 환경압력 감소와 미래세대를 위한 환경용량 유지는 물론, 경제와 사회의 성장도 꾸준하게 이루어 간다는 개념으로 2005년 3월, 서울에서 개최된 'UN아시아태평양 환경과 개발장관회의'에서는 '환경의 지속가능성 제고', '환경성과증진', '경제성장 동력으로써 환경역할 강화'의 세 가지 정책목표 달성을 위해 '녹색성장'이라는 새로운 패러다임을 도입하였다.[7] 여기서 녹색이 뜻하는 의미는 미래세대를 위한 환경용량의 유지 및 환경의 지속가능성을 제고한다는 의미로 다가온다. 또한 마을의 사전적 의미는 비교적 소수의 살림집들을 구성요소로 하여 한 떼를 이루고 있는 지연(地緣) 단체[8]이다. 즉, 저탄소 녹색마을의 의미는 "온실가스인 CO_2를 구성하고 있는 탄소가 적게 배출되고, 미래세대를 위한 환경의 지속가능성을 제고하는 비교적 소수의 살림집들을 구성요소로 하여 한 떼를 이루고 있는 지연(地緣) 단체"를 말한다. 이것은 사전적 의미에서 풀어본 것이고, 여기에 사회적으로 이슈가 되고 있는 바이오매스(유기성폐기물), 자연력(태양열, 풍력, 지열, 소수력, 등), 에너지 등의 개념과 경제적으로 환경을 바라보게 하는 온실가스 문제 등 즉, 사회적·경제적 여건들이 가미가 되면 다음과 같은 개념이 도출된다.

저탄소 녹색마을이란, "바이오매스의 발생에서 이용까지 통합자원화공정을 통하여 에너지 및 물질을 지역내에서 순환이용하며, 또한 지역 여건에 맞는 자연력을 함께 이용하는 종합적인 시스템이 구축된 마을"이라고 개념을 정의할 수 있다.

저탄소 녹색마을은 바이오매스와 자연력의 종합적인 시스템을 통하여 마을의 에너지 자립도를 높임과 동시에 온실가스의 배출을 줄여 미래세대를 위한 환경의 지속가능성을 제고시키는

7) 네이버 용어사전 : 녹색성장
8) 네이버 용어사전 : 마을

역할 및 기능을 할 것이다.

자원고갈문제와 환경오염 문제를 해결할 수 있는 바이오매스 에너지화 방안을 극대화 시킬 수 있는 방법이 바로 녹색마을 설치하는 것이며, 우선 지역 특성에 적합한 녹색마을을 시범설치하며, 설치된 녹색마을에 축적된 기술 및 시스템을 바탕으로 전국에 녹색마을을 확대 설치하여야 한다.〈그림 2-2〉

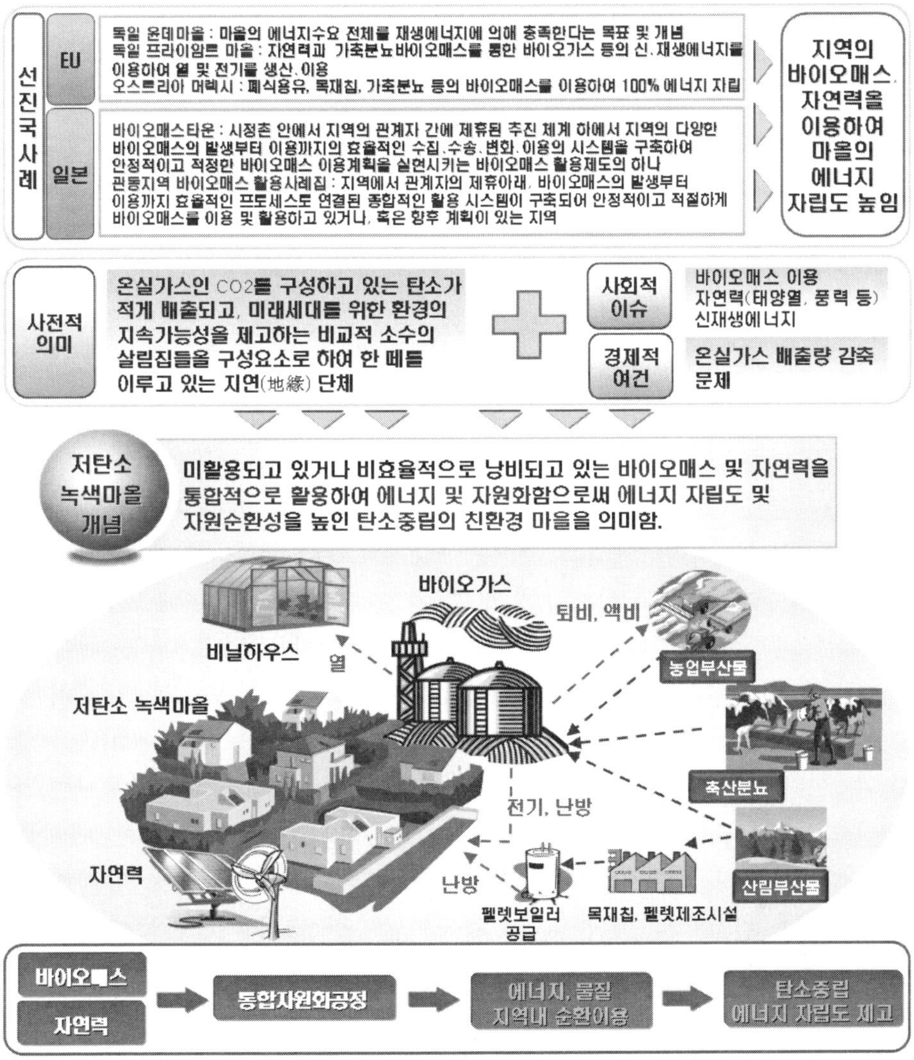

<그림 2-2> 저탄소 녹색마을의 개념

<그림 2-3> 녹색마을 조성의 필요성

정부의 계획에 의해 향후 600개의 저탄소 녹색마을을 성공적으로 조성하기 위해서는 우선 녹색마을이 추구해야 할 기본방향 설정이 중요하다.

녹색마을은 기본적으로 지역내에서 발생하는 모든 폐자원을 최대한 활용하여 폐기물로 발생되지 않게 하며, 별도로 다시 처리하지 않도록 하는 시스템을 말한다. 즉, 발생된 폐자원을 활용하여 에너지를 생산하고 부산물은 마을에 환원시켜 재사용하도록 하는 것이다.

두 번째로 지역특성에 맞는 지속가능한 모델로 추진한다. 지역특성은 그 지역에서 발생되는 바이오매스 종류에 의해 구분될 수 있으며, 크게 도시형, 농촌형, 도·농복합형, 산촌형, 어촌형으로 대별할 수 있다. 도시형은 인구가 밀집되어 있고 도시화가 진행되어 농경지가 없는 지역으로 주로 발생되는 바이오매스에는 음식물류폐기물과 하수슬러지, 가로수 전지목 등이 해당된다. 농촌형은 농경지 및 과수, 가축사육을 하는 지역을 말하며, 주요 바이오매스는 가축분뇨, 볏짚, 왕겨, 과수 전정가지 등이 있다. 도·농복합형은 도시와 농촌이 같이 어우러져 있는 지역으로 도시와 농촌에서 발생되는 바이오매스를 연계하여 이용하는 방안을 생각할 수 있다. 산촌형은 산지가 많은 지역으로 숲가꾸기 사업, 간벌을 통해 임목자원 및 임목부산물의 바이오매스가 발생되는 지역특성이 있다. 또한 어촌형은 바닷가에 인접한 지역으로 수산폐기물 바이오매스를 이용하는 지역특성을 가질 수 있다.

세 번째로 시설비용 부담은 최소화하고 에너지자립율을 최대로 높일 수 있는 방향으로 추진하도록 하여 그 지역에서 사용하는 에너지의 자급자족이 경제적으로 이루어질 수 있도록 한다.

<표 2-1> 저탄소 녹색마을의 기본방향

기본방향
◇ 지역에서 발생하는 폐자원을 최대한 활용 - 분산적으로 발생되는 바이오매스의 통합처리를 통한 경제성 제고 ◇ 지역특성에 맞는 지속가능한 모델로 추진 ◇ 시설비용 부담은 최소화하고 에너지자립율을 최대로 높일 수 있는 방향으로 추진 - 지역의 에너지 자급자족 시스템 추구 ◇ 소규모 단위의 마을 지향

네 번째, 소규모 단위의 마을을 지향한 녹색마을을 조성하도록 한다. 정부의 7대 중점과제 중 "10대 권역별 환경·에너지 종합타운 조성" 과제에서 광역화된 대규모의 "환경 · 에너지종합타운" 조성을 계획하고 있어, 저탄소 녹색마을은 되도록 이면 마을 공동체 개념의 소규모 단위를 지향하는 방향으로 진행하도록 한다.

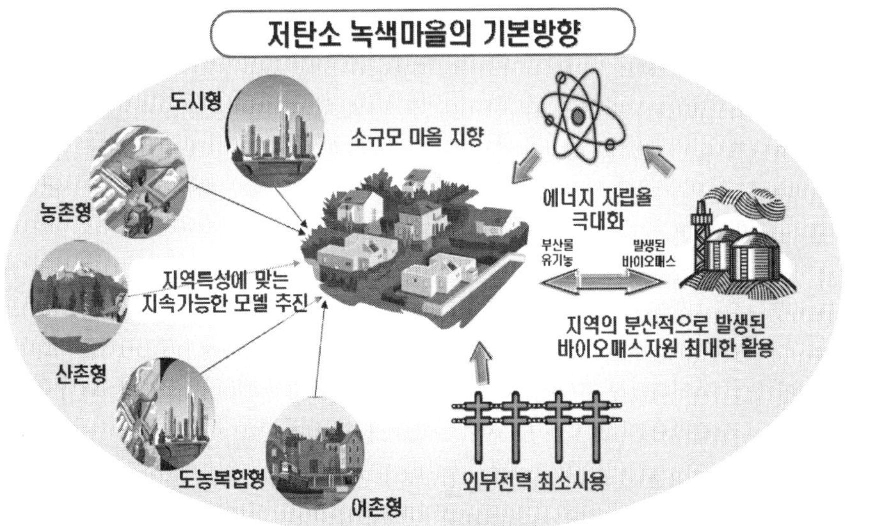

<그림 2-4> 저탄소 녹색마을의 기본방향

이러한 기본방향을 통하여 조성된 녹색마을은 환경적, 경제적, 사회적으로 좋은 역할을 한다. 환경적으로는 폐기물을 지역 내에서 자원으로 순환함으로서 폐기물 처리문제의 해결을 가져온다. 또한 바이오매스를 이용한 지역 내 자체 에너지 공급으로 인한 마을의 에너지 자립율 제고와 이로인한 온실가스 감축효과 등의 경제적 효과가 있고, 사회적으로는 타 지역의 일반 마을과 차별되며 특화된 마을로 견학장소 및 관광자원으로서 에코투어리즘(Eco- tourism)의 역할을 하게 될 것이다.

2. 녹색마을 조성관련 정부정책 및 계획

1) 신재생 에너지 관련 기본계획

가. 제1차 국가에너지기본계획(2008~2030)[9)]

제1차 국가에너지기본계획에 의하면 신재생에너지(수력 제외)는 2030년까지 연평균 6.2%의 증가하여, 1차 에너지 중 수요 점유율이 2006년 1.9%에서 2030년 5.4%까지 확대될 전망이다.

<표 2-2> 1차 에너지원별 수요 전망(기준안) (단위 : 백만TOE)

	2006	2010	2015	2020	2025	2030	연평균 증가율			
							06-10	10-20	20-30	06-30
석탄	56.7 (24.3)	68.9 (26.6)	73.9 (25.8)	79.5 (25.5)	83.8 (25.1)	84.6 (24.7)	5.0	1.4	0.6	1.7
석유	101.8 (43.6)	106.6 (41.2)	109.8 (38.3)	115.1 (36.9)	119.7 (35.8)	117.2 (34.2)	1.2	0.8	0.2	0.6
LNG	32.0 (13.7)	38.3 (14.8)	41.4 (14.4)	46.1 (14.8)	51.5 (15.4)	54.0 (15.8)	4.6	1.9	1.6	2.2
수력	1.3 (0.6)	1.3 (0.5)	1.3 (0.5)	1.3 (0.4)	1.5 (0.4)	1.6 (0.5)	-0.4	0.3	1.6	0.7
원자력	37.2 (15.9)	37.1 (14.3)	50.8 (17.7)	57.2 (18.4)	62.5 (18.7)	66.8 (19.5)	-0.1	4.4	1.6	2.5
신재생	4.4 (1.9)	6.5 (2.5)	9.4 (3.3)	12.3 (3.9)	15.4 (4.6)	18.6 (5.4)	10.6	6.6	4.2	6.2
계	233.4 (100)	258.7 (100)	286.6 (100)	311.6 (100)	334.3 (100)	342.8 (100)	2.6	1.9	1.0	1.6

최종에너지 수요전망에서 신재생에너지는 2030년까지 연평균 1.4% 증가하여 최종에너지 중 점유율이 2006년 2.4%에서 2030년 6.0%까지 증가할 전망이다.

그렇지만, 최종에너지 수요목표치를 2030년까지 연평균 7.5% 증가하여 최종에너지 에너지원별 수요량의 11.3%를 차지하는 것으로 잡고 있다.

9) 국무총리실, 「제1차 국가에너지기본계획(2008~2030)」, 2008.8.27

<표 2-3> 최종에너지 원별 수요 전망 (단위 : 백만TOE)

	2006	2010	2015	2020	2025	2030	연평균 증가율			
							06-10	10-20	20-30	06-30
석탄	22.7 (13.1)	24.3 (12.8)	25.7 (12.4)	27.2 (12.1)	28.3 (11.8)	27.6 (11.3)	1.7	1.2	0.1	0.8
석유	97.0 (55.9)	101.9 (53.6)	107.0 (51.4)	112.4 (49.8)	117.0 (48.6)	114.7 (46.8)	1.2	1.0	0.2	0.7
도시가스	18.4 (10.6)	21.4 (11.3)	25.5 (12.2)	29.2 (13.0)	32.2 (13.4)	33.9 (13.8)	3.9	3.2	1.5	2.6
전력	30.0 (17.3	34.8 (18.3	39.7 (19.1)	43.9 (19.5)	47.9 (19.9)	50.3 (20.5)	3.8	2.4	1.4	2.2
열에너지	1.4 (0.8)	1.9 (1.0)	2.4 (1.2)	2.9 (1.3)	3.4 (1.4)	3.9 (1.6)	8.1	4.0	3.0	4.3
신재생에너지	4.1 (2.4)	5.9 (3.1)	7.8 (3.7)	9.8 (4.4)	12.2 (5.0)	14.6 (6.0)	9.5	5.3	4.1	5.4
계	173.6 (100)	190.2 (100)	208.1 (100)	225.4 (100)	241.0 (100)	245.1 (100)	2.3	1.7	0.8	1.4

<표 2-4> 에너지원별 최종에너지 수요 목표(안) (단위 : 천TOE)

	2006	2020	2030	연평균 증가율		
				06-20	20-30	06-30
석탄	22,660 (13.1)	20,753 (10.1)	8,193 (3.9)	-0.6	-8.9	-4.2
석유	97,037 (55.9)	102,876 (50.0)	98,650 (47.6)	0.4	-0.4	0.1
도시가스	18,379 (10.6)	27,001 (13.1)	29,720 (1438)	2.8	1.0	2.0
전력	29,990 (17.3	40,567 (19.7)	44,119 (21.3)	2.2	0.8	1.6
열에너지	1,425 (0.8)	2,673 (1.3)	3,397 (1.6)	4.6	2.4	3.7
신재생에너지	4,092 (2.4)	12,014 (5.8)	23,379 (11.3)	8.0	6.9	7.5
계	173,584 (100)	205,883 (100)	207,459 (100)	1.2	0.1	0.7

2030년까지 신재생에너지 보급률을 11%로 확대하기 위하여 예산지원 효과가 큰 바이오 연료, 폐기물 연료 등에 대한 지원을 강화할 계획이다.

나. 제3차 신재생에너지 기술개발 및 이용·보급 기본계획10)

정부는 국가에너지기본계획의 하부계획으로 제3차 신재생에너지 기술개발 및 이용·보급 기본계획을 확정하였다. 이번 3차 기본계획에서는 신재생에너지의 보급목표를 1차 에너지 대비

10) 지식경제부 보도자료, "3차 신재생에너지 기술개발 및 이용·보급 기본계획 확정", 2008.12.31

신·재생에너지 비중으로 2015년 4.3%, 2020년 6.1%, 2030년 11%를 달성하는 것으로 하였으며, 집중적인 기술개발을 통해 2020년 이전 신·재생에너지의 Grid Parity(화석연료 수준의 발전단가와 동일수준) 달성을 목표로 하고 있다.

신재생에너지원 중 바이오 에너지의 비중을 2008년 8.1%에서 2030년 31.4%까지 늘리고, 폐기물 에너지의 비중을 2008년 73.7%에서 33.4%로 낮추도록 하고 있다.

위와 같은 목표를 달성하기 위하여 2030년까지 총 111.5조원(보급투자비 100조원, 기술개발투자비 11.5조원)의 투자비가 소요될 전망이며, 이 중 정부 투자비는 2030년까지 총 39.2조원으로 보급투자비는 32조원, 기술개발투자비는 7.2조원으로 전망된다.

<표 2-5> 신재생에너지 원별 목표 전망 (단위 : 천TOE)

분야	2008년		2015년		2020년		2030	
	공급량	비중(%)	공급량	비중(%)	공급량	비중(%)	공급량	비중(%)
태양열	33	0.	63	0.5	342	2.0	1,882	5.7
태양광	59	0.9	313	2.7	552	3.2	1,364	4.1
풍력	106	1.7	1,084	9.2	2,035	11.6	4,155	12.6
바이오	518	8.1	2,210	18.8	4,211	24.0	10,357	31.4
수력	946	14.9	1,071	9.1	1,165	6.6	1,447	4.4
지열	9	0.1	280	2.4	544	3.1	1,261	3.8
해양	0	0.0	393	3.3	907	5.2	1,540	4.7
폐기물	4,688	73.7	6,316	53.8	7,764	44.3	11,021	33.4
합계	6,360	100	11,731	100	17,520	100	33,027	100
비중(%)	2.58		4.33		6.08		11.0	

다. 국가에너지·자원기술개발기본계획[11)]

지식경제부[12)]는 2006년 국가에너지 · 자원기술개발기본계획을 발표하였다. 에너지효율향상, 전력기술, 신재생에너지, 자원기술, 온실가스처리 5개 분야에 108개의 에너지·자원 기술개발 로드맵을 중심으로 지속가능한 에너지시스템을 위한 기술혁신 체제를 구축하는 것을 목표로 삼고 있다.

신재생에너지 분야에 2015년까지 2조 3,200억원의 사업비를 투자하고, 이 중 정부에서 1조 5,800억원을 정부에서 지원할 계획으로 있다.

11) 황규철, 김수경, 원장묵, "국가에너지·자원기술개발 기본계획의 주요 내용", 「한국지구시스템공학회지」, 2006.4
12) 당시 산업자원부

<표 2-6> 5대 사업별 총 소요예산('06년~'15년) (단위 : 백억원)

사업명	정부지원규모	민간부담규모	총사업비
에너지효율향상	209	113	322
온실가스처리	70	23	93
신재생에너지	158	74	232
전력기술	210	200	410
자원기술	126	32	158
합계	773	442	1,215

라. 그린에너지 산업 발전전략[13)]

지식경제부는 2008년 9월 11일 그린에너지 산업 발전전략을 발표하였다. 그린 에너지산업은 온실가스를 획기적으로 감축하는 혁신적 에너지 기술에 기반한 산업으로 신재생에너지, 화석연료, 청정화, 효율향상 분야로 구분하고 있으며, 신재생에너지 분야는 태양광, 풍력, 수소연료전지, IGCC(석탄가스화 복합발전)으로 세분된다.

<표 2-7> 그린에너지 산업 발전전략

구 분	주요기술
신재생에너지	태양광, 풍력, 수소연료전지, IGCC(석탄가스화 복합발전)
화석연료청정화	CTL(석탄액화) 및 GTL(가스액화), CCS(CO2 포집, 저장)
효율향상	LED, 전력IT, 에너지저장, 소형열병합, 히트펌프, 초전도

정부는 그린에너지 산업발전을 위한 시장창출 계획을 제시하고 있는데, 공공부문에서 선도적인 수요창출을 하여 민간투자를 적극적으로 유도해 나갈 계획이다.

현행 자발적 신재생에너지 투자제도(RPA)[14)]를 총발전량중 일정비율을 신재생에너지로 의무적으로 공급토록 하는 제도(RPS)[15)]로 전환하고, 2020년까지 10% 이상 되도록 할 계획이다. 또한 현행 임의적 바이오디젤 혼입제도를 원료수급 상황을 고려하여 의무화(RFS)를 추진해 나갈 계획이다. 2012년 3%, 2020년 7%로 단계적으로 높여나갈 계획이다.

행복도시,혁신도시 등 신도시 건설이나 건물 건설 · 신축시 신재생에너지 사용 설계를 반영

13) 지식경제부 보도자료, "저탄소 녹색성장의 열쇠, 「그린에너지 발전전략」 발표", 2008.9.11

14) RPA : Renewable Portfolio Agreement,

15) RPS : Renewable Portfolio Standards

할 계획이며, 공공건물은 현행 총 건축비의 5% 이상을 신재생에너지 설비에 투자토록 한 것을 2012년까지 총에너지 부하량의 5% 이상을 신재생에너지로 사용·설계토록 의무화할 계획이다. 민간건물은 신재생에너지 인증제를 도입하여 건물건축 또는 주택단지 개발시 총에너지부하량의 5% 이상을 신재생에너지로 사용시 인증하고 보조비율 우대 등의 인센티브를 부여할 계획이다.

투자재원 확충을 위해 정책자금과 연계한 은행권의 협조융자 제도를 2009년까지 도입할 계획이다. 신재생에너지 투자 융자를 현행 100% 정책자금에서 정책자금 50%, 은행대출 50%, 협조융자 방식으로 변경하고, 정부에서 1,300억원을 융자할 계획이다. 그린에너지 투자펀드를 조성하여 유망 중소기업을 지원해 나갈 계획이다.

2) 폐자원의 자원화 및 에너지화 계획

가. 폐자원 및 바이오매스 에너지 대책[16)]

정부는 2008년 10월 6개 부서(행정안전부, 농림수산식품부, 지식경제부, 환경부, 국토해양부, 산림청) 공동으로 폐자원 및 바이오매스 에너지 대책을 발표하였다.

이 대책에서 단순 소각 · 매립되는 가연성폐기물을 2012년까지 39%, 2020년까지 100% 고형연료화하여 전용보일러 및 발전시설 연료로 공급할 계획이다. 2012년까지 RDF시설 20개소(5,840톤/일) 및 발전시설 10개소(2,800톤/일)를 확충하고, RPF시설(111천톤/년)설치를 유도할 계획이다.

현재 해양투기되고 있는 유기성폐자원을 2012년까지 25%, 2020년까지 100% 바이오가스화 또는 고형연료화하여 발전 및 자동차 연료로 공급할 계획이다.

2012년까지 음식물 자원화 시설 발생 폐수(음폐수) 바이오가스시설 11개소(2,690톤/일)를 확충하여 해양투기 중인 음폐수의 50%(89만톤)를 에너지화하여 처리하고, 2020년까지 22개소의 시설을 설치하여 100% 전량 에너지화할 계획이다. 현재 사료 또는 퇴비로 재활용되는 음식물쓰레기 중의 일부도 에너지화로 전환하여 추진할 계획이다.

가축분뇨의 경우 현재 해양투기되고 있는 6%(287만톤)를 바이오가스화 시설에서 처리하여 안정화한 후, 유기질 비료로 활용하는 방안을 검토 중이며, 가능한 범위 내에서 음식물류 폐기물 혹은 음폐수와 병합하여 바이오가스화하는 방안도 검토 중이다. 2012년까지 12개소(1,580톤/일)의 음식물류 폐기물 + 가축분뇨 병합 바이오가스화 시설을 확충할 계획이다.

2012년까지 하수슬러지 고형연료화시설 4개소(1,280톤/일)를 확충하여 해양투기되는 하수슬러지의 20%(38만톤/년)를 에너지화하고, 2020년까지는 해양투기되는 하수슬러지의 약 88%(168만톤/년)를 바이오가스 또는 고형연료화할 계획이다.

---

16) 환경부 등, 「폐자원 및 바이오매스 에너지 대책」, 2008.10

숲가꾸기 부산물 및 폐목재와 같은 바이오매스의 경우 2012년까지 공급 가능량의 12%(1,560천㎥), 2020년까지 24%(3,100천㎥)를 목재칩 또는 펠렛형태로 가공하여 전용보일로 연료로 공급할 계획이다. 2020년까지 펠렛제조시설을 16개소 확충하고, 화목 및 펠렛보일러 65,000대를 보급할 계획이다.

<표 2-8> 폐자원 및 바이오매스 에너지화 투자 금액

구분		'08~'12	'13~'20	합계
총 계 (단위 : 억원)	총사업비	53,149	221,511	274,660
	정부	37,535	179,161	216,695
	민간	15,614	42,350	57,965
폐자원 에너지화	총사업비	24,398	54,305	78,703
	정부	13,983	31,123	45,106
	민간	10,415	23,182	33,597
목질계·초본계·해양계 바이오매스 에너지화	총사업비	12,074	128,480	140,554
	정부	11,358	126,520	137,878
	민간	716	1,960	2,676
수도권 시범단지 조성	총사업비	8,950	8,525	17,475
	정부	6,104	4,358	10,462
	민간	2,845	4,168	7,013
저탄소 녹색마을 조성	총사업비	180	20,820	21,000
	정부	90	10,410	10,500
	민간	90	10,410	10,500
R&D, 전문인력 양성 및 산업육성	총사업비	7,547	9,381	16,928
	정부	5,999	6,750	12,749
	민간	1,548	2,631	4,179

산지 및 수변구역을 이용한 바이오순환림을 조성 · 활용하고, 유휴농경지 대상으로 유채단지를 조성할 계획이다. 2020년까지 리기다소나무 조림면적의 9%(4만ha)에 해당하는 바이오순환림을 조성하고, 10만ha의 수변구역에 순환림을 조성할 계획이다. 2012년까지 유휴농지 가용면적의 35%(4.5만ha)에 유채단지를 조성하여 바이오매스를 공급할 계획이다.

수도권매립지 가용면적(700만㎡)의 65%(455.5만㎡)에 2020년까지 환경 · 에너지 종합타운을 조성하여 신재생에너지를 생산하고, 이를 기반으로 전국 10개 지역에 확대하여 조성할 계획이다. 또한 지역적 특성으로 고려하여 전국에 "저탄소 녹색마을"을 2020년까지 600개 조성하여 농촌지역의 에너지 자립도를 40~50%까지 제고할 계획이다.

2020년까지 약 27조 4,660억원의 투자비가 소요될 것으로 예상되며, 2012년까지 총 투자비의 약 19%인 5조 3,149억원이 소요될 것으로 예상된다. 폐자원 에너지화(7조9천억원) 및 바이오매스 에너지화(14조원)가 전체의 80%가 소요될 것으로 예상된다.

나. 제2차 국가폐기물관리종합계획(2002~2011)수정계획[17]

(1) 폐기물 에너지회수 제고

폐기물 에너지회수 제고를 위하여 매립가스 자원화시설 설치를 확대하고, 기존 및 신규 소각시설의 에너지회수이용 촉진 및 효율화를 할 계획이다.

매립가스 자원화시설은 수도권매립지 매립가스 발전사업(50MW급 발전) 등 에너지회수 및 자원화시설 설치확대를 추진할 계획이다. 2006년 현재 11개 폐기물매립지 자원화시설이 운영중이며, 3개 시설이 추진 중에 있다.

전처리시설(MBT) 및 RDF 발전시설 설치 확대를 추진하여, 2011년까지 1,200톤/일의 전처리시설 처리시설용량을 확보할 계획이다. 2011년까지 1,660억원이 투자될 전망이며, 국고 40%, 지방비 60%로 재원을 조달할 계획이다.

차세대핵심환경기술개발사업 중 Eco-STAR Project의 일환으로 「폐자원 에너지화 기술개발 사업단(가칭)」을 구성하여 폐기물의 연료화 기술, 고효율 발전 및 열이용 기술 등 폐기물의 에너지화 이용기술 개발을 추진할 계획이다.

(2) 유기성 오니 대책

유기성오니는 직매립이 금지되어 왔으며, 2012년도 부터는 해양배출이 금지될 예정에 있는 것으로부터 육상처리를 전제로 자원화를 촉진시키기 위하여 많은 노력을 하고 있다. 슬러지의 처리에 있어서 기본적인 전제는 시멘트회사 인근지역은 시멘트 원료화, 오니 소량발생 및 농촌지역(축산단지)은 퇴비화, 생활폐기물소각장에 여유가 있는 지자체는 혼합소각 등을 추진하여 지역특성에 적합한 재활용 방법을 권장하고 있다. 특히 지자체의 경량골재, 녹생토 등 재활용 처리계획을 최대한 수용할 계획이다.

유기성 오니 광역처리시설을 설치할 경우 국고지원비율을 상향조정하고 주민편의시설 설치 등의 시설설치 촉진을 위한 인센티브제 도입을 추진할 계획이며, 향후 신설되는 하·폐수종말처리시설은 오니 처리시설 설치를 의무화할 계획이다.

유기성오니 관련 규정을 제 · 개정하여 LFG자원화시설이 설치된 매립장은 직매립을 허용하고, 생활폐기물 소각시설 연계처리를 위한 기준을 마련하고, 퇴비화 부숙기간 등 재활용 관련 규정을 검토하여 제 · 개정할 계획이다.

(3) 음식물류 폐기물의 자원화

음식물류 폐기물 직매립금지제도를 개선 · 보완하여 직매립금지 대상지역(특·광역시 또는 시지역) 중 발생량이 적고, 수집·운반이 곤란하거나 과다비용이 소요되는 지역은 직매립 금지대상 지역에서 제외(특 · 광역시 또는 시지역 중 농어촌지역, 도서지역 등)할 계획이다. 직매립

17) 환경부, 「제2차 국가폐기물관리종합계획(2002~2011) 수정계획」, 2007

금지 제외지역인 시 · 군지역 중 음식물류 폐기물 다량발생 지역을 직매립금지 대상지역으로 지정하고 있다.

또한 음식물류 폐기물 처리기술의 개발을 촉진할 계획이며, 사료화·퇴비화를 통한 재활용과 함께 혐기성소화 등 바이오가스 생산기술 개발지원을 통해 음식물류 폐기물 재활용의 다변화를 하고 있다.

우수 재활용제품 및 처리시설 발굴 · 보급을 위한 공모·전시회를 확대하여 우수 자원화 시설에 대한 홍보를 강화하고 있으며, 음식물류 폐기물 처리시설 중 공공처리시설을 확충하여 음식물류 폐기물의 안정적 처리기반을 조성하고 있다. 음식물류 폐기물의 공공처리율을 2004년 29%에서 2010년 60%까지 높여 왔으며, 공공처리시설 확충을 위한 국고보조비율을 확대하고 있다. 음식물류 폐기물이 다량 발생하는 특·광역시 지역에 음식물류 폐기물 재활용시설 설치를 유도하기 위하여 다른 지자체로 이동하는 음식물류 폐기물에 대해서 차등수수료 부과 또는 부담금을 부과하는 등의 경제적 제재방안을 검토할 예정이다.

기존 노후화된 음식물류 폐기물 처리시설의 개선을 유도하고, 음식물류 폐기물 처리시설 설치 및 관리기준을 강화하고, 설치 및 정기검사기준 개정을 통해 보다 체계적인 시설기준을 마련할 계획이다. 지방자치단체 음식물류폐기물 처리업무 민간위탁시 적정시설을 설치한 업체가 선정되도록 시설·기술인력 등 심사기준을 강화하고, 민간처리업체의 시설개선 및 신규설비 투자확대를 위한 시설자금 지원을 확대할 계획이다.

사료화 · 퇴비화 제품의 용도별 품질기준을 마련하여 재활용제품의 품질을 제고하고, 재활용제품 유통체계 확립 및 공공기관의 퇴비제품 우선 구매제도를 도입하여 자원화 제품 수요를 활성화할 계획이다. 음식물류 폐기물 공공자원화 시설 설치에 2011년까지 2,043억원(국비 30%, 지방비 70%)이 소요될 전망이다.

다. 유기성 폐자원 처리 대책

(1) 음폐수 육상처리 및 에너지화 종합대책[18)]

런던덤핑조약의 96의정서에 의하여 2013년부터 음폐수의 해양 투기가 전면적으로 억제될 예정에 있는 것으로부터 환경부는 해양투기되는 음폐수를 2012년까지 전량 육상처리하기 위한 종합대책을 2008년 2월 발표하였다.

2012년까지 음폐수 발생량이 9,971톤/일 발생할것으로 예상되지만, 해양배출되는 양을 단계적으로 줄여, 2012년까지 전량 육상에서 처리할 계획이다. 육상처리방법에 대해서는 하수 및 침출수처리장과 병합처리, 수도권매립지의 혐기성소화시설의 이용, 무기성폐수처리에 있어서 탄소원으로서 공급 등 다양한 방법을 모색하고 있다.

18) 환경부, 「음폐수 육상처리 및 에너지화 종합대책」, 2008.2

<표 2-9> 음폐수 발생량 추정

구분	2007	2008	2009	2010	2011	2012년말
발생량(톤/일)	8,764	9,044	9,336	9,573	9,869	9,971
육상처리	3,808	5,068	5,625	6,742	7,779	9,971
해양배출	4,956	3,976	3,712	2,832	2,090	0

신설되는 음식물류 폐기물 공공자원화 시설의 경우에는 에너지화 시설로 5개소(1,460톤/일) 설치하며, 권역별로 공공 및 민간 음폐수 전용 에너지화 시설을 설치하여 1,660톤/일의 음폐수를 처리하며, 환경기초시설 병합처리를 통하여 2,000톤/일의 음폐수를 처리할 계획이다.

2012년까지 4,520억원의 예산이 소요될 것으로 예상되며, 하수처리시설 등 병합처리에 600억원, 자원화 시설 설치에 3,920억원의 예산이 소요될 것으로 예상된다.

<표 2-10> 음폐수 처리 소요금액(억원)

구 분		합 계	'08 ~ '09	'10 ~ '12	비 고
합 계	계	4,520	1,285	3,235	
	공공	2,973	1,111	1,862	
	민간	1,547	174	1,373	
하수처리시설 등 병합처리	계	600	400	200	
	공공	403	356	47	
	민간	197	44	153	
자 원 화 시설 설치	계	3,920	885	3,035	
	공공	2,570	755	1,815	* 민자 및 외자유치 포함
	민간	1,350	130	1,220	

(2) 하수슬러지 관리 종합대책[19)]

환경부에서는 2007년 5월 런던협약 '96의정서 발효에 따라 하수슬러지의 해양배출이 힘들어짐에 따라 2011년말까지 하수슬러지의 육상처리기반을 마련하기 위한 종합대책을 발표하였다.

2011년말까지 해양배출을 2006년 기준 71%에서 0%로 줄이고, 재활용율을 15%에서 57%, 소각비율을 13%에서 34%, 매립비율을 1%에서 9%로 늘리는 관리목표를 제시하였다.

이를 위하여 처리방법의 다변화를 추진하여 지역특성에 적합한 재활용 방법을 채택하도록 하였다. 매립지 인근지역은 고화처리하여 복토재로 활용하고, 소량발생 및 농촌지역은 퇴비화를 추진하고, 생활폐기물소각장에 여유가 있는 지자체는 혼합소각을 추진하고, 시멘트회사 인

19) 환경부, 「런던협약 '96의정서 발효에 따른 하수슬러지 관리 종합대책」, 2007.5

근지역은 시멘트 원료화를 추진토록 하였다.

직매립 금지제도를 보완하여 매립가스자원화시설이 설치된 매립장의 경우에는 수분함량 75% 이하, 1일 500톤 미만으로 하여 직매립이 일부 허용되도록 하였다.

생활폐기물 소각시설연계처리를 위한 지침을 제정하여 탈수케익 수분함량에 따라 생활폐기물의 20%내외 기준으로 혼합소각이 가능토록 하였다.

2007년부터 2011년까지 총 6,821억원을 투자하여 수도권 광역 자원화시설 1개소, 소각시설 22개소, 재활용 시설 42개소 등 총 65개소의 처리시설을 확충할 계획이다.

<표 2-11> 슬러지처리시설 확충계획

구 분		개소	슬러지처리 시설(톤/일)	총사업비(억원)		
				계	국고	지방비
총 계		65	7,184	6,821	3,487	3,334
1단계	소 계	47	5,530	5,331	2,616	2,715
	수도권광역	1	1,000	369	115	254
	소각시설	18	1,677	1,850	887	963
	재활용시설	28	2,853	3,112	1,614	1,498
2단계	소 계	18	1,654	1,490	871	619
	수도권광역	-	1,000	369	115	254
	소각시설	4	125	303	185	118
	재활용시설	14	529	818	571	247

2011년에는 하수슬러지가 9,554톤/일 발생이 예상되며, 시 · 도별로 처리시설을 설치하여 재활용 5,458톤/일(57%), 소각 3,252톤/일 (34%), 매립 844톤/일(9%) 처리할 계획이다.

<표 2-12> '11년말 하수슬러지 처리계획 (톤/일)

구분	발생	처 리							
		해양 배출	매립			소각			재활용
			소계	직매립	가스화	소계	생활연계	전용	
물량	9,554	0	844	62	782	3,252	157	3,095	5,458
%	100	0	9	1	8	34	2	32	57

재활용량 5,458톤/일은 복토재 3,678톤/일(67%), 시멘트원료 599톤/일 (11%), 녹생토 489톤/일(9%), 퇴비화 385톤/일(7%), 탄화271톤/일(5%)등으로 재활용할 계획이다.

<표 2-13> '11년말 하수슬러지 재활용계획(톤/일)

구분	계	연료화	녹생토	지렁이 분변토	시멘트 원료	퇴비화	탄화	복토재
물량	5,458	16	489	20	599	385	271	3,678
%	100	0.5	9	0.5	11	7	5	67

(3) 가축분뇨 관리대책

(가) 가축분뇨 해양배출 감축대책[20)]

우리나라는 가축분뇨의 대부분을 고액분리하여 고형물은 퇴비화, 액체는 폐수처리 개념으로 처리하여 왔으며, 특히 폐수의 일부분은 해양배출을 해왔다. 농림수산식품부[21)]에서는 2007년 7월 가축분뇨 해양배출 감축대책을 발표하였다. 동 대책에서 농림수산식품부는 2012년 가축분뇨 해양배출 금지에 대비하여 2007년부터 연간 50만톤 이상 감축하여 2012년까지 전량 육상에서 처리할 계획을 수립하였다. 이를 위하여 농림수산식품부는 2011년까지 가축분뇨처리자금 집중 지원으로 가축분뇨 자원화 및 퇴·액비 이용 촉진을 유도할 계획이다.

<표 2-14> 해양배출 감축목표 설정.운영 (단위 : 천톤)

		'06	'07	'08	'09	'10	'11	'12
해양배출 물량 (감축물량)		2,607	2,200 (△407)	1,700 (△500)	1,200 (△500)	700 (△500)	200 (△500)	0 (△200)
육상처리수단	공동자원화	(1,280)	감축물량의 50% 수준인 연평균 25만톤을 해결					
	액비유통센터	(538)	감축물량의 20% 수준인 연평균 10만톤을 해결					
	기존시설 보완	(789)	감축물량의 30% 수준인 연평균 15만톤을 해결					

<표 2-15> 공동자원화 시설 설치.확대 계획 (단위 : 천톤)

	'07	'08	'09	'10	'11	'12
사 업 량 (개 소)	5	15	20	20	10	-
처리물량 (천톤/년)	183	548	730	730	365	-
해양배출대체물량 (천톤/년)	-	93 (3)	274 (8)	365 (10)	365 (10)	183 (5)

20) 농림부, 「가축분뇨 해양배출 감축대책」, 2007.7

21) 2007년 당시 농림부

<표 2-16> 액비유통센터 지정 확대 계획 (단위 : 천톤)

	'07	'08	'09	'10	'11	'12
사업량(개소)	6	15	20	20	20	5
처리량(천톤/년)	75	188	250	250	250	63
살포면적(ha)	1,500	3,760	5,000	5,000	5,000	1,260
해양배출 대체물량	37	94	125	125	125	32

<표 2-17> 신규설치 및 기존시설 보완 계획 (단위 : 천톤)

	'07	'08	'09	'10	'11	'12
사업량(㎥)	711	700	600	600	600	500
육상처리물량 (천톤/년)	500	270	290	290	290	90
해양배출 대체물량	363	213	101	101	101	11

공동자원화시설을 통하여 감축물량의 50% 수준인 연평균 25만톤을 해결하고, 액비유통센터를 통하여 연평균 10만톤을 해결하며, 기존시설의 보완을 통하여 15만톤을 해결할 계획이다.

(나) 가축분뇨 관리 · 이용 종합대책[22)]

농림수산식품부와 환경부는 해양배출 규제에 대한 논의가 진행되던 2004년 11월 에 가축분뇨 관리·이용 종합대책을 발표하였다. 동 대책에서 가축분뇨 자원화를 촉진하기 위하여 가축분뇨 자원화시설 설치 및 개선지원을 확대하고, 지역단위 통합관리센터 시범사업을 추진하며, 자원화 중심으로 공공처리시설을 확충하는 등의 대책을 발표하였다.

이를 위하여 2013년까지 2조 1,035억원을 투자할 계획이다. 자원화 확대를 위하여 1조 460억원, 친환경축산 기반구축을 위하여 6,747억원, 공공처리시설 확대 및 개선을 위하여 3,780억원, 조사연구, 교육 및 홍보비용을 48억원이 투자될 계획이다.

이후 지역단위 통합관리센터시범사업으로 당진군, 장수군, 창녕군이 선정되어 총공사비 321.5억(국고지원 225억, 시설용량 총 265톤/일)에 추진되고 있으며, 공공처리시설 자원화 시범사업으로 강화군, 해남군, 천안시, 진주시가 선정되어 총공사비 316.6억(국고지원 253.3억, 시설용량 290톤/일)에 추진되고 있다. 강화군과 해남군의 경우 사업이 완료되어 시설이 가동되고 있다.

22) 농림부, 환경부 합동, 「가축분뇨 관리·이용대책」, 2004.11

<표 2-18> 투자소요 계획(억원)

구분	계	'04	'05	'06	'07	'08	'09	'10	'11	'12	'13
합계	21,035	996	1,148	1,706	1,941	1,952	2,514	2,618	2,688	2,736	2,736
① 자원화 확대	10,460	688	742	938	1048	1101	1143	1198	1196	1203	1203
유통협의체 운영지원	242	0	8	17	17	25	25	34	34	41	41
자원화시설지원	4,812	474	482	482	482	482	482	482	482	482	482
유기질비료 가격보조	5,340	210	245	430	540	585	630	675	675	675	675
친환경농산물 이용촉진	25	4	4	4	4	4	1	1	1	1	1
퇴액비성분분석 기타	41	0.4	2.6	5.5	5.5	5.5	5.5	5.5	3.5	3.5	3.5
② 친환경축산기반구축	6,747	58	86	422	417	445	965	1014	1086	1127	1127
친환경축사 직불제	5,411	58	58	360	360	360	843	843	843	843	843
친환경축사 시설지원	1,331	0	28	57	57	85	122	171	243	284	284
농업기술 교육지원	5	0	0	5	0	0	0	0	0	0	0
③공공처리시설	3,780	250	320	340	470	400	400	400	400	400	400
④기타제도개선	48	0	0	6	6	6	6	6	6	6	6

(4) 목질 바이오매스

(가) 제5차 산림기본계획(2008 ~ 2017)[23)]

산림청은 2008~2017년까지의 제5차 산림기본계획을 발표하였다. 기본계획의 주요 내용 가운데 산림바이오매스 활용과 관련된 부분만 보면 다음과 같다.

산림청은 계획기간 중 234만ha의 산림에 대해 숲가꾸기를 실시하여 산림의 가치를 제고할 계획이다.

산림청은 계획기간 중 폐목재 재활용율을 100%로 높여 자원순환형 목재산업을 육성할 계획이다. 환경부와 협의하여 폐목재 발생원 및 유해정도에 따라 등급을 세분화하여 양질의 폐목재는 보드용으로 저질의 폐목재는 바이오에너지용으로 활용할 계획이다.

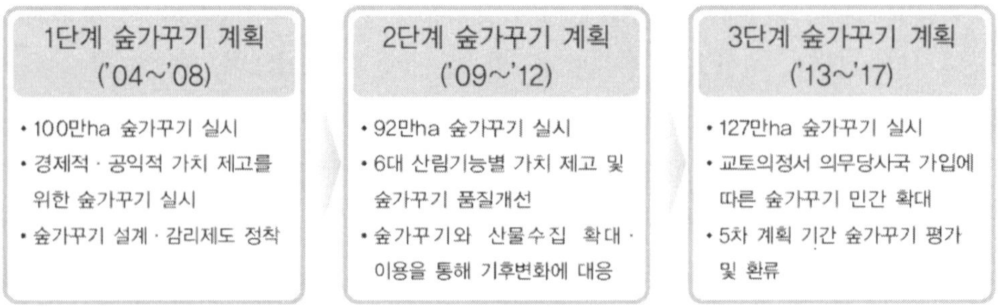

<그림 2-5> 산림청의 숲가꾸기 계획

23) 산림청, 「제5차 산림기본계획(2008~2017)」,

신재생에너지로서 산림바이오매스 활용을 촉진하여 온실가스 배출 저감노력을 할 계획이다. 숲가꾸기 산물수집비용 지원 및 수집량을 확대할 계획이며, 국산 소경재 등을 이용한 바이오에너지 산업을 육성할 계획이다. 지역단위 순환형 에너지 자원인 바이오매스 활용체계 구축을 위해 지역 난방 시스템, 산촌지역 활용 등 공급 · 수요처 확대 및 목질바이오매스 정보(바이오매스 지도체계 구축 등) 통합관리체계를 구축할 계획이다. 국내소요 바이오매스의 안정적인 공급을 위해 바이오 순환림을 국유림 중심으로 시범조성 후 사유림, 간척지, 매립지, 유휴농지 등으로 확대할 계획이다. 2017년까지 10,000ha의 바이오순환림을 조성할 계획이다.

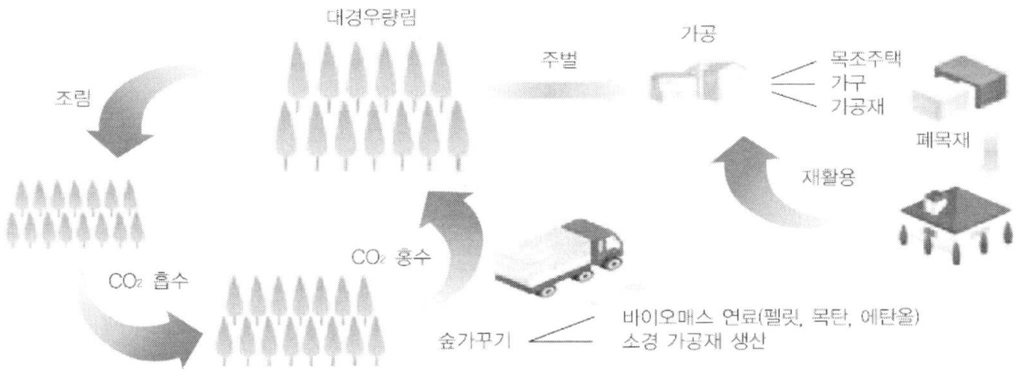

<그림 2-6> 숲가꾸기 산물 및 폐목재 이용계획

(나) 폐목재 재활용 활성화 대책[24)]

환경부 등 관계기관 합동으로 2007.9 폐목재 재활용 활성화 대책을 발표하였다.

폐목재 재활용 활성화를 위반 기술개발 · 지원을 촉진하고, 생활폐목재 및 임목부산물 수집 확대로 재활용을 극대화하여 2012년까지 임목부산물은 현재 10%에서 35%까지 재활용을 높이고, 생활 폐목재는 3%에서 90%까지 재활용을 높일 계획이다.

제도개선을 통하여 발생원 · 유해성 등을 고려하여 폐목재 등급을 세분화하고, 고품질로 판단되는 폐목재는 물질 재활용으로 우선 이용하고, 이후 배출되는 저급 폐목재는 에너지원으로 이용할 계획이다.

건설현장에서 폐목재의 분리배출을 엄격히 하고, 폐목재 전문 재활용업체에 우선 위탁처리토록 함으로써 매립·소각 등으로 처리되지 못하도록 관리를 강화할 계획이다.

임목부산물 수거를 위하여, 숲가꾸기 면적을 확대하고, 지자체에 목재 수집장비, 목재파쇄기 등 기계화 지원을 할 계획이다. 산림바이오매스 산물수집 확대를 위하여 저소득층, 청년실업자 등을 대상으로 사회적 일자리사업 확대를 추진할 계획이다. 이를 위하여 산림청에서는

24) 국무조정실, 재정경제부, 기획예산처, 산업자원부, 환경부, 건교부, 산림청, 「폐목재 재활용 활성화 대책」, 2007.9

2008년부터 2012년까지 1,427억원을 투입할 계획이다.

수거 · 운반비 과다, 경제성이 낮은 생활폐목재의 수거 · 파쇄 · 선별할 수 있는 자치단체 재활용기반시설을 전국 40개소에 구축할 계획이다.

<표 2-19> 폐목재 투자소요 계획(억원)

추 진 과 제	추진 일정	예 산	소관부처
합 계		3,670	
〈제도 개선〉			
ㅇ 폐기물관리법 개정 추진	'08년 상반기~	-	환경부
ㅇ 건설폐기물 재활용 촉진법 개정 추진	'08년 상반기~	-	환경부
ㅇ 환경설비 투자 세액공제율 상향 조정	'07년 하반기~	-	재경부
ㅇ 발전차액 단계적 확대 및 목질계 바이오매스 지원방안 용역 추진	'07년 하반기~	-	산자부
〈원료 수거 체계〉			
ㅇ 임목부산물 수집사업 확대※	'08~'12	1,427	산림청
ㅇ 생활폐목재 재활용기반시설 구축 지원※	'09~'12	365	환경부
〈재정 및 기술 지원〉			
ㅇ 생활 폐목재 처리비용 지원	'08년 상반기	-	환경부
ㅇ 폐목재 재활용산업 융자금 우선지원※	'08~'12	200(50/년)	환경부
ㅇ 폐목재 재활용기술 개발※	'10~'12	300(100/년)	환경부
ㅇ 폐기물에너지화 사업단	'08~'13	650	환경부
ㅇ 신재생 에너지 기술개발※	'07~'12	710	산자부
ㅇ 목질 바이오에너지 연구사업단	'07~'09	18	산림청

(다) 폐기물 재활용 기본계획(2007년~2011년)[25]

건설폐기물 재활용 기본계획에서는 건설폐목재 발생량을 2011년도 3,480톤/일이 될 것으로 예측하여, 2000년도 대비하여 약 47%, 2006년 대비 약 10% 증가할 것으로 추정하였다.

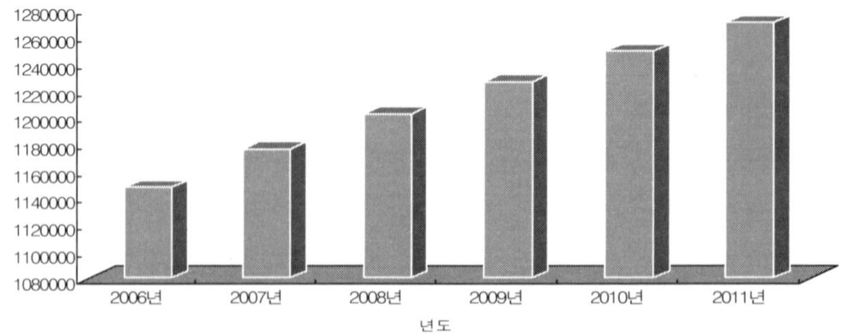

<그림 2-7> 향후 건설폐목재 발생량 예측

25) 환경부, 「건설폐기물 재활용기본계획(2007년~2011년)」, 2006.12

기본계획에서는 건설폐목재 재활용 목표율을 2007년부터 매년 3% 증가하여 2011년 65% 달성하는 것으로 제시하였다.

<표 2-20> 건설폐목재 단계별 재활용 목표율

구분 \ 년도	2007	2008	2009	2010	2011
재활용 목표율(%)	53	56	59	62	65

폐목재 재활용 촉진을 위하여 폐목재의 발생형태 및 건설공사 종류별 발생 폐목재의 성상을 파악한 후 분리선별하는 방안의 마련과 건설현장의 폐목재 발생형태 및 재활용 가능 목재의 분류체계를 작성할 계획이다.

폐목재 중 재활용이 가능한 것과 불가능한 것을 재활용 용도에 따라 적절히 분류할 수 있는 세부 기준을 마련하고, 건설공사 중 발생하는 폐목재의 적정 유통 및 재활용을 위한 관련 규정을 제 · 개정할 계획이다.

관계부처와 협조하여 폐목재 선별기술(특히 가구류 등 생활폐목재) 개발 및 재활용기술 개발을 지원할 계획이다.

3. 녹색마을 관련 법 및 제도

1) 신에너지 및 재생에너지 개발 · 이용보급촉진법

가. 신재생에너지촉진법의 개요

신에너지 및 재생에너지 개발·이용보급촉진법(이하 "신재생에너지촉진법")은 신에너지 및 재생에너지의 기술개발 · 이용 · 보급촉진과 신에너지 및 재생에너지산업의 활성화를 통하여 에너지원을 다양화하고, 에너지의 안정적인 공급, 에너지 구조의 환경친화적 전환 및 온실가스 배출의 저감을 추진하기 위한 목적으로 제정되었다.

1987년12월 4일 대체에너지개발촉진법이 제정되었고, 1997년 12월 13일 대체에너지개발 및 이용·보급촉진법으로 개정되었다가, 2004년 12월 31일 현재의 법으로 개정되었다.

신에너지 및 재생에너지는 기존의 화석연료를 변환시켜 이용하거나 햇빛·물·지역·강수·생물유기체 등을 포함하는 재생가능한 에너지를 변환시켜 이용하는 에너지로 태양에너지, 생물자원을 변환시켜 이용하는 바이오에너지, 풍력, 수력, 석탄을 액화·가스화한 에너지 및 중질잔사유를 가스화한 에너지, 해양에너지, 폐기물에너지, 지열에너지, 수소에너지, 그 밖에 석유·석탄·원자력 또는 천연가스가 아닌 에너지로서 대통령령이 정하는 에너지를 말한다.[26]

---

26) 대체에너지개발촉진법 제정당시의 대체에너지는 태양에너지, 바이오에너지, 풍력, 소수력, 연료전지, 석탄액화 · 가스화, 해양

바이오에너지는 대체에너지개발촉진법 제정당시에 대체에너지로 포함되었고, 신재생에너지촉진법이 제정되면서 생물자원을 변형시켜 이용하는 것으로 대통령령이 정하는 기준 및 범위에 해당하는 에너지로 보다 구체화되었다.

<표 2-21> 바이오 및 폐기물에너지 기준 및 범위

에너지원별	기준 및 범위	
바이오에너지	기준	1. 생물유기체를 변환시켜 얻어지는 기체·액체 또는 고체연료 2. 제1호의 연료를 연소 또는 변환하여 얻어지는 에너지 ※ 제1호 또는 제2호의 에너지가 신재생에너지가 아닌 석유제품 등과 혼합된 경우에는 생물유기체로부터 생산된 부분만을 바이오에너지로 본다.
	범위	1. 생물유기체를 변환시킨 바이오가스·바이오에탄올 · 바이오액화유 및 합성가스 2. 쓰레기매립장의 유기성폐기물을 변환시킨 매립지가스 3. 동식물의 유지를 변환시킨 바이오디젤 4. 생물유기체를 변환시킨 땔감 · 우드칩 · 펠렉 및 목탄 등의 고체연료
폐기물에너지	기준	1. 각종 사업장 및 생활시설의 폐기물을 변환시켜 얻어지는 기체·액체 또는 고체의 연료 2. 제1호의 연료를 연소 또는 변환시켜 얻어지는 에너지 3. 폐기물의 소각열을 변환시킨 에너지 ※ 제1호 내지 제3호의 에너지가 신 · 재생에너지가 아닌 석유제품 등과 혼합되는 경우에는 각종 사업장 및 생활시설의 폐기물로부터 생산된 부분만을 폐기물에너지로 본다.

신재생에너지촉진법 시행령 별표1에서 정하고 있는 바이오에너지 및 폐기물에너지의 기준 및 범위는 다음과 같다.

지식경제부 장관은 10년 단위로 신재생에너지의 기술개발 및 이용 · 보급을 촉진하기 위한 기본계획 및 연차별 실행계획을 수립하여야 한다.

신재생에너지촉진법에는 다양한 신재생에너지의 이용과 보급을 위하여 사업 및 사업비, 관련설비 등에 대한 인증, 기술개발에 대한 지원과 관리사항 등을 법으로 규정하고 있다. 정부의 신재생에너지 지원 사업은 크게 기술개발사업, 보급지원제도, 기반조성사업 세 분야로 구성되어 있다.

<표 2-22> 신재생에너지 지원 사업

지 원 사 업	세부지원 사업 항목
기술개발사업	연구기획, 프로젝트 및 일반사업, 정책연구사업, 성능평가사업, 실증연구사업
보급지원제도	융자지원제도, 보급보조사업, 태양광 주택10만호보급사업, 지방보급사업
기반조성사업	인증제도, 인력양성, 발전차액지원제도, 전문기업제도, 공공기관신재생에너지 이용 의무화제도

자료) 경기개발연구원, 「경기도의 바이오매스 에너지 이용체계 구축방안」, 2008.11

에너지,
폐기물에너지, 기타 대통령령이 정하는 에너지

나. 기술개발사업

신에너지 및 재생에너지 개발 · 이용 · 보급 촉진법에 따라 수립된 신 · 재생에너지 기술개발 · 이용 · 보급 기본계획의 목표 달성 및 효율적 추진을 위하여, 연도별 · 에너지원별 기술개발 사업을 추진하고 있다. 기술개발의 사업은 협약 및 진도관리, 종료 및 사후관리로 나누어지고 있다. 기술개발 사업은 다양한 기관에서 진행되고 있으며, 사업관리를 전담하는 기관과 평가를 전담하는 기관으로 분류하여 사업을 진행하고 있으며, 전체적인 조율은 지경부에서 실시하고 있다.

초기에는 수요조사를 실시하여 조사되어진 수요조사에 바탕을 두고, 기획을 하여 기획과제를 공고하여, 연구자를 접수한 후에 평가를 실시하여 선정이 이루어질 경우에는 협약을 통하여 연구를 실시한다.

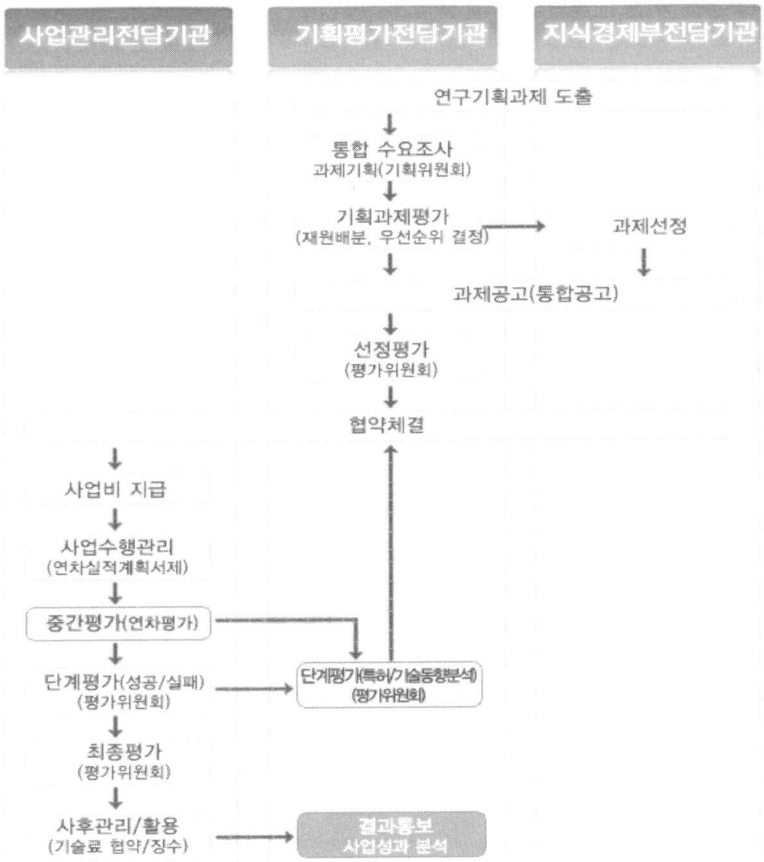

<그림 2-8> 신재생에너지 관련 기술개발 절차

연구를 실시하면서 중간평가, 최종평가 등을 거쳐 사업의 성공 여부를 판단하게 되며, 평가를 통하여 큰 문제가 없을 시에는 성공으로 분류되어 사후관리를 하게된다. 사후관리는 사업

성과를 분석을 통하여 기술료의 징수에 대하여 협약을 체결하게 되며, 사업을 통하여 지속적으로 매출이 발생할 경우에 단계적으로 기술료를 징수한다.

신재생에너지 개발에 관한 연구는 〈표 2-23〉에 나타낸 것과 같이 다양한 연구를 수행중에 있으며, 부처별 관련분야를 나누어 개발하고 있다.

<표 2-23> 기술개발 추진내용

분야	기술개발 추진내용
수소 연료전지	- 연료전지는 장래 수소사회 구축을 위한 전략적 기술개발 분야로 상용화를 위한 기초적 매카니즘 해명과 성능, 내구성 향상, 가격저감을 위한 혁신적 기술개발 추진
태양광	- 성능향상 기술개발위주에서 저비용 · 고효율 태양광 발전시스템 구현을 위한 결정질 Si 태양전지 저가 · 고효율화, 차세대 박막태양전지 및 산업용 고효율 집광형 태양전지개발 등 전략적 기술개발 추진
풍력	- 국산 에너지 공급 및 환경 친화적 에너지인 풍력발전시스템의 핵심 부품개발을 통한 가격경쟁력 확보 및 국산 풍력발전기의 신뢰성 확보를 위한 기술개발 추진 - 미래 풍력 수출시장 선점을 위한 대형 해상 풍력발전시스템 기술개발 추진
석탄가스화 액화기술	- 한국형 300MW급 IGCC플랜트의 신뢰성 향상 및 국산 가스화 공정 개발을 통한 사용연료의 유연성 확보를 위한 기술개발 추진 - 해외 가스화액화 플랜트 수출시장 진입을 위한 한국형 석탄가스화 플랜트개발기술 확보 추진
소수력	- 주요 부품 국산화, 품질향상 및 전자식 시스템개발을 통한 효율향상 기술개발 추진 - 저낙차 수력발전시스템 개발 등 비활용자원 이용 기술개발 확대 추진
해양	- 해양에너지를 이요한 조력 · 조류 · 파력발전 등 기술개발 추진 - 경제성 확보를 위한 터빈발전기 등 핵심부품 기술개발 추진 - 국내 해양자원의 환경 영향평가, 조석 예측기법, 기반기술 확보 및 실해역 실증연구사업 추진
바이오	- 셀룰로스계 에탄올, 바이오부탄올 등 수송용 바이오연료기술개발 추진 - 시스템저가화, 신뢰성확보 기술개발 및 바이오에너지원 확대 기술개발 추진
폐기물	- 열이용, 연료제조, 발전등 이용 변환효율증대 및 청정원료화 기술개발 추진 - 폐기물 이용기술 확대를 위한 열분해, 연료유, 재생연료 고급화, 소각로용 마이크로발전시스템 등 기술개발 추진
태양열	- 첨단소재, 제조기술 개발을 통한 시스템 고효율화(저온분야) 및 냉 · 난방시스템, 태양열발전시스템, 태양열 화학시스템(중고온분야) 등 기술개발 추진 - 타에너지원 복합적용시스템(태양광/열 이용 하이브리드 등) 개발을 통한 이용확대 기술개발 추진
지열	- 지열에너지 경제성 확보를 위한 지열자원 탐사, 평가기법 등 기술개발 추진 - 고효율 히트펌프, 대체냉매 이용 냉 · 난방시스템, 지열발전시스템 등 지열이용기술개발 추진

다. 보급지원제도

(1) 신재생에너지설비 융자지원제도

신재생에너지 시설 설치자 및 생산자를 대상으로 장가저리의 융자지원을 통해 초기 투자비를 경감하고, 사업적 경제성을 확보하여 신재생에너지 설비 및 관련 산업을 보급, 육성하기 위한 제도이다.

자금지원은 시설자금, 생산자금, 운전자금으로 분류된다.

<표 2-24> 융자금 지원대상

대상분류	세부내용
시설자금	신재생에너지를 이용하기 위한 시설을 설치하고자 하는 사업주가 신청하는 자금 예) 태양광발전설비, 풍력발전설비, 태양열설비, 지열설비 등의 시설 설치자금
생산자금	신재생에너지설비의 부품 또는 제품을 생산하는 공정라인을 설치하고자 하는 사업주가 신청하는 자금 예) 태양광모듈 생산라인, 풍력발전 터빈 생산라인 등의 생산시설 설치자금
운전자금	신재생에너지관련 사업을 운영하는 사업주가 운영자금 확보 또는 원활한 자금유동성 확보를 위해 신청하는 자금

신재생에너지센터의 "2009년도 신재생에너지 융자지원사업을 위한 자금지원지침" 에 의하면 2009년 지원예산액은 특자금 563.4억원, 전력기금 740억원이며, 대출기간은 5년 거치 10년 분할상환(바이오 및 폐기물분야는 3년 거치 5년 분활상환)이다. 이자율은 분기별 변동금리가 적용되며, 2009년 1/4분기는 3.0%가 적용된다.

<표 2-25> 2009년 융자금 지원액

구 분	에특자금	전력기금
지원대상	신재생에너지 발전시설 외의 시설설치 또는 생산자금·운전자금	신재생에너지 발전시설의 설치
지원예산액	563.4억원	740억원

<표 2-26> 특자금 지원사업의 세부지원조건

<table>
<tr><th>자금구분</th><th>이자율</th><th>대출기간</th><th>지원비율</th><th>동일사업자당 지원 한도액</th></tr>
<tr><td>생산자금 및 시설자금</td><td rowspan="3">2009년도 1/4분기 현재 3.0% (분기별 변동금리)</td><td rowspan="2">5년거치 10년 분할상환 (바이오 및 폐기물 분야 3년 거치 5년분할상환)</td><td rowspan="3">90%이내 (대기업 50%이내)</td><td>100억원이내 (30억원이내)</td></tr>
<tr><td>신재생에너지기술 개발국산화사업</td><td>150억원이내</td></tr>
<tr><td>운전자금</td><td>1년거치 2년분할상환</td><td>10억원이내</td></tr>
</table>

<표 2-27> 전력기금 지원사업의 세부지원조건

자금구분	이자율	대출기간	발전용량	지원비율	동일사업자당 지원한도액
시설자금(태양광)	2009년도 1/4분기 현재 3.0% (분기별 변동금리)	5년거치 10년 분할상환	500kW이상 ~ 1MW미만	40%이내 (40%이내)	100억원이내
			300kW이상~500kW미만	50%이내 (40%이내)	
			100kW이상~300kW미만	60%이내 (50%이내)	
			100kW미만	70%이내 (50%이내)	
시설자금(태양광외)			-	90%이내 (50%이내)	

(2) 보급보조사업

보급보조사업은 재생에너지 설비에 대해 설치비의 일정부분을 정부에서 무상보조 지원함으로써 국내 개발제품의 사용화를 촉진하고 초기시장창출 및 보급 활성화를 유도하는 사업이다.

일반보급사업, 시범보급사업, 계획보급사업이 있다. 일반보급사업은 자가용에 한해 설치비의 최대 60% 이내에서 지원하며, 시범보급사업은 자가용에 한해 설치비의 최대 80% 이내에서 지원하되 정부지원 R&D를 활용할 것으로 조건으로 하고 있다. 계획보급사업은 지자체 또는 공공기관 등과 연계하여 사업비를 지원하는 사업으로 평가위원회의 심의를 거쳐 조정된 사업을 지원한다.

<표 2-28> 보급보조사업 내용

사업분류	사업내용 및 지원조건	
일반보급사업	개발된 신재생에너지기술의 상용화된 일반 보급설비로서 자가용에 한해 설치비의 최대 60% 이내 지원	
	태양열, 지열, 바이오설비	소요시설비용의 50% 이내
	태양광, 풍력, 소수력설비	소요시설비용의 60% 이내
	폐기물 이용설비	소요시설비용의 30% 이내
시범보급사업	개발된 신재생에너지기술의 상용화를 위한 시범보급설비(정부지원 R&D활용조건)로서 자가용에 한해 설치비의 최대 80% 이내 지원	
계획보급사업	지자체 또는 공공기관 등과 연계하여 사업비를 지원하는 사업으로서 평가위원회의 심의를 거쳐 조정된 사업을 지원(태양열주택포함)	

<표 2-29> 보급보조 참여기준

기준	사업명	구분	참여기준
전문 기업	일반 보급 사업	공통 적용	- 지원사업 공고일 기준 「산자부고시 제2008-3호 "신재생에너지설비의 지원·설치·관리에 관한 기준"」 제2조제12호에 해당하는 전문기업
		발전 설비	1. 지원사업 공고일 기준, 전기공사업을 등록한 기업 2. 지원사업 공공일 기준, 최근 3년이내에 신재생에너지발전 설비용량 3kW급 1기 이상 또는 누적용량 5킬로와트 이상을 직접설치한 기업
		열이용설비	- 지원사업 공고일 기준, 기계설비공사업 또는 난방시공업(1종, 2종)을 등록한 기업
		폐기물 설비	- 지원사업 공고일 기준, 기계설비공사업 또는 공해방지시설업의 등록을 요구하는 경우에는 이를 등록한 기업
	시범보급 사업	공통 적용	- 해당분야 국내 기술개발사업에 참여한 자
지원 신청자	일반·시범 보급 사업		- 해당시설 설치 예정지 건물 등기부등본의 소유자(대표자) 또는 소유예정자(단, 건축법 시행령 제5조 제5항 제9,10,11호에 해당하는 가설건축물의 소유자는 참여가능) - 국가 및 지방자치단체 소유 건물 제외(단, 건축법 시행령 제3조의4관련 별표1 제10호 가목의 학교 중 초등학교, 중학교, 고등학교는 가능)

(3) 지방보급사업

지방보급사업은 지역특성에 맞는 신재생에너지 보급을 통하여 에너지 수급여건 개선 및 지역경제 발전을 도모하고자 16개 광역지자체 및 기초 지방자치단체에서 추진하는 제반 사업을 지원한다.

사업내용은 세부적으로 기반구축사업과 시설보조사업을 나누어지는데, 기반구축사업은 지자체가 지역 내의 에너지를 효율적으로 개발하거나 활용하기 위한 능력을 확충하기 위한 사업으로 교육 · 홍보사업, 타당성조사사업 등이 있다. 시설보조사업은 지역 내의 에너지수급안정 또는 에너지이용합리화를 목적으로 설치하는 신재생에너지관련 시설 및 설비지원사업으로 태양광발전시설 설치사업, 수력발전시설 설치사업 등이 있다.

지자체장이 매년 3월말까지 사업을 신청하면 사업평가 및 심의위원회에서 평가한 후 12월말까지 사업별 예산확정을 통보한 후 이후 사업비를 교부해 주는 체계로 운영된다.

지원조건은 기반구축사업의 경우 소요자금의 100% 이내, 시설보조사업의 경우 소요자금의 70% 이내(지방비 분담조건)에서 지원해 준다. 그렇지만 2008년부터 전기분야는 60%, 열분야는 50% 지원하고 있다.

지방보급사업의 추진체계는 〈그림 2-9〉과 같다. 기초자치단체가 사업을 신청하게되며, 신청되어진 사업에 대하여 신재생에너지센터에서 평가를 하게되고, 관련되어진 제도 및 절차 등에 문제가 있을 시에는 심의위원회에서 조정하게 된다. 지경부가 사업에 있어서 예산을 확보하고, 평가결과를 받아 광역자치단체에 교부한다.

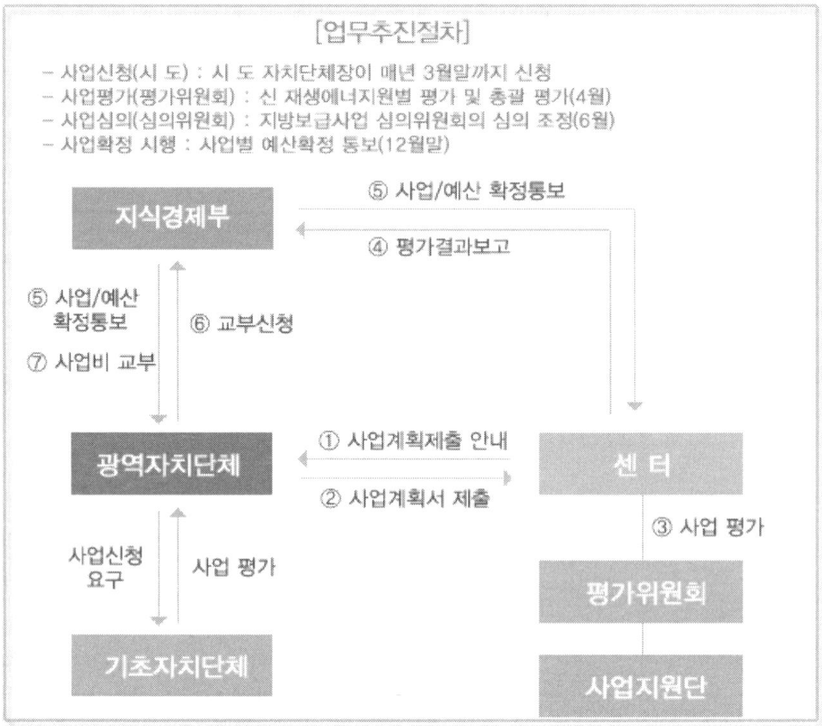

<그림 2-9> 지방보급사업 업무추진 절차

라. 기반조성사업

(1) 신재생에너지 인증제도

신재생에너지 인증제도란 신재생에너지설비의 품질을 보장하고 소비자의 신재생에너지에 대한 신뢰성을 제고하기 위하여 설비에 대한 인증을 실시하는 제도로서 2003년 9월에 도입되었다. 신에너지 및 재생에너지개발 · 이용 · 보급촉진법 제13조에 따라 신 · 재생에너지설비의 보급촉진을 위하여 일정기준 이상의 신 · 재생에너지설비에 대하여 인증하는 제도이다.

인증기관은 에너지관리공단 부설 신재생에너지센터이며, 인증심사기준에 따른 인증심사는 일반심사(공장확인, 제조 및 생산, 품질유지관리, 사후관리능력 확인), 설비심사(성능검사, 성능검사기관이 발행한 검사결과서의 결과)로 2원화하여 실시하며, 신재생에너지설비 제조(수입)자의 신청에 의하여 심사 후 인증서를 발급한다. 인증제도는 태양열, 태양광, 풍력, 지열, 연료전지, 기타 등 6개 분야에 총 22종의 인증품목으로 구성되어 있다.

인증 신청자 대상은 국내 제조사 및 수입사에 한정하며, 인증설비 보급 촉진을 위하여 지식경제부장관은 필요한 경우 관계 중앙행정기관 또는 지방자치단체에 대하여, 설비인증을 받은 신재생에너지 설비의 사용 등을 요청할 수 있다. 설비인증을 받은 자가 거짓이나 부정한 방법으로 설비인증을 받은 경우에는 설비인증을 취소할 수 있고, 설비인증을 받은 후 제조하거나 수입하여 판매하는 신·재생에너지 설비가 설비 인증 심사기준에 부적합한 것으로 발견된 경우에는 설비인증을 취소할 수 있다.

<표 2-30> 인증제도의 분야 및 인증품목

분야	품 목	
태양열	태양열 집열기	평판형, 진공관형, 고정집광형
	태양열 온수기	자연순환식, 강제순환식, 진공관일체형
태양광	태양전지셀, 태양광 발전용 계통연계형 인버터(정격출력 10kw이하), 태양광 발전용 독립형 인버터(정격출력 10kw이하), 결정질 태양전지 모듈, 박막 태양전지 모듈, 태양광 집광채광기, 태양광발전용 접속함	
풍력	소형풍력발전시스템, 소형풍력발전용 인버터, 중대형 풍력발전시스템(용량 30kw이상)	
지열	물-물 지열 열펌프 유니트, 물-공기 지열 열펌프 유니트, 물-공기 지열 멀티형 열펌프 유니트	
연료전지	계통연계형 고분자 연료전지 시스템, 독립형 고분자 연료전지 시스템	
기타	신재생에너지 발전용 축전지(납축전지/NiCd 전지) 충전제어시스템 모니터링설비	

자료) 경기개발연구원, 「경기도의 바이오매스 에너지 이용체계 구축방안, 2008.11

(2) 발전차액지원제도

신재생에너지 발전사업은 신재생에너지촉진법에 정의된 신재생에너지를 이용하여 전력을 생산한 후 판매하는 사업이며, 발전차액지원제도는 신재생에너지 투자경제성 확보를 위해 신재생에너지 발전에 의하여 공급한 전기의 전력거래 가격이 지식경제부 장관이 고시한 기준가격보다 낮은 경우, 기준가격과 전력거래와의 차액(발전차액)을 지원해주는 제도이다.

사업자에 대한 지원금은 기준가격의 적용대상 신·재생에너지발전 전원에 의해 생산되어 전력시장에 공급된 전력에 대하여 기준가격과 전력시장의 월 가중평균 계통한계가격의 차액 {차액지원금 = (기준가격 - 월 가중평균 계통한계가격) × 전력거래량}으로 한다. 기준가격 적용기간은 발전차액지원개시일로부터 총 15년으로 하되 태양광 전원은 20년으로 한다. 다만 발전차액지원제도 시행이전 상업운전을 시작한 발전설비의 발전차액지원개시일은 타에너지지원사업운영요령 제정고시일(2001년 10월 11일)로 간주한다.

<표 2-31> 적용대상 전원의 적용기준 및 기준가격 ('08. 10. 1 이후)

<table>
<tr><th colspan="2" rowspan="2">전원</th><th rowspan="2">적용설비
용량기준</th><th colspan="2" rowspan="2">구 분</th><th colspan="2">기준가격(원/㎾h)</th><th rowspan="2">비고</th></tr>
<tr><th>고정요금</th><th>변동요금</th></tr>
<tr><td colspan="2">풍력</td><td>10㎾이상</td><td colspan="2">-</td><td>107.29</td><td>-</td><td>감소율 2%</td></tr>
<tr><td colspan="2" rowspan="4">수력</td><td rowspan="4">5㎿이하</td><td rowspan="2">일반</td><td>1㎿이상</td><td>86.04</td><td>SMP+15</td><td rowspan="2"></td></tr>
<tr><td>1㎿미만</td><td>94.64</td><td>SMP+20</td></tr>
<tr><td rowspan="2">기타</td><td>1㎿이상</td><td>66.18</td><td>SMP+ 5</td><td rowspan="2"></td></tr>
<tr><td>1㎿미만</td><td>72.80</td><td>SMP+10</td></tr>
<tr><td colspan="2">폐기물 소각
(RDF 포함)</td><td>20㎿이하</td><td colspan="2">-</td><td>-</td><td>SMP+ 5</td><td rowspan="6">화석연료
투입비율 :
30%미만</td></tr>
<tr><td rowspan="5">바이오
에너지</td><td rowspan="2">LFG</td><td rowspan="2">50㎿이하</td><td colspan="2">20㎿ 이상</td><td>68.07</td><td>SMP+ 5</td></tr>
<tr><td colspan="2">20㎿ 미만</td><td>74.99</td><td>SMP+10</td></tr>
<tr><td rowspan="2">바이오
가스</td><td rowspan="2">50㎿이하</td><td colspan="2">150㎾ 이상</td><td>72.73</td><td>SMP+10</td></tr>
<tr><td colspan="2">150㎾ 미만</td><td>85.71</td><td>SMP+15</td></tr>
<tr><td>바이오
매스</td><td>50㎿이하</td><td colspan="2">목질계 바이오</td><td>68.99</td><td>SMP+ 5</td></tr>
<tr><td rowspan="4">해양
에너지</td><td rowspan="4">조력</td><td rowspan="4">50㎿이상</td><td rowspan="2">최대조차
8.5m이상</td><td>방조제유</td><td>62.81</td><td>-</td><td rowspan="4"></td></tr>
<tr><td>방조제무</td><td>76.63</td><td>-</td></tr>
<tr><td rowspan="2">최대조차
8.5m미만</td><td>방조제유</td><td>75.59</td><td>-</td></tr>
<tr><td>방조제무</td><td>90.50</td><td>-</td></tr>
<tr><td colspan="2" rowspan="2">연료전지</td><td rowspan="2">200㎾이상</td><td colspan="2">바이오가스 이용</td><td>234.53</td><td>-</td><td rowspan="2">감소율 3%</td></tr>
<tr><td colspan="2">기타연료 이용</td><td>282.54</td><td>-</td></tr>
</table>

주1) 기준가격의 적용대상은 정부 무상지원금의 지원비율이 30%미만에 한하며 신에너지 및 재생에너지 개발 이용·보급촉진법 제12조 제2항에 의한 의무화대상으로 설치된 설비는 기준가격의 적용대상에서 제외한다.
2) 화석연료 투입비율은 월 단위를 기준으로 하며, 발전에 소요된 열량에 대한 화석연료의 열량비율임.

(3) 신재생에너지 공급의무화제도

전절에서 설명된 FIT(발전차액지원제도)와 RPA(신재생에너지 공급 시범사업)제도가 2011년 종료되고 2012년부터 RPS 제도(신재생에너지 공급의무화)가 시행되었다. 2011년 3월 '신에너지 및 재생에너지 개발이용보급 촉진법 일부개정 법률안' 이 국회 본회의를 통과함에 따라 우리나라는 2012년부터 신재생에너지 공급의무화제도(Renewable Portfolio Standard, 이하 RPS)가 시행되고 있다.

RPS 제도의 신재생전력 의무할당은 신재생에너지를 이용한 전력 발전에 대한 목표량을 설정하는 것으로, 배출권거래제의 일정 수준 배출을 허용하는 시스템과 유사하다. 일반적으로 이러한 시스템은 거래 가능한 신재생에너지 인증서(Renewable Energy Certificate, 이하

REC) 시장과 결합된다. 신재생전력 의무공급업자는 의무량에 상응하는 전력을 신재생에너지 발전을 통하여 충당하거나 REC 시장에서 인증서를 구매하여 충족시켜야 한다. 따라서 신재생 전력 발전사는 인증서 판매와 전력 판매를 통해 수입을 얻게 된다. 이러한 정부의 신재생에너지정책은 에너지공급 안정, 에너지원 다양화 및 지속가능한 에너지공급, 재생에너지 기술의 환경적 편익, 미래 신재생에너지 산업 발전 및 장기적인 경제 생존 확보, 일자리 창출 등과 같은 에너지정책목표에 따른 것이다.

신에너지 및 재생에너지 개발.비용.보급촉진법에 따라 국내에서 50만kw 이상의 발전설비를 보유한 기업이 2012년부터 태양광을 비롯한 신재생에너지를 의무적으로 구매하여야 하는 제도로서 총 14개의 기업이 그 대상이 되며, 한전발전자회사 (남부발전, 남동발전, 동서발전, 서부발전, 중부발전, 수력원자력), 민간발전사업자(케이파워, GSEPS, GS파워, 포스코파워, MPC 율촌전력, MPC 대산전력), 공공기관(지역난방공사, 케이워터)이 대상이 되고 있다. 이 13개 기업이 태양광 에너지를 2012년부터 매년 200Mw이상 구입하거나 자체 건설을 하여야 한다. 공급의무자의 총발전량(신재생에너지발전량 제외)에 대한 의무비율은 12년에 2%, 16년까지 0.5%씩 증가하여 총 4%까지 증가, 17년부터 1%씩 증가시켜 22년에는 10%를 목표로 하고 있다. 이러한 의무비율은 3년마다 재검토하도록 되어 있다.

<표 2-32> 연도별 의무비율

연도	'12	'13	'14	'15	'16	'17	'18	'19	'20	'21	'22
의무 비율(%)	2.0	2.5	3.0	3.5	4.0	5.0	6.0	7.0	8.0	9.0	10.0

공급의무량의 20% 이내에서 차년도로부터 borrowing 허용하고 있으며, 시행후 3년 이내는 30%까지 허용하고 있다. 의무공급량 미이행분에 대해서는 과징금을 부과하며, 공급인증서 평균거래가격의 150% 이내에서 불이행사유, 불이행 횟수 등을 고려한다.

정부로부터 매년 의무 공급량이 공고되면 에너지관리공단에서는 홈페이지를 통해 입찰을 실시하게 됩니다. 입찰 방식은 RPS시범사업과 동일하게 온라인으로 진행되며, 접수된 사업 계획서를 평가위원회를 통하여 평가하고 가장 높은 점수에서부터 공고된 용량에 해당하는 점수까지 최종 선정하게 됩니다. 최종 선정된 발전사업자와 공급의무자(예: 발전자회사)가 공급 계약을 체결하게 되는데 계약기간은 12년이 적용된다. 즉 12년 동안 낙찰 받은 금액으로 발전량을 판매한다.

발전 설비는 입찰을 통해 선정되며. 구입의무자와 계약을 체결한 날로부터 5개월 이내에 설비설치를 완료하고 전기안전공사의 사용전검사를 필한 후 에너지관리공단 신재생에너지센터 홈페이지에 설비확인 신청을 하여야 한다. 합니다. 신청을 접수한 신재생센터는 1개월 이내에 적합 여부를 판단한 후 설비확인서를 신청자에게 온라인으로 발급을 하는데 이 설비확인서에는 설비소유주 및 가중치 등이 기재가 된다. 이 설비확인서를 발급 받은 설비는 공급인증서(REC)를 주기적으로 발급받고 이를 거래하여 사업을 하게되며, 설비확인서를 발급받은 이후 설비사양, 소유주, 이설 등 변동사항이 발생하면 꼭 변경신청을 해야한다.

2012년부터는 발전량을 증명해주는 공급인증서(REC)를 에너지관리공단으로부터 발급받아 계약자(의무공급기업)에게 제출하거나 현물시장을 통해 거래가 가능하다. REC는 전력공급일이 속한 달의 말일부터 90일 이내에 신청하여야 하고, 90일이 초과될 경우 인증서 발급이 되지 않는다. 그러므로 꼭 매달 매달 인증서 발급신청을 해야한다. REC 신청 시에는 발급수수료를 납부하여야 하는데, 수수료는 REC당 50원이며, 예를 들어 건물 위 발전설비로서 7월 발전량이 1,000KW라고 가정한다면 건물의 가중치가 1.5이므로 1,500KW이고 REC는 MW당으로 계산하므로 1.5REC가 된다. 그러나 소수점의 REC는 차기 월로 자동 이월되므로 7월의 REC는 1REC이고 발급신청 시 수수료는 50원을 납부한다. 가중치는 신재생에너지의 형태와 어디에 설치되느냐에 따라 달라진다.

<표 2-33> 신재생에너지전원별 가중치

구 분	공급인증서 가중치	대상에너지 및 기준		
		설치유형	지목유형	용량기준
태양광에너지	0.7	건축물 등 기존시설물을 이용하지 않는 경우	5개 지목 (전, 답, 과수원,목장용지, 임야)	
	1.0		기타 23개 지목	30kW 초과
	1.2			30kW 이하
	1.5	건축물 등 기존 시설물을 이용하는 경우		
기타 신·재생에너지	0.25	IGCC, 부생가스		
	0.5	폐기물, 매립지가스		
	1.0	수력, 육상풍력, 바이오에너지, RDF 전소발전, 폐기물 가스화 발전, 조력(방조제 유)		
	1.5	목질계 바이오매스 전소발전, 해상풍력(연계거리 5km이하)		
	2.0	해상풍력(연계거리 5km초과), 조력(방조제 무), 연료전지		

비고

1. "건축물"이란 ①지붕이 있는 구조물이며, ②사람이 출입할 수 있어야 하며, ③사람, 동식물을 보호 또는 물건을 보관하는 건축물의 본래의 목적에 합리적으로 사용되도록 설계·설치된 구조물을 의미하여, "기존 시설물"이라 함은 「도로법」에 의한 도로의 방음벽 등 고유의 목적을 가진 시설물 중 공급인증기관의 장이 정하는 세부 기준을 충족하는 설비를 의미한다.
2. 태양광에너지 가중치와 관련하여, 다음에 해당하는 부지 및 관련시설이 입지하여 있는 부지는 공급인증기관의 장이 정하는 세부 기준에 따라 심사한 후 기타 23개 지목에 해당하는 가중치를 적용할 수 있다.
   ① 「전원개발촉진법」 제5조에 따라 전원개발사업구역으로 지정된 지역
   ② 「광산피해의방지및복구에관한법률」 제2조제4호에 규정된 폐광산(廢鑛山)으로서 「광업법」 제37조에 따라 폐업한 지역의 폐광(廢鑛)부지
   ③ 「산지관리법」 제29조(채석단지의 지정·해제)에 따라 채석이 완료되었거나 석재의 품질 · 매장량으로 보아 채석단지로 계속 둘 필요가 없다고 인정되는 부지
   ④ 「수질 및 수생태계 보전에 관한 법률」시행령 제61조(폐수종말처리시설의 종류)에서 규정하고 있는 폐수종말처리시설
   ⑤ 「수도법」 제17조제3항 및 동법시행령 제28조(인가의 고시)에 따라 결정된 토지 및 수도시설
   ⑥ 「하수도법」 제11조제2항 또는 제7항, 동법시행령 제8조(공공하수도설립의 고시 등)에 따라 결정된 토지 및 하수도처리시설

3. "지목"은 「측량수로조사 및 지적에 관한 법률 시행령」 제58조에 따라 지적공부에 등재된 지목으로서, 상업운전일 기준 5년 이전시점의 지목을 기준으로 적용한다.
4. "부생가스"는 2010년 4월 12일 이전에 전기사업법 제7조에 따른 발전사업 허가를 받고 2011년 12월 31일 이전에 전기사업법 제63조에 따른 사용전검사를 합격한 발전소에 한한다.
5. "IGCC" 및 "부생가스"의 공급인증서 가중치는 공급의무자별 의무공급량의 10%이내 발전량에 대해서 적용하며, 이를 상회하는 발전량의 경우 공급인증서 가중치는 0을 적용한다.
6. 해상풍력에서 "연계거리"란 송배전용전기설비 이용규정의 정의에 의한 연계점과 접속점의 거리를 의미하며 공급인증기관의 장은 발전단지 내부에서 각 풍력발전기당 연계거리 등을 고려하여 별도의 기준을 적용할 수 있다.

에너지원의 종류, 발전형태, 발전위치 등에 따라 가중치가 달라진다는 것은 위 표를 통해 확인할 수 있다. 즉 태양광의 경우에 같은 용량 이라도 건축물을 이용한 경우에는 1.5배의 가중치를 인정받거나 논이나 밭을 이용해 설치한 경우에는 설치 용량의 70% 밖에 인정을 받지 못한다.

발전을 통해 생산된 전력은 REC를 발급받아 판매하게 되며, 의무공급자와 계약을 통해 REC를 판매할 경우에는 별 문제가 없지만(발급된 REC를 매월 제출) 현물시장을 통해 판매할 경우에는 발급일로부터 3년 이내에 거래가 있어야 한다. 예를 들어 2012년 3월 20일 발급을 받았다면 이 REC는 2015년 3월 20일까지 판매를 해야한다. 즉 발급된 REC는 매일 열리는 현물시장에 내어놓고 적정한 가격을
제시하여 거래가 되도록 해야한다. 유효기간이 지난 REC는 자동 폐기된다.

(4) 공공기관 신재생에너지 이용 의무화 제도

공공기관 신재생에너지 이용 의무화 제도란 공공기관이 신·증·개축하는 연면적 1,000㎡이상(연면적 변경 3,000㎡ → 1,000㎡, 시행일 '12.1.1)의 건축물에 대하여 예상에너지사용량의 10%이상을 신·재생에너지 설비 설치에 투자하도록 의무화하는 제도이다. 증개축하는 건축물에 대해서는 2009년 3월 15일부터 시행되고 있다. 신에너지 및 재생에너지개발·이용·보급촉진법 제12조제2항 및 동법시행령 제15조에 의하여 04년도부터 최초시행하였으며, 증·개축하는 건축물은 09년 3월부터 시행하고 있다. 11년4월 부터는 건축비기준에서 에너지사용량으로 변경되었다.

여기에 대상이 되는 국가기관 및 지방자치단체느 「공공기관의 운영에 관한 법률」 제5조에 따른 공기업, 정부가 대통령령으로 정하는 금액 이상을 출연한 정부출연기관, 「국유재산법」 제2조제6호에 따른 정부출자기업체, 지방자치단체 및 제2호부터 제4호까지의 규정에 따른 공기업, 정부출연기관 또는 정부출자기업체가 대통령령으로 정하는 비율 또는 금액 이상을 출자한 법인, 납입자본금의 100분의 50 이상을 출자한 법인, 납입자본금으로 50억원 이상을 출자한 법인, 특별법에 따라 설립된 법인 등이다. 공공용은 교정 및 군사시설(군사시설 제외), 방송통신시설, 업무시설, 문교·사회용은 문화 및 집회시설, 종교시설, 의료시설, 교육연구시설,

노유자시설, 수련시설, 운동시설, 묘지관련시설, 관광휴게시설, 장례식장, 상업용은 업무시설, 판매시설, 운수시설, 숙박시설, 위락시설로 구분하고 있다. 주거용 및 기타(창고시설, 위험물저장 및 처리시설) 등은 제외되어 있으며, 학교시설은 08.9.10부터 포함되었다.

태양열 설비용량이 건축연면적 대비 일정크기 이상일 경우에는 의무투자비용의 10%를 감액받을 수 있다. 그 기준은 다음과 같다.

<표 2-34> 의무투자비용 10% 감액기준

건축연면적	3천㎡이상 ~5천㎡미만	5천㎡이상 ~1만㎡미만	1만㎡이상 ~10만㎡미만	10만㎡이상
태양열 설비용량	100㎡이상	200㎡이상	500㎡이상	1,000㎡이상

2) 유기성 폐기물 관리제도

가. 음식물류 폐기물(폐기물 관리법)

폐기물관리법 시행규칙 별표5에서는 특별시 · 광역시 · 특별자치도 또는 시 지역에서 발생하는 음식물류 폐기물은 바로 매립할 수 없도록 하고 있으며, 소각, 퇴비화, 사료화, 소멸화, 탄화, 소화 또는 부숙토 생산 등의 공정에서 발생하는 재활용 용도에 맞지 아니한 협잡물(挾雜物)과 잔재물만을 매립하도록 하고 있다. 다만 특별시 · 광역시 · 특별자치도 또는 시 지역 중 환경부장관이 고시하여 정하는 산간 · 오지 또는 도서 지역에서 발생하는 음식물류 폐기물에 대해서는 매립을 허용하고 있다.

음식물류 폐기물을 환경부장관이 정하여 고시하는 용도 및 방법에 따라 매립시설 복토용 또는 토지개량제 등으로 사용할 수 있는데, 음식물류 폐기물을 토지개량제로 사용하려면 환경부장관이 정하여 고시하는 바에 따라 그 제품명 · 원료 등을 표시하고, 제품의 제조에 관한 기록을 보존하여야 한다.

사료관리법 제2조제1호에 따른 동물 중 반추(反芻) 동물을 제외한 동물 등의 먹이로 사용하려고 수거한 음식물류 폐기물을 농가에 공급하기 위해서는 사료관리법 제8조에 따른 사료제조업 등록을 한 음식물류 폐기물 처리시설에서 처리하여야 한다. 다만, 음식물류 폐기물을 수거하여 농수산식품부장관이 정하여 고시한 유해 사료의 범위와 기준에 따라 가열 등의 방법으로 처리한 후 동물 등의 먹이로 사용하는 경우는 제외한다.

식품위생법 제2조제9호에 따른 집단급식소(사회복지사업법 제2조제3호에 따른 사회복지시설의 집단급식소는 제외한다) 중 1일 평균 총 급식인원이 100명 이상인 집단급식소를 운영하는 자, 식품위생법 제21조제1항제3호에 따른 식품접객업 중 휴게음식점영업 및 일반음식점영업을 하는 자 중 특별자치도 또는 시 · 군 · 구(자치구를 말한다. 이하 같다)의 조례로 정하는 자, 유통산업발전법 제2조제3호에 따른 대규모점포를 개설한 자, 농수산물유통 및 가격안정에 관한 법률 제2조에 따른 농수산물도매시장 · 농수산물공판장 · 농수산물종합유통센터를 개설 · 운영하는 자(이상 "음식물류 폐기물 감량의무 사업자")는 음식물류 폐기물의 배출량을 줄이기 위하여 관할 특별자치도, 시 · 군 · 구의 조례로 정하는 사항을 지켜야 한다.

음식물류 폐기물 감량의무 사업자는 〈표 2-39〉와 같은 방법으로 음식물류 폐기물을 처리하여야 한다. 음식물류 폐기물의 혐기성 소화시설의 설치 및 관리는 〈표 2-40〉 같다. 음식물류 폐기물 처리시설은 최초 정기검사는 사용개시일부터 1년, 2회 이후의 정기검사는 최종 정기검사일부터 1년마다 1회씩 받아야 한다.

<표 2-35> 음식물류 폐기물 감량의무 사업자의 폐기물 처리방법

1. 스스로 감량 또는 재활용	가. 가열에 의한 건조의 방법으로 부산물의 수분함량을 25퍼센트 미만으로 감량
	나. 발효 또는 발효건조에 따라 퇴비화 · 사료화 또는 소멸화하되 부산물의 수분함량은 40퍼센트 미만
2. 음식물류 폐기물을 재활용하는 폐기물처리업자, 폐기물재활용신고자 또는 폐기물처리시설의 설치 · 운영자에게 위탁하여 재활용	
3. 음식물류 폐기물을 수거하여 사료관리법 제2조 제1호에 따른 동물 등의 먹이 또는 퇴비로 재활용하는 경우(사업장폐기물일 경우와, 배출자들로부터 비용을 받는 경우는 제외)	

나. 유기성 오니 및 동물성 잔재물 (폐기물 관리법)

폐기물관리법에서는 유기성 오니의 처리에 대하여 다음과 같이 규정하고 있다. 유기성 오니는 시멘트 · 합성고분자화합물의 이용, 그 밖에 이와 비슷한 방법으로 고형화 또는 고화처리하거나 생물학적 처리방법으로 처리하여 퇴비로 사용하거나 환경부장관이 정하여 고시하는 용도 및 방법에 따라 처리하여야 한다. 토지개량제로 사용하려면 환경부장관이 정하여 고시하는 바에 따라 그 제품명·원료 등을 표시하고 제품의 제조에 관한 기록을 보존하여야 한다.

수분함량이 85% 이하로 탈수·건조한 후 관리형 매립시설에 매립하여야 한다. 다만, 물을 이용하여 폐기물을 운반한 후 침전처리하는 경우에는 탈수·건조처리를 하지 않을 수 있다.

수질 및 수생태계 보전에 관한 법률 제48조제1항에 따른 1일 처리용량 1만세제곱미터 이상인 폐수종말처리시설, 「하수도법」 제2조제9호에 따른 1일 처리용량 1만세제곱미터 이상인 공공하수처리시설과 「수질 및 수생태계 보전에 관한 법률」 제2조제10호에 따른 1일 폐수배출량 2천세제곱미터 이상인 폐수배출시설의 유기성 오니의 경우에는 바로 매립할 수 없다. 폐수처리시설 · 분뇨처리시설 및 1일 폐수배출량 700세제곱미터 이상 2천세제곱미터 미만인 배출업소의 유기성 오니도 바로 매립할 수 없다. 다만, 매립가스를 회수하여 재이용하는 시설이 설치된 매립시설의 경우에는 수분함량 75퍼센트 이하로 처리하여 매립할 수 있되, 1일 500톤 이상은 매립할 수 없다.

동물성 잔재물의 경우 소각하거나 관리형 매립시설에 매립이 가능하도록 하고 있다.

<표 2-36> 음식물류 폐기물 혐기성 소화시설 설치 및 관리기준

구분	내용
설치기준	1. 폐기물의 처리과정에서 발생하는 대기오염물질·수질오염물질 등을 처리할 수 있는 시설을 갖추어야 한다. 단 혐기성분해시설에 유입하여 에너지를 생산(음식물류 폐기물을 재활용하는 과정에서 발생되는 경우만 해당한다)하는 경우에는 수질오염물질 처리시설의 일부 또는 전부를 갖추지 아니할 수 있다.
	2. 처리시설의 바닥은 시멘트·아스팔트 등 물이 스며들지 아니하는 재료로 포장하여야 한다.
	3. 음식물류 폐기물의 저장·투입·이송 및 처리 등의 과정에서 발생하는 악취가 외부로 새어 나가지 아니하도록 밀폐된 구조로 설치하여야 하며, 발생되는 악취물질을 저감할 수 있는 별도의 시설을 갖추어야 한다.
	4. 미생물을 이용하여 생물학적으로 안정된 물질을 만드는 시설을 갖추어야 하며, 분해과정에서 발생하는 가스를 처리하는 시설을 갖추어야 한다.
관리기준	1. 폐기물처리시설의 기능이 정상적으로 유지되도록 점검과 보수를 하여야 한다.
	2. 폐기물처리시설 설치·운영자는 폐기물을 처리하는 과정에서 화재·동파 등에 대한 예방조치를 취하여야 하며, 폐기물처리시설로부터 폐기물이 새어나가는 등의 사고가 발생하는 경우에는 즉시 시설의 가동을 중지하고, 새어나간 폐기물을 회수하여 적절하게 보관·처리하여야 한다.
	3. 폐기물을 처리하는 과정에서 「수질 및 수생태계 보전에 관한 법률 시행규칙」 별표 2와 별표 3에 따른 수질오염물질 또는 특정수질유해물질을 배출하는 경우에는 「수질 및 수생태계 보전에 관한 법률 시행규칙」 별표 13에 따른 배출허용기준[매립시설의 경우에는 제2호나목2)의 가)에서 정하는 침출수 배출허용기준] 이내로 배출되도록 유지·관리하여야 한다. 다만, 수질오염물질·특정수질유해물질 또는 침출수를 별표 9 제1호가목3) 단서 또는 같은 표 제2호나목2)마) 단서에 따른 시설에 옮겨 처리하거나 폐수처리업자에게 위탁처리하는 경우에는 그러하지 아니하다.
	3. 음식물류 폐기물 처리시설을 운영하는 경우 음식물류 폐기물의 저장·투입·이송 및 처리 등의 과정에서 발생된 악취가 외부로 새어 나가지 아니하도록 밀폐된 상태로 운영하여야 하며, 악취를 저감하는 시설이 정상적인 기능으로 유지될 수 있도록 관리하여야 한다.
	4. 사료화·퇴비화·부숙토생산 시설 및 호기성·혐기성 분해시설은 사료화·퇴비화·분해를 위한 온도·습도·공기량을 유지하여야 한다.
	5. 사료화·퇴비화·부숙토생산 및 소멸·소화 과정에서 선별된 협잡물(挾雜物) 또는 잔재물을 적절처리하여야 하며, 발생되는 악취가 최소화되도록 저감시설을 정상 운영하고, 수질오염물질이 새어나가지 아니하도록 하여야 한다.

다. 가축분뇨관리 및 이용에 관한 법률

가축분뇨의 관리 및 이용에 관한 법률("가축분뇨 관리법"이라 한다)은 2006년 9월 27일 제정되었으며, 2007년 11월 22일 농림부령(가축분뇨 자원화 및 이용촉진에 관한 규칙)이 공포되면서 후속 시행령 및 시행규칙의 제정이 모두 마무리되었다.[27]

가축분뇨관리법에서 적용대상 가축을 소·돼지·말·닭 및 젖소, 오리, 양, 사슴 및 개로 정하고 있으며, 가축분뇨는 가축이 배설하는 분(糞)·요(尿) 및 가축사육과정에서 사용된 물 등이 분·요에 섞인 것으로 정의내리고 있다.

"가축분뇨 자원화시설"은 배출시설에서 배출되는 가축분뇨를 퇴비·액비 또는 신에너지 및

---

27) 가축분뇨관리법은 환경부와 농림부 부처 공동입법으로 환경부령과 농림부령이 각각 제정되었다. 농림부령은 가축분뇨관리법에서 위임하고 있는 가축분뇨의 자원화 및 이용에 관한 사항을 규정하고 있다.

재생에너지 개발 · 이용 · 보급 촉진법 제2조제1호 나목의 규정에 따른 바이오에너지 등으로 만드는(이하 "자원화"라 한다) 시설이라 하여, 자원화 범위에 바이오에너지 생산을 새롭게 포함시키고 있다.

<표 2-37> 가축분뇨 허가 및 신고대상 배출시설

배출시설의 종류	허가대상 배출시설	신고대상 배출시설
돼지 사육시설	면적 1,000㎡ 이상. 다만, 수질보전특별대책지역 등에서는 면적 500㎡ 이상으로 한다.	면적 50㎡ 이상 1,000㎡ 미만. 다만, 수질보전특별대책지역 등에서는 면적 50㎡ 이상 500㎡ 미만으로 한다.
소(젖소는 제외한다) 사육시설	면적 900㎡ 이상. 다만, 수질보전특별대책지역 등에서는 면적 450㎡ 이상으로 한다.	면적 100㎡ 이상 900㎡ 미만. 다만, 수질보전특별대책지역 등에서는 면적 100㎡ 이상 450㎡ 미만으로 한다.
젖소 사육시설	축사 면적 900㎡ 이상 또는 운동장 면적 2,700㎡ 이상. 다만, 수질보전특별대책지역 등에서는 축사 면적 450㎡ 이상 또는 운동장 면적 1,350㎡ 이상으로 한다.	축사 면적 100㎡ 이상 900㎡ 미만 또는 운동장 면적 300㎡ 이상 2,700㎡ 미만. 다만, 수질보전특별대책지역 등에서는 축사 면적 100㎡ 이상 450㎡ 미만 또는 운동장 면적 300㎡ 이상 1,350㎡ 미만으로 한다.
말 사육시설	면적 900㎡ 이상. 다만 수질보전특별대책지역 등에서는 면적 450㎡ 이상으로 한다.	면적 100㎡ 이상 900㎡ 미만. 다만, 수질보전특별대책지역 등에서는 면적 100㎡ 이상 450㎡ 미만으로 한다.
닭 · 오리 · 양 사육시설	-	면적 150㎡ 이상
사슴 사육시설	-	면적 500㎡ 이상
개 사육시설	-	면적 60㎡ 이상

<표 2-38> 액비의 살포에 필요한 초지 또는 농경지의 면적(단위 : ㎡/마리)

구분	초지	농경지	
		논	밭 · 과수원
소 · 말	520 이상	990 이상	640 이상
젖소	1,610 이상	3,080 이상	1,990 이상
돼지	340 이상	640 이상	420 이상

"퇴비"는 가축분뇨를 발효시켜 만든 비료성분이 있는 물질 중 액비를 제외한 물질로서 농림부령이 정하는 기준에 적합한 것을 말하며, "액비"는 가축분뇨를 액체상으로 발효시켜 만든 비료성분이 있는 물질로서 농림부령이 정하는 기준에 적합한 것으로 정의하였다. 농림부령에서 정한 퇴비의 기준은 비료관리법 제2조제4호에 따라 고시한 비료공정규격 중 퇴비의 공정규격을 말하며, 액비의 기준은 비료관리법제2조제4호에 따라 고시한 비료공정규격 중 가축분뇨발효비료(액)의 공정규격으로 질소전량의 최소함유량이 0.1퍼센트 이상인 것으로 정하고 있다.

"정화시설"은 가축분뇨를 침전 · 분해 등 환경부령이 정하는 방법에 따라 처리(이하 "정화"라 한다)하는 시설을 말하며, 자원화시설과 정화시설을 가축분뇨 처리시설로 정의하고 있다.

가축을 사육하는 자 또는 가축분뇨를 수집 · 운반 · 처리하는 자는 적정하게 처리되지 아니한 가축분뇨가 수질 및 수생태계 보전에 관한 법률 제2조제9호의 규정에 따른 공공수역(이하 "공공수역"이라 한다)에 유입되도록 하여서는 아니 되며, 대통령령이 정하는 규모 이상의 배출시설을 설치하고자 하는 자는 대통령령이 정하는 바에 따라 배출시설의 설치계획을 갖추어 시장 · 군수 · 구청장의 허가를 받아야 한다. 허가 및 신고대상 배출시설의 규모는 아래와 같다.

시설설치자 중 액비를 만드는 자원화시설을 설치하는 자는 환경부장관이 농림부장관과 협의하여 정하는 환경부령에 따른 기준에 따라 액비의 살포에 필요한 초지 또는 농경지를 확보하여야 하며, 액비살포기준을 준수하여 한다.

액비살포기준은 액비화시설에서 충분히 부숙(腐熟)시켜 악취를 제거한 후 사용하여야 하며, 액비 살포와 더불어 흙을 갈거나 로터리작업을 하여 액비가 흘러내리지 아니하고 토양 속으로 잘 스며들 수 있도록 하여야 한다. 토양이 얼거나 비가 오는 경우 및 액비가 흘러내리는 경사지에서는 액비를 살포하여서는 아니 된다. 사람이 거주하는 주거시설과 200m 이내로 근접된 지역에서는 액비 살포를 금지하여야 한다. 다만, 관할 시장 · 군수 · 구청장이 액비 살포가 주거시설에 영향을 미치지 아니한다고 인정하는 경우에는 그러하지 아니하다. 가축분뇨를 계속하여 쓰는 땅은 액비 사용량 절감 및 액비를 계속 쓴 데에 대한 사용량 조절을 위하여 염류가 토양에 쌓이는 것을 방지하기 위한 조치를 하여야 한다. 가축분뇨 처리시설설치와 관련한 기준은 〈표 2-36〉과 같다.

정화시설의 방류수수질기준은 환경부령으로 정한다. 환경부장관은 환경정책기본법 제22조의 규정에 따른 특별대책지역이나 상수원의 수질보전 또는 생활환경보전을 위하여 필요한 지역으로서 대통령령이 정하는 일정한 지역에 대하여는 환경부령이 정하는 바에 따라 제1항의 규정에 따른 방류수수질기준보다 엄격한 기준을 적용할 수 있다. 시 · 도지사는 환경정책기본법 제10조제3항의 규정에 따른 환경기준의 유지가 곤란하다고 인정하는 때에는 당해 지방자치단체의 조례가 정하는 바에 따라 제1항의 규정에 따른 방류수수질기준보다 엄격한 기준을 적용할 수 있다.

시설설치자, 재활용의 신고를 한 자, 가축분뇨처리업의 허가를 받은 자 또는 동항 제3호의 규정에 따라 가축분뇨시설관리업의 허가를 받은 자는 배출시설에서 배출되는 가축분뇨를 처리함에 있어서 아래의 행위를 하여서는 아니된다.

<표 2-39> 가축분뇨 처리시설 설치기준

1. 구조물의 천장·바닥 및 벽은 누수되거나 빗물·지표수 등이 유입되지 아니하도록 방수재료로 만들거나 방수재를 사용하여야 한다.
2. 구조물은 토압, 수압, 자체중량, 그 밖에 무게에 견딜 수 있는 구조이어야 하며 부식되거나 변형되지 아니하는 재료를 사용하여야 한다.
3. 점검, 보수 및 오니·스컴·찌꺼기의 청소를 쉽고 안전하게 할 수 있는 구조이어야 한다.
4. 펌프 등 기계류는 계속하여 가동될 수 있는 내구성이 있는 구조로 하되 소음과 진동을 방지할 수 있어야 한다.
5. 가축분뇨의 배관은 막힘, 역류 및 누수를 방지할 수 있는 구조이어야 한다.
6. 가스배출장치는 이물질이 유입되지 아니하고 발생가스가 충분히 배출될 수 있도록 설치하여야 한다.
7. 악취가 날 우려가 있는 부분은 밀폐하거나 악취를 방지할 수 있는 시설을 설치하여야 한다. 다만, 약품 등을 이용하여 악취를 제거할 수 있는 경우에는 그러하지 아니하다.
8. 가축분뇨의 유입량이 증감되어도 처리시설에는 일정량이 유입되어 처리기능에 지장을 주지 아니하는 구조로 설치하여야 한다(생물학적 처리방법, 물리·화학적 처리방법의 경우에만 해당한다).
9. 배출시설에서 배출되는 가축분뇨를 1개월 이상(톱밥 등 수분조절재를 사용하는 경우에는 2개월 이상) 건조·발효할 수 있는 퇴비화시설을 설치하여야 하며 발효시설 등은 수분이 증발하기 쉬운 구조로 설치하여야 한다(퇴비화방법의 경우에만 해당한다).
10. 퇴비화시설을 설치한 경우에는 생산된 퇴비를 최종 처분하기 전까지 저장할 수 있는 퇴비저장시설을 갖추어야 한다. 이 경우 퇴비저장시설은 퇴비가 외부로 유출되거나 빗물·지표수 등이 유입되지 아니하는 구조이어야 한다.
11. 액비화시설에는 축사에서 발생한 가축분뇨를 6개월 이상 저장할 수 있는 저장조를 설치하여야 한다. 다만, 교반장치(攪拌裝置: 섞는 장치)가 설치되지 아니한 저장조를 설치하는 경우에는 저장조를 2단으로 설치하여 가축분뇨가 1단계 저장조를 거쳐 2단계 저장조로 유입되도록 하여야 하며, 1단계 저장조는 가축분뇨를 6개월 이상, 2단계 저장조는 가축분뇨를 1개월 이상 저장할 수 있는 용량이어야 한다.
12. 가축분뇨의 처리방법상 가축분뇨의 저장·보관이 필요한 경우에는 빗물로 가축분뇨가 유출되지 아니하도록 비가림시설이나 가축분뇨 유출방지턱을 설치하여야 하고, 배출시설 중 운동장을 설치하는 경우에는 가축분뇨 유출방지턱을 설치하여야 한다.

시장·군수·구청장은 관할구역 안에서 발생하는 가축분뇨를 수집·운반 또는 처리하여야 한다. 이 경우 시장·군수·구청장은 당해 지방자치단체의 조례가 정하는 바에 따라 가축분뇨 수집·운반업의 허가를 받은 자로 하여금 그 수집·운반을 대행하게 하거나 축산업자로 하여금 스스로 수집·운반하게 할 수 있다. 시장·군수·구청장은 및 제1항의 규정에 따라 수집·운반을 대행하는 수집·운반업자는 가축분뇨를 수집·운반 또는 처리함에 있어서 당해 지방자치단체의 조례가 정하는 바에 따라 공공처리시설에서 처리되는 가축분뇨를 배출하는 자로부터 당해 시설의 운영에 소요되는 비용을 징수할 수 있다. 이 경우 배출시설의 규모, 가축분뇨의 분리저장 여부 등에 따라 그 비용을 차등하여 징수할 수 있다. 시장·군수·구청장이 징수하는 비용은 공공처리시설의 운영 외의 용도에 이를 사용하여서는 아니 된다.

가축분뇨의 적정한 처리를 유도하기 위하여 환경부령이 정하는 양 이상의 가축분뇨를 재활용의 목적으로 처리하고자 하는 자는 시장·군수·구청장에게 신고하여야 한다. 다만, 배출시설 설치허가를 받거나 설치신고를 한 자가 가축분뇨를 재활용하는 경우에는 그러하지 아니하다. 재활용신고자는 환경부령이 정하는 설치 및 운영기준에 따라 재활용시설을 설치·운영하여야 한다. 가축분뇨의 관리체계를 〈그림 2-10〉에 나타냈으며, 환경부령이 정하는 설치 및 운영기준은 〈표 2-41〉과 같다.

<표 2-40> 가축분뇨 처리자 등의 행위제한

1. 배출시설에서 배출되는 가축분뇨를 처리시설에 유입하지 아니하고 배출하거나 처리시설에 유입하지 아니하고 배출할 수 있는 시설을 설치하는 행위
2. 처리시설에 유입되는 가축분뇨를 자원화하지 아니한 상태 또는 최종 방류구를 거치지 아니한 상태로 중간배출하거나 중간배출을 할 수 있는 시설을 설치하는 행위. 다만, 처리시설의 처리과정에서 액비를 생산하기 위하여 관할 시장·군수·구청장에게 미리 중간배출이 필요하다고 인정을 받은 경우에는 그러하지 아니하다.
3. 정화시설에 유입되는 가축분뇨에 물을 섞어 정화하거나 물을 섞어 배출하는 행위. 다만, 관할 시장·군수·구청장이 환경관리공단 등 관련 전문기관의 자문을 거쳐 가축분뇨의 정화공법상 물을 섞어야만 가축분뇨의 정화가 가능하다고 인정한 경우에는 그러하지 아니하다
4. 자원화시설에 따라 가축분뇨를 처리하는 경우 발효되지 아니한 상태의 퇴비·액비를 사용하거나 다른 사람에게 주는 행위. 다만, 발효되지 아니한 상태의 퇴비·액비를 다시 발효시켜 사용하고자 하는 자에게 주는 경우에는 그러하지 아니하다.
5. 액비를 만드는 자원화시설에서 생산된 액비를 당해 시설설치자·처리업자 또는 시설관리업자가 확보한 초지 또는 농경지 외의 장소에 뿌리거나 환경부령이 정하는 살포기준을 지키지 아니하는 행위
6. 퇴비 또는 액비를 비료로 사용하지 아니하고 버리는 행위
7. 정당한 사유 없이 정화시설을 정상적으로 가동하지 아니하여 방류수수질기준에 맞지 아니하게 가축분뇨를 배출하는 행위

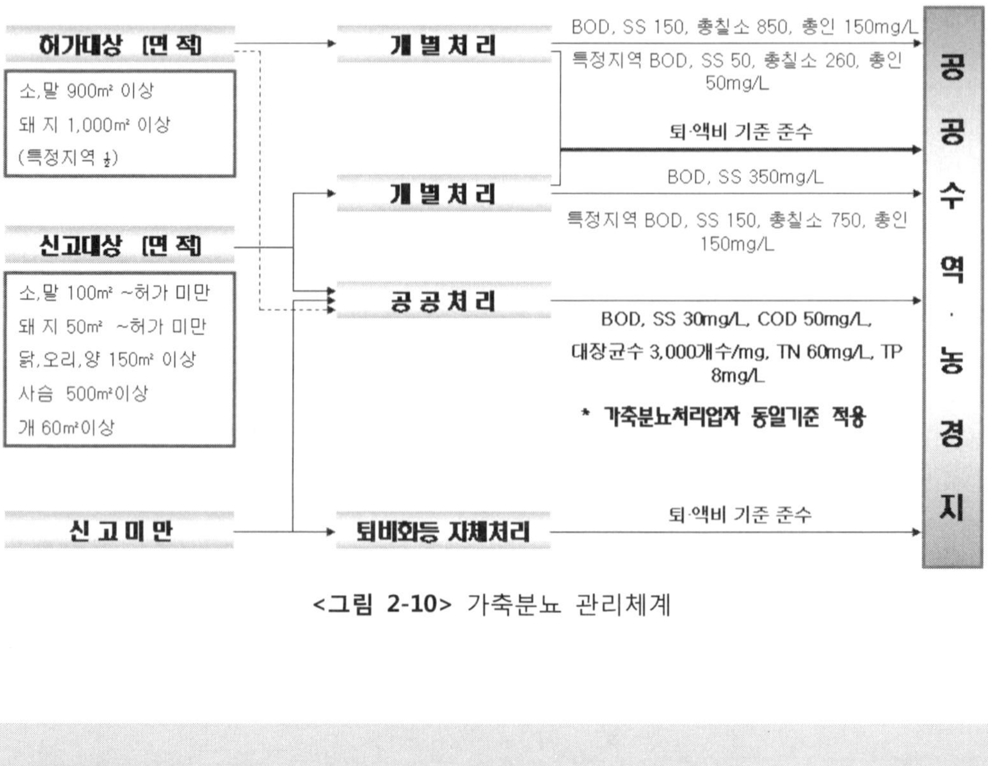

<그림 2-10> 가축분뇨 관리체계

<표 2-41> 환경부령의 설치.운영기준

1. 설치기준 가. 수집장비는 흡인식장비이어야 한다. 다만, 흡인식장비를 사용하기 어려운 경우에는 수거식장 비를 사용할 수 있다. 나. 수집장비에는 수집량을 측정할 수 있는 계기 등을 갖추어야 한다. 다. 수집장비는 가축분뇨에 의하여 부식되지 아니하고, 운반 도중에 가축분뇨가 흘러나오거나 악취가 나지 아니하는 구조이어야 한다. 라. 저장시설은 가축분뇨에 의하여 부식・손괴(損壞)되지 아니하는 재질이어야 하며, 가축분뇨가 흘러나오거나 악취가 발산되지 아니하는 안전한 구조이어야 한다. 마. 저장시설의 바닥 및 벽은 빗물・토사(土砂)・지표수. 등이 유입되지 아니하도록 방수재료로 만들거나 방수재를 사용하여야 한다. 바. **퇴비화시설**에는 반입되는 가축분뇨를 1개월 이상(톱밥 등 수분조절재를 사용하는 경우에는 2개월 이상) 건조・발효할 수 있는 시설을 설치하여야 하며, 발효시설 등은 수분이 증발하기 쉬운 구조로 설치하여야 한다. 사. **액비화시설**에는 축사에서 발생된 가축분뇨를 6개월 이상 저장할 수 있는 저장조를 설치하여야 한다. 다만, 교반장치가 설치되지 아니한 저장조를 설치하는 경우에는 저장조를 2단으로 설치하여 가축분뇨가 1단계 저장조를 거쳐 2단계 저장조로 유입되도록 하여야 하며, 1단계 저장조는 가축분뇨를 6개월 이상, 2단계 저장조는 가축분뇨를 1개월 이상 저장할 수 있는 용량이어야 한다. 2. 운영기준 가. 가축분뇨의 저장・처리장소에는 쥐 및 파리・모기 등 해충이 발생・번식하지 아니하도록 약제를 살포하는 등 필요한 조치를 하여야 한다. 나. 가축분뇨를 저장・처리할 때에는 처리시설・장비등으로부터 가축분뇨가 흘러나오거나 악취가 나지 아니하도록 하여야 한다. 다. 가축분뇨를 처리하는 과정에서 생산된 재활용 회수자원은 재활용(판매등을 포함한다)되기 전까지는 보관시설 및 장비로부터 흘러나오거나 악취가 나지 아니하도록 하여야 한다. 라. 가축분뇨를 처리하는 시설 및 장비등은 기능이 정상적으로 유지될 수 있도록 수시로 점검하고 보수하는 등 필요한 조치를 하여야 한다. 마. 수탁처리계약을 체결한 경우에는 정당한 사유 없이 수집・운반을 거부하거나 지연하여서는 아니 된다. 바. 가축분뇨를 저장시설이 아닌 곳에 저장하여서는 아니 되며, 재활용이 아닌 다른 방법으로 처리하여서는 아니 된다. 사. 운반차량은 항상 청결하게 관리하여야 한다.

3) 목질계 바이오 매스 관리제도

가. 임업 및 산촌 진흥촉진에 관한 법률

임산촉진흥촉진법은 임업의 구조를 개선하여 임업인의 권익을 증진하고 임업의 경쟁력을 강화하며, 뒤떨어진 산촌지역을 진흥시켜 그 지역 주민의 삶의 질을 높이고, 나아가 국토의 균형적 발전과 국민경제의 건전한 발전에 이바지하는 것을 목적으로 한다.

이 법에서 산촌이란 산림기본법 제3조제2호에 따른 지역을 말하는데, 산림기본법에서는 산촌을 산림면적의 비율이 현저히 높고 인구밀도가 낮은 지역으로 대통령령이 정하는 지역으로 정의하고 있다. 산림기본법 시행령에서는 행정구역면적에 대한 산림면적의 비율이 70퍼센트 이상이며, 인구밀도가 전국 읍·면의 평균 이하이며, 행정구역면적에 대한 경지면적의 비율이 전국 읍·면의 평균 이하인 지역으로 규정하고 있다.

임산촌진흥촉진법에서는 국가 및 지방자치단체로 하여금 임업의 구조개선과 임업진흥을 위하여 산림의 공익성, 투자기간의 장기성, 저수익성 등 임업의 특성을 고려하여 사업자에게 사업비의 전부 또는 일부를 융자하거나 보조할 수 있도록 하고 있는데, 이 사업의 하나로 산림바이오매스(산림에서 생산된 목질 임산물)를 에너지로 활용하는 난방시설의 설치사업과 산림바이오매스를 수집·유통·가공하는 사업이 포함되어 있다.

산림청장은 중앙행정기관의 장과 시·도지사의 의견을 들어 10년에 한 번씩 산촌진흥기본계획을 수립하여야 한다. 산촌진흥기본계획에는 산촌의 산림자원 조성 · 경영기반을 확충하는 등 산림의 종합 정비에 관한 사항, 농림수산물의 생산 · 가공 · 판매 및 산림휴양자원을 활용한 산촌주민의 소득증대에 관한 사항, 산촌의 도로 · 주택 · 상하수도 등 주거환경의 조성 · 정비에 관한 사항, 산촌의 고유한 문화와 전통의 계승 · 발전에 관한 사항, 도시와의 교류 촉진에 관한 사항, 산촌의 녹색관광 및 생태관광 육성에 관한 사항, 그 밖에 산촌진흥을 위하여 농림수산식품부령으로 정하는 사항 등이 포함되어야 한다.

산림청장, 시 · 도지사, 시장 · 군수 또는 구청장은 산촌진흥지역 안에 있는 산림을 관리하기 위하여 대통령령으로 정하는 바에 따라 그 산촌진흥지역 안의 국 · 공유 임산물의 전부 또는 일부를 그 산촌진흥지역의 주민에게 무상으로 양여할 수 있다.

이 때 산불의 예방과 진화, 도벌 · 남벌이나 무허가 벌채 또는 산지의 형질변경의 예방, 산림 병해충의 예방과 구제, 산지 정화를 조건으로 죽은 나무 또는 쓰러진 나무, 자투리 나무·가지, 조림예정지 정리와 숲가꾸기를 위하여 벌채한 산물, 산림의 형질변경 없이 채취할 수 있는 산림 부산물을 산촌진흥지역 주민에게 무상으로 양여할 수 있다.

나. 폐목재 재활용 제도(폐기물 관리법 및 자원절약법)

페인트 · 기름 · 방부제 등이 묻지 아니한 목재와 벌채, 산지 개간 또는 건설공사 등으로 발생한 나무뿌리 · 가지를 연료용(노천에서 태우는 것은 제외한다)으로 사용하는 경우에는 폐기물 처리시설 외의 장소에서 폐목재를 처리할 수 있다.

폐목재, 벌채 · 산지개간 · 건설공사 등으로 발생한 나무뿌리 · 줄기 · 가지 등의 임목폐기물, 천연상태의 목재를 물리적으로 가공하는 과정에서 이물질에 오염되지 아니한 상태로 발생된 톱밥 · 목피 · 나무조각 등의 폐기물을 재활용하고자 하는 자는 환경부 장관이 고시하는 바에 따라 재활용하여야 한다.

환경부고시 제2008 - 147호(폐목재의 분류 및 재활용 기준)에서는 폐목재를 3등급으로 구분한 후 등급별로 재활용기준을 다음과 같이 정하고 있으며, 2008년 10월 21일부터 적용하고 있다.

폐기물관리법에 의한 에너지 회수기준에 적합하게 재활용하거나 열분해 · 가스화 원료로 사용하는 경우에는 모든 등급의 폐목재를 원료로 사용할 수 있다. 폐목재 고형연료제품의 원료로 사용할 경우에는 1등급과 2등급의 폐목재만 사용이 가능하다.

<표 2-42> 폐목재 재활용 등급기준

구 분	분류 기준
1등급	원목상태 그대로이거나 원목을 기계적으로 가공·처리한 상태의 것으로서 가공·처리과정에서 페인트·기름·방부제 등으로 오염되지 않은 폐목재
2등급	가공·처리·사용과정에서 접착제, 페인트, 기름, 콘크리트 등의 물질이 사용되었거나 이에 오염된 폐목재(할로겐족유기화합물이나 방부제로 처리·오염된 폐목재는 제외)
3등급	가공·처리·사용과정에서 할로겐족유기화합물이나 방부제가 사용되었거나 이에 오염된 폐목재와 「자원의 절약과 재활용촉진에 관한 법률」 시행규칙 제20조의3제2항의 고형연료제품의 품질·등급기준에 적합하지 않는 폐목재 칩 및 위의 1~2등급에 해당되지 않는 기타 폐목재

<표 2-43> 폐목재 등급별 재활용기준

구 분	재활용용도 · 방법
1등급	나무판 등 목재성형제품·톱밥·성형탄·산업용 활성탄·고형연료제품(WCF)·바이오에탄올(목질계 에탄올연료) 제조, 축사·제초·퇴비용 원료로 사용, 열분해·가스화 원료로 이용, 「폐기물관리법 시행규칙」 제3조에 따른 에너지회수기준에 적합하게 에너지 회수용도로 사용
2등급	1등급 폐목재의 재활용용도·방법 중 톱밥·성형탄 제조 용도 및 축사·제초·퇴비용 원료로의 사용을 제외한 용도로 사용
3등급	열분해·가스화 원료로 이용하거나 「폐기물관리법 시행규칙」 제3조에 따른 에너지회수기준에 적합하게 에너지를 회수하는 용도로만 사용

자원의 절약과 재활용촉진에 관한 법률 시행규칙 별표7의 고형연료제품의 품질·등급기준의 폐목재 고형연료제품(WCF)의 기준은 다음과 같다.

<표 2-44> 고형연료제품 등급기준

	발열량 기준	염소농도 기준
1등급	6,500kcal/kg 이상	0.5%미만
2등급	5,500 이상 6,500kcal/kg 미만	0.5%이상 ~ 1.0% 미만
3등급	4,500 이상 5,500kcal/kg 미만	1.0%이상 ~ 1.5% 미만
4등급	3,500 이상 4,500kcal/kg 미만	1.5%이상 ~ 2.0% 미만

<표 2-45> 폐목재 고형연료 제품 기준

형상	가장 긴 단면의 길이가 100밀리미터 이하
저위발열량	3,500kcal 이상일 것
함수율	10% 이하일 것
회분	8.0% 이하일 것
염소	0.3% 이하일 것
황	1.2% 이하일 것
수은	1.0mg/kg 이하일 것
카드뮴	2.0mg/kg 이하일 것
납	30.0mg/kg 이하일 것
비소	2.0mg/kg 이하일 것
크롬	30.0mg/kg 이하일 것

고형연료제품을 공급하려는 자는 환경부장관이 지정하는 인증기관으로부터 고형연료제품 품질 · 등급 인증을 받아야 한다.

고형연료제품을 사용할 수 있는 시설은 다음과 같다.

<표 2-46> 고형연료제품 사용가능 시설

1. 시멘트 소성로
2. 고형연료제품 전용발전시설 및 10㎿ 이상인 화력발전시설
3. 석탄사용량이 시간당 2톤 이상인 지역난방시설 · 산업용보일러 · 제철소로
4. 재활용제품 중 폐기물을 이용하여 만든 고형연료제품(이하 "고형연료제품"이라 한다) 사용량이 시간당 400 킬로그램 이상인 전용보일러시설 또는 고형연료제품 사용량이 시간당 200 킬로그램 이상이고 연속적으로 가동하는 전용보일러시설(「폐기물관리법 시행규칙」 별표 9 폐기물처리시설의 설치기준 및 같은 법 시행규칙 별표 10 폐기물처리시설의 검사기준에 따른 소각시설의 설치 · 검사기준에 적합한 시설로서 초기 가동시 연소실 출구온도가 800℃ 이상이 될 때 고형연료제품을 자동 투입할 수 있는 장치를 갖춘 경우에 한한다)
5. 그 밖에 환경부장관이 고형연료제품의 사용에 적합하다고 인정하여 고시하는 시설

4) 인허가(입지) 관련 제도

가. 국토의 계획 및 이용에 관한 법률

국토의 계획 및 이용에 관한 법률에서 폐기물처리시설의 입지가 가능한 지역은 공업지역, 녹지지역, 관리지역, 농림지역(농업진흥지역 제외),자연환경보전지역이다.

<표 2-47> 용도지역별 폐기물 처리시설 입지가능 여부

<table>
<tr><th colspan="4">용도지역 구분</th><th>폐기물처리시설</th><th>쓰레기 처리시설</th></tr>
<tr><td rowspan="16">도시지역</td><td rowspan="6">주거지역</td><td rowspan="2">전용주거지역</td><td>제1종 전용주거지역</td><td>-</td><td rowspan="10">불가능</td></tr>
<tr><td>제2종 전용주거지역</td><td>-</td></tr>
<tr><td rowspan="3">일반주거지역</td><td>제1종 일반주거지역</td><td>-</td></tr>
<tr><td>제2종 일반주거지역</td><td rowspan="3">- 압축시설 및 파쇄·분쇄시설(1일 처리능력 1천톤 이하, 대기환경보전법 대기배출기준에 적합)
- 재활용시설</td></tr>
<tr><td>제3종 일반주거지역</td></tr>
<tr><td colspan="2">준주거지역</td></tr>
<tr><td rowspan="4">상업지역</td><td colspan="2">중심상업지역</td><td></td></tr>
<tr><td colspan="2">일반상업지역</td><td>- 압축시설 및 파쇄·분쇄시설(1일 처리능력 1천톤 이하, 대기환경보전법 대기배출기준에 적합)
- 재활용시설</td></tr>
<tr><td colspan="2">근린상업지역</td><td></td></tr>
<tr><td colspan="2">유통상업지역</td><td></td></tr>
<tr><td rowspan="3">공업지역</td><td colspan="2">전용공업지역</td><td rowspan="3">- 폐기물처리시설
- 재활용시설</td><td rowspan="2">가능</td></tr>
<tr><td colspan="2">일반공업지역</td></tr>
<tr><td colspan="2">준공업지역</td><td>불가능</td></tr>
<tr><td rowspan="3">녹지지역</td><td colspan="2">보전녹지지역</td><td rowspan="3">- 폐기물처리시설
- 재활용시설</td><td>불가능</td></tr>
<tr><td colspan="2">생산녹지지역</td><td>가능</td></tr>
<tr><td colspan="2">자연녹지지역</td><td>가능</td></tr>
<tr><td rowspan="3">관리지역</td><td colspan="3">보전관리지역</td><td rowspan="3">- 폐기물처리시설
- 재활용시설</td><td>불가능</td></tr>
<tr><td colspan="3">생산관리지역</td><td rowspan="2">가능</td></tr>
<tr><td colspan="3">계획관리지역</td></tr>
<tr><td colspan="4">농림지역</td><td>- 폐기물처리시설
- 재활용시설
*농업진흥지역 제외</td><td>가능</td></tr>
<tr><td colspan="4">자연환경보전지역</td><td>- 폐기물처리시설
- 재활용시설</td><td>불가능</td></tr>
</table>

용도지역별 건폐율은 〈표 2-48〉와 같다. 단, 도시계획결정 대상시설일 경우 건축제한에서 예외적용을 받는다.

<표 2-48> 용도지역별 건폐율

<table>
<tr><th>순번</th><th>용도지역</th><th>건폐율</th><th>비고</th></tr>
<tr><td>1</td><td>전용, 일반공업지역, 준공업지역</td><td>70%</td><td rowspan="8">◈ 건축 제한지역
- 주거, 상업지역 일체
- 보전녹지, 관리지역
- 자연환경보전지역
- 시가화조정지역
- 수산자원보호지역</td></tr>
<tr><td>2</td><td>생산, 자연 녹지지역</td><td>20%</td></tr>
<tr><td rowspan="2">3</td><td>생산관리지역</td><td>20%</td></tr>
<tr><td>계획관리지역</td><td>40%</td></tr>
<tr><td>4</td><td>농림지역</td><td>20%</td></tr>
<tr><td>5</td><td>취락지구</td><td>60%</td></tr>
<tr><td>6</td><td>농공단지</td><td>60%</td></tr>
<tr><td>7</td><td>국가, 지방산업단지</td><td>80%</td></tr>
</table>

나. 농지법 등 기타 법에서의 입지관련 규정

개발제한구역의 지정 및 관리에 관한 특별법(이하 개발제한구역 특별법) 제11조에서는 개발제한구역 내의 행위제한 규정을 두고 있다. 이에 따르면 건축물의 건축 및 용도변경, 공작물의 설치, 토지의 형질변경, 죽목의 벌채, 토지의 분할, 물건을 쌓아놓는 행위 또는 국토의 계획 및 이용에 관한 법률 제2조제11호의 규정에 의한 도시계획사업(이하 "도시계획사업"이라 한다)의 시행을 할 수 없다. 다만 시장·군수·구청장의 허가를 받을 경우 폐기물처리시설의 설치는 가능하도록 하고 있다.[28]

농지법 제32조에서는 농업진흥지역 및 농업보호구역[29]에서의 행위제한 규정을 두고 있으며, 제37조에서는 농지전용 등의 제한규정을 두고 있다. 농업진흥지역은 국토계획법의 특별시의 녹지지역을 제외한 녹지지역·관리지역 · 농림지역 및 자연환경보전지역을 대상으로 지정하며, 농업진흥지역 내 폐기물처리시설 및 쓰레기처리시설의 입지는 금지되어 있다. 농지를 농지 외의 타용도 활용하기 위해서는 농지전용 허가를 받아야 하는데, 농지법 제37조에서는 농지전용 허가 시 다음과 시설 설치에 대해서는 농지전용을 금지하고 있다. 단 국토계획법 도시지역 · 계획관리지역 및 개발진흥지구에 있는 농지는 전용제한 시설에 해당하더라도 전용을 허가할 수 있도록 하고 있다.

대기환경보전법 제2조제9호에 따른 대기오염배출시설로서 대통령령으로 정하는 시설(대기환경보전법 시행령 별표13의 제1종 사업장에서 4종사업장에 해당하는 시설)과 「수질 및 수생태계 보전에 관한 법률」 제2조제10호에 따른 폐수배출시설로서 대통령령으로 정하는 시설(수질 및 수생태계 보전에 관한 법률 시행령」 별표 13에 따른 1종사업장부터 4종사업장까지의 사업장에 해당하는 시설)은 농지전용 허가 금지대상이다. 그렇지만 제5종 대기오염배출시설 및 폐수배출시설의 경우에 폐기물관리법의 폐기물처리시설 및 자원절약법의 재활용시설의 설치는 가능하다.

대기오염배출 및 폐수배출시설에 해당하지 아니하는 분뇨 및 쓰레기처리시설의 경우에는 농지전용 면적이 1만제곱미터를 초과하는 경우 농지전용이 금지된다.

산지관리법 제10조에서는 산지전용제한지역 안에서의 행위제한 규정을 두고 있으며, 제12조에서는 보전산지[30] 안에서의 행위제한 규정을 두고 있다. 산지전용제한지역 안에서는 폐기물처리시설 및 쓰레기시설의 입지를 할 수가 없다. 보전산지 안에서는 공익용 산지에서 국가 또는 지자체가 설치하는 폐기물 처리시설 이외에 폐기물처리시설 및 쓰레기시설의 설치가 금지되어 있다. 학교보건법 제5조에서는 학교 경계선 200미터 이내에 학교의 보건 · 위생 및 학

28) 개발제한구역의 지정 및 관리에 관한 특별법 제11 제1항 제1호 아 학교 · 폐기물처리시설 및 전기공급시설 등 공익시설
29) 농업진흥지역은 농업진흥구역과 농업보호구역으로 구분되며, 농업보호구역은 농업진흥구역의 용수원 확보, 수질보전 등 농업환경을 보호하기 위하여 필요한 지역을 말한다.
30) 보전산지는 임업용 산지와 공익용 산지로 구분되며, 산지전용제한지역의 산지, 개발제한구역의 산지, 국토계획법의 녹지지역의 산지 등은 공익용 산지로 지정된다.

습환경을 보호하기 위하여 학교환경위생 정화구역을 설정하도록 하며, 제6조에서는 폐기물 수집장소 및 폐기물처리시설의 설치를 금지하고 있다.

<표 2-49> 기타 법에서의 폐기물 처리시설 입지제한 규정

구분	폐기물 처리시설	분뇨 및 쓰레기처리시설
개발제한구역 특별법	· 개발제한구역 금지 (지자체 장이 허용하는 경우 가능)	· 개발제한구역 금지
농지법	· 농업진흥지역 내 금지 · 기타 농지에서의 농지전용 제한(폐기물처리시설 및 재활용시설의 경우 제5종 대기오염배출시설 혹은 폐수배출시설일 경우 가능)	· 농업진흥지역 내 금지 · 기타 농지에서의 농지전용 제한(농지전용 면적이 1만제곱미터 초과인 경우)
산지관리법	· 보전산지 내 금지	· 보전산지 내 금지
학교보건법	· 학교환경위생정화구역 내 금지	· 학교환경위생정화구역 내 금지

다. 환경성 조사 관련 규정

환경정책기본법에 의하면 보존용도지역에서 일정규모 이상의 개발사업을 할 경우 환경영향평가를 받도록 되어 있다. 또한 영향평가는 사전영향평가제도와 영향평가제도로 구분하여 시행하고 있다. 사전환경성검토는 개발계획 입안단계(사업 시행 전)에서 본 사업이 이 지역에 들어서는 것이 타당한 지 공사 시 주변 환경에 미치는 영향을 미치는 지를 고려하여, 계획의 적정성 및 입지의 타당성을 위주로 검토하는 제도이며, 환경영향평가제도는 이미 개발계획이 확정된 이후 개발 사업의 시행으로 인해 주변 환경에 영향을 미치는 정도를 예측하여 그 영향을 최소화하는 방법을 모색하여, 지속가능한 개발 및 쾌적한 환경을유지하기 위해 평가하는 제도이다.

즉, 사전환경성검토는 행정계획 보전용도지역 내 소규모 개발사업이며, 환경영향평가는 대규모 개발사업을 대상으로 한다. 사전환경성검토 대상사업으로는 개발 관련 행정계획(16개 분야 83개 사업), 보전용도지역내(5천㎡ 이상 3만㎡이상)개발사업(8개 분야 20종) 으로 나누어지며, 환경영향평가제도 대상사업으로는 대규모 개발사업(17개 분야 76개 사업)이 있다.

환경영향평가 이전에 하는 사전환경성검토의 경우 그 성격이 해당사업의 입지의 타당성, 계획의 적정성 위주로 작성하며 사전환경성검토가 협의가 되어야 환경영향평가를 할수 있으며 사전환경성검토에서 부동의가 나면 해당 사업은 할 수 없다.

또한 사후조사 사후환경영향조사라 함은 같은 뜻으로 정확하게는 환경영향조사이다. 이는 환경영향평가를 최종적으로 협의하였을때 공사시 및 운영시 환경영향을 저감하기 위한 방안을 하는 조건으로 협의를 해주었기때문에 공사시 및 운영시 이러한 저감방안들을 제대로 시행하고 있는지 조사하는 것이다.

<표 2-50> 사전환경성 검토대상

구 분	5,000㎡이상	7,500㎡이상	10,000㎡이상	50,000㎡이상
국토의계획및이용에관한법률	자연환경보전지역 관리지역(보전)	농림지역 관리지역(생산)	관리지역 (계획)	
개발제한구역의지정및관리에관한특별조치법	개발제한구역			
자연환경보전법	생태계보전지역 임시생태계보전지역 시·도생태계보전지역 자연유보지역	완충지역		
조수보호및수렵에관한법률	조수보호구			
산지관리법			공익용산지	공익용산지외 산지
자연공원법	자연보존지구	자연환경지구		
습지보전법	습지보호지역	습지주변관리지역 습지개선지역		
수도법	광역상수도설치지역 (공동주택건설의 경우)	광역상수도설치지역		
하천법			하천구역	
소하천정비법		소하천구역		
지하수법	지하수보전구역			
수질환경보전법	호소수질보전구역 (공동주택건설의 경우)	호소수질보전구역		
그밖의 개발사업	최소 협의대상면적의 60%이상으로서 미리 시· 도 또는 시· 군· 구 환경보전자문위원회의 의견을 들어 관계행정기관의 장이 필요하다고 결정한 사업			

사전환경성 검토협의시 구비서류는 〈표 2-51〉와 같다. 사전환경성 관련 검토협의는 폐기물처리시설 설치승인 전에 해야 한다.

<표2-51> 사전환경성 검토협의시 구비서류

- 사업의 목적, 필요성, 추진배경, 추진절차 등 사업계획에 관한 내용
- 대상지역의 용도지역 구분 등 토지이용현황
- 대상지역 안의 생태계보전지역 등 환경정책기보법 시행령 별표2 제2호의 규정에 해당하는 지역·지구·구역 등의 분포현황
- 사전환경성검토를 위한 기본현황 및 환경영향평가 대상여부 등을 고려하여 환경부장관이 관계 중앙행정기관의장과 협의하여 고시하는 사항

환경·교통·재해 등에 관한 영향평가법에 의한 환경영향평가 대상 폐기물처리시설, 분뇨처리시설, 가축분뇨처리시설은 〈표 2-52〉과 같다.

<표 2-52> 환경영향평가 대상 폐기물 처리시설·분뇨처리시설 및 축산폐수 공공처리 시설

환경영향평가대상사업의 범위	평가서 제출시기 또는 협의요청시기
가. 「폐기물관리법」 제2조제8호에 따른 폐기물처리시설 중 다음의 어느 하나에 해당하는 시설의 설치사업 1) 최종처리시설 중 매립시설로서 폐기물매립시설의 조성면적이 30만 제곱미터 이상이거나 매립용적이 330만 세제곱미터 이상인 것 2) 최종처리시설 중 매립시설로서 지정폐기물 처리시설의 조성면적이 5만 제곱미터 이상이거나 매립용적이 25만 세제곱미터 이상인 것 3) 중간처리시설 중 소각시설로서 처리능력이 1일 100톤 이상인 것	가) 폐기물처리업의 허가를 받으려는 자가 폐기물처리시설을 설치하려는 경우: 「폐기물관리법」 제25조제2항에 따른 폐기물처리사업계획서의 적합 통보 전 나) 폐기물처리업의 허가를 받으려는 자 외의 자가 폐기물처리시설을 설치하려는 경우: 「폐기물관리법」 제29조제2항에 따른 폐기물처리시설의 설치 승인 전 또는 「폐기물처리시설 설치촉진 및 주변지역지원 등에 관한 법률」 제11조의3에 따른 폐기물처리시설 설치계획의 승인 전
나. 다음의 어느 하나에 해당하는 시설로서 처리용량이 1일 100킬로리터 이상인 것. 다만, 「하수도법」 제2조제9호에 따른 공공하수처리시설로서 분뇨 또는 축산폐수를 유입처리하는 처리시설은 제외한다.	
1) 「하수도법」 제2조제10호에 따른 분뇨처리시설	가) 시 · 도지사가 설치하는 경우: 「하수도법」 제11조제2항에 따른 고시 전 나) 시장 · 군수 · 구청장이 설치하는 경우: 「하수도법」 제11조제3항 또는 제4항에 따른 인가 전 다) 지방자치단체의 장이 아닌 자가 시행하는 경우: 「하수도법」 제16조제1항에 따른 허가 전
2) 「가축분뇨의 관리 및 이용에 관한 법률」 제2조제8호에 따른 처리시설	「가축분뇨의 관리 및 이용에 관한 법률」 제24조 또는 제28조에 따른 공공처리시설 설치승인 전 또는 분뇨처리업의 허가 전

제 III 장

저탄소 녹색마을 조성 선진사례

1. 유럽(EU)의 바이오매스 이용과 관련 정책 및 제도
2. 영국의 바이오매스 이용과 관련 정책 및 제도
3. 독일의 바이오매스 이용과 관련 정책 및 제도
4. 미국의 바이오매스 이용과 정책 법 및 제도
5. 일본의 바이오매스 이용과 정책 법 및 제도

1. 유럽(EU)의 바이오매스 이용과 관련 정책 및 제도

1) 바이오매스 이용현황

EU의 바이오매스별 에너지 생산량을 보면, 고형바이오매스[1]를 이용한 에너지 생산이 전체의 84.5%로 가장 많은 것으로 나타났고, 그 다음에 도시폐기물, 바이오가스 순서로 나타났다. 여기에서 고형바이오매스는 목질계바이오매스를 말하고 있으며, 도시 폐기물에 유기성폐기물 등이 포함되어 있다. 또한 EU에서 추정하고 있는 바이오매스 잠재량은 폐기물계가 가장 많은 것으로 추정하고 있으며, 그 다음이 임지잔재, 에너지작물순이다.

<표 3-1> EU 바이오매스별 1차 에너지 생산량, 2006-2007 (단위: ktoe)

	바이오가스				도시 폐기물	고형 바이오매스
	매립지가스	오 · 하수가스	기타	합계		
2006	2711.9	899.4	1350.0	4961.2	5758.6	65,698
2007	3040.0	893.3	2133.1	6012.4	6137.9	66,358

자료) EurObserv'ER "State of Renewable Energies in Europe: 6th Report", 2008

<표 3-2> EU 바이오매스 생산 잠재량 (단위: Mtoe)

(Mtoe)	바이오매스 소비량 2003	잠재량 2010	잠재량 2020	잠재량 2030
임지잔재	67	43	39-45	39-72
유기성폐기물, 목재산업 잔재, 농업 및 식품잔재		100	100	102
에너지작물	2	43-46	76-94	102-142
TOTAL	69	186-189	215-239	243-316

자료) COM "biomass action plan", 2005

EU의 바이오연료 생산은 크게 바이오디젤과 바이오에탄올로 구분할 수 있으며, 2007년 생산된 바이오연료는 8,130.1 ktoe로 바이오디젤이 74%인 6,091.5 ktoe를 차지한다. BTL (Biomass to liquid), 바이오수소 등의 기타 연료는 발달이 미미한 상태이다.

EU 주요 회원국의 2007년 바이오디젤 및 바이오에탄올의 소비 현황[2]을 보면 독일이 2,937.8 ktoe과 296.2 ktoe로 가장 많이 소비한 것으로 나타났으며, 이것은 각각 EU 전체 소비량의 48.2%, 24.2%에 해당한다. 이 밖에 프랑스가 바이오디젤 1,233 ktoe, 바이오에탄올 263.4 ktoe을 소비하였고, 스페인에서 각각 260.6 ktoe, 112.6 ktoe를 소비하였다.

---

1) EurObserv'ER 2008 "State of Renewable Energies in Europe: 6th Report"에서 '목질계 바이오매스' 를 '고형바이오매스(Solid Biomass)'로 명칭

2) EurObserv'ER, "State of Renewable Energies in Europe: 6th Report", 2008

<표 3-3> EU 바이오연료 소비량, 2006-2007 (단위: ktoe)

	바이오에탄올	바이오디젤	기 타	합 계
2006	880.4	4,083.2	661.6	5,625.2
2007	1,225.7	6,091.5	791.9	8,130.1

EU의 2007년 바이오연료 소비량은 2006년에 비해 44.5% 증가한 것으로, 바이오연료 소비의 증가는 지속되고 있다. 이와 관련하여, 바이오연료에 관한 EU 지령(European Directive)에서는 2010년까지 바이오연료 사용량을 5.75%까지 증가시킬 계획으로 전력 및 수송부문의 2010년 신재생에너지 목표를 설정하였고, 2007년까지의 바이오연료 사용 경향에 따르면 목표를 넘어설 것이라고 예상하였다.

그러나 EU 집행위가 최근 발표한 보고서에 따르면 '10년 신재생에너지 목표달성이 어려울 것으로 전망되고 있다.[3] 전력부문의 목표비중은 21%였으나 19% 달성에 그칠 것으로 전망되며, 전체 수송용연료 중 바이오연료의 목표비중도4% 달성에 그칠 것으로 예상하고 있다. 특히 각 회원국별 목표 달성은 큰 격차를 보였는데, 독일의 경우 이미 목표를 달성한 반면 발전속도가 현저히 더딘 국가들도 있어 전체적으로 불균형을 나타내었다. 이에 따라 EU 집행위는 '08년 12월 새로운 신재생에너지 지침을 마련하고 ' 09년 5월부터 시행할 계획이다.

2) 바이오매스 및 재생에너지 이용촉진 법제[4]

가. 바이오매스 이용촉진 법제

바이오매스 이·활용의 촉진을 위한 EU차원의 전략과 각 나라의 전략은 매우 다양하다. 동일한 제도라 할지라도 각 나라에서 다양하게 적용되고 있는 EU의 바이오매스 이용전략은 다른 많은 국가들의 바이오매스와 관련된 정책수립의 기초가 되고 있다.

EU는 자국의 신재생에너지 관련법을 신설·강화하는 동시에 향후계획을 세우는 노력을 하고 있을 뿐만 아니라, 선진국 간 협력을 통해 신재생에너지 분야의 발전을 꾀하고 개발도상국을 지원함으로써 소외된 지역에 대한 에너지 접근성을 높이고 있다.

이러한 EU의 바이오매스 이용촉진을 위한 대표적 전략은 Commission communications to the Council and other institutions (COM)에 잘 나타나 있으며, 그 방안으로는 보조금제도, 세제혜택, 규제완화, 연구개발지원 등을 사용하고 있다.

3) 에너지경제연구원, 해외에너지정책동향 2009(Issue 18), 2009.5.8
4) 경기개발연구원, "경기도의 바이오매스 에너지 이용체계 구축방안", 2008

<표 3-4> EU의 주요 바이오매스 이용촉진 법제

구분	법 제	내 용
세제혜택	Common Position (EC) No 18/2001 of 23 March 2001 adopted by the Council, acting in accordance with the procedure referred to in Article 251 of the Treaty establishing the European Parliament and of the Council on the promotion of electricity produced from renewable energy sources in the internal electricity market	회원국은 국가차원에서의 신재생에너지 사용 지원을 위해 녹색 인증제, 투자보조, 면세 · 감세, 환세 등과 같은 여러 가지 제도를 운용하여야 함 이 법안의 목적을 달성하는 중요한 수단은 투자자의 확신을 유지하기 위해 위원회의 체제가 본궤도에 오를때까지 적절한 기능을 보장
	Council Directive 2003/96/EC of 27 Octorber 2003 restructuring the Community framework for the taxation of energy products and electricity	에너지 관련 생산제품에 관한 면세 혹은 감세기간은 6년이상 적용 예정, 향후 기간의 수정 가능 면세 혹은 감세는 multi-annual programme이 종료되는 시점까지, 그리고 2012년 12월 31일 이후에도 적용 가능
	Directive 2004/8/EC of the European parliament and of the Council of 11 February 2004 on the promotion of cogenration based on a useful heat demand in the internal energy market and amending Directive 92/42/EEC	열병합 발전 증진을 위한 세율의 완화, 고효율 열병합 발전을 가능하게 하기위한 보조시스템의 구축도모
연구 개발	Option of the Economic and Social Committee on "The revision of Council Directive 86/278/EEC on the use of sewage sludge in agriculture"	농업에서의 하수슬러지 사용에 관한 법률 (1) 투자촉진을 통해 하수슬러지의 품질향상 도모 (2) 농업용도로 사용되는 슬러지의 중금속 함유량 최소화 (3) 토양보호에 관한 의회의 초소요구 충족
이용 의무 부가	Directive 2001/77/EC of the European parliament and of the Council of 27 September 2001 on the promotion of electricity produced from renewable energy sources in the internal electricity market	바이오에너지를 포함한 재생에너지로부터 생산한 전기사용량을 향상시키기 위한 법제, 각 나라별로 2010년까지 재생에너지로부터 전기사용량의 구체적 목표치 제시
	Directive 2002/91/EC of the European parliament an of the Council of 16 December 2002 on the energy performance of buildings	바이오에너지를 포함한 재생에너지 이용향상을 위한 건물의 에너지 이용효율에 관한 법제
바이오 제품의 규격화	Directive 2005/32/EC of the European parliament and of the Council of 6/July 2005 establishing a framework for the setting of ecodesign requirements for energy-using products and amending Council Directive 92/42/EEC and Directive 96/57/EC and 2000/55/EC of the European Parliament and the Council	에너지 관련 생산 제품의 ecodesign의 요건을 설정하기 위한 체제구축 (1) 관련제품이 지속가능한 환경 조성에 기여하는 역할 명기 (2) 제품을 디자인할 때 에너지 효율을 포함한 환경적 요소 표기

나. 신재생에너지 보급지원제도

신재생에너지의 보급이 선행적으로 이루어진 EU의 여러 국가들은 경제성을 확보하기 위하여 다양한 지원책을 실시하고 있다. 주 지원책으로는 고정가격우선매입제도, 입찰제도, 신재생에너지발전의무비율할당제 등이 있고, 보조 지원책으로는 신재생에너지 초기설비에 대한 보조금지급이 대표적이다.

(1) 고정가격우선매입제도

고정가격우선매입제도는 EU가맹국에서 보편적으로 실시되고 있는 제도이다. 정부에서 신재생에너지 원별로 고정가격을 설정한 후 전기 사업자에 대해 지역 내 신재생에너지 발전전력을 전량 구입하게 하고, 부족분을 신재생에너지 이외의 일반전력에서 구입 후 소비자에게 판매하게 하고 있다.

지역 내 신재생에너지발전전력을 전량 구입해야 하는 의무가 있기 때문에, 신재생에너지(특히 풍력)발전이 용이한 지역과 용이한 지역과 용이하지 않은 지역의 전기사업자 사이에는 구입부담에 있어 차이가 발생한다. 이를 해소하기 위해 전력소매업자와 전기사업자 사이에 구입부담을 조정할 수 있도록 하고 있다.

한편 화석원료 및 원자력에서 생산하는 전력보다 상대적으로 비싼 신재생에너지를 전량 구매하는 것으로 인한 전기사업자의 부담은 전기료 인상을 통해 소비자에게 부담이 전가되므로 고정가격우선매입제도는 소비자의 부담에 의해 성립되는 제도라 할 수 있다.

(2) 입찰제도

입찰제도는 정부에서 경쟁입찰을 실시하여 사업을 선정하고, 지역 내 전기 사업자에게 신재생에너지 발전전력을 구입하도록 의무화하는 것이다. 사업선정 과정에서 전력구입가격이 결정되고, 전력구입가격과 시장가격의 차액은 정부가 보전한다.

(3) 신재생에너지 발전의무비율 할당제

RPS제도는 정부의 재정 부담을 완화하고, 시장경쟁원리를 도입한 신재생에너지전력거래를 통한 신재생에너지발전비용의 삭감을 위해 도입된 제도로 경쟁원리를 도입하여 시장 효율성을 달성하고자 설계되었다. 따라서 다수의 참가자가 시장에 존재해야 하며, 대부분의 국가에서는 발전사업자뿐만 아니라 전력공급사업자 및 전력거래 중개업자도 시장에 참가한다.

또한 재생가능 에너지의 보급을 촉진시키기 위해 의무 이행자와 신재생에너지 발전사업자에 대해 각종 인센티브가 주어지고 있다.

RPS제도를 도입하고 있는 EU 가맹국의 경우 신재생에너지 발전사업자에 대해 신재생에너지 전력시장에 전력을 판매할 경우 최저 가격을 보장하고 있기 때문에 발전사업자는 안심하고 시설투자를 할 수 있다.

3) 유럽 지역 바이오에너지 마을

가. 오스트리아 무레크(Mureck)[5]

무레크는 오스트리아 동남쪽 끝 슬로베니아와 인접한 농촌마을로 현재 인구는 1700여명, 우리나라에서는 면단위에 해당하는 지역이다. 폐식용유와 유채를 이용해 만든 바이오디젤만 판매하는 전용 주유소가 1994년 세계에서 처음 세워졌고, 그 외 우드칩을 이용한 지역난방회사, 가축분뇨를 이용하여 전기를 생산하는 지역전기회사에 의해 170% 에너지 자립에 성공하였다. 자체 생산하는 연료로 차량을 움직이고 지역난방도 해결할 뿐만 아니라 남는 에너지는 외부에 판매하고 있다.

<그림 3-1> (a) 바이오디젤주유소, (b) 바이오가스 플랜트

자료) http://www.seeg.at

무레크마을의 에너지자립 추진경위는 마을이 슬로베니아 국경에 위치하여 에너지 및 식량자급의 필요성이 있었으며, 1980년대 중반 곡물가격이 하락하여 정부보조금을 받아 잉여농산물을 수출하는 것보다 에너지 농업을 하는 것이 유리하다는 판단하에 농민들이 유채농사를 시작하고 바이오디젤을 생산하여 트랙터용으로 이용하였다.

정부 보조금 30%와 농부들의 투자금으로 바이오디젤회사를 설립하고, 이후에도 농민들이 참여하여 지역난방회사, 바이오가스 회사를 설립하였으며, 바이오디젤을 연구하는 그라츠대학 교수의 도움을 받아 상업화와 수익성을 개선하는데 성공할 수 있었다.

현재 무레크에는 에너지 관련 기업이 3개로, 바이오디젤을 생산하는 'SEEG'와 지역난방회사인 '나베르메', 가축분뇨를 이용해 전기를 생산하는 '외코스트롬'이다. 마을과 인근 그라츠(Graz)시에서 수거한 폐식용유로 바이오디젤을 생산하여 100여개의 지역에 차량용연료를 제공할 뿐만 아니라, 약 510개의 농가에서 재배한 유채를 이용하여 바이오디젤을 생산하고, 바이오

5) 전남발전연구원 김종일, 리전인포 제157호 "에너지 자립마을 조성과 지역 활성화 전략", 2009

디젤과 유채찌꺼기(유박)를 농민에게 공급한다. 농민은 유박을 돼지사료로 활용하고, 사육하는 돼지의 분뇨는 바이오가스회사에서 메탄을 만들어 전기를 생산한다. 공정에서 발생된 액비는 다시 농장에 유기질비료로 활용되면서 물질의 순환이 이루어지고 있다.

<표 3-5> 무레크의 에너지생산 설비

	SEEG	나베르메	외코스트롬
구분	바이오디젤회사	지역난방회사	바이오가스회사
설립 연도	1989년	1998년	2003년
운영	• 570명의 투자자 • 120만 유로(약 22억 원) 공동 투자	• SEEG + 2명의 농부 투자 • 난방 파이프(13km) : 국가 50%+주민 50%	• 니베르메+7명의 농부 투자
원료	• 농가에서 재배한 유채(10%) - 유채 1,000kg당 바이오디젤 380 *l* • 마을에서 약 30km 떨어진 그라츠시의 가정과 식당에서 수거한 폐식용유(90%) - 폐식용유 1000kg당 850 *l* 의 연료 제공	• 인근 숲에서 간벌한 잡목, 포장회사에서 쓰고 남은 목재 등을 이용한 열병합발전	• 인근 20여개 돼지농장에서 수집한 분뇨와 인근 농장의 옥수숫대, 밀짚, 유채대 등을 혼합하여 메탄 생산
연간 생산량	1천만 *l*	8,500MWh	8,400MWh
총에너지생산량	15만 2000MWh (마을에서 필요한 에너지 총량 9만MWh)		
이용	• 마을의 자동차연료로 공급 • 남은 것은 그라츠시에 판매 • 유박은 돼지 사료로 활용	• 지역난방 85% 공급 • 약 300가구의 가정과 관공서의 난방 • 난방비지출 30% 감소	• 지역전기 100% 공급 • 오스트리아 전력공사에 전기 판매

자료) http://www.seeg.at

무레크마을의 바이오에너지 생산에 따른 효과는 에너지비용 절감액이 연간 약 30만유로에 달하고, 부수적으로 연간 45,000 tCO_2 (1 tCO_2는 전력 2500kWh를 사용할 때 배출되는 이산화탄소량)에 해당되는 온실가스를 배출 저감시키고 있다. 바이오에너지 이용으로 아황산가스, 이산화탄소, 매연 등의 배출량은 화석연료 대비 각각 12%, 15%, 50%수준에 불과하여 대기환경 보전에 크게 기여하고 있다.

이러한 온실가스 및 에너지문제 해결이외에도 정규직 20명, 계약직 25명, 기타 원료를 생산공급하는 농장의 일자리 12명 등 일자를 창출하고 있으며, 무레크 바이오에너지 순환시스템을 견학하기 위한 방문객이 연간 6,000여명으로 에코튜어리즘의 사례로서 자리잡고 있다.

마을 주민의 공동체적 삶의 방식 정착에 기여하고 있으며, 최근에는 주민투자 태양광발전소 건설을 준비하고 있으며, 소수력에너지 이용에 대한 계획도 준비하고 있다.

〈표 3-6〉에는 그라츠지역의 바이오디젤이용현황을 설명하고 있으며, 초기에는 유채재배로 시작하였으나, 최근에는 폐식용유로 변경하여 사업을 하고 있다. 폐식용을 회수할 수 있는 용기를 보급하고, 이물질 등을 제거하여 바이오디젤업체에 판매하고 있으며, 공영버스와 트럭에 5% 혼합된 바이오디젤로서 공급하고 있다.

<표 3-6> 그라츠의 바이오디젤 이용

구 분	내 용
추진경위	• 1985년 바이오디젤 처음개발, 세계 최초의 바이오디젤 생산 설비 마련(유채이용) • 1980년대 식물연료와 광물연료의 가격차로 인하여 촉진이 어려워짐, 폐식용유 수집 캠페인을 통하여 변경(폐식용유 이용)
폐식용유 수집현황	• 연간 280t의 폐식용유 수집(식당배출 180t, 가정배출 70~100t) • 현재 그라츠시에서 폐식용유를 수거하는 업체는 4곳 • 일반가정과 식당에 특수 수거용기를 무료 배포, 회사차량을 이용해 수거 (일반가정에서는 직접 가져와야함) • 찌꺼기 등을 제거하고 바이오디젤 생산업체에 판매(kg당 30~40 cent)
법적규제	• 모든 경유 차량은 연료의 5%를 바이오디젤 사용 의무 • 폐식용유의 무단폐기 금지
이용 및 효과	• 공영버스 152대(에코드라이브), 트럭 300여대, 전체 택시의 60%가 100%의 바이오디젤 사용
	• 바이오디젤은 일반경유보다 5~7% 저렴, 이산화탄소와 미세먼지 발생량도 경유의 절반수준, 석유보다 10센트 정도 저렴 • 연간 6,700t의 이산화탄소 배출 감소 • 폐식용유 1kg 수집, €0.38의 폐기물 처리비용 절감 • 식당에서 폐식용유 처리 시 kg당 13cent 소요 → 수거업체에 kg당 8cent 판매 • 수거업체는 바이오디젤 생산업체에 kg당 30~40cent 판매 • 수거업체와 실업자재활사업과의 연계

폐식용유 수거용기

100% 바이오디젤 버스

바이오디젤 주유소

자료) SU:GRE (Sustainable Green Fleets), http://www.sugre.info

나. 오스트리아 귀싱(Gussing)[6)7)]

‘미래 에너지 자급자족 도시’ 로 주목받고 있는 귀싱(Güssing)은 오스트리아의 변방인 부르겐란트 주에 위치한 작은 시골마을이다. 28개의 작은 마을로 구성된 부르겐란트 주는 공산국가인 헝가리와의 국경지역에 위치하여 50년 이상 ‘철의 장막’ 의 영향 아래 높은 실업율과 인구감소 등의 문제로 오스트리아에서 가장 낙후된 지방이었다. 이 중 귀싱은 인구 4000여명의 소도시로 교통, 통신 등의 인프라 개발이 부족하여 인구의 70%가 인근 도시인 빈과 그라츠 등으로 출퇴근을 하였으며, 외부에서의 에너지 구입으로 인한 자본유출은 산업시설이 전무한 지자체의 경제를 더욱 열악하게 만들었다.

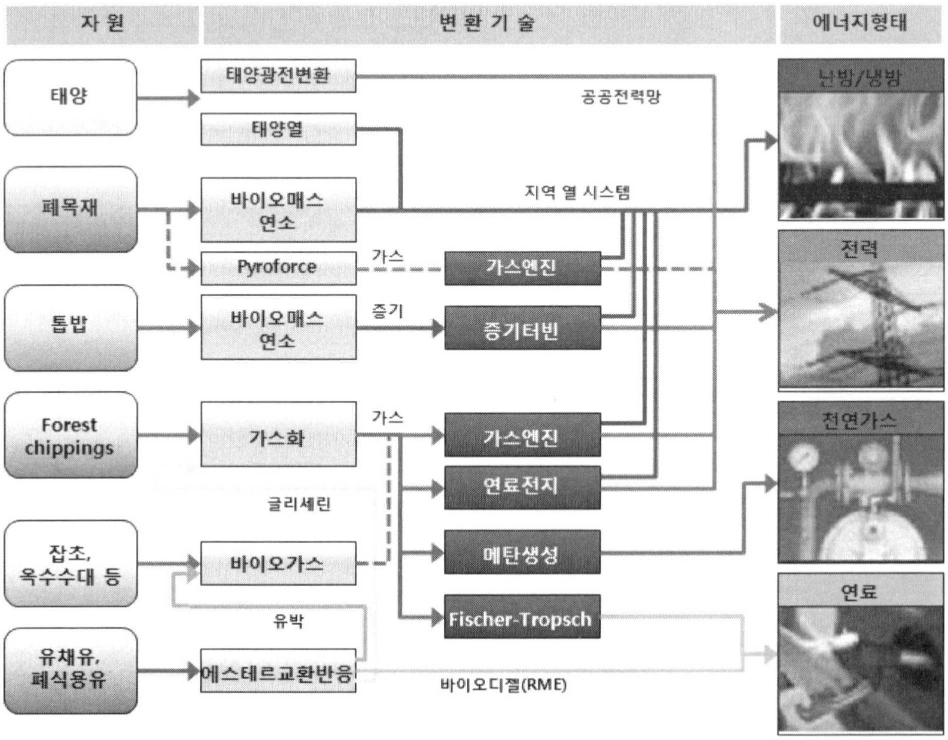

<그림 3-2> 귀싱의 다양한 신재생에너지 이용

자료) EEE English information, "Model Region Güssing"

이런 상황에서 지역정부는 1990년 ‘화석연료로부터의 완전 독립’ 을 선언하고, 지역에서 이용할 수 있는 바이오매스를 이용하여 지역에너지 자립을 하기 위한 계획을 세웠다.

이렇게 시작한 에너지자립으로 2008년 귀싱의 바이오에너지 생산설비는 40MW이고, 석유대체연료로 바이오디젤은 200%, 열은 98%, 전기는 140%를 충당하고 있다.

---

6) http://blog.naver.com/good_energy

7) FORSCHUNGSFORUM, "MODEL REGION GUSSING", 2007.1

<표 3-7> 바이오가스 시설

<table>
<tr><th colspan="2"></th><th colspan="2">내 용</th></tr>
<tr><td colspan="2">원 료</td><td colspan="2">잡초, 옥수수대 등 농업부산물</td></tr>
<tr><td colspan="2">Power</td><td colspan="2">전기 500 kW
열 600 kW</td></tr>
<tr><td colspan="2">연간
에너지 생산량</td><td colspan="2">전기 4,350 MWh
열 5,220 MWh</td></tr>
<tr><td colspan="2">Annual reguired
plant quantity</td><td colspan="2">11,000 ton (250ha)</td></tr>
<tr><td colspan="2">투자비용</td><td colspan="2">£ 2.25 mio.</td></tr>
<tr><td rowspan="11">공정</td><td>Bunker silo</td><td colspan="2">총면적 4,350 ㎡
용량 15,000 ㎡</td></tr>
<tr><td>액저장조</td><td colspan="2">Bunker silo에서의 침출수 수집 및 소화조에서 이용</td></tr>
<tr><td>공급장치</td><td colspan="2">container와 자동 스크류 수송시스템으로 구성
용량 50 ㎥
투입량 25t/day con silage
5t/day Grass silage
연간투입량 11,000 t/year</td></tr>
<tr><td rowspan="3">소화조</td><td colspan="2">main fermenter, second fermenter(가스탱크와 연결)로 구성, 온도유지를 위한 열은 CHP설비에서 공급</td></tr>
<tr><td>main fermenter</td><td>1,500 ㎥</td></tr>
<tr><td>second fermenter</td><td>1,500 ㎥
230 ㎥/h의 가스 생산
메탄 55%</td></tr>
<tr><td>분리조</td><td colspan="2">소화잔재를 액상, 고상으로 분리
고형물(DS 30%)은 무취, 비료로서 사용하기 좋아 토지에 살포
액상의 일부는 main fermenter로 반송하거나 lagoon으로 이송</td></tr>
<tr><td>최종저장조
(lagoon1,2)</td><td colspan="2">소화잔재 중 액체는 각각 2000 ㎥용량의 lagoon에서 4 - 6달 저장 (부유층 생성방지를 위해 혼합)후 액비 사용</td></tr>
<tr><td rowspan="2">가스활용
(CHP)</td><td colspan="2">가스탱크의 바이오가스는 CHP설비로 공급되어 전기와 열로 변환, 변환된 전기와 열의 일부는 공정에서 사용</td></tr>
<tr><td colspan="2">Output : 전기 500 kW
열 568 kW
Engine : Jenbacher JMC 312 GS-B.LC</td></tr>
</table>

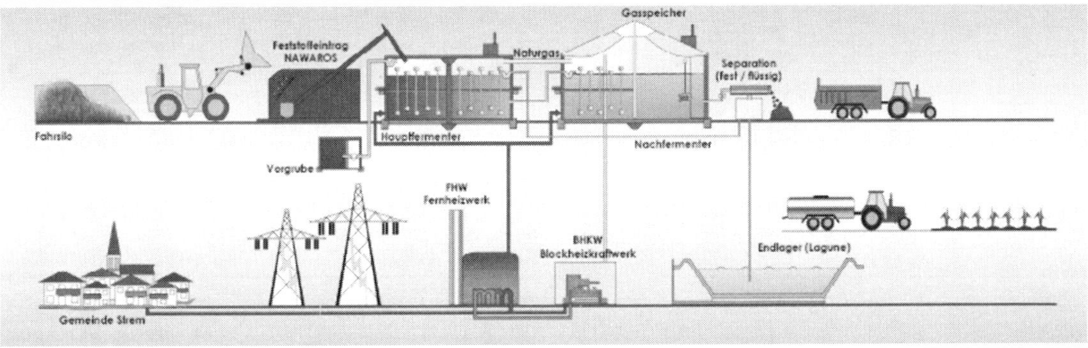

자료) EEE English information, "Biogasplant Strem"

<표 3-8> 소각발전소

	내 용
위 치	Güssing/Bgld.
설립/가동일	1996.10
원 료	지역에서 발생하는 폐목재
공급망길이	24,000 m
발전능력	14 kW
보일러	organic matter 5MW organic matter 3MW oil boiler for peak hour production 6MW
공 급	26 mio kWH/year
투자비용	€ 10.17 mio

자료) EEE English information, "GÜSSINGER FERNWÄRME GmbH"

<표 3-9> CHP설비

Fuel input power		8,000 kW
생 산	전기	2,000 kW
	열	2,500 kW
비 용	투자비용	€ 10 million
	융자	€ 6 million
	운영비(/yr)	투자비용의 10-15%
	열가격(공급망)	2.0 €-cents/kWh_{th}
	열가격(소비자)	3.9 €-cents/kWh_{th}
	전기가격	16.0 €-cents/kWh_{el}
공 정	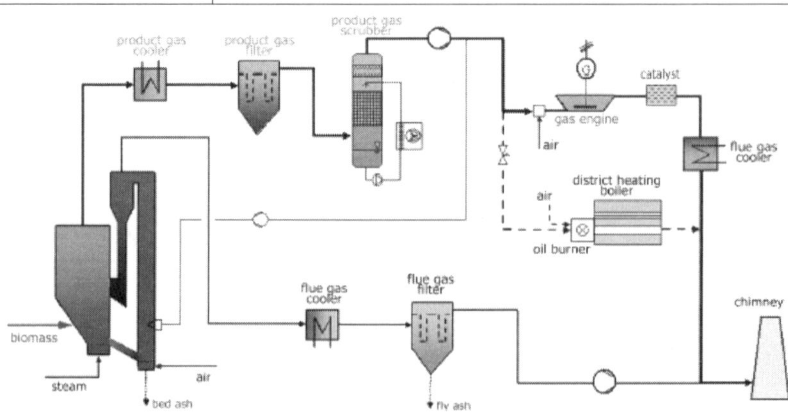	

자료) EEE English information, "Biomass CHP-plant Güssing"

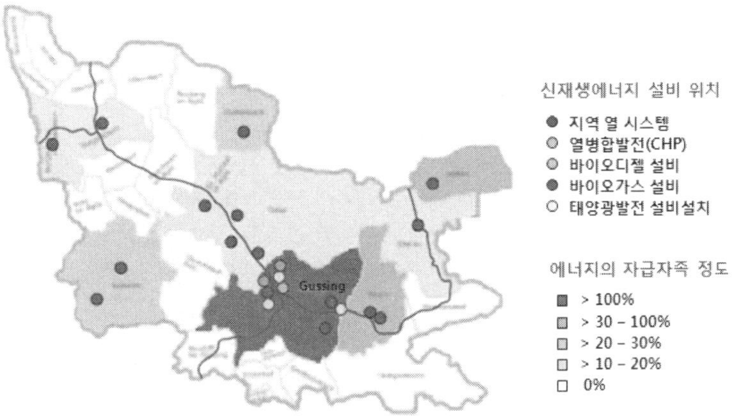

<그림 3-3> 귀싱지역의 에너지 설비 및 에너지 자립정도

귀싱은 에너지 생산 설비뿐만 아니라, 1996년에는 유럽 재생에너지 센터(Europäisches Zentrum für Erneuerbare Energie : EEE)를 설립하여 지방정부와 연구소 기업체를 연결하는 효율적인 산학 연계시스템을 갖추었다.

<그림 3-4> 유럽 재생에너지 센터(EEE)

또한 EEE는신재생에너지의 이용과 관련하여 기술, 정보를 제공하기 위한 세미나를 개최하거나 교육프로그램을 제공하고, Green energy tourism을 통하여 귀싱의 에너지자립 사례를 소개한다. 현재 에너지설비를 견학하기 위한 방문객은 매주 400명에 달한다.

친환경에너지 마을로 전환하면서 귀싱은 화석연료에서 벗어나 100%의 재생가능 에너지이용이 가능해졌을 뿐만 아니라, 400개 이상의 새 일자리가 창출되었고 소득이 증대되었다. 1995년 연간 3만 5000t에 달하던 이산화탄소 배출량은 2008년 5000t로 크게 감소하였고, 귀싱 지역 28개 마을에서 에너지 구입을 위해 지출하던 3천 600만 유로의 비용을 공동체를 위하여 사용할 수 있게 되었다.

귀싱은 지역정부 주도하에 교사, 전문가, 농민 등의 참여로 에너지자립을 이룬 사례다. 처음에는 지역 내 공공에너지를 효율화하고 절약해서 생긴 예산과 중앙정부지원 예산으로 재생가능에너지 설비를 설치했다. 지금은 이미 투자한 재생에너지 설비의 수익과 지자체 및 중앙정부의 지원, 유럽연합 차원의 프로젝트를 결합함으로써 귀싱은 계속 화석연료로부터의 에너지 자립을 진행하고 있다. 귀싱에는 지금도 매년 새로운 설비가 2~3개씩 설립되고 있다.

<그림 3-5> (a) 태양에너지판이 설치된 학교 (b) 바이오매스플랜트

오스트리아 무레크에서의 바이오디젤 회사의 설립은 투자금액의 30%만 정부의 보조를 받고 나머지 70%는 주민들의 공동투자로 이루어졌다. 회사가 자리를 잡고 이익을 창출하기 시작하면서 '나베르메' 라는 지역난방회사를 만들었고, 지역난방회사가 자리를 잡자 또 출자를 해서 바이오가스 회사를 세웠다. 이전에 만든 시설이 투자를 하여 마을의 새로운 에너지 시설을 설립하였다. 생산된 바이오디젤과 전기는 마을 내에서 사용하고, 남은 것은 각각 그라츠시와 오스트리아 전력공사에 판매하면서 생긴 수익금으로 경제성을 높이고 있다.

오스트리아에서도 바이오매스 생산 농가를 보조하는 지원제도를 포함하여 다양한 정책적 지원 및 보조금 제도가 마련되어 있다. 또한 산림 가운데 잡목분류를 정기적으로 실시하고 있기 때문에 우드칩을 이용한 에너지 생산이 이루어지는 곳이 많다. 앞서 소개된 지역 외에도 오스트리아 남부 카린티아 주에서는 목질계 바이오매스의 이용을 위한 서비스 스테이션을 설립하여 운영하고 있다. 7000여명의 농부들이 에너지 협력체의 회원으로 참여하여 목재폐기물을 수집하고 대형발전소 및 소형난방기를 위한 목재연료로 전환시킨다. 이러한 협력을 통해 농부들은 대규모로 목재연료를 안정적으로 제공하고 목재연료시장을 만들었으며, 농가의 수입을 약 15%정도 향상시켰다. 많은 사람들이 목질계 바이오매스에 대한 관심을 가지고 있었지만, 시장이 형성되어 있지 않을 뿐만 아니라 대형설비의 투자 및 안정적인 연료확보가 개인적으로는 어렵기 때문에 이용을 포기하는 경우가 많았다. 바이오매스 스테이션은 바이오매스를 이용하는 대형플랜트의 선결조건인 원료 공급의 안정성을 달성하였다. 오스트리아는 이미 바이오매스가 에너지 공급의 12% 이상을 차지하고 있다.

귀싱도 바이오에너지 시설로 인해 바이오디젤 200%, 전기 140%를 충당하고 있기 때문에 잉여분은 인근 지역 및 오스트리아 전력공사에 판매하고 있다.

다. 덴마크 삼소도(Samso Island)[8][9]

삼소도는 덴마크 중앙에 위치한 인구 4,100명 규모의 작은 섬으로, 노인인구가 섬인구의 20% 이상을 차지하고, 농업 경쟁력 약화,어업인구 감소 등으로 낙후된 지역이었으나, 신재생에너지의 섬으로 변화하면서 세계적으로 주목 받고 있다.

<표 3-10> 삼소도 사업 개요

구분		내용
환 경		• 인구: 4,100명 • 면적: 114㎢ • 주요산업: 채소와 과일재배의 농업
주요사업내용	시 설	• 육상풍력발전터빈 11기, 해상풍력발전터빈 10기, 밀짚연소난방공장 3기, 태양열·우드칩 연소난방공장 1기
	삼소 에너지 아카데미	• 신재생에너지에 대한 연구, 교육, 홍보 전시 등을 목적으로 2006년에 건립 • 삼소도 에너지 아카데미 건축물 자체도 생태건축공법 적용 • 신재생에너지 체험 및 교육 뿐만 아니라 관광명소로 부각
	이 용	• 섬 내부 전력수요의 100%를 풍력발전으로 충당 • 난방에너지는 태양열 및 바이오매스 에너지 70%, 열펌프 등 새로운 난방시스템 30% • 유채유를 활용하여 자동차·경운기 등의 연료로 활용
사업비		• 10년간 약 4억 크로네(약 8백억 원) 투자 - 정부 보조금: 3천만 크로네(약 60억 원) → 총 투자금액의 7.5% - 나머지는 주민들이 개인·협동조합 형태로 투자
성 과		• 신재생에너지 비중 - 1997년, 전체에너지 소비의 13% → 2006년, 99.6% • 섬주민 1인당 연간 1만 크로네 상당(약 2백만원)의 석유 구입비 절약 • 풍력 발전터빈에 가구당 2천~4천 유로를 투자하여 연간 4백유로 상당의 가구당 투자 수익 발생 • 세계각국에서 견학을 목적으로 방문객이 크게 증가 - 연간 관광객 약 50만명 • 일자리 창출 • 에너지 절감, 환경개선, 소득증대 등 직접적 효과뿐만 아니라, 고용창출 및 관광수입 증대, 주민들의 자긍심 고양 등 다양한 간접적 효과 • 10년 내 자동차 10%를 전기자동차로 교체하는 수송부문의 계획은 전기자동차의 경제성 부족으로 실패 - 향후 전기 또는 수소 자동차의 개발 및 보급, 유채씨유 등 바이오연료 생산 증대를 통한 수송부문 탄소배출 저감에 주력 예정

삼소도의 변화는 1997년 덴마크 환경에너지부에서 신재생에너지의 활용을 늘리기 위한 방안으로 '신재생에너지 아이디어 경연대회' 를 개최하면서 시작되었다. 10년 이내에 탄소중립적(Carbon Neutral)인 무공해 섬을 조성하겠다는 '삼소도 개발 프로젝트' 가 우수작으로

8) 전남발전연구원 김종일, 리전인포 제157호 "에너지 자립마을 조성과 지역 활성화 전략", 2009
9) 외교통상부 블로그, http://blog.naver.com/ilovemofa

선정되었고, 이로 인하여 삼소도는 재생에너지 섬으로 지정되어 풍력 · 태양열 · 바이오매스 등 신재생에너지로 섬에너지 수요를 모두 충당하는 계획을 추진하였다. 삼소도 개발은 저소득·저학력·고령의 농민들이 대부분인 섬주민들의 폭넓은 참여를 기반으로 추진되었다는 것이 특징이며, 정부에서는 직접적인 개발 참여보다는 주민들의 투자 수익 보장을 위한 제도마련에 주력하였다.

현재 삼소도는 풍력과 태양열, 바이오연료를 통하여 섬에서 필요한 전기를 100% 충당하고, 난방의 70%도 해결하고 있으며, 나머지 30%도 열펌프 등 새로운 난방시스템을 도입함으로써 1997년에는 연간 6만 5천톤에 달하였던 탄소배출량이 현재는 마이너스 1만 5천톤으로 감소하였다. 신재생에너지 비중은 1997년, 전체에너지 소비의 13%에서 2006년에는 99.6%에 달하고 있다. 섬주민 1인당 연간 1만 크로네 상당(약 2백만원)의 석유 구입비 절약되고, 풍력 발전터빈에 가구당 2천~4천 유로를 투자하여 연간 4백유로 상당의 가구당 투자 수익 발생하고 있다.

세계각국에서 견학을 목적으로 방문객이 크게 증가하여 연간 관광객 약 50만명에 달하고 있으으며, 에너지 절감, 환경개선, 소득증대 등 직접적 효과뿐만 아니라, 고용창출 및 관광수입 증대, 주민들의 자긍심 고양 등 다양한 간접적 효과를 보여주고 있다.

주요 설비로는 육상풍력발전터빈 11기, 해상풍력발전터빈 10기, 밀짚연소열시스템 3기, 태양열·우드칩 열시스템 1기 등 다양한 재생에너지설비가 건설되어있다. 향후 전기 또는 수소 자동차의 개발 및 보급, 유채씨유 등 바이오연료 생산 증대를 통한 수송부문 탄소배출 저감에 주력할 예정이다.

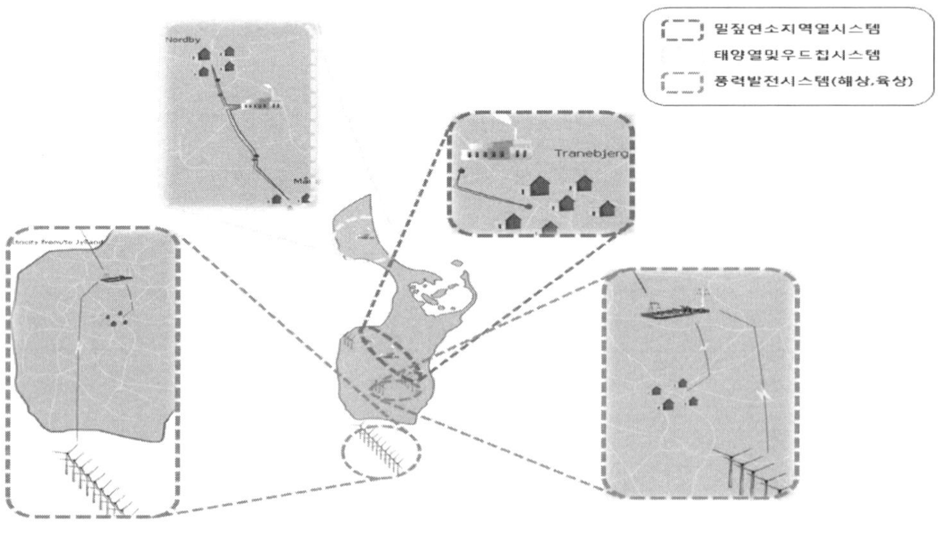

<그림 3-6> 삼소도 신재생에너지 설비 현황

자료) Samso Energy Academy, http://www.energiakademiet.dk

<표 3-11> 풍력발전설비 현황

	해상풍력발전설비	육상풍력발전설비		
		brundby	Permelille	Tanderup
총 가격	-	$5 mil US	$3 mil US	$3 mil US
연간생산량	77,500MWh (280TJ)	12,700MW/yr	7,600MWh	7,600MWh
Guarantee	-	• 10cents US/kWh • 7.1cent US/kWh		

자료) Samso Energy Academy, http://www.energiakademiet.dk

<표 3-12> 밀짚연소 지역열시스템 현황

	Onsbjerg	Tranebjerg	Ballen/Brundby
수요자	76	400	232
원료	밀짚		
생산	0.8MW	3MW	1.6MW
밀짚소비량	600t/yr	-	1,200t/yr
연간소비량	1500MWh/yr	9.5MW	ca. 3300MWh/yr
설립연도	2002	1993	2004-1005
설립비용	$1.35million US	$5.3 million US	$2.7 million US
연간출자금	$430 US	$450 US	$430 US
가격(MWh)	$110 US	$130 US	$112 US
새수요자의비용	$7,500 US	$4,170 US $200/m(열수송관)	$7,500 US

자료) Samso Energy Academy, http://www.energiakademiet.dk

<표 3-13> 태양열.우드칩 열시스템 현황

수요자	178
원료	태양열, 우드칩
생산	1.6MW
우드칩소비량	1,250t/yr
태양열수집면적	2,500㎡
태양열저장	800㎥
설립연도	2001/2002
연간 출자금	$430 US
가격(MWh)	$115 US
새수요자의비용	$4,170 US $200/m(열수송관)

자료) Samso Energy Academy, http://www.energiakademiet.dk

2. 영국의 바이오매스 이용과 관련 정책 및 제도

1) 바이오매스 이용현황[10]

영국 내, 2006년 재생에너지원으로부터 발생한 전체 열과 전기발생의 82%가 바이오매스에 의한 것이며, 이들 중에 대부분인 33%가 매립지 가스이며 18.7%는 Co-firing. 11.7%가 폐기물소각, 나머지가 폐목재 및 하수슬러지의 혐기성소화가스이다. 이러한 현황에서 볼 수 있는 것과 같이 폐기물 및 바이오매스가 신재생에너지에서 중요한 분야이다.

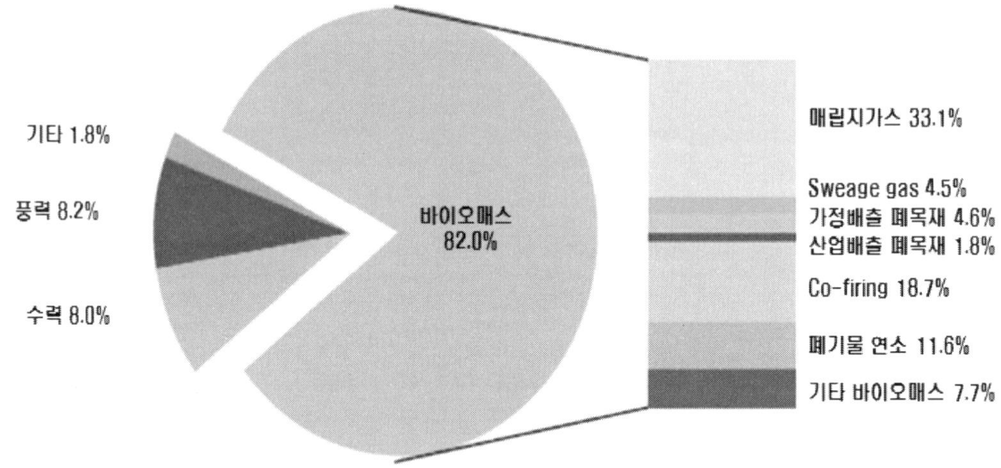

<그림 3-7> 재생가능 에너지원, 2006

<표 3-14> 재생가능 에너지의 소비량, 2006 (단위: ktoe)

		2000	2004	2005	2006
지열 및 태양열		12.0	25.7	30.9	37.8
풍력 및 조력		81.3	166.4	249.7	363.3
수력		437.3	416.5	423.2	395.9
바이오매스	매립지가스	731.2	1,326.7	1,420.8	1,464.7
	오·하수가스	168.7	176.6	179.1	200.3
	폐목재 (가정 및 산업계)	425.0	399.8	285.1	285.1
	폐기물 연소	374.8	463.2	460.0	512.7
	기타 바이오연료	265.0	710.1	1,191.3	1,170.4
Total		2,495.2	3,685.1	4,240.0	4,430.1

10) UK ENERGY IN BRIEF JULY 2007

2006년 영국에서 소비된 재생가능 에너지는 4.43 Mtoe로, 3.94 Mtoe는 전기로 변환하여 사용되었고, 0.44 Mtoe는 열로써 사용되었다. 바이오매스는 에너지와 제품으로 이용 가능하나, 유럽의 선진국들은 에너지로 이용하는 것을 중시하고 있다. 특히 영국은 다른 유럽국가와 비교하여 원유를 이용한 에너지 생산량이 전체 생산량의 43%, 천연가스가 39% (2005년 기준) 등 화석연료에 대한 의존도가 매우 높아 2020년에는 1차 에너지 수요의 3/4을 수입해야 한다고 경고하고 있다. 이에 대응하여 영국은 공급되는 전체 전기 가운데 일정부분을 재생 가능 에너지로 충당한다는 계획을 발표하였고, 2010년까지 전체의 10%, 2020년에는 20%까지 재생에너지에 의한 전기를 생산하기로 하였다.

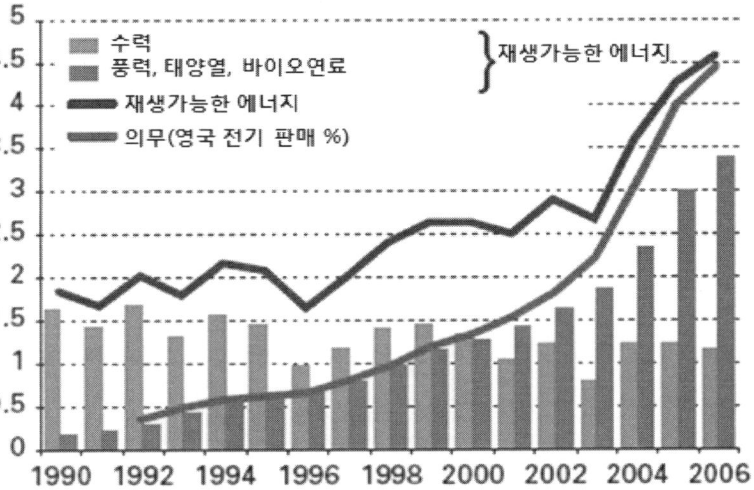

<그림 3-8> 재생에너지원에 의한 전기 생산, 1999-2006

2) 바이오매스 및 재생에너지의 이용 촉진 법제[11)]

가. 바이오매스 이용 촉진 법제

(1) 에너지작물 지원제도(ECS : Energy Crops Scheme)

에너지 작물 지원제도는 임지조성 지원(Establishment grants)제도와 생산자 조직지원(Producer Group)제도가 있다. 임지조성 지원 제도는 버드나무, 포플러 등의 단기순환목과 억새류의 재배를 위한 묘목의 구입, 식재, 육림 등의 비용을 조성 첫해에 지원해 주는 것이다. 단기순환목을 가축용 농지에 조성할 경우 더 높은 지원을 받을 수도 있다. 이들 작물은 최종적으로 에너지용으로 이용되어야하고 최종 이용자가 작물로부터 적절한 거리(소형시설: 10마

11) 한국농촌경제연구원, "농업분야 바이오매스의 이용활성화를 위한 정책방향과 전략" 자료집(Ⅰ), 선진국 농업부문 바이오매스 이용활성화 정책과 시사, 2006.12

일, 발전소: 25마일) 내에 있어야 지원 받을 수 있다.

생산자조직 지원 제도는 최종적으로 에너지로 이용하기 위한 단기순환목의 공동재배를 하는 조직에 최대 200,000파운드의 지원을 해준다. 이 지원자금은 인건비, 전문장비의 구입, 사무실 운영, 광고와 홍보 등에 사용될 수 있다.

(2) 영국 임지 보조제도(EWGS: English Woodland Grant Scheme)

영국 임지 보조제도는 농장조림 특별지원제도와 임지보조제도를 통합하여 2005년부터 시행되고 있는 제도로, 신규 조림과 기존의 임지관리를 지원하는 것이 주요 목적이다. 임지의 조성계획부터 조성작업, 재조성 작업, 관리 등 다양한 지원제도가 준비되어 있으므로 임지조성을 희망하거나 재조성을 원하는 사람들은 비교적 쉽게 필요한 지원을 받을 수 있다.

(3) 바이오에너지 인프라지원제도(Bio-Energy Infrastructure Scheme)

바이오 에너지 인프라 지원제도는 바이오에너지의 최종사용자에 필요한 공급망을 구축하기 위해 농민, 임업인, 기업 등의 에너지 작물과 목질연료의 공급, 가공, 저장과 수확 등을 지원한다. 작물의 종류에 따라 지원가능 금액이 달라지며, 자금의 용도 또는 조직과 기업의 규모에 따라 다양한 기준을 세워놓고 있다.

(4) 바이오에너지 자본보조사업(Bioenergy Capital grants scheme)

영국 내에서 열과 전기생산의 원료로 바이오매스를 도입하려 할 경우 ￡ 66백만 한도 내에서 바이오에너지 자본보조사업의 보조를 받을 수 있다.

나. 신재생에너지 보급지원제도

(1) 재생에너지 의무구입 제도(RO: Renewables Obligation)

RO제도는 전기공급자들이 달성해야 할 신재생에너지 비중으로써, 공급하는 전기의 일정부분을 반드시 재생 가능 자원으로부터 생산한 전기로 공급해야 한다. 2007/8년에는 7.9%, 2010/11년 10%, 2020년 20%의 할당치를 목표로 하고, 재생 가능 자원으로부터 생산한 전기에 대해서는 기후 변화부담금(Climate Change Levy)이 면제되고 2010년까지 매년 10억 파운드씩 관련 산업에 자금이 지원될 것이다.

(2) 재생 가능 수송연료 의무비율 판매제도(RTFO: Renewable Transport Fuel Obligation)

수송용 연료를 판매하는 모든 공급자들은 판매연료의 일정비율을 재생 가능한 자원으로부터 생산된 수송용 연료로 대체해야 한다는 법적 규정으로 재생 가능 수송용 연료는 바이오디젤과 바이오에탄올을 의미한다. 통합적으로 제시한 영국의 RTFO 목표치는 2008/9년 총 연료판매의 2%, 2009/10년 2.8%, 2010/11년 3.5% 정도로 EU 전체 목표치인 5.75%에는 못 미치지만 영국 내 바이오연료의 증가는 뚜렷할 것이라 생각된다.

다. 영국의 바이오에너지 마을

(1) 베드제드 제로 에너지 주택단지(BedZED: the Beddington Zero Energy Development)[12)]

이산화탄소 발생원 중 특히 주택이나 건물에서 발생하는 양이 전체 발생량의 25%나 차지하여 이 부문에서의 에너지 효율성 제고 및 절약이 각국의 당면과제로 등장하였고, 이러한 현실을 인식한 영국은 2000년대 초부터 에너지 절약형 생태도시와 주거단지 개발을 시도하였다.

친환경/효율적인 에너지 소비의 주거단지 조성을 목적으로 저소득층을 위한 주택협회인 Peabody Trust가 런던 남부 Wallington의 오수처리시설 부지를 시세보다 싸게 매입하여 설계를 의뢰하고, 환경 컨설턴트 회사 BioRegional Development Group과 건축가 Bill Dunster Architects가 함께 설계하였다. 이렇게 조성된 베드제드(Beddington Zero Energy Development: BedZED)는 생태주거단지의 표본이자 친환경건축의 가장 성공적인 사례로 손꼽히고 있다.

<표 3-15> BedZED 사업개요

사업개요	• 2000년 ~ 2002년 9월 조성 • 가동이 중단된 오수처리 부지 사용 • 전체 면적 1만 6,500㎡ • 2002년 3월에 입주 시작 후 현재 100여 가구 조성
사업주체	• 저소득층 자선단체, 지역환경단체, 건축사무소, 견적회사, 엔지니어설계회사 등 다양한 주체들의 협력 • Peabody Trust, BioRegional Development Group, Bill Dunster Architecs, Gardiner & Theobald, Arup, Ellis and Moore 등
설계원칙 및 특징	• 제로에너지에 도전 - 소비되는 난방과 전력은 단지내에서 생산되는 신·재생에너지를 활용 - 모든 주택의 지붕 위에 태양광패널(777㎡)을 설치하고, 단지 내 열병합 자가발전소에서는 산업폐기물(목재)을 소각하여 에너지 생산 • 에너지 효율성 제고 - 미세한 바람을 이용할 수 있도록 특수 제작된 굴뚝을 설치하여 실내환기와 건물내부의 온도 조절 - 모든 주거용 공간은 남쪽에 배치, 3중 유리 설치 • 절수 및 재활용성 증진 - 빗물과 오수의 정화수는 절수화장실과 옥상정원 관리에 활용 - 건축물 자재는 재활용이 가능한 자원을 활용, 건축부지에서 35마일(약 56km) 이내에 있는 지역자재를 공급받음(단지 내 건축자재의 52%) - 실제로 단지 건설에 사용된 강철 중의 90%는 브라이튼 역에서 재활용 됨 - 단지 내 건축자재의 15%가 재활용 또는 재생자원 사용 - 모든 가정에 재활용 쓰레기통이 마련, 주민들의 재활용을 적극 장려

12) 국토연구원, 국토정책 Brief "탄소제로도시 건설을 향한 영국 베드제드의 혁신사례와 시사점 ", 2008

(a)베드제드 제로 에너지 주택단지

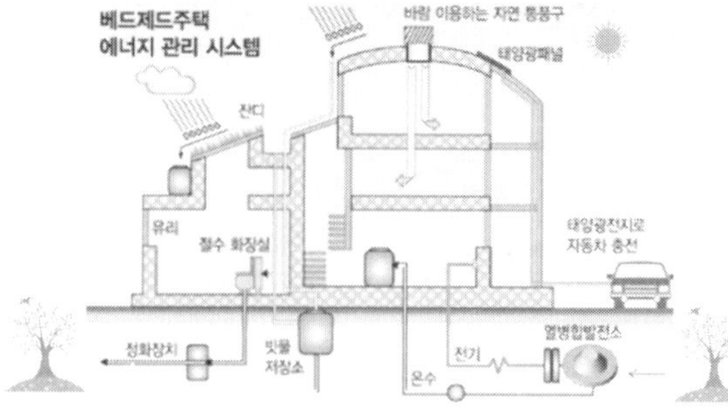

(b)베드제드 내 주택의 에너지 관리 시스템

<그림 3-9> BedZED 내 제로 에너지 주택

단지를 조성한 다음해부터 생태적 영향을 최소화하도록 설계된 베드제드의 성과에 대한 모니터링 결과, 이미 일부항목에서는 목표치를 달성했거나 근접하고 있었다.

<표 3-16> BedZED의 costs and savings

대 상	내 용			
개발자	건설비용	열		£352,750
		교통수단		£12,385
		전기		£12,878
		재생가능자원	열병합발전(목재)	£77,022
			태양광	£25,007
		물	물저장설비	£3,720
			빗물, 오수 정화설비	£87,446
				£571,208
	잠재적 이익	생활의 질		£480,000
		계획집행이익(Planning Gain)		£208,800
				£688,800
거주자	비용감소	열		£1,016/yr
		전기		£959/yr
		물저장설비		£1,872/yr
				£3,847/yr
	부가가치	생활의 질		qualitative
환경	CO2 저감량	열		18.3 tonnes/yr
		교통수단		46.8 tonnes/yr
		전기		6 tonnes/yr
		재생가능자원	열병합(목재)	70 tonnes/yr
			태양광	1.5 tonnes/yr
				142.6 tonnes/yr
	절수량	물저장설비		825 m3/yr
		빗물/오수 정화설비		400 m3/yr
				1,025 m3/yr

자료) BioRegional solutions for sustainability, http://www.bioregional.com/

<표 3-17> BedZED의 자원절감 효과

항 목	감축목표	2007년 기준 감축효과
실내난방	90%	88%(73%)
온수	33%	57%(44%)
전력	33%	25%
수도	33%	50%
개인차량운행 (화석연료사용)	50%	65%
건축자재	친환경적 건축자재의 사용으로 전체 환경영향의 약 25% 감소	

자료) BioRegional solutions for sustainability, http://www.bioregional.com/

2006년 12월, 영국은 베드제드 생태주거단지를 모델로 2016년까지 전국의 모든 신규주택을 탄소제로로 건축할 것을 제안하였고, 2007년 5월에는 친환경주택 10만 호 건설 계획을 발표하였다.

영국의 BedZED는 기존의 지역을 개발하는 것과는 달리, 처음부터 제로에너지화를 목표로 건설한 주택단지이다. 주택 중 1/3은 저소득층에게 임대되고, 30%는 Peabody Trust와 입주자 공동 소유, 40%는 일반인에게 분양하였다. 신재생에너지를 사용하려면 일반 주택이나 도시 건설보다 상대적으로 많은 비용이 소요되기 때문에 보조금, 인센티브 등 다양한 형태의 실질적인 보장방안이 필요하다. 실제로 BedZED의 경우 공급가격 상승이라는 부담이 있었지만, 지역계획위원회에서 용적율에 인센티브를 주었고, 준 공공기관인 Peabody Trust에서 전폭적으로 지원하여 가능하였다.

3. 독일의 바이오매스 이용과 관련 정책 및 제도

1) 바이오매스 이용현황

독일의 2005년 원료별 1차 에너지 생산량은 석탄과 핵이 각각 41.9%, 31.2%를 차지하였으며, 재생에너지(재생에너지, 바이오매스, 수력을 포함)의 비중은 12.4%으로 EU 회원국 가운데 재생에너지 생산량이 가장 많다. 바이오매스를 이용한 에너지 생산은 전체 재생에너지 생산량의 73%를 차지하였다.

한편 독일의 에너지 소비량을 살펴보면, 2005년 독일의 1차 에너지 소비는 14,238PJ이다. 이 중 재생에너지가 차지하는 비율은 4.6%이며, 바이오에너지는 3.3%이다.

2005년 에너지용 바이오매스 소비는 2002년과 비교하여 두배 가까이 증가하였는데, 이것은 바이오가스 생산을 위한 작물과 유채재배지가 크게 확장되었기 때문이다. 특히 유채재배의 경우 농산물 잉여생산을 막기 위해 농가마다 휴경지를 두었는데, 이곳에 에너지 작물재배를 유도해 에너지 보조금으로 농가 소득안정을 도모했다. 독일의 유채 재배면적은 이미 130만ha이며, 여기서 생산되는 바이오디젤은 독일 전체 경유 매출의 4%를 차지한다. 이로 인해 독일 전체 농가의 12%가 식량생산농가가 아닌 에너지작물 생산농가인데, 향후 20%까지 확대할 예정이다.

<표 3-18> 독일의 재생에너지원별 에너지 생산량

	2000	2001	2002	2003	2004	2005	연평균 성장율
태양에너지	96	150	184	241	269	365	30.6
바이오매스 및 폐기물	6,830	7,300	7,929	8,719	9,654	12,186	12.3
지열	10	124	128	132	134	138	69.0
수력	1,869	1,955	1,988	1,656	1,812	1,684	-2.1
풍력	804	899	1,363	1,622	2,193	2,341	23.8
합 계	9,609	10,428	11,593	12,369	13,973	16,713	11.7

자료) 한국농촌경제연구원 "농업부문 바이오매스의 이용활성화를 위한 정책방향과 전략(2/2차연도)자료집- 주요국의 바이오에너지 개발 및 보급동향" 2008

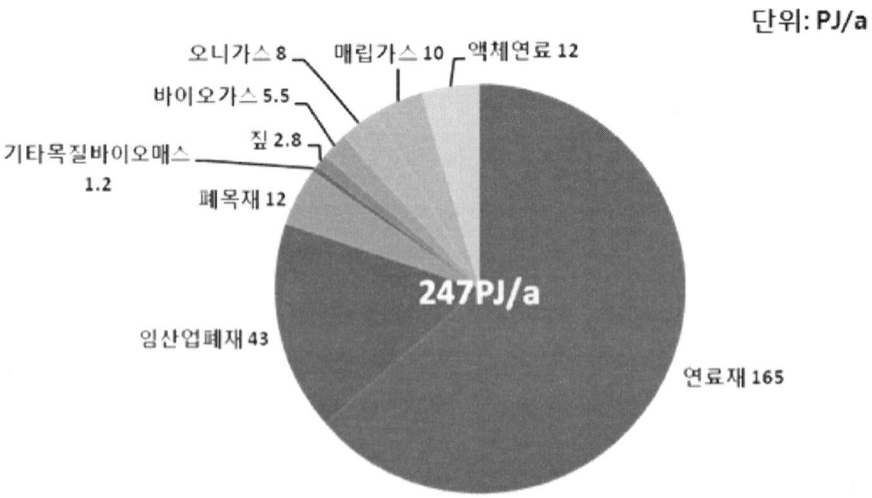

<그림 3-10> 에너지용 바이오매스의 소비, 2005

2) 바이오매스 및 재생에너지 이용촉진을 위한 법제[1)]

가. 재생에너지법 (EEG: Erneuerbare Energie Gesetzt)

재생에너지법은 전력회사에서 재생에너지를 활용해 생산된 전력을 구입하도록 규정하고 있으며, 정부가 그 차액을 지원하는 제도로 재생에너지원에서 생산한 전기에 대하여 20년간 최저가격을 보증하고 주요 전기 공급망으로 배전하는 것이 핵심이다. 이때 재생 가능 전기를 생산하는 경우 최소지불가격을 보증해 준다. 재생에너지법은 eco-tax와 함께 이산화탄소 배출을 줄이는 데 가장 성공적인 수단이며, 재생에너지 이용기술의 시장진입을 촉진하는 수단으로 평가받고 있다. 독일이 재생에너지법을 통해 추구하고자 하는 궁극적인 목표는 재생에너지 전력공급의 비중을 2010년 12.5%, 2020년 20% 이상으로 확대하는 것이다.

나. 시장자극 프로그램 (MAP: Market Stimulation Programme)

시장자극 프로그램은 보조금을 지급하여 태양패널이나 고형바이오매스를 연소할 수 있는 화로를 설치하도록 권고하는 프로그램으로써 환경친화적이고 저비용인 바이오연료 또는 태양에너지로 바꾸도록 지원한다.

다. 주와 지방단위의 보조금 제도

독일의 주 정부와 주요 도시들은 대부분 에너지 효율을 높이고 재생에너지 사업을 추진하기 위하여 독자적인 프로그램과 기구를 갖추고 있다. 예를 들면 Bavaria에서 농업인은 농업투자인센티브(AFP, 기본적으로 EU에서 제공)를 받아 EEG에서 보조되지 않는 바이오매스 보일러 투자의 40%까지 충당할 수 있다.

3) 독일의 바이오에너지 마을

독일의 바이오에너지 마을은 지역 단위의 구체적인 온난화 방지 대책으로서, 지역자원이 풍부한 교외지역에서 농업과 임업활동에서 발생하는 바이오매스를 이용하여 에너지를 발생시키고, 취락 내의 에너지 수요를 모두 바이오매스 에너지로 조달하려는 구상이다. 구체적인 목적은 다음과 같다.

- 바이오매스로 에너지의 자급
- 농촌에서의 고용 촉진
- 농업자의 부수입원 확보(농림업 잔재나 에너지 작물의 판매)
- 친환경적인 자원의 생산

1) 경기개발연구원, "경기도의 바이오매스 에너지 이용체계 구축방안", 2008

- 지역이미지 향상
- 범용성이 있는 기술의 확립

구상의 핵심은 바이오가스시설에 의한 전력 및 열공급과 목질계 바이오매스에 의한 지역난방 공급시설이라고 할 수 있다. 특히 큰 역할을 하는 것은 바이오가스 코제네레이션(cogeneration)시설로, 폐열을 효율적으로 사용함으로써 에너지 효율을 높인다. 통상적으로 바이오가스 시설만으로도 대부분의 에너지 수요를 채울 수가 있으나, 동절기에는 난방으로 인해 많은 열을 필요로 하기 때문에 우드칩을 연료로 한 대형 지역난방 시설을 가동시켜야 한다. 연료로는 마을 내의 휴경지에서 재배되는 에너지 작물과 가축분뇨, 농작물잔재, 벌재목, 전정가지 등이 이용된다.

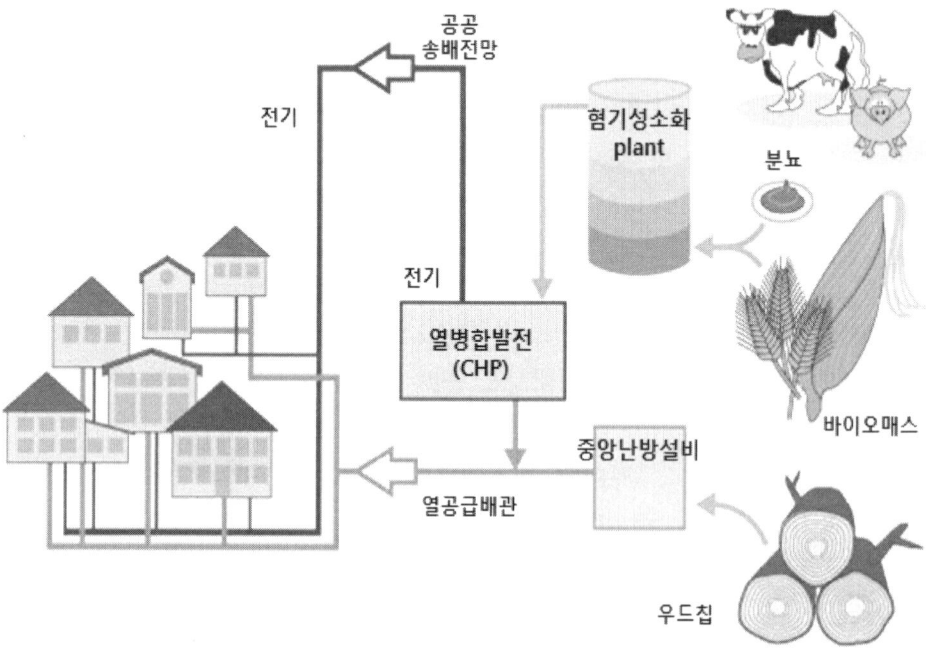

<그림 3-11> 독일 바이오에너지마을의 개념도

자료) 진상현, 사회생태자본에 기반한 대안적 지역발전모델, 한국정책학회보 제16권 4호, 2007

가. 윤데 (Jűhnde)[2]마을

윤데마을은 독일 니더작센주 괴팅엔(Göttingen)시에서 자동차로 약 15분 정도의 거리에 위치한 농촌마을로 9개의 큰농장을 중심으로 마을을 형성하고 있다. 윤데마을의 바이오에너지마을 프로젝트는 독일의 괴팅겐 대학교수들에 의해 시작하게 되었으며,

2) 전남발전연구원 김종일, Regioninfo 157호"에너지 자립마을 조성과 지역활성화 전략", 2009

추진경위는 다음과 같다.

- 1998년 괴팅엔대학교의 '지속가능한 발전을 위한 학제간 연구센터(IZNE)'에서 바이오에너지 마을 프로젝트를 구상
- 40여개의 후보지를 선정한 뒤 프로젝트 설명서를 마을에 보내고, 관심을 보인 마을을 방문하여 설명회를 개최하는 과정을 통해 최종적으로 윤데마을을 대상지역으로 선정
- 윤데마을 선정 배경
  - 괴팅엔시에 인접하여 도시와 농촌의 교류 가능
  - 농경지와 산지에서 충분한 양의 바이오매스 연료 확보 가능
  - 다양한 주민조직이 운영되어 협동적 프로젝트 추진 가능
- 2001년, 바이오에너지마을 추진위원회를 결성
  - 주민의 70%가 협동조합에 가입

<그림 3-12> (a) 윤데마을의 에너지시설

(b) 온수배관시설

<표 3-19> 윤데마을 사업 개요

<table>
<tr><td colspan="2">환경</td><td colspan="2">• 인구: 780명
• 농지 1,300ha, 산림지 800ha
• 전형적인 농촌</td></tr>
<tr><td colspan="2">바이오
에너지
설비</td><td colspan="2">• 열병합발전기: 700Kw 전력량
• 우드칩 사용 난방시스템: 550Kw
• 열저장설비 2기
난방용 배관 길이: 5,5 Km
• 동절기 대비 보일러: 1,600kW</td></tr>
<tr><td rowspan="2">연료</td><td>바이오매스</td><td colspan="2">• 축산분뇨의 양: 9000㎥/year
• 300-330ha 정도의 경작지에 2개의 작물을 동시에 키우며 년2번의 농작이 가능하게 함
• 농작물: 11,000ton/year</td></tr>
<tr><td>우드칩</td><td colspan="2">• 300ton/year</td></tr>
<tr><td rowspan="2">사업
비</td><td>투자</td><td>• 바이오가스 설비, CHP설비: ￡ 2.9 Million
• 열 설비: ￡ 0.9 Million
• 온수용 배관: ￡ 1.6 Million</td><td>￡ 5.4Million</td></tr>
<tr><td>자금 조달</td><td colspan="2">• 주민투자(협동조합): ￡ 0.5 Million
• 외부자본(은행): ￡ 3.4 Million
• 보조금: ￡ 1.5 Million(관련연방정부와 환경단체 ￡ 1.3 Million, 주정부/지자체 ￡ 0.2 Million)</td></tr>
<tr><td colspan="2">수입구조</td><td colspan="2">• 전기가격: 150KW까지 11,30Cent/KWh, 500KW까지 9,75Cent/KWh, 5MW까지 3,40Cent/KWh로 판매 (전력매입법, 2005년 기준)
• 바이오매스에 관한 보너스: 500KW까지 6,00Cent/KWh, 500KW부터 4,00Cent/KWh
• 병합열,전력 2,00Cent/KWh
• 높은 시설비의 단점이 있으나 한번의 설비로 장기적 사업이 가능하며 앞으로 계속 상승하는 에너지 가격에 대비하여 상대적으로 안정된 에너지의 비용으로 수입성 보장</td></tr>
</table>

자료) Volker Ruwisch, Benedikt Sauer, "Bioenergy Village Jühnde:Experience in rural self-sufficiency", 2007.9

윤데마을 사업을 진행함으로써 다음과 같은 효과를 가져왔다.

- 지역자본으로 발전소를 건설·운영하여 화석연료에 종속되지 않는 에너지 자립
- 전체 시설공사비의 58%인 3.3백만 유로를 해당지역에 지출하여 지역경제 활성화 및 시설 공사 시 일자리 창출 (장기적으로도 일자리 창출)
- 마을에서 연간 소비하는 약 2,000MWh의 전력을 제외한 남은 전력은 외부에 매각하여 수익창출(매년 전력매입법에서 20만 유로의 전기 판매 수입)
- 전력 생산과정에서 발생하는 열과 온수(연간 생산량 5,500MWh, 연간 소비량 3,500MWh)는 배관망을 통해서 각 가정으로 공급
- 전기 및 열의 판매 등으로 인한 총 수익은 89만 유로

- 사업의 운영으로 생기는 기술의 축적으로 무형의 수입이 가능해짐
- 경제적 수입뿐만 아니라 연간 3,300tCO_2 정도의 온실가스를 저감(EU의 2050년 CO_2 저감 목표 달성)
- 메탄가스 발효 이후에 남은 부산물은 유기질비료로 활용하여 유기농업의 기반 마련
- 에너지 마을의 설비와 운영은 모든 마을에 적용할 수 있다는 가능성을 보여줌

윤데마을은 도시민의 이주가 늘어 농촌과 도시가 공존하는 형태로 발전하고 있으며, 에너지 자립형태를 벤치마킹하기 위한 방문객이 연간 500여명에 달하여 6개월~1년 과정의 생태마을 조성 프로그램까지 개발 중이다. 도시에서 이주하는 사람들을 위해 마을 외곽에 20여가구 규모의 신규 주택단지를 조성하기도 하였다.

나. 마우엔하임 (Mauenheim)3)http://www.bioenergiedorf-mauenheim.de/

마우엔하임은 독일 Baden-Wuerttemberg의 첫 번째 바이오에너지마을로 지역 내 필요한 모든 전기와 열을 바이오가스, 우드칩, 태양광설비를 통해 공급받는다.

인근 가축목장에서 수거한 축산분뇨를 이용, 생산한 바이오가스를 발전하여 나오는 열을 공급망을 통해 마을 곳곳으로 보내고 있다. 열공급망의 총 길이는 약 4km이며 약 100가구에 전기 및 열을 공급한다. 부족한 열은 우드칩을 사용하고 있다. 바이오가스 시설 및 우드칩 시설은 연간 약 2백만kWh에 이르는 전기를 생산하고 있으며, 재활용이 가능한 폐열 약 180만 kWh가 생산되고 있다.

<표 3-20> 마우엔하임의 녹색마을조성 현황

구분		내용
환경		• 인구: 430명 • 전형적인 농촌
바이오에너지	바이오가스	• 에너지작물 약 6,500ton/year(지역내 경작지 재배), 150마리의 소분뇨 사용 • 바이오가스 설비: 4,000,000kWh/year의 전기생산 (마을 전기수요량의 90%) • 가스열병합발전설비: 3,500,000kwh/year 잉여 열 생산 (원유환산 350,000L 해당) - 생산된 열은 마을 내 가정과 사업장에 공급 - 마우엔하임 뿐만 아니라 계약 하에 인근 지역에도 공급 - 난방열 2cent/kWh의 보너스
	우드칩	• 용량: 1MV • 추가적인 지역 내 열 공급 (동절기)
	태양광	• 용량: 260kW • 마우엔하임의 전기사용량의 1/4 제공

3) Bioenergidorf Mauenheim, http://www.bioenergiedorf-mauenheim.de/

	• 66kW 용량의 태양광설비 추가설치(60,000kWh/year제공)
사업비	• 주민자본: €605,000 • 바이오가스설비: 지역소유인 KCH에 의해 독립적 재정지원 €1,400,000 • 우드칩설비, 지역 내 온수공급설비, 열교환시스템: 지역내 투자그룹인 Solarcomplex에 의해 €1,600,000 • Baden-Wuerttemberg주에서 목질계에너지 촉진 프로그램을 통하여 보조금 €136,000 지급 • 연방녹색에너지 융자 시스템 이용
효과	• 바이오가스시스템: 2,600t CO_2e/year의 온실가스방출 감소 • 가스열병합발전시스템, 우드칩설비: 약 1,000t CO_2e/year 감소 • 연간 300,000L 연료 절약 (€200,000/year에 해당) • 잉여전기의 판매수익은 주민 공익에 사용

(a) 마우엔하임의 에너지시설 (b) 우드칩 열 공급설비

<그림 3-13> 마우엔하임마을의 전경

독일 바이오에너지 마을 사업의 경제성을 높이는데 중요한 역할을 한 것 중 하나는 독일의 '재생에너지법' 이다. 재생에너지법은 재생에너지를 활용해 생산된 전력을 전력회사에서 구입하도록 규정하고, 그 차액은 정부에서 지원해주는 것으로 20년간 최저가격을 보장한다. 이에 따라 독일의 바이오에너지 마을은 열병합발전기에서 생산된 전력을 마을에서 사용하여 에너지자급을 할 수 있을 뿐만 아니라, 잉여분의 전력을 전력회사에 판 수익금으로 투자금을 회수할 수 있다.

윤데의 경우, 2005년 9월에 시설을 완공하고 1년 동안은 70~80%의 가동률로 적자를 나타내었지만, 2006년 겨울부터는 100만 유로의 매출에 20만 유로의 흑자를 거둘 수 있었다. 에너지생산을 위한 원료는 지역 내에서 주기적으로 공급받고 있기 때문에, 수송비용이 절감되었고, 원료인 축산분뇨와 에너지작물을 공급하는 농가는 연간 22만 유로의 고정소득을 얻고 있다. 연간 (가구당) 2,500유로가 소요되던 난방비는 가구당 1,750유로로 줄일 수 있었으며, 윤데마을은 본래 1kW당 6cent의 전기료를 납부했지만, 전력의 자급으로 인해 전기료가 사실상 소요되지 않을 뿐만 아니라, 잉여전력은 1kW당 17cent에 판매하고 있다. 또한 이 수익금으로

은행대출금을 10-20년 이내에 상환할 수 있을 것으로 추정하고 있다.[4]

마우엔하임의 경우에도 주민들이 솔선수범하여 참가를 하고, 법인을 만들어 자금을 조달하였다. 주의 자체적인 지원제도인 목질계에너지 촉진 프로그램을 통하여 보조금을 지원받았고, 마찬가지로 재생에너지법에 따라 잉여전기를 판매하여 수익금을 얻고 있다.

현재 독일에는 윤데, 마우엔하임을 포함하여 10개의 바이오에너지 마을이 운영되고 있다. 사업지역은 모두 산림을 보유하고 있으며, 농업의 기반이 잘 이루어져 있는 곳으로, 이러한 조건을 가지고 있는 지역이 에너지 자급화가 쉽고 비용면에서도 저렴한 운영을 할 수 있는 것을 알 수 있다.[5] 또한 일반적으로 바이오에너지 마을은 사업초기에 설비비와 파이프 설치 등의 인프라 비용이 많이 소요되는 단점이 있는데, 독일에서는 이러한 단점을 보완할 수 있는 여러 가지 지원제도를 많이 구축하고 있다.

4. 미국의 바이오매스 이용과 관련 법 및 제도

1) 바이오매스 이용현황

미국의 환경보전대책은 최근의 유럽처럼 관심을 모으고 있지는 않지만, 실제로 선진국 중에서 바이오매스의 최대 이용국은 미국이라고 할 수 있다. 또한 바이오매스의 이용에 있어서 가장 이른 시기부터 정책적인 대안을 구상·실행하고 있는 국가이기도 하다.

미국은 USDA와 USDOE의 주도하에 에너지원으로서의 바이오매스 활용도 증진을 위한 노력을 지속적으로 추진하고 있으며, 그 결과 2000년 이후부터는 재생에너지원 가운데 바이오매스가 가장 큰 비중을 차지하고 있다.[6]

현재 유기성폐기물을 제외하고도 농경지와 산림에서 획득가능한 잠재 바이오매스량이 건조중량 기준으로 연간 13억 톤에 이를 것으로 추정되고 있다. 가장 일반적으로 사용되는 바이오매스는 목질계 자원으로, 전체 바이오매스 에너지 소비량의 50% 이상을 차지한다.

미국 EIA의 통계에 따르면, 2008년 미국의 재생에너지 총 소비량인 7,318 trillion Btu에서 53.1%에 해당하는 3,885 trillion Btu가 바이오매스 에너지였다. 이는 미국 에너지 총 소비량의 3.9%에 해당하는 양이다. 생산된 바이오에너지에서 53.06%가 산업용으로 이용되고 있으며, 이어서 수송용, 주거용, 발전용, 상업용 순의 용도로 이용되고 있다. 수송용의 경우 재생에너지 중에서 바이오매스로부터 유래된 에너지가 전량을 차지하고 있으며, 이는 전체 수송용 에너지 소비량의 3%에 해당된다.

---

4) 진상현, 사회생태자본에 기반한 대안적 지역발전모델-독일바이오에너지마을에대한사례연구-, 한국정책학회보 제16권 4호, 2007

5) http://blog.daum.net/dspark4/8582332

6) 국립환경과학원 2006, 유기성폐기물 종합관리기술 구축 III

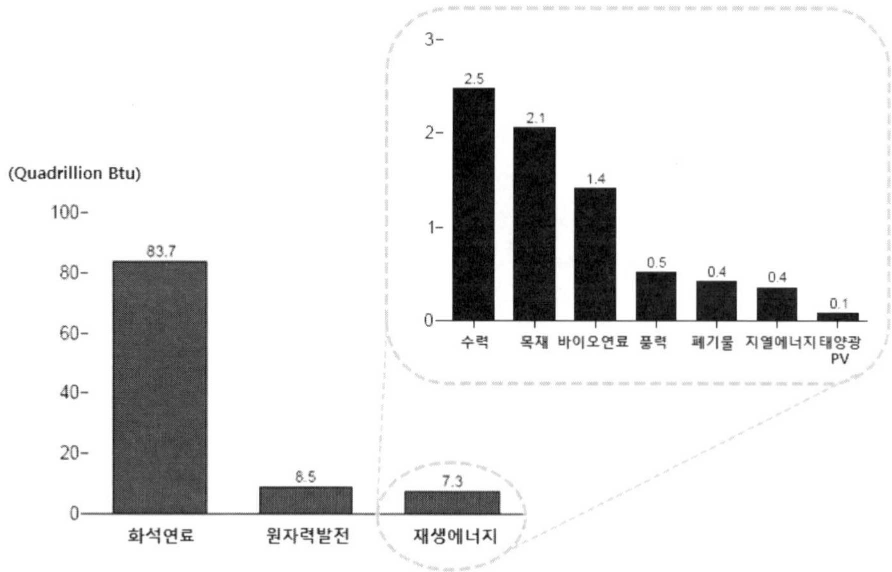

<그림 3-14> 에너지원별 소비량 (2008)

<표 3-21> 재생에너지의 생산 및 소비량 (2007-2008) (단위:Trillion Btu)

	생산			소비				
	바이오매스		총 재생 에너지	바이오매스				총 재생 에너지
	바이오 연료	Total		목재	폐기물	바이오 연료	Total	
2007	1,011	3,578	6,803	2,146	420	1,025	3,591	6,817
2008	1,429	3,901	7,333	2,054	418	1,413	3,885	7,318

자료) USDOE-EIA(2009) "Monthly Energy Review, March 2009"

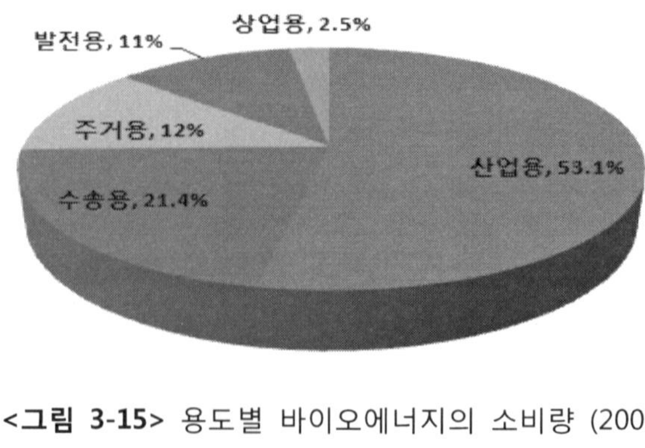

<그림 3-15> 용도별 바이오에너지의 소비량 (2008)

미국은 바이오에너지의 이용을 촉진하기 위하여 1999년 공포된 "바이오제품과 바이오에너지 개발 및 촉진에 관한 대통령령" 과 2000년 제정된 "바이오매스 연구개발법" 을 기반으로 바이오매스 이용분야를 세분화하여 각각에 대한 중장기 목표를 설정하고, 이를 달성하기 위한 사업을 추진하고 있다.

<표 3-22> 미국의 바이오매스 이용 목표

	2010	2020	2030
BioPower 산업부문 에너지 소비량 기여도	4% (83 Mote)	5% (100 Mote)	5% (216 Mtoe)
Biofuels 운송연료 소비량 기여도	4% (33 Mtoe)	10% (100 Mtoe)	20% (238 Mtoe)
BioProducts 바이오 화학물질 소비량 기여도	12%	18%	25%

자료) 국립환경과학원 2006 "유기성폐기물 종합관리기술 구축 (III)"

2) 바이오매스 및 재생에너지 이용촉진 법제[7)]

가. 바이오매스 이용 촉진 법제

미국 바이오매스 정책의 기반이 되는 법령은 "Biomass R&D Act of 2000 ", Executive Oreder 13134 "Developing and Promoting Biobased Products and Bioenergy", Farm Security and Rural Investment Act of 2002(Farm bill 2002)", "Healthy Forest Restoration Act of 2003", "Energy Policy Act of 2005(EPAct 2005)" 등이 있다.

(1) Biomass Research and Development Act of 2000

미국 내의 바이오매스와 관련된 모든 기술개발, 상용화 및 보급 전반을 다루는 법령으로 DOE와 USDA에 국가 바이오매스 전략의 실행의무를 규정하고 바이오매스 연구의 필요성 명시 및 바이오매스 의안제출의 범위를 설정하였다.

해당 Act에 대하여 2002년 5백만 달러, 2003년부터 2007년까지 매년 1천 4백만달러를 지원하였고 2006년부터 2015년까지 추가적으로 매년 2억 달러가 지원가능하다.

(2) Executive Order 13134 "Developing and Promoting Biobased Products and Bioenergy"

바이오매스 제품 및 바이오에너지의 개발과 활용의 촉진을 목적으로 Executive Memorandum을 수반하여 공포되었으며 목표는 다음과 같다.

- 2010년까지 바이오에너지 소비량을 2000년 기준의 3배(1차에너지의 10%)로 증가

7) 경기개발연구원, "경기도의 바이오매스 에너지 이용체계 구축방안" , 2008

- 농림업 활성화로 산업 및 고용활성화, 200억 달러의 소득 창출
- 에너지 수입의존도 축소
- 에너지 전환기술 신개발로 국제적 공헌
- 이산화탄소 배출량 1억 톤 감량을 통한 지구온난화 방지

(3) Farm Security and Rural Investment Act of 2002

농업계 바이오매스의 생산과 활용촉진을 목적으로 제정된 법령으로 USDA에서 관련 업무를 전담하고 있다. 바이오제품 및 바이오에너지 기술개발지원, 바이오제품 이용의무 규정, 바이오디젤 교육지원, 바이오에너지 공동연구 및 활용 증대사업 등 다양한 정책을 추진하고 있으며, 효율적인 수행을 위하여 바이오생산품 및 바이오에너지 공동협의회(Biobased Product and Bioenergy Coordination Council, BBCC)를 설립하여 운영하고 있다.

(4) Healthy Forest Restoration Act of 2003

산림유지에 관한 법령으로 바이오매스 부분에서 목질계 바이오매스의 이·활용 촉진을 위한 연구지원 및 금융지원책을 규정하고 있다. Biomass Research and Development Act에 목질계 바이오매스 관련 연구개발 내용을 개정하여 매년 5백만 달러의 지원예산을 증액하였다.

(5) Energy Policy Act of 2005(EPAct 2005)

- Renewable Energy Production Incentive
  - 공공 혹은 비영리 단체 소유의 신재생 에너지 전력생산 시설에 대하여 10년간 전력량 기준의 보조금 지원
- Federal Purchase Requirement
  - 연방정부 전체 사용전력 대비 신재생에너지 비중의 확대
  - 2007~2009년 3% 이상, 2010~2012년 5% 이상, 2013년 이후 7.5% 이상으로 점진적 증가 목표
- Biomass Commercial Use Grant Program
  - 바이오매스 에너지 생산시설 운영자에게 원료 공급자금 지원
- Improved Biomass Use Grant Program
  - 바이오매스 이용기술 연구개발 사업에 보조금 지원

나. 신재생에너지 보급지원제도

(1) 신재생에너지 발전의무비율할당제(RPS: Renewable Portfolio Standard)

미국에서도 전력공급자에게 전력공급량의 일정비율 이상을 신재생에너지에서 생산된 전력으로 공급하도록 의무화하는 RPS제도를 채택하고 있다. 할당된 의무비율의 충당을 위하여 지역정부 및 민간전력판매회사는 자체적인 규정에 다라 신재생에너지 자가발전자에게 인센티브를 지급하고 전력을 구매하고 있으며, 이에 따라 안정적인 신재생에너지 수요창출과 함께 수요자의 경쟁을 통한 가격보장 효과까지 기대할 수 있다. 이러한 장점 때문에 각 주는 정책적으로 RPS제도의 의무비율 목표치를 상향조정하거나 목표달성 시기를 점차 단축시키고 있다.

(2) Net Metering 제도

전력 소비자가 전력을 생산할 경우 전력계량기가 역방향으로 돌아가는 양방향 전력계량시스템을 도입하여 소비전력에서 생산전력을 제하고 난 순소비전력만을 계량하여 요금을 부과하는 제도이다. 또한 전력소비량보다 많은 전력을 생산했을 경우에는 잉여전력을 소매가격으로 환산하여 저축하였다가 필요시 상응하는 양의 전력으로 환산하여 사용이 가능하다.

(3) Green Pricing 제도

소비자가 신재생에너지 기술에 많은 투자를 하는 전력회사를 선택하여 전력을 구매하도록 유도하는 제도로, 소비자의 선택을 돕기 위해서 Energy Efficiency and Renewable Energy(EERE)가 각 전력회사의 신재생에너지 투자기여도 정보를 공개하고, 그에 따라 각 회사가 생산한 신재생에너지 전력의 할증요금을 책정한다. 소비자는 이러한 정보를 바탕으로 전력회사를 선택하여 신재생에너지를 구매할 수 있으며, 선택한 회사의 신재생에너지에 책정된 할증요금을 자발적으로 부담하게 된다.

이러한 법령 외에도 미국의 바이오매스 및 신재생에너지 이용촉진을 위한 주요 제도를 〈표 2-23〉에 정리하였다.

<표 3-23> 바이오매스 및 신재생에너지 이용촉진 제도

구분	제 목	내 용	관련부처
이용 의무 부과	Federal procurement of biobased products	• 1만 달러 이상의 정부 조달품을 구입하거나 전년도에 구입/확보한 모든 정부기관은 바이오제품을 우선 구매 • 장관의 권한으로 적합한 바이오상품에 "U.S.D.A Certicied Biobased Product" 라벨 부착	USDA
	Price guarantees	• 바이오매스 에너지설비에서 생산되는 에너지의 구매 보장 • 생산되는 에너지를 시장가격 수준으로 정부기관에서 구입하도록 구매 계약	USDA, USDOE

보조금제도	Loan guarantees and commitments for alternative fuel demonstration facilities	• 대체연료 생산 실증설비의 초기 건설자금 대출보증	USDOE
	Loan guarantees	• 바이오매스 에너지 설비 건설비에 대출보증 지원	USDA, USDOE
	Price support loans and price guarantees	• 폐기물 에너지 설비에서 생산되는 바이오매스 에너지에 대한 가격보조 융자 및 가격보장 • 바이오매스 에너지 판매량 기준의 금융 지원	USDOE
	Insured loans	• 소규모 바이오매스 에너지 사업에 보증융자	USDA, USDOE
	Construction loans	• 도시폐기물 에너지 설비의 건설비 융자(loan)지원	USDOE
세제혜택	Deduction for clean-fuel vehicles and certain refueling property	• 청정연료 자동차와 청정연료 공급시설에 대한 공제혜택 - 차량의 중량과 차령에 따라 차등지원	재무부
바이오제품의 규격화	National goals and multi-year funding for Federal wind, photovoltaics, and solar thermal	• 바이오매스로부터 생산되는 메탄올과 에탄올의 경제성 확보 기준 구체화	USDOE
	Manufcacturing incentives for alternative fuel automobiles	• 대체연료 자동차 제조 장려금 지원 기준 - 연료의 종류와 자동차의 연료사용에 따른 연료 경제성 산정 기준 제시	교통부
기타	Demonstration of solar and other renewable energy technologies in foreign countries	• 국무부와 에너지부 장관의 협의 하에 외국 내 미국 건물의 신재생에너지 이용 지원 - 미국 신재생에너지기술 홍보 및 시장개척 효과	국무부
	Model demonstration biomass energy facilities; establishment, public inspection, etc.; authorization of appropriations	• 농림 산 바이오매스 에너지 시범 실증시설 지원 - 농림부 장관의 결정에 따라 최신기술을 적용한 10개소 이하의 시설에 대하여 지원	USDA
	Utilization of National forest system in wood energy development projects	• 국유림내 목재 이용 허가 - 적절한 감정 및 판매 절차를 거쳐 국유림 내의 목재를 바이오매스 에너지 사업에 이용 가능	USDA
	Renewable energy export technology training	• 개발도상국 인력의 신재생에너지 및 에너지 효율 향상 기술 훈련 지원 - 미국 내 신재생에너지 및 에너지 효율개선 설비의 운전 및 유지보수 교육	USDOE
	Biofuels user facility	• 바이오연료 이용자 편의성 확보 및 바이오디젤 생산 프로그램 수립 - 동식물성 바이오연료의 경제성 평가	USDOE

자료) 국립환경연구원, "유기성폐기물 종합관리기술 구축(III)", 2006

3) 미국의 바이오에너지 마을

(1) Bio-Town Reynolds[8)]

미국 인디애나 주의 한 작은 농촌마을인 레이놀즈에서는 일반폐기물, 농장잔재, 퇴비, 오·하수 등을 이용해 전기와 가스를 생산하려는 계획이 실행되고 있다.

이 계획은 '바이오타운 프로젝트' 로, 500여 명의 주민이 거주하는 소규모 농촌마을을 바이오매스 에너지와 바이오연료만을 이용하는 에너지자립마을로 변화시키기 위해 2005년부터 시작되었다.[9)] 바이오타운 프로젝트를 통해 사람들은 에너지 비용절감과 환경보호의 목적을 달성할 수 있을 것으로 보고 있으며, 성공하면 미국의 외국 원유의존도를 낮추는 중요한 모델이 될 것이다.

<표 3-24> 미국 Reynolds의 바이오타운 계획 (3단계)

단계	내용
1 단계 (2005)	• 화석연료를 대체한 바이오연료 사용의 증대 - 거주자를 대상으로 바이오에탄올 및 바이오디젤의 사용 장려 및 교육 실시 - E85(에탄올 85%와 가솔린 15%의 혼합)와 B20(바이오디젤 20%와 디젤연료 80%의 혼합)을 공급하기 위하여 마을에 바이오연료 펌프설치 - 모든 차량을 대체연료를 사용할 수 있는 차량으로 교체
2 단계 (2007)	• 농업잔재, 도시고형폐기물 등의 에너지로의 변환을 위한 조사·연구 및 개발 • 조사·연구: Reynolds의 에너지 사용, 바이오매스 생산잠재량, 에너지변환을 위한 부산물사용 및 기술 • 미생물을 이용하여 분뇨를 메탄으로 전환하는 혐기성소화, 고온처리를 통해 바이오매스를 합성가스, 일명 "syngas"로 전환시키는 가스화, 바이오매스를 열분해에 의한 액상연료화(pyrolysis oil)라고 불리는 석유대체물질로 전환시키는 쓰레기 용융 시스템을 포함하여 바이오매스를 전력으로 전환할 수 있는 일련의 기술을 갖춘 시설을 건설
3 단계	• 재생가능한 자원으로부터의 바이오디젤 생산 • 2단계의 연구내용을 바탕으로 에너지 생산에서 가장 경제적이고 효율적인 기술선정

미국 최초의 바이오타운 지역으로 Reynolds가 선정된 것은 농업잔재 등 유기성자원이 풍부하고, 고속도로 및 철도수송의 접근이 용이할 뿐만 아니라 약 500여명의 인구는 바이오타운의 규

8) BioTown, USA, http://www.in.gov/biotownusa

9) EERE Network News, Indiana Town Takes Major Step to Becoming "BioTown, USA" 2007.3.28

모로써 매우 효율적이기 때문이다. 주요 연구대학과 근접한 것 또한 선정된 이유 중 하나였다.

2006년, 행해진 연구에 따르면 Reynolds 주민과 기업이 2005년에 8백만kWh 이상의 전기와 약 1억 5천만 ㎥의 천연가스 및 384,000갤런의 가솔린을 소비하였으며, Reynolds의 에너지 사용 총합계는 약 2280억 BTU를 나타내었다. 또한 Reynolds와 주변지역은 양곡, 콩, 곡초(줄기, 잎, 열매), 폐기물, 기름, 고형폐기물의 형태로 약 17조 BTU의 잠재적인 바이오매스 에너지원을 생산해 낼 것으로 추산되었다.

<표 3-25> 바이오타운 기술 요약

기 술	원 료	온 도	생산물	이 용
혐기성소화	가축분뇨	90 - 130℃	바이오가스	에너지
			고형물	비료
바이오디젤생산	농장잔재 및 그 외 유기성폐기물	750 - 1100℃	바이오오일	에너지
			차르	에너지
가스화	농장잔재 및 그 외 유기성폐기물	1500 - 2000℃	합성가스	에너지
			재	비료

이 계획을 위해 주 정부는 1천만 달러의 예산으로 바이오매스를 에너지로 바꾸는 데 필요한 핵심장치를 갖춘 기술센터를 세우고, 추가로 1천만 달러의 민간투자를 유치해 천연가스를 생산할 장치를 갖출 예정이다.

5. 일본의 바이오매스 이용과 법 및 제도

일본은 2002년 12월, '바이오매스 일본 종합전략' 을 수립하였고, 이를 바탕으로 계획적인 추진을 시행해 왔다. 그러나 교토의정서가 발효되고, 지구온난화 대책이 매우 중요해지면서 온실효과 가스 배출 삭감 목표 달성을 위한 대폭적인 바이오매스 에너지 도입이 더욱 시급해진 일본은 바이오매스 이·활용 현황과 과제 검증을 통하여 2006년 3월 '바이오매스 일본 종합전략' 을 새롭게 발표하였고, 바이오매스의 폭넓은 이·활용을 위한 구체적인 추진전략 중 하나로 바이오매스 타운 구축의 본격화를 제시하였다.

바이오매스는 다양한 종류가 넓은 지역에 소량으로 분포되어 있고, 지역마다 바이오매스의 부존상황, 이용수요 등의 조건이 다양하기 때문에 지속적인 이·활용을 추진하기 위해서는 지역의 특성이나 이용방법에 따라 생산, 수집, 변환이용의 각 단계가 유기적으로 연결되어 경제적으로 순환가능 하도록 지역의 실정에 맞춘 시스템을 구축하는 것이 필요하다. 이에 따라 일본은 바이오매스의 이·활용의 규모나 형태를 일률적으로 정하기보다는 지역별로 모든 관계자의 연휴 하에서 종합적인 바이오매스 타운 구상을 추진하도록 하였다.

당초 바이오매스 타운을 500개 구축하기로 하였으나 시 · 정 · 촌이 통합되는 것을 고려하여 2010년(헤세이 22년)까지 300지구의 바이오매스 타운 조성을 계획하고 있다.

1) 바이오매스 이용현황[10)]

일본의 현재 폐기물계 바이오매스의 부존량은 3억 310만톤, 이용률은 약 70%이다.폐지, 가축분뇨, 식품폐기물, 건설폐목재, 폐액, 하수오니 등의 폐기물계 바이오매스는 이 · 활용이 비교적 빨리 진전되고 있어 향후 이용체제 정비 등으로 인해 이용율이 더욱 향상될 것으로 기대하고 있다. 미이용 바이오매스의 부존량은 1,750만톤, 이용률은 약 20%로, 폐기물계 바이오매스와 비교하여 많이 이용되고 있지는 않지만 효율적인 수집 시스템 확립, 생산 · 유통 · 가공비용 절감, 제품 · 에너지 이용의 확대, 새로운 기술의 활용 등으로 이 · 활용이 진전될 것이라 예상하고 있다.

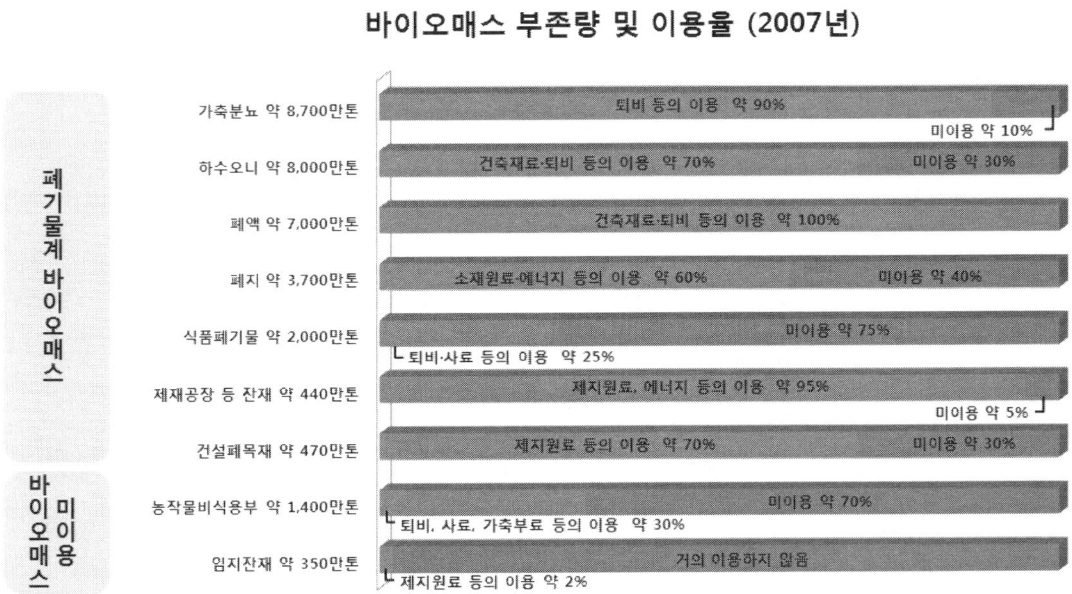

<그림 3-16> 일본 바이오매스 부존량 및 이용율 (2007년)

아직 실험 · 실증 단계의 추진이나 지역에서의 전시적 추진에 머무르고 있는 자원작물의 이용은 에너지나 변환효율과 경제성이 향상되는 2020년경에는 미이용지에 재배가 될 것으로 추측하고 있고, 해양식물이나 유전자조작 식물을 일컫는 신작물의 경우 효율적인 바이오매스 생산의 가능성을 고려하였을 때, 2050년경에는 생산량이 비약적으로 증대할 것으로 기대하고 있다.

10) 関東バイオマス発見活用協議会, 関東地域のバイオマス利活用事例集, 2008

2) 바이오매스 일본 종합전략

바이오매스 일본 종합전략(2002년 12월 각의, 2006년 3월 개정)은 내각부, 경제산업성, 환경성, 문부과학성 및 국토교통성이 공동으로 수립하여 추진 중에 있다. 지구온난화의 방지, 순환형사회의 형성, 경쟁력 있는 전략적 산업의 육성, 농산어촌의 활성화를 목표로 바이오매스의 종합적인 활용을 위한 기본적인 국가전략이라고 할 수 있다.

가. 바이오매스 일본 종합전략의 구체적 목표

바이오매스 일본 종합전략에서는 '바이오매스 일본'의 조기실현을 위해 관계자의 추진을 촉진함과 동시에 실현정도를 평가하기 위한 지표로써 구체적인 목표를 제시하는 것이 중요하다고 하였다.

<표 3-26> 일본의 바이오매스 이용 목표

구 분	이용목표(2010년)	비 고
바이오매스 발전	33만 kW	1999년도 실적의 6배
바이오매스 열에너지	원유 환산 61만 toe	-
바이오매스 비료(퇴비)	4,000만 톤	농림수산성의 잠정 목표

자료) 국립환경연구원 2006 "유기성폐기물 종합관리기술 구축(III)"

<표 3-27> 일본의 바이오매스 에너지 이용 목표

	현재 이용값(toe)	이용 목표값(toe)	비 고
바이오매스 열 이용의 도입	62만	281만	- 온실효과 가스 약 760만 CO_2톤에 상당 - 6% 삭감 약속의 약 10%에 해당
바이오매스 수송용 연료의 도입	0	16만	- 3% 혼합 가솔린으로서는 약 1,825만 toe - 일본의 가솔린 소비의 약 1/3에 상당

자료) 국립환경연구원 2006 "유기성폐기물 종합관리기술 구축(III)"

기술, 지역, 전국의 3가지 관점에서 구체적으로 설정되어 있는 목표는 다음과 같다.[11]

(1) 기술적 관점

직접연소 및 가스화시설 등 함수율이 낮은 바이오매스를 에너지로 변환하는 기술로 첫째, 일 처리량 10톤 정도의 플랜트(합병 후의 시정촌 규모상정), 에너지변환효율이 전력으로써

11) 경기개발연구원 2008, 경기도의 바이오매스 이용체계 구축방안

20% 혹은 열로써 80% 정도의 기술을 개발한다. 둘재, 바이오매스 광역수집에 관한 환경이 정리된 경우, 일 처리량 100톤 정도 시설(도도부현 지역을 상정), 에너지 변환효율이 전력으로써 30%정도가 실현 가능한 기술을 개발한다.

메탄발효 등 함수율이 높은 바이오매스를 에너지로 변환하는 기술로써 바이오매스 일처리량 5톤 정도 시설, 에너지변환효율이 전력으로써 10% 혹은 열로써 40% 정도의 기술개발을 목표로 하고 있다.

바이오매스를 제품으로 변환하는 기술은 현 시점에서 실용화하고 있는 바이오매스 유래 플라스틱의 원료가격을 200d엔/kg 정도로 변환할 수 있는 기술의 개발이다. 리그닌이나 셀룰로오스 등의 유효한 활용을 유지하기 위해 새로운 실용화 단계의 제품을 10종 이상 생산하는 것을 목표로 한다.

(2) **지역적 관점**

당초 바이오매스 타운을 500개 정도 구축하는 것으로 했으나 2010년에는 시정촌이 통합되는 것을 고려해서 약 300개의 바이오매스타운을 조성할 계획이다.

(3) **전국적 관점**

전국적인 관점에서 일본 내 중장기 에너지 수습 전망을 감안해서 신에너지의 하나로서 바이오매스에너지의 도입을 검토하고 교토의정서 목표 달성계획에 담긴 각족 목표와의 정합성을 꾀하며 순환형 사회형성 추진기본법의 이념을 존중하는 것을 강조하고 있다.

- 폐기물계 바이오매스: 식품순환자원의 재생이용 등의 촉진에 관한 법률 등 개별법에 의한 리사이클의 의무화 등의 강화, 수집·수송, 변환의 효율화의 진전 등을 통해 폐기물계 바이오매스의 상당 부분을 이용 및 활용한다.
- 미이용 바이오매스: 수집시스템의 정비, 바이오매스·refinery의 확립 등에 의한 일정부분이 경제적으로 성립될 수 있는 형태도 이용 및 활용한다.
- 자원작물: 화석자원 유래의 에너지가격이나 지구 온난화 대책의 진전 정도 등에 따라서 새로운 수요에 대응한 기업활동에 의해 에너지원이나 제품의 원료가 되는 것을 목적으로 한 자원 작물도 이용한다.

나. 바이오매스 일본 종합전략의 개요

(1) **2030년 '바이오매스 일본'의 전망 제시**

- 국민 개개인에게바이오매스는 자원으로써 이·활용되는 것이라는 의식 및 생활습관이 정착된다.

- 가정이나 회삭산업,소매점 등에서 배출되는 폐기물은 재생이용하기 쉬운 형태로 분리·수집되어 퇴비로 이용하거나 탄화 혹은 메탄발효시켜 에너지로써 이용된다.
- 하수오니나 가축배설물로만들어진 퇴비 등의 제품품질 향상이 도모되고 에너지로써의 이용이 진전된다.
- 잉여농작물은 제품이나 에너지 원료로써 비식용부에 이용되며 농업기계에도 바이오매스 유래 연료가 이용된다.
- 간벌재, 임지잔재, 건설폐목재 등은 제품이용을 우선적으로 진행시키고 제품이용이 불가능한 것은 발전용 연료로써 이용한다.
- 수용용 기계의 동력원이 다양화되는 가운데 액체연료로 바이오메탄올이나 바이오디젤 연료 등의 이·활용이 진행된다.

(2) 바이오매스 활용에 대한 국민의 이해 증진

- 국민에게 바이오매스의 활용에 대해 알기 쉽게 설명한다.
- 환경 이외 분야의 활동을 통하여 바이오매스 활용방안을 효과적으로 보급한다.
- NPO와의 제휴 등 국민 각층의 협동을 추진하고, 아동과 학생을 위한 환경교육을 충실히 한다.

(3) 바이오매스 유래 수송용 연료의 도입

- 국가가 주도하여 경제성, 안전성, 대기 환경에의 영향 및 안정공급상의 과제를 해결하고 계획적으로 이용 가능한 환경을 정비.
- 국산 바이오매스 유래 수송용 연료는 산지나 연료를 제조하는 지역 및 그 주변지역에서의 이용을 중심으로 진행하는 등 수입 연료의 이용과 분리를 명확하게 한다.
- 국산 바이오매스 유래 수송용 연료의 이용을 촉진하기 위해 예를 들어, 실제로 사탕수수 등 국산 농산물을 원료로 한 에탄올을 이용하는 사례를 관계부처 제휴 아래 창출하거나 원료가 되는 농산물 등을 염가로 조달하는 방안을 도입하고 관계자의 협력 체제를 정비한다. 또한 높은 바이오매스량을 가지는 농작물을 개발·도입하거나 목질계 바이오매스 등으로부터 효율적으로 에탄올을 생산하는 기술의 개발, 저비용 생산기술의 개발과 적극적인 도입을 유도하고 해외 동향을 참고로 다양한 방안을 검토한다.

(4) 바이오매스 타운 구축의 본격화

- 고용의 창출이나 경제성을 고려해 지속 가능한 모델을 제시할 수 있는 지역 시스템 전

체의 설계 · 평가 방법을 개발한다.

- 지역의 바이오매스타운 추진을 위해 제도나 기술의 정보, 선진적인 바이오매스타운에 관한 정보 등을 적극적으로 제공한다.
- 바이오매스의 이 · 활용과 관련된 인재의 육성, 그 인재를 유효하게 활용할 수 있는 체제를 정비한다.
- 지역 주민 · 사업자 등의 협력에 의한 식품 폐기물의 감량 · 분별, 경축제휴에 의한 볏짚을 사료 등에 이용하는 수집 시스템을 도입하고 가축 퇴비의 품질을 향상시킬 수 있는 체제를 구축한다.
- 바이오매스타운 구상의 실현 모델로서 예를 들면, 미이용 목질계 바이오매스에 대해서 실증실험을 실시하고, 이를 통하여 임업 전반의 비용을 감축한다.
- 지역이나 민간이 주제가 일본의 장래 전망을 구축 · 공유할 수 있는 전국 규모의 협의회를 설치한다.

(5) 바이오매스 활용 기술 개발

- 지역에서 효율적으로 이용할 수 있는 소규모 분산형 시스템을 개발 · 도입하고, 다른 신에너지 등을 이용하는 에너지 생산 설비를 구축함으로써 소규모 지역의 에너지 공급망을 개발한다.
- 자원은 풍부하게 존재하지만 활용이 진행되지 않은 목질계 바이오매스 에너지 이용 기술의 개발을 추진한다.
- 다수확 작물의 평가, 해양 바이오매스 잠재량의 파악, 자원 작물, 목질계 바이오매스, 해양 바이오매스의 이 · 활용을 포함하는 새로운 농림 어업의 전개의 검토.

(6) 바이오매스 제품 · 에너지의 이용 증진

- 바이오매스 제품의 공적 기관에 의한 솔선 도입이나 전시 등에 의한 보급을 추진한다.
- 바이오매스 제품의 품질 평가, 규격화, 식별 방법을 도입한다.
- 바이오매스 플라스틱에 대해 다른 플라스틱과 식별할 수 있는 마크(바이오매스 마크)의 도입, 제조 공정의 비용 저감이나 사용이 끝난 플라스틱을 화학적으로 재생 이용하는 시스템을 구축하여 이용확대를 추진한다.
- 질소가 과잉인 지역에서는 지역 간의 제품 이동이나 탄화, 에너지화 등 다양한 이 · 활용을 검토한다.

- 바이오매스 전력의 수요를 창출, 바이오매스 생산지역의 열수요에 맞는 저비용의 효율적인 바이오매스 열이용 시스템 도입을 촉진한다.

(7) 아시아 국가 등 해외와의 협력

- 아시아 국가가 진행하려 하고 있는 바이오매스 에너지 도입에 전략적으로 관여하기 위해 연구개발, 현지에서의 이·활용지도, 기술 협력, CDM 등에 의한 기술 이전을 추진한다.
- 바이오매스 제품 등의 수입에 있어서는 비용면이나 국내에서의 바이오매스 이용의 증진, 환경영향, 국산 바이오매스의 이·활용에 끼치는 영향 등도 고려한다.

3) 바이오매스 및 재생에너지 이용촉진을 위한 법제

바이오매스 이용촉진에 관련된 법제를 제정하여 정책에 반영하고 있는 일본의 부성은 주로 일본 환경성, 농림수산성, 경제산업성으로 대표적인 법제의 일부를 나타내었다.

가. 에너지 유효이용 촉진법

사업자 등에 의한 에너지 및 특정 물질 사용의 합리화 및 사용필수 물품 및 부산물의 발생의 억제, 재생 자원 및 재생 부품의 이용에 의한 자원의 유효한 이용에 관한 사업 활동의 촉진을 위해 바이오매스 관련 특정사업 및 설비 상업자를 대상으로 '에너지 등의 사용의 합리화 및 자원의 유효한 이용과 관련된 사업활동의 촉진에 관한 임시 조치법'을 시행하고 있다.

대상 자원은 제재공장 등의 잔재, 건설폐목재, 제지잔재, 가축분뇨, 식품폐기물, 수산물잔재, 하수오니, 음식물쓰레기, 임지잔재, 농작물 비식용부를 지정하고 있으며, 이용기술로는 사료, 퇴비, 고분자이용, 공업원료화, 신재료합성, 열화학적 변환, 생물화학적 변환이 해당된다.

사업계획의 승인을 받으면 관계자에게 필요한 협력을 요청할 수 있고, 독립행정법인 신에너지·산업기술 종합개발기구는 사업자의 특정 사업 활동 및 설비의 설치·개선에 필요한 자금의 차입과 관련되는 채무의 보증을 실시한다. 또한 중소기업 신용보험법으로 규정하는 에너지 대책 보험과 관련하여 에너지 사용 합리화 사업 활동 관련 보증을 받은 중소기업자는 채무 보증액을 우대하는 특례가 있다.

<표 3-28> 바이오매스사업 지원 제도

사업시기	지원 내용
사업 도입 전	• 기본 설계작성이나 심포지엄 개최, 보급개발·기술개발 등을 대상 • 지역신에너지 비전 책정사업, 바이오매스 미활용 에너지 조사사업, 바이오매스의 환경만들기 보조금, 중소기업·벤처 도전 지원 사업
사업 도입 시	• 농림수산성, 환경성, NEDO 등에 의해 실시 • 주로 사업비 조성, 융자 지원제도, 이자 조성지원제도
사업 시	• 지역 에너지 이용설비와 관련한 고정자산세의 과세표준 특례조치, 에너지 수급 구조 개혁 투자 촉진 세제, 고정 자산세의 과세표준 경감 조치 등

자료) 경기개발연, "경기도의 바이오매스 이용체계 구축방안", 2008

나. 바이오매스 이·활용 설비의 취득과 관련되는 법인세 등의 특별조치

일본은 녹색신고서를 제출하는 개인 또는 법인을 대상으로 '바이오매스 이·활용 설비의 취득과 관련되는 법인세 등의 특별조치'를 시행하고 있다.

대상설비는 목질계 바이오매스 발전장치, 바이오에탄올 제조 설비, 탄화제품 제조설비, 목질계 고형연료 제조 설비, 정유 추출설비, 가축분뇨 퇴비화 설비로 대상설비를 제작 또는 건설 후 1년 이내에 사업용으로 제공했을 경우 세액공제 또는 특별상각과 관련하여 다음과 같은 지원을 받을 수 있다.

(1) 목질계 바이오매스 발전장치, 바이오에탄올 제조설비

◆ 세액공제: 소득세액, 법인세액의 20%한도 내에서 대상설비의 취득가격의 100분의 7 상당액을 이득세액, 법인세액에서 공제한다.

◆ 특별상각: 보통상각 외에 대상설비 취득가격의 100분의 30 상당액을 상각비로서 필요경비 또는 손실금에 산입한다.

(2) 탄화제품 제조 설비, 목질계 고형연료 제조 설비, 정유 추출 설비, 가축분뇨 퇴비화 설비

◆ 보통상각에 대상설비 취득가격의 100분의 14 상당액을 상각비로서 필요경비 또는 손실금에 산입한다.

다. 바이오매스의 종합적인 이·활용을 추진하기 위한 금융 조치

지역의 농림어업자가 제휴해 생산과정에서 발생하는 유기성자원을 이·활용하기 위한 공동이용시설을 개량, 조성, 또는 건설하려고 하는 경우에 필요한 자금을 농림어업 금융공고로부터 대출 받을 수 있게 한 제도가 '바이오매스의 종합적인 이·활용을 추진하기 위한 금융조치' 이다.

대출 대상 사업은 바이오매스에서 주로 가축분뇨, 농작물비식용부(볏짚, 왕겨 등), 제재공장 잔재, 임지잔재, 수산폐기물 등의 농림어업의 생산과정에서 발생하는 유기성자원을 지정하고 있으며, 공동이용시설로는 메탄발효, 에탄올발효, 유산발효, 가스화, 탄화, 사료화, 퇴비화, 물질변환 등 바이오매스를 자재, 에너지, 그 외 유용한 형태로 변환하기 위한 시설이 해당된다.

라. 전기사업자에 의한 신에너지 등의 이용에 관한 특별 조치법 (RPS법)

일본은 신재생에너지 도입을 촉진하기 위한 대책으로 '신재생에너지 발전의무비율 할당제(Renewable Portfolio Standard, RPS)' 를 채택하고 있으며, 2002년 4월부터 "전기 사업자에 의한 신재생에너지 등의 이용에 관한 특별조치법(RPS법)" 을 시행하고 있다.

대상 에너지로 풍력, 태양광, 지열, 중소수력(수로식으로 1,000kW이하), 바이오매스의 5종류를 지정하고 있으며, 일반전기사업자(동경전력 등 10개사)와 특정규모전기사업자(18개사) 등 관련 전기사업자(2004년 2월, 28개사)를 의무 대상 전기사업자로 구분하고 있다.

RPS법에 따라 전기 사업자에게 과거 전력공급 실적을 고려하여 신재생에너지자원의 의무전력량이 부과되지만, 법 시행 후부터 7년간 동안은 경과조치를 두어 부담을 경감시키고 있다. 경과 조치가 종료된 이후인 2010년도의 할당량은 122억 kWh(전기공급량의 1.35%)로 예상되고 있다. RPS법의 의무이행 대상자인 전기사업자는 5종류의 신재생에너지원을 비용 효율적으로 조합하여, 할당량에 해당하는 전기를 공급해야한다.

일본에서는 신재생에너지원 발전규모에 지역별 차이가 있으므로, RPS법은 전기사업자가 지역에 관계없이 신재생에너지원 발전사업자와 거래를 통해 비용 효율적으로 할당량을 조달할 수 있도록 하고 있다. 전기사업자는 신재생에너지원 전력으로 인증되고 공급되었지만, 할당량 이행에 사용되지 않고 전자구좌에 기록되어 있는 즉, 물리적 전력을 실제로 이미 사용되고 없는 경우 인증증서로서 가치가 남아 있는 '신재생에너지원 전력상당량' 을 구매하여 할당량을 채울 수도 있다.

마. 지역 바이오매스 이·활용 교부금

바이오매스 타운 구상의 책정 등 바이오매스 타운의 실현을 위한 지역의 창의적 연구를 집중시킨 주체적인 추진과 바이오매스 변환시설의 정비 및 바이오매스 발생 · 이용 시설 등의 일체적인 정비를 지원하기 위한 교부금 지원 제도를 시행하여 2007년에는 143억 엔, 2008년에는 111억 엔을 지원하였다.

(1) 지역 바이오매스 이 · 활용 추진 교부금

아래의 경우에 이·활용 추진 교부금을 지원한다.

- 바이오매스 타운 구상의 책정
- 바이오매스 타운 구상 실현을 위한 종합적인 이익 활용

(2) 지역 바이오매스 이 · 활용 정비 교부금

아래의 경우에 이·활용 정비 교부금을 지원한다.

- 지역의 효과적인 바이오매스 이 · 활용을 추진하기 위해서 필요한 바이오매스 변환 시설 및 바이오매스 공급 시설 · 이용 시설 등의 일체적인 정비
- 신기술 등을 활용한 바이오매스 변환 시설의 모델적인 정비
- 가축 분뇨 등 유기성 자원의 이익 활용에 필요한 퇴비화 시설 등의 공동 이용 시설의 정비

바. 바이오매스마크 제도

바이오매스마크는 바이오매스 이용 상품의 식별마크로 소비자에게 정보를 제공함으로써 상품의 지속적인 보급을 목적으로 2006년 8월부터 사단법인 일본 유기 자원 협회에서 실시하였다.

2009년 1월 말을 기준으로 생활일용품 47건, 사무용품 15건 등 190여개의 제품이 등록되어 있다.

사. 바이오매스 사업 도입 지원 데이터베이스

NEDO는 바이오매스 에너지의 이용을 희망하는 사업자 등을 대상으로 바이오매스의 이용 가능성에 대해 고려할 수 있는 데이터베이스를 제공하고 있다. 이용자가 기초데이터 베이스에 이용하고 싶은 자원, 이용 가능한 바이오매스 자원량, 이용하고 싶은 에너지 형태 등을 선택 또는 입력하면, 시스템의 설비 용량, 에너지 생산성, 코스트 등에 관한 기초적인 정보를 제공하는 서비스이다.

위의 서비스를 이용하여, 사용하고자 하는 바이오매스의 종류에 적용 가능한 에너지 전환 방법을 선정하고, 바이오매스 자원량에 근거하는 전환 시설의 규모를 대략적으로 파악할 수 있다. 또한 필요한 바이오매스의 조달 시 드는 비용 및 선정한 에너지 전환 방법에 따르는 에너지 생산량과 에너지 생산 코스트의 개략적인 파악이 가능하다.

아. 바이오매스타운 어드바이저에 의한 지원활동

바이오매스 타운 어드바이저는 2006년 8월(헤세이 18년)부터 바이오매스 타운 구축을 추진

하기 위해 양성되었으며, 바이오매스 이 · 활용에 관해서 다양한 바이오매스의 생산 · 수집, 변환, 이용 방법 등의 어드바이스나 다방면에서의 지원을 하는 인재이다.

2006년 31명, 2007년 33명, 2008년 36명이 연수를 수료하였고, 연수 수료자들은 바이오매스타운 어드바이저로서 지방공공단체 등으로부터 요청을 받아 바이오매스 타운 구상 작성의 지원, 지역에 있어서의 바이오매스 관련 사업화의 지원, 바이오매스 이 · 활용의 지원(심포지엄 등의 강사, 자료 작성 등)의 활동을 한다.

4) 일본의 바이오매스 타운 조성 사례[12]

가. 바이오매스타운의 개요

바이오매스타운이란, 지역 관계자의 제휴아래 바이오매스의 발생으로부터 이용까지가 효율적인 프로세스로 연결된 종합적인 이 · 활용 시스템이 구축되어 안정적이고 한편으로 적절한 바이오매스 이 · 활용을 하고 있거나 혹은 향후 이 · 활용이 전망되는 지역을 말한다.

바이오매스 일본 종합전략에서는 바이오매스의 발생부터 이용까지를 효율적으로 이 · 활용하기 위해 시정촌을 중심으로 각 지역적 특성과 이용방법을 고려한 시스템 구상을 통하여 바이오매스자원을 종합적으로 활용한다는 지역적 목표로 바이오매스 타운 구상의 책정과 실현을 추진하고 있다. 바이오매스타운 구상은 지역의 종합적인 바이오매스 이 · 활용을 위하여 대상 지역, 실시 주체, 지역의 현황, 바이오매스의 이용방법, 추진체제, 추진공정, 목표와 효과, 검토상황, 부존량과 이용현황, 지금까지의 추진 등을 시 · 정 · 촌이 정리하여 지방농정국에 제출하고, 그것을 바이오매스 일본 종합전략 추진 회의에서 검토하여 기준에 적합하면 바이오매스 정보 헤드쿼터에서 공표한다.

바이오매스 타운이 되면 지역의 바이오배스 이 · 활용 추진이 관계기관과 연계되어 전국적으로 소개되고, 바이오매스타운 구상의 실현을 위한 적극적인 지원(지역 바이오매스 이 · 활용 교부금 등의 우선지원 등)을 받게 된다.

〈그림 3-16〉에는 일본의 바이오매스타운 설치현황 및 설치에 따른 지자체와 정부간의 역할을 정리하고 있다. 2010년까지 300개의 바이오매스타운을 지정하고 있으며, 현재에는 각 타운의 목적에 적합한 형태로 설치를 진행중이다. 기본적으로 지자체가 사업주체이며, 정부에서는 종합전략추진회에서 부처를 대신하여 기술개발, 지역선정, 시설정비 등을 지원하고 있다.

---

12) 農林水産省, バイオマスタウン構想策定マニュアル

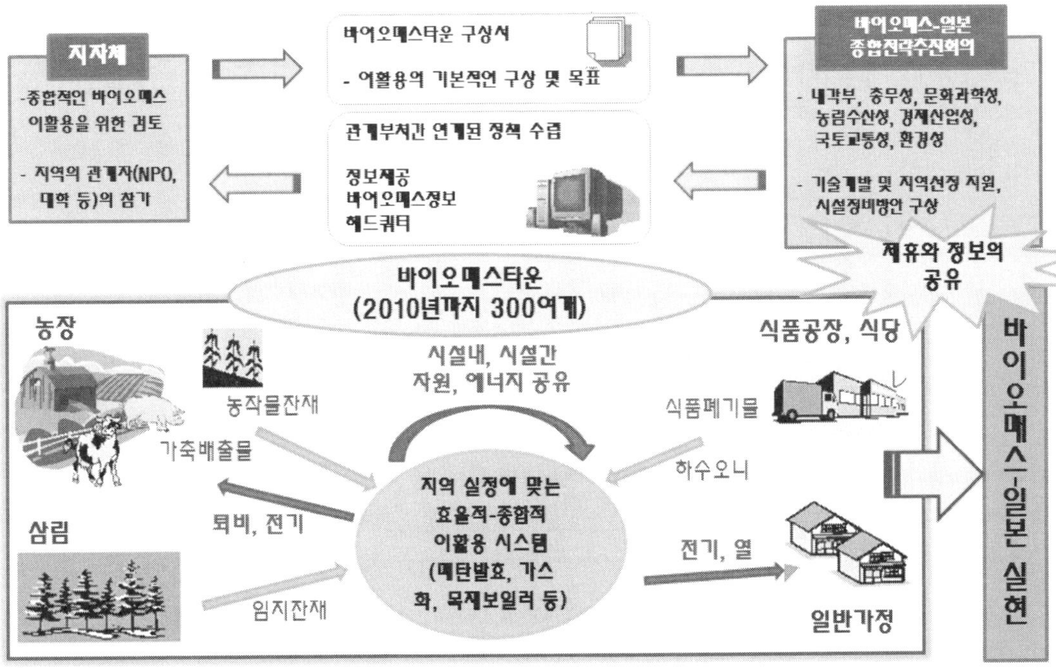

<그림 3-17> 바이오매스 구상의 진행

<표 3-29> 바이오매스타운 구상 공표의 기준

공표기준
• 폐기물계 바이오매스의 90% 이상, 또는 미이용 바이오매스의 40% 이상 이용 • 관계자의 협력 하에 안정적이고 적절한 이용 • 관계 법령의 준수 • 안전의 확보

나. 바이오매스타운 구상 메뉴얼[13)]

바이오매스타운 구상은 행정기관 뿐만 아니라 지역의 여러 관계자들을 대상으로 하기 때문에, 바이오매스 타운 구상 매뉴얼은 여러 관계자의 이해와 합의를 얻기 위한 진행방식을 중심으로 구상 책정 과정에서 검토해야 할 중요한 사항들을 정리하고 있다.

(1) 메뉴얼의 대상

매뉴얼의 이용자는 우선 바이오매스타운 구상의 책정 주체인 행정담당자와 바이오매스 이·활용과 관계된 농림수산업자, 시민, NPO나 각종 단체 등이 있다.

13) 農林水産省大臣官房環境バイオマqス政策課,

(2) 메뉴얼의 구성

메뉴얼은 바이오매스 타운 구상의 책정에 관련되는 관계자들의 입장에서 이해하기 쉽도록 하는 것을 목표로 다음 3개의 부로 구성되어 있다.

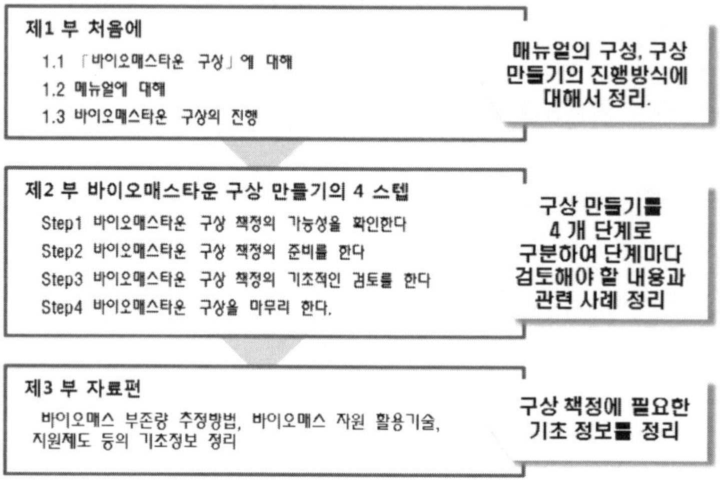

<그림 3-18> 바이오매스타운 매뉴얼의 구성

1부에서는 바이오매스 타운 구상, 매뉴얼의 구성, 구상 책정의 진행방식 등에 대하여 기술하고 있고, 2부는 매뉴얼의 중심으로 바이오매스 타운 구상 책정의 프로세스를 4개 단계로 나누어 각 단계마다 검토해야 할 사항과 관련된 사례 및 바이오매스의 이·활용을 선진적으로 실시하고 있는 지역의 대표들과의 인터뷰 내용을 포함하고 있다. 마지막으로 3부에서는 바이오매스 부존량 추정방법, 활용기술, 지원제도 등 구상 책정에 필요한 기초 정보를 정리하고 있다.

(3) 메뉴얼의 개요

바이오매스 타운 형성은 일반적으로 과제, 사업방침, 조직체제를 검토하는 「구상」, 바이오매스 타운 구상을 구체화 하여 주요 내용과 순서 등을 나타내는 「계획」, 사업을 디자인하고 경비 등을 산출하는 「설계」, 경영면으로 검토하는 「사업계획」의 과정을 거쳐 진행된다.

「바이오매스 타운 구상」은 다음의 4단계로 구분할 수 있다.

초기단계인 1단계에서는 바이오매스타운으로서 가능성을 타진하는 단계로서 지역현황 등, 여건, 주민의 의향 등으로 조사하여 가능성을 검토한다. 2단계에서는 바이오매스타운을 어떠한 형태로 진행할 지에 대하여 구체적으로 검토하며, 누구가, 어떤기술로, 무엇을 이용하여, 어떻게 공급할 지에 대한 검토가 필요하다. 3단계에서 실제 추진을 전제로 지역현황을 구체적으로 검토하여 부지를 정하고, 바이오매스의 부존량과 이용량, 기술 등을 제시한다. 4단계에서는 이해관계자(민원)에 대한 의견수렴과 더불어 관계자와 합의를 형성하고 진행방식과 추진절차를 정하고, 바이오매스를 에너지화하기 위한 공정을 선정한다.

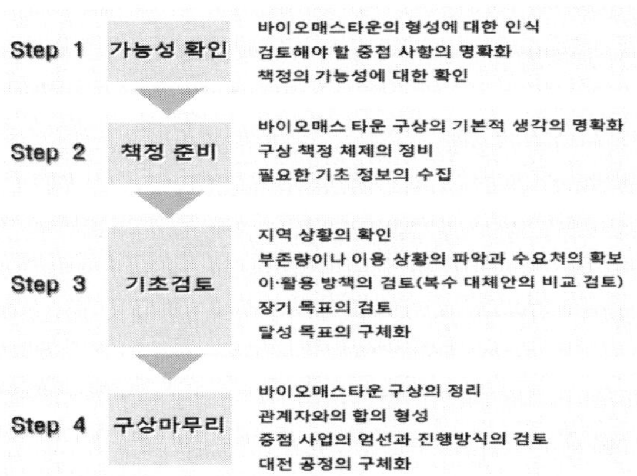

<그림 3-19> 바이오매스 타운 구상의 단계

다. 바이오매스타운 현황14)

2009년(헤세이 21년) 현재 일본에서는 212개의 바이오매스타운 구상(제 35회)이 공표되었다. 2006년 3월, 바이오매스·일본 종합 전략의 재검토를 통하여 2010년까지 전국에 300개의 바이오매스타운 구상을 공표하기로 하였다.

<그림 3-20> 바이오매스 타운 현황

14)農林水産省, バイオマスタウン公表状況, 「バイオマムスタウン構%想策定マiニュアル」, 2008

<표 3-30> 지역별 바이오매스타운 공표 현황

		시·정·촌
규슈 (39개 지역)		
	가고시마현	미나미오스미정, 이치키쿠시키노시, 시부시시, 소오시, 니시노모테시, 미나미타네정
	구마모토현	미나미아소촌, 미나마타시, 아사기리정, 아마쿠사시, 미후네정, 교쿠토정, 다라기정
	나가사키현	사이카이시, 쓰시마시
	미야자키현	고바야시, 기도가와정, 쓰노정, 에비노시
	사가현	이마리시,
	오이타현	히타시, 우사시, 사이키시
	후쿠오카현	오키정, 다치바나정, 지쿠조정
시코쿠(10개 지역)		
	고치현	도하라정, 하루노정, 수사키시
	도쿠시마현	나카정
	에히메현	시코쿠추오시, 우치코정, 도온시
	카가와현	
혼슈(132개 지역)		
도호쿠 지방 (39)	미야기현	가와사키정
	아오모리현	고쇼가와라시, 아오모리시, 후지사키정, 쓰루타정, 도와다시, 나카도마리정, 하치노헤시, 롯카쇼촌
	아키타현	고사카정, 요코테시, 노시로시, 히가시나루세촌, 우고정, 기타아키타시
	야마가타현	신조시, 쓰루오카시, 사케가와촌, 무라야마시, 니시카와정, 이데정, 쇼나이정
	이와테현	시와정, 도노시, 하나마키시, 구노헤촌, 가루마이정, 구즈마키정
	후쿠시마현	도미오카정, 아이즈미사토정, 오타마촌, 미나미소마시, 사메가와촌
간토·카츠노부 지방 (33)	가나가와현	미우라시
	군마현	가와바촌, 오타시, 히가시아가쓰마정, 도미오카시,
	도쿄도	아키루노시
	사이타마현	지치부시
	이바라기현	우시쿠시
	치바현	산무시, 시로이시, 아사히시, 오오타키쵸, 무츠자와쵸, 이치하라시
	토치기현	모테기정, 나스정
	야마나시현	하야카와정, 후에후키시, 니라시키시, 야마나시시

(표 계속)

		시·정·촌
혼슈(132개 지역)		
호쿠리쿠지방 (22)	나가노현	아즈미노시, 이나시, 사쿠시, 지쿠마시
	시즈오카현	고사이시, 하마마츠시
	니가타현	다이나이시, 조에쓰시, 가시와자키시, 사도시, 산조시, 니가타시, 유자와정, 도카마치시
	도야마현	다테야마정, 도야마시, 구로베시, 이미즈시, 아사히쵸
	이시카와현	나나오시, 가가시
	후쿠이현	후쿠이시, 오노시, 와카사정
토카이 지방 (8)	미에현	이가시
	아이치현	도요하시시, 다하라시, 기타나고야시
	기후현	시라카와정, 이비가와정
긴키 (간사이) 지방 (14)	교토부	후쿠치야마시, 난탄시, 교탄고시
	나라현	
	와카야마현	
	시가현	마이바라시, 야스시
	오사카부	기시와다시
	효고현	스모토시, 가사이시, 시소시, 도요오카시, 미나미아와지시, 이나미정, 다카정
주고쿠 지방 (16)	돗토리현	다이센정, 요나고시
	시마네현	미사토정, 야스기시, 요시카정, 오키노시마정, 이난정
	야마구치현	우베시, 아부정
	오카야마현	마니와시, 니미시, 가사오카시, 쓰야마시
	히로시마현	쇼바라시, 기타히로시마정
홋카이도(26개 지역)		
홋카이도현		다테시, 루모이시, 세타나정, 미카사시, 나카사쓰나이촌, 오조라정, 벳카이정, 시카오이정, 다키카와시, 앗사부정, 오비히로시, 시라오이정, 쓰베쓰정, 도요코로정, 히가시카와정, 시모카와정, 도야코정, 삿포로시 조잔케지역, 야쿠모정, 사루후쓰촌, 소베쓰정, 도요우라정, 고시미즈정, 다키노우에정,
오키나와(5개 지역)		
오키나와현		이에촌, 우루마시, 미야코지마시, 긴정

(1) 홋카이도현 오타키(현 다테)

<표 3-31> 오타키 개요

<table>
<tr><th>구 분</th><th colspan="5">내 용</th></tr>
<tr><td>인구</td><td colspan="5">1,565 명 (775세대)</td></tr>
<tr><td rowspan="3">지형적특징
(면적)</td><td>밭</td><td>7.45㎢</td><td>산림</td><td colspan="2">207.87㎢</td></tr>
<tr><td>택지</td><td>0.7㎢</td><td>목장</td><td colspan="2">6.69㎢</td></tr>
<tr><td>그 외</td><td>51.32㎢</td><td colspan="3"></td></tr>
<tr><td>기상</td><td colspan="5">• 주위가 산에 둘러싸여 대륙성 기후
• 연평균은 5.3℃, 연간 강수량 1,492mm</td></tr>
<tr><td rowspan="13">바이오매스부
존량 및
이용현황
(연간)</td><td>바이오매스</td><td>부존량</td><td>변환처리방법</td><td>이 용</td><td>이용률</td></tr>
<tr><td colspan="5">폐기물계바이오매스</td></tr>
<tr><td rowspan="2">가축분뇨</td><td rowspan="2">12,960t</td><td>퇴비화</td><td>농지비료</td><td>15%</td></tr>
<tr><td>목초지퇴비살포</td><td>자가이용</td><td>85%</td></tr>
<tr><td>하수오니</td><td>10,188㎥</td><td>하수처리</td><td></td><td>0%</td></tr>
<tr><td>가축분뇨</td><td>168</td><td></td><td></td><td>0%</td></tr>
<tr><td>폐식용유</td><td>2.1t</td><td>소각</td><td></td><td>0%</td></tr>
<tr><td>음식물쓰레기</td><td>381t</td><td>퇴비화</td><td>농지비료</td><td>100%</td></tr>
<tr><td colspan="5">미이용바이오매스</td></tr>
<tr><td>임지잔재,간벌재</td><td>2,094t</td><td>미처리</td><td></td><td>0%</td></tr>
<tr><td>목초잔재</td><td>5,200t</td><td></td><td>부료</td><td>38%</td></tr>
<tr><td>기존시설</td><td colspan="5">• 오타키무라 유기물 재자원화 센터
- 생활쓰레기 1 t/day, 가축 분뇨 5.5 t/day
- 미생물에 의한 발효 퇴비 생산</td></tr>
<tr><td>개 요</td><td colspan="5">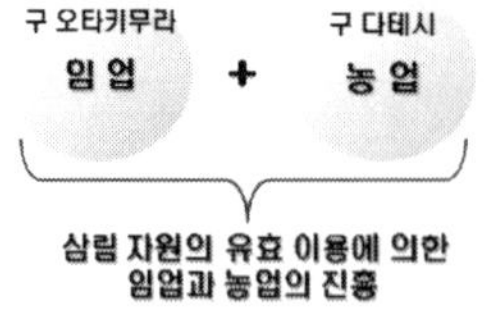
* 다테시(인구 37,000 명)와 통합
• 간벌재나 임지잔재의 유효이용을 위한 Pellet화 설비 도입
• 시내농가에서 사용가능한 소형 농업용 Pellet 보일러 도입
• Pellet의 지속적인 공급을 위한 시에서의 최저가격 보증</td></tr>
<tr><td>목 표</td><td colspan="5">• 미이용 자원인 임지잔재 등의 목질계 바이오매스 2,904t/yr 이활용
- 탄소환산 약 647 t/yr)의 이활용(50%이상)
• 미이용 바이오매스의 40% 이상의 이활용</td></tr>
</table>

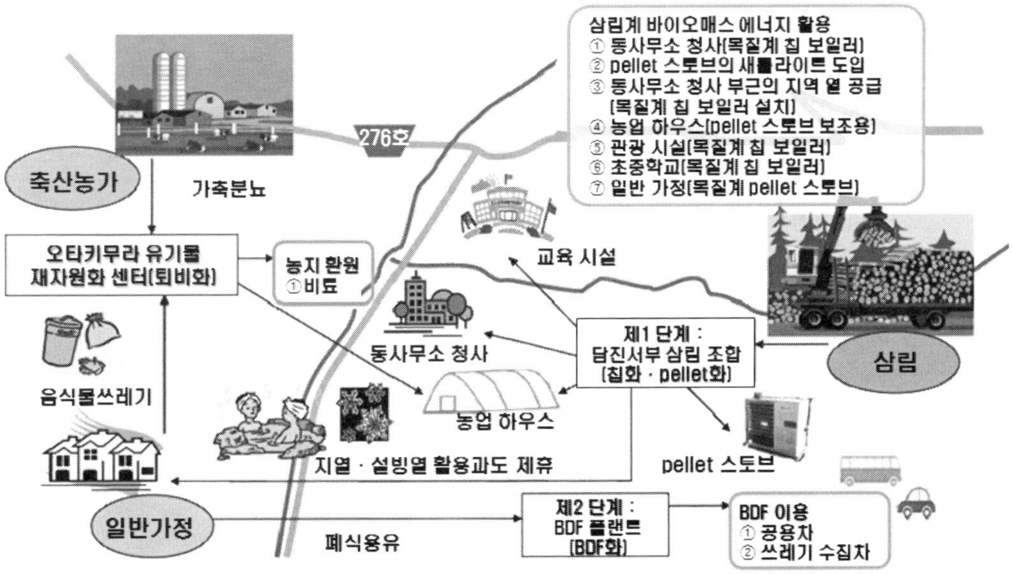

<그림 3-21> 오타키 바이오매스 타운 구상

(2) 이와테현 쿠즈마키

<표 3-32> 쿠즈마키 개요

구 분	내 용
인구	8,000 명 (2,733세대)
지형적특징 (면적)	• 산지중심에 위치, 마을면적(434.99k㎡)의 97%가 고도 400 m이상 • 86%가 신록이 풍부한 삼림 • 낙농업이 주산업(1만 500여 두의 소)
바이오매스 부존량 및 이용현황 (연간))	(아래 표)

바이오매스	부존량 (t/yr)	변환처리방법	이 용	이용률
폐기물계바이오매스	183,198			98.7%
가축분뇨	180,571			99.6%
유용소	166,686	퇴비화	농지환원	97.2%
		메탄발효	농지환원	2.8%
육우	7,837	퇴비화	농지환원	100.0%
돼지	5,415	퇴비화	농지환원	100.0%
닭	633	처리위탁		0.0%
식품폐기물	496			20.6%
일반가정계	291			0.0%
사업계	205	퇴비화	농지환원	49.8%
목재폐기물	1,390			57.6%
단재	430	연료	연소이용	30.0%
바크	960	pellet화	연소이용	70.0%
종이	671	재자원화		47.7%
하수오니	70	탈수소각	매각	0.0%
미이용바이오매스	6,627			24.5%
볏짚	560	사료, 퇴비화	축산농가	95.0%
간벌재	6,067		판매	18.0%

(표 계속)

구 분	내 용			
기존시설		축분바이오매스시설	목질계바이오매스시설 (발전용)	목질계바이오매스시설 (열이용)
	시설명	바이오가스시스템설비	목질바이오매스가스화설비	목질계pellet제조기
	원료	젖소분뇨 13t/day 음식물쓰레기 1t/day	간벌재 칩 3t/day	바크, 톱밥 제조능력 1t/hr
	설비개요	메탄발효	발전기출력 120 kW, 15hr	연간판매 1,200t
사업주체	쿠즈마키정, 쿠즈마키정 산업진흥협의회, 민간사업자 등			
주요 내용	• 축산분뇨를 이용한 바이오가스 발전 • 가축분뇨와 목질계 바이오매스를 혼합한 메탄발효 • 목장에서 이용하는 모든 에너지는 풍력발전, 태양광발전, 축산바이오매스발전, 목질계 바이오매스 발전으로 자급			
목 표		현 황(2006년)	목 표(2011년)	
	폐기물계 바이오매스	발생량 183,198 톤 이용률 98.7%(탄소 환산)	발생량 183,553 톤 이용률 99.0%(탄소 환산)	
	미이용 바이오매스	발생량 6,627 톤 이용률 24.5%	발생량 6,296 톤 이용률 50.0%	

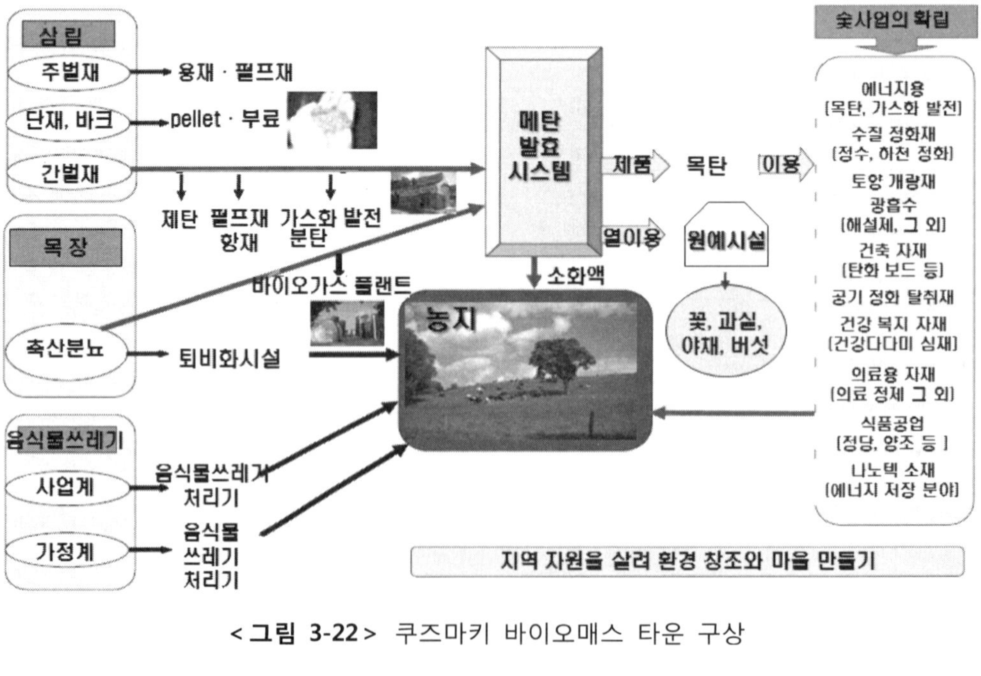

<그림 3-22> 쿠즈마키 바이오매스 타운 구상

<표 3-33> 쿠즈마키 현황

내 용
• 매년 50만 명의 관광객 방문 - 일본 최고의 와인과 우유, 재생가능에너지 생산 시설 - 특히 일본의 지방자치단체, 학교, 해외에서 재생가능에너지 활용사례를 배우기 위해 방문 • 에너지 생산능력 22,489 kW • 대부분 (22,200 kW) 풍력발전기(15기) 생산 - 고도가 높은 산림에 위치, 낙농마을로 산림도로가 있음→ 풍력발전소 건설에 좋은 조건 형성 • 구즈마키 중학교는 50kW 태양광발전기 이용 (학교 전력의 25% 충당) • 공공목장에서는 축분을 이용, 37kW의 바이오가스 플랜트 운영 - 소 800두, 13ton/day의 분뇨 발생 - 2ton 고형물→볏짚과 섞어 퇴비화시설에 판매 - 11ton 액체→1ton 음식물쓰레기와 혼합, 메탄발효 후 열병합발전으로 플랜트 자체의 열과 전기로 사용, 남은 찌꺼기는 액비로 목초지에 살포 • 조림사업으로 발생한 간벌목은 120kW 목질계 바이오가스 발전시설에서 이용, 이활용을 위한 보조금 지원

자료) 전국지속가능발전협의회, '에너지자립마을 만들기 가이드북', 2008.1

(3) 니가타현 죠에츠

<표 3-34> 죠에츠 개요

구 분	내 용
인구	208,083 명 (69,108 세대)
지형적특징 (면적)	• 토지구획정리 사업 등에 의해 택지화, 상업지화 진행 • 경지 면적 18,482 ha
기상	• 사계변화 뚜렷함 • 전형적인 일본해형
기존시설	목질계 바이오매스 자원의 혼련수지 제조·성형 가공 설비
사업주체	죠에츠시, 죠에츠 바이오매스(biomass) 순환 사업협동조합, 멍에들삼림 조합
주요 내용	• 생활폐기물, 폐식용유, 미이용 간벌재 등 이용 • 바이오가스화시설, 슬러지건조시설, BDF화시설, 목질변환시설 등의 유기적 연결 • 목재가공잔재물을 칩화시설에서 분쇄하여 바이오매스 플라스틱 제조 → 초중학교, 공공시설 등 공급

(표 계속)

구 분	바이오매스	부존량	변환처리방법	이 용	이용률
바이오매스부존량 및 이용현황(연간)	폐기물계바이오매스				
	음식물쓰레기 (일반, 산업)	22,353t	메탄화 (3,010t)	전력 이용	20%
			퇴비화 (1,095t)	퇴비	
			음식물처리기 (471t)	퇴비	
	공공하수오니	18,945t	시멘트원료화 (1,710t)	시멘트사업자	18%
			퇴비화 (1,675t)	퇴비	
	분뇨·정화조오니	76,795t	메탄화,퇴비화 (76,795t)	전력 이용, 잔재는 퇴비화	100%
	폐식용유	24kL	-	사료화(지역외 외탁)	53%
	바크, 목재폐기물	4,400t		우드칩, 축사부료	95%
	가축 분뇨	47,603t	퇴비화	퇴비	100%
	수산폐기물	130t	퇴비화	퇴비	18%
	비지(나오에쓰지구)	2.2t	-	매우 일부 식용, 그 외 대부분 소각	0%
	미이용바이오매스				
	미이용간벌재	2,780t	퇴비센터	소재이용	12%
	볏짚	53,580t	자가이용	퇴비	8%
				멀티재, 사료, 부료	
	인각	13,600t		왕겨퇴비	100%
			자가이용	훈탄, 배수개선자재	
목 표	• 폐기물계 바이오매스 90%(생활쓰레기의 80%이상, 하수 진흙의 92%이상, 폐식용유의 90%이상, 바크 · 목재폐기물의 95%이상) • 미이용 바이오매스(간벌재) 40%이상의 이활용				

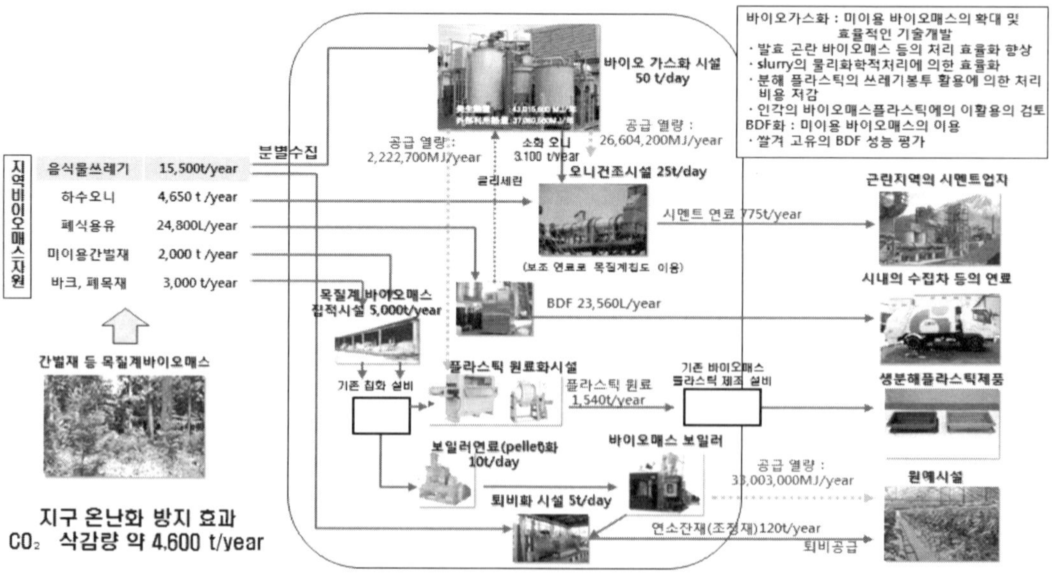

<그림 3-23> 죠에츠 바이오매스타운 구상

(4) 카나가와현 미우라

<표 3-35> 미우라 개요

<table>
<tr><th>구분</th><th>내용</th></tr>
<tr><td>인구</td><td>48,839 명</td></tr>
<tr><td>지형적특징
(면적)</td><td>• 시역 면적(31.44㎢)의 약 75%가 시가화 조정 구역
• 코사쿠 면적은 시역 면적의 37%(농지)</td></tr>
<tr><td>기상</td><td>• 삼면이 바다로 둘러싸여 해양성 기후임</td></tr>
<tr><td>바이오매스
부존량 및
이용현황
(연간)</td><td>
<table>
<tr><th>바이오매스</th><th>부존량</th><th>변환처리방법</th><th>이 용</th><th>이용률</th></tr>
<tr><td colspan="5">폐기물계바이오매스</td></tr>
<tr><td>수산가공잔재</td><td>4,900t</td><td>사료화(역외 반출)</td><td>사료,어분,어유</td><td>100%</td></tr>
<tr><td>오니(공공하수도)</td><td>921t</td><td>공업원료화(시외 반출)</td><td>시멘트원료</td><td>100%</td></tr>
<tr><td>생분뇨</td><td>7,270t</td><td>처리수방류. 오니매립처분</td><td></td><td>0%</td></tr>
<tr><td>정화조오니</td><td>15,202t</td><td>매립처분</td><td></td><td>0%</td></tr>
<tr><td>수산가공폐수</td><td>28,835t</td><td>처리수방류</td><td></td><td>0%</td></tr>
<tr><td>음식물쓰레기</td><td>9,710t</td><td>매립처분, 일부퇴비화</td><td>퇴비</td><td>1%</td></tr>
<tr><td>지목・풀잎류</td><td>1,983t</td><td>퇴비화</td><td>퇴비</td><td>100%</td></tr>
<tr><td colspan="5">미이용바이오매스</td></tr>
<tr><td>농작물잔재</td><td>81,177</td><td>농지환원</td><td>농지환원</td><td>34%</td></tr>
</table>
</td></tr>
<tr><td>기존시설</td><td>미우라시 환경 센터(헤세이 3년도 가동, 고속 퇴비화+용적 축소 고체화 기능은 헤세이 15년도에 기능 정지)</td></tr>
<tr><td>사업주체</td><td>미우라시, 미우라 지역 재생 연구회</td></tr>
<tr><td>주요
내용</td><td>• 주요산업은 수산업과 농업
• 미사키 수산물 유통 가공업 단지를 중심으로 미사키항의 제로에미션 어항 추진
• 수산가공잔재, 오니 등을 농작물 잔재와 함께 메탄발효
• 농작물 잔재는 동시에 퇴비화 추진</td></tr>
<tr><td>목표</td><td>• 폐기물계 바이오매스의 이용율 83%
- 수산가공잔재 100% 이용
- 수산가공세정배수 100% 이용
- 오니(공공하수도) 100% 이용
- 생분뇨 100% 이용
- 생활쓰레기(일반쓰레기) 0%
- 지목, 풀잎류 0%
- 향후 수산가공단지 성비 후에는 부존량, 이용량 모두 증가가 전망되므로 바이오매스 이용율 90%를 목표
• 미이용 바이오매스의 이용율 96%
- 농작물잔재 96%</td></tr>
</table>

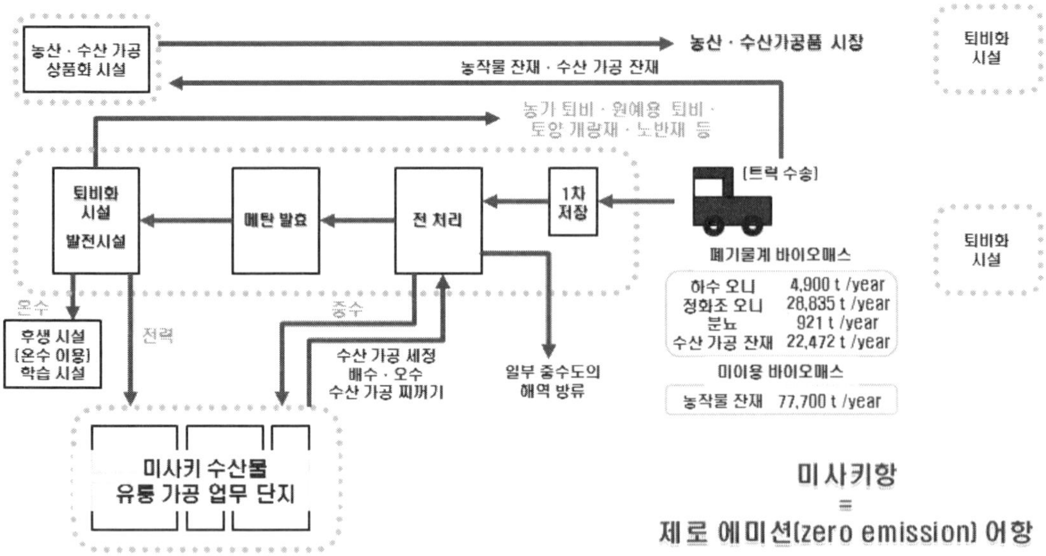

<그림 3-24> 미우라 바이오매스타운 구상

(5) 오키나와현 이에지마

<표 3-36> 이에지마 개요

구분	내용				
인구	5,325 명				
지형적특징 (면적)	• 1섬 1마을의 낙도 • 북해기슭은 절벽, 남해안은 거의 모래사장 • 섬의 중앙이 시로산(해발 172 m)이며, 완만한 경사의 대지에 1,245ha의 경지개척				
바이오매스부 존량 및 이용현황 (연간)	바이오매스	부존량	변환처리방법	이 용	이용률
	폐기물계바이오매스				
	가축분뇨	32,000t	셀룰로이드의 원료, 가축용		100%
	사탕수수잎,줄기	1,450t	고액분리후 비료화	판매, 자가이용	100%
	식품폐기물	760t	퇴비화	자가이용	0%
	정화조오니	575t	칩화, 퇴비화	자가이용	100%
	(바람)피해목	200t	소각, 매립	-	0%
기존시설	JA오키나와 이에지점 퇴비 센터 (JA직영의 축산 센터가 사육 하는 비육우의 배설물처리)				
사업주체	이에지마, JA오키나와 이에지점 아사히 맥주 주식회사 독립 행정법인 농업·생물계 특정 산업기술 연구 기구, 큐슈 오키나와 농업 연구 센터 작물 기능 개발부 사탕수수 육종 연구실				

(표 계속)

구분	내용
주요 내용	• 농축산업이 발달 • 축산분뇨 32,000t로 가장 많이 발생, 사탕수수 1,450t 발생 • 축산분뇨, 사탕수수 등을 활용한 퇴비의 공급체제 구축, 바이오에탄올의 생산 등 사탕수수 잔재의 다용도 이용 기술 개발
목표	• 가축분뇨, 사탕수수 잎·줄기, 식품폐기물, 정화조 오니 등의 바이오매스 자원을 퇴비 원료, 부자재로서 활용, 마을내 폐기물 바이오매스의 90% 이상의 이활용을 목표 • 사탕수수나 각종 바이오매스의 종합적·다단계적인 이용의 실현에 의한 이활용의 고도화를 목표

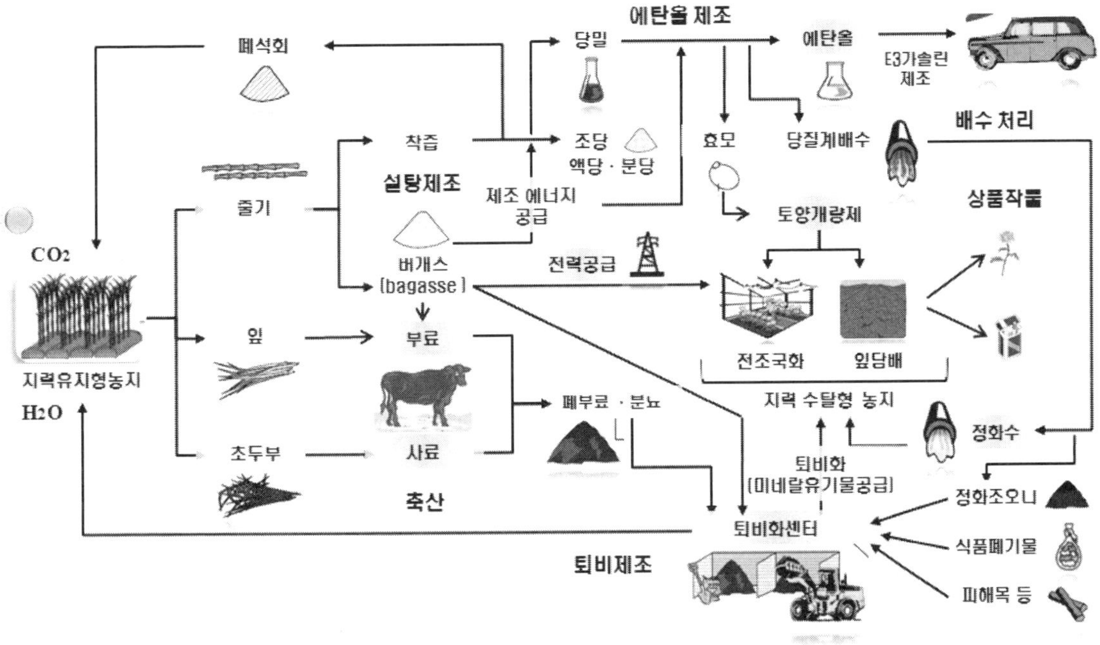

<그림 3-25> 이에지마 바이오매스타운 구상

(6) 도쿄도 아키루노

<표 3-37> 아키루노 개요

<table>
<tr><th>구분</th><th>내용</th></tr>
<tr><td>인구</td><td>81,598 명</td></tr>
<tr><td>지형적특징
(면적)</td><td>• 약 60% 이상이 삼림
• 경영 경지 면적은 32,431 a</td></tr>
<tr><td>바이오매스
부존량 및
이용현황
(연간)</td><td>
<table>
<tr><th>바이오매스</th><th>부존량</th><th>변환처리방법</th><th>이 용</th><th>이용률</th></tr>
<tr><td colspan="5">폐기물계바이오매스</td></tr>
<tr><td>제재공장잔재</td><td>1,554t</td><td>셀룰로이드의 원료, 가축용</td><td></td><td>17%</td></tr>
<tr><td>가축분뇨</td><td>8,766t</td><td>고액분리 후 비료화</td><td>판매,자가이용</td><td>80%</td></tr>
<tr><td>음식물쓰레기</td><td>4,992t</td><td>퇴비화</td><td>자가이용</td><td>3%</td></tr>
<tr><td>전정가지</td><td>627t</td><td>칩화, 퇴비화</td><td>자가이용</td><td>1%</td></tr>
<tr><td colspan="5">미이용바이오매스</td></tr>
<tr><td>임지잔재</td><td>4,827t</td><td></td><td></td><td>0%</td></tr>
<tr><td>볏짚</td><td>89t</td><td>퇴비화,사료화</td><td>자가이용</td><td>80%</td></tr>
<tr><td>왕겨</td><td>21t</td><td>퇴비화</td><td>자가이용</td><td>80%</td></tr>
</table>
</td></tr>
<tr><td>기존시설</td><td>기존시설은 없음.</td></tr>
<tr><td>사업주체</td><td>아키루노시, 도쿄 농공대학, 신사계 창조 주식회사(헤세이 18년 4월 설립 예정의 제 3 섹터) 및 아키카와 목재 협동조합</td></tr>
<tr><td>주요
내용</td><td>• 목재 가공업으로부터 발생하는 제재잔재 등을 온천시설에서의 열원으로 이용
• 칩·pellet화 등의 가공을 하지 않고 원형 그대로 사용 가능한 보일러의 도입</td></tr>
<tr><td>목표</td><td>• 간벌에 의한 임지잔재 4,827톤 가운데, 2,900톤 이·활용
- 약 2,480톤을 야케스기판으로 가공하여 에코 하우스용의 내외장재로서 이용
- 아키루노 브랜드의 확립 및 에코 하우스에의 도입 촉진
- 가공 과정에서 발생하는 단재나 바크 420톤도 화목보일러 및 발전용 스털링 엔진에 이용
- 미이용 바이오매스 이용율 60% 달성(2009년 목표)
• 제재소 잔재 1554톤 중 약 1,100톤을 효과적으로 온욕 시설의 열원, 발전에 충당</td></tr>
</table>

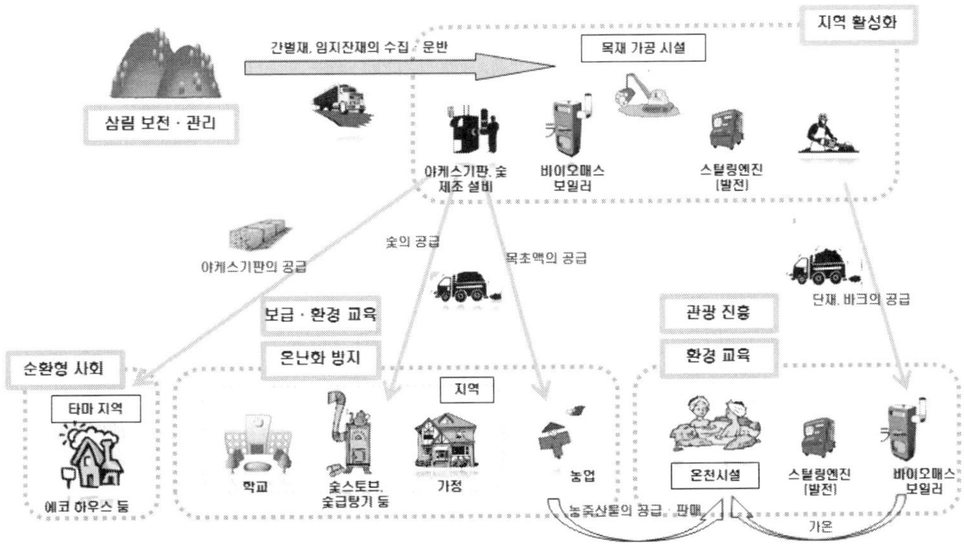

< 그림 3-26 > 아키루노 바이오매스타운 구상

(7) 나가사키현 대마도

<표 3-38> 대마도 개요

구분	내용				
인구	39,790 명 (15,925 세대)				
지형적특징 (면적)	• 총면적 271.4㎢ 중 78.4%가 임야 • 경지는 주로 강가 산록의 경사지(표고 350~1,000m 사이)에 계단상으로 산재				
바이오매스 부존량 및 이용현황 (연간)	바이오매스	부존량(ton)	변환처리방법	이 용	이용률
	폐기물계바이오매스				
	제재잔재	3,030	칩 연소, 퇴비화	열이용, 퇴비	21%
	폐	1,680		농지환원	100%
	가축분뇨	2,920	퇴비화	일부 축산공사가 판매	100%
	수산가공잔재	40	사료	양식용 먹이	100%
	음식물쓰레기	1,260	자가처리		10%
	폐식용유	320	BDF화	사업자 자가이용	3%
	분뇨	28,960			0%
	오니	9,420	퇴비화		100%
	미이용바이오매스				
	임지잔재	31,520			14%
	볏짚	1,500	가축부료, 퇴비화		50%
	인각	300	가축부료, 퇴비화		50%

(표 계속)

구분	내용
기존시설	• 목질계칩 보일러(민간) • 퇴비회사(진흥공사) • BDF화 시설(민간) • 오니 재생처리 센터
사업주체	대마도시
주요 내용	• 제재잔재, 임지잔재는 칩화 · pellet화하여 열에너지 및 발전으로 이용 실시 • 폐식용유의 BDF화나 음식물쓰레기, 오니 등의 퇴비로의 이용
목표	• 폐기물계 바이오매스의 이용률 : 93% - 목질계 바이오매스(제재잔재 등)는 에너지 이용을 중심으로 100% 이용을 목표 - 음식물쓰레기는 시민 · 사업자에 의한 개별 처리와 분별 수집 · 퇴비화의 2 단계 대처로 50%의 이용률을 목표 - 오니는 기존 시설의 활용 · 퇴비 유통의 촉진으로부터 합병 정화조의 정비로 이·활용을 진행, 장래적으로 에너지 이용과 함께 60%의 이용을 목표 - 폐식용유는 BDF 연료화를 바탕으로 보급 계발이나 분별 수집을 추진하여 100%이용을 목표 • 미이용 바이오매스의 이용률 : 40% - 목질계 바이오매스(임지잔재 등)는 수집하기 쉬운 곳으로부터 이용, 40% 이상의 이용을 위한 시스템구축을 목표 - 농산계바이오매스(벼짚 등)는 광역적인 경축제휴나 지역 내에서 퇴비화부자재로 이용하는 유효이용의 방식을 검토

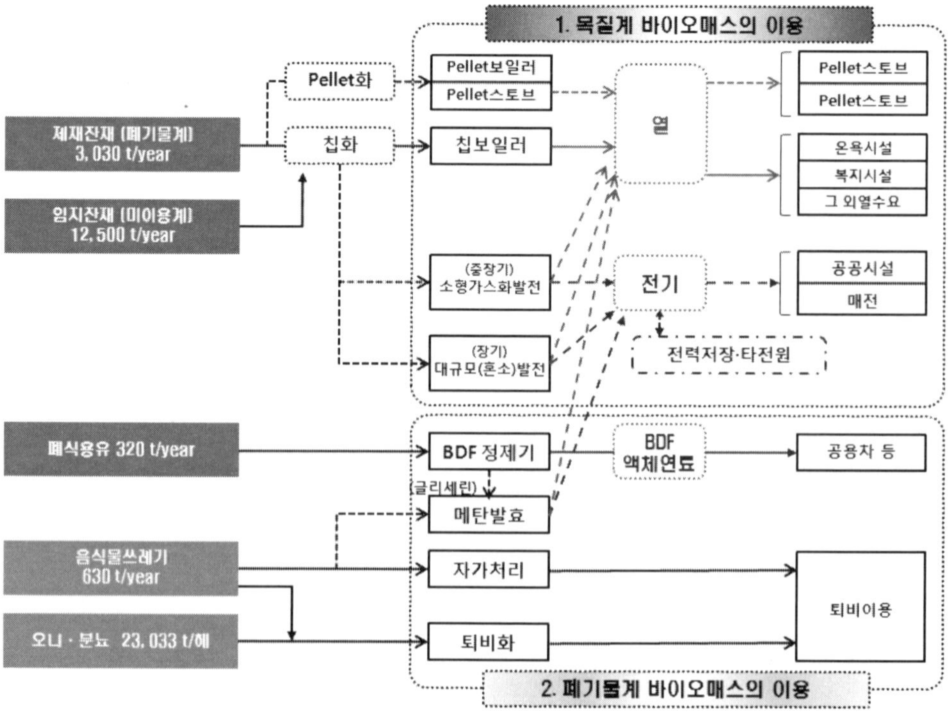

<그림 3-27> 대마도 바이오매스타운 구상

일본의 바이오매스 타운은 바이오매스 일본 종합전략의 일환으로 국가의 지원 아래 사업이 수행되고 있다. 지역 바이오매스 이 · 활용 교부금, 바이오매스 이용 프런티어 추진사업, 목질 바이오매스에너지 이용촉진사업 등의 보조금 지원과 지자체의 예산확보를 통하여 바이오매스 이용 설비를 도입하거나 정비한다. 재생가능에너지의 보급을 지원하는 국가에서는 발전차액제도를 구축하고 있는데, 일본에서도 '전기사업자에 의한 신에너지 등의 이용에 관한 특별조치법' 을 바탕으로 전기사업자의 재생가능에너지 할당량을 의무화하고 있다. 이에 따라 바이오매스타운에서는 발생된 잉여 에너지를 인근 지역에 제공함으로써 생기는 수익금으로 설치비용을 충당할 수 있을 것으로 예상한다. 또한 지역을 환경친화적으로 브랜드화시키면서 관광적 효과도 기대하고 있다.

실제로 앞서 소개된 일본의 바이오매스타운 가운데 이와테현 쿠즈마키정은 바이오매스 타운 구상서를 공표하기 전부터 지역의 발전을 위해 재생가능에너지의 보급을 통한 에너지 자립을 전개하였다. 시민들이 주축이 되어 설립한 제3섹터에서 풍력발전소를 운영하기 시작하였고, 전력생산으로 생긴 수익은 당연히 회사에 참여한 쿠즈마키 시민에게 되돌아갔다. 중학교 운동장에 건설한 이와테현 최대 규모의 태양광발전소에서는 학기 중 학교 소비전력의 20%를 생산해내고, 방학 중에는 발전회사를 통해 kWh당 13엔씩 판매되고 있다.

NEDO(일본 신에너지·산업기술 종합개발기구)의 비용으로 건설된 총 12기 21,000kW 용량의 풍력발전단지와 목재펠릿의 이용도 쿠즈마키의 에너지자립에 큰 역할을 하고 있다. 목재펠렛을 이용하는 스토브의 경우 일반 스토브에 비해 50% 가량 비싸지만, 연료비용이 저렴하기 때문에 8년 정도면 설치비를 회수할 수 있을 것으로 예상한다. 이에 따라 쿠즈마키는 마을전체에 스토브 2,000대 설치를 목표로 리스사업 등의 지원사업을 진행하고 있다. 또한 축사를 이용한 바이오가스 플랜트도 설치해 운영 중으로, 젖소 200마리를 키우는 축사에서 나오는 축분을 이용해 37kW 규모의 열병합발전시설을 운영한다. 이러한 노력을 통하여 쿠즈마키는 현재 전기에너지 185%를 충당하고[15] 잉여에너지는 재생에너지를 생산할 공간이 없는 인근 도시지역에 판매하고 있다.

투자금액의 대부분은 정부의 보조금 및 기업의 지원금이다. 아직은 생산량에 비해 투자비가 많이 들어 경제성이 뒤떨어지지만 재생에너지는 포기할 수 없는 분야로 더 많은 효과를 기대하고 있다.

15) 에너지 대안센터, 염광희

제 IV 장

바이오매스 활용기술 현황

1. 바이오매스 활용 기술개발 동향
2. 국내 · 외 바이오매스 활용 기술개발 동향
3. 습식계 바이오매스 활용기술
4. 건식계 바이오매스 활용기술
5. 기타 바이오매스 활용기술

1. 바이오매스 활용 기술개발 동향

1) 바이오매스 활용 기술

바이오매스는 한마디로 썩을 수 있는 모든 물질을 지칭하며, 그 종류가 매우 다양하지만 바이오매스의 근원은 결국 식물이다. 식물은 성상에 따라 크게 사람이 식량으로 사용할 수 있는 당질계, 전분질(녹말)계 바이오매스와 식량으로 사용할 수 없는 셀룰로스계 바이오매스로 분류된다. 따라서 바이오매스 에너지 기술은 원료 바이오매스의 성상에 따라 각기 다른 활용 기술이 적용되고 있다. 또한 목재, 목초, 농작물 등의 순수한 형태는 물론, 농·임업의 부산물, 폐목재, 음식물류 폐기물, 가축 배설물 등의 폐기물에 이르기까지 매우 다양한 형태의 자원화 기술들이 시도되거나 적용되고 있다.

<표 4-1> 바이오매스 활용 기술

대분류	중분류	내용
바이오 액체연료 생산기술	연료용 바이오에탄올 생산기술	당질계, 전분질계, 목질계
	바이오디젤 생산기술	바이오디젤 전환 및 엔진적용기술
	바이오매스 액화기술(열적전환)	바이오매스 액화, 연소, 엔진이용기술
바이오매스 가스화 기술	혐기소화에 의한 메탄가스화 기술	유기성 폐수의 메탄가스화 기술 및 매립지 가스이용. 기술(LFG)
	바이오매스 가스화기술(열적전환)	바이오매스 열분해, 가스화, 가스화발전 기술
	바이오 수소 생산기술	생물학적 바이오 수소 생산기술
바이오매스 생산, 가공기술	에너지 작물 기술	에너지 작물재배, 육종, 수집, 운반, 가공기술
	생물학적 CO_2 고정화 기술	바이오매스 재배, 산림녹화, 미세조류 배양기술
	바이오 고형연료 생산, 이용기술	바이오 고형연료 생산 및 이용기술 (왕겨탄, 칩, RDF(폐기물연료) 등

자료) 에너지관리공단 신재생에너지센터(http://www.knrec.or.kr/)

바이오매스가 원료에 따라 전분질계, 셀룰로스계, 유기성폐기물계로 나누어진다면 바이오에너지 기술은 바이오매스의 성상에 따라 고체, 액체, 가스상으로 분류될 수 있다. 고체 바이오매스 중 나무류와 작물의 껍질, 줄기 등의 농업 폐기물은 고전적인 땔감으로 이용되었으며, 임산자원이 풍부한 나라에서는 산림에 의해 생산된 목재를 칩 또는 펠렛으로 가공해서 지역난방 등에 대규모로 사용하고 있다. 가축분뇨와 도시폐기물을 이용한 메탄발효는 지역냉난방 또는 발전연료로 이용되고 있다.

바이오에너지 생산기술이란 동·생물 유기체를 각종 가스, 액체 또는 고형연료로 변환하거나 이를 연소하여 얻을 수 있는 열 및 증기, 전기를 생산하는데 응용되는 화학, 생물, 연소공학 등을 종합적으로 고려하여야 하고 〈표 4-2〉과 같이 바이오매스 활용 기술을 구분할 수 있다.

바이오매스에는 다양한 것이 포함되어 있기 때문에 다양한 분류의 방법이 있다. 예를 들면, 발생하는 장소에 따라 육지계 바이오매스, 수역계 바이오매스, 농림수산계 바이오매스, 폐기물계 바이오매스라고 하는 형태로 분류하는 경우도 있다. 또, 이용 상황에 따라, 폐기물계 바이오매스, 미이용 바이오매스, 자원작물이라고 하는 형태로 분류되기도 한다. 이외에 이용 기술과 관련하여 건식계, 습식계 등의 형태로 분류하게 된다. 이러한 분류 방법에 대하여 정리하면 다음과 같다.

<표 4-2> 바이오매스의 발생 장소에 따른 분류

분 류	특 징	내 용
육 지 계 바이오매스	육지에 있는 바이오매스	사탕수수, 쌀, 옥수수, 고구마, 광엽수, 침엽수, 유채씨, 낙화생, 대두 등
수 역 계 바이오매스	수중에 있는 바이오매스	어패류, 다시마류, 식물 플랑크톤 등
농림수산계 바이오매스	농림수산업의 생산 활동 가운데에서 발생하는 바이오매스	임지잔재, 솎아베기재, 제재소의 폐재(단재, 톱밥, 수피 등), 건설 폐재(목편), 헌종이, 왕겨, 볏집, 밀짚, 박, 가축분뇨, 도살장 잔사, 수산 가공 잔사 등
폐 기 물 계 바이오매스	인간의 생활 행동이나 2차 산업, 3차 산업의 활동에 의해서 폐기물로서 발생하는 바이오매스	유기 오니, 펄프 폐액, 식품 가공 잔사, 폐식용유, 음식물류 폐기물, 하폐수 오니 등

자료) 강원도 바이오에너지사업의 경제적 타당성에 관한 연구, 2007, 강원발전연구원

<표 4-3> 바이오매스의 이용 상황에 따른 분류

분 류	특 징	내 용
폐 기 계 바이오매스	폐기물로서 발생하고 있는 바이오매스	식품(음식물류) 폐기물, 가축 분뇨, 건설 발생 목재, 하수 오니 등
미 이용계 바이오매스	자원으로서 이용되지 않고 폐기되고 있는 바이오매스	볏집, 왕겨, 솎아베기재 등
자원 작물	자원으로서의 이용을 고려하여 재배된 바이오매스	전분계 작물, 사료 작물 등

자료) 강원도 바이오에너지사업의 경제적 타당성에 관한 연구, 2007, 강원발전연구원

<표 4-4> 바이오매스의 형태에 의한 분류

분 류	특 징	내 용
건식계 바이오매스	수분을 그다지 포함하지 않고 건조되어 있는 바이오매스	목질계 바이오매스(임지잔재, 솎아베기재, 제재잔재, 건설 폐재, 전정지 등), 볏집, 왕겨, 유칼리, 버드나무 등
습식계 바이오매스	수분을 많이 포함하고 있는 바이오매스	수중식물, 가축분뇨, 하폐수오니, 음식물류 폐기물, 식품가공 잔사 등
기타	섬유질, 전분질, 유분을 포함하고 있는 등의 특징을 가진 바이오매스	당・전분(감자, 고구마, 옥수수, 사탕수수 등), 셀룰로오스(헌종이 등), 식물유(유채기름, 폐식용유 등)

자료) 강원도 바이오에너지사업의 경제적 타당성에 관한 연구, 2007, 강원발전연구원

<표 4-5> 바이오매스의 분야별 종류 및 범위

구 분				개 요
폐기물계	식품 폐기물	식품가공잔사		음료수 및 식품산업에서 발생되는 각종 박 및 잔사
		수산가공잔사		수산물을 가공하는 통조림공장, 어시장 등의 잔사
		사업장계 음식물류 폐기물		감량화의무대상 사업장에서 발생되는 음식물류 폐기물
		가정계 음식물류 폐기물		생활계폐기물로서 분류되는 가정에서 배출되는 음식물류 폐기물
		폐식용유		가정 및 음식점, 사업장 등에서 발생되는 식용유
	축산 폐기물	우분뇨		우사에서 발생되는 것으로 분과 뇨가 분리(톱밥우사 등)
		돈분뇨		돈사에서 발생되는 것으로 분과 뇨가 혼합된 것이 대부분
		계분뇨		계사에서 발생되는 것으로 대부분이 고형상
	각종 슬러지류	하수슬러지		하수처리장에서 발생되는 슬러지류
		분뇨슬러지		분뇨 및 정화조슬러지를 수거하여 처리하는 과정에서 발생되는 슬러지
		축분처리슬러지		축산폐수 공동처리장에서 발생하는 슬러지
		폐수처리슬러지		폐수의 물리, 화학적, 생물적 처리과정에서 발생되는 슬러지
	사업장계 폐목재	건설폐재		건설공사장에서 발생되는 목재
		가공공장잔사	수피	통나무의 외피
			톱밥	목재의 가공, 제재 공정에 있어서 톱에 의해서 목재를 자르는 때에 배출되는 목분
			목편(목칩)	합판, 목재조각, 칩 조각 등 목재 가공 공정에서 발생하는 잔폐재, 건설공사에서 발생하는 목재
농업계 부산물		짚류 및 부산물		볏짚, 보릿짚, 왕겨
임산계 부산물		전지작업 폐목재		가로수 가지치기 후에 배출되는 것, 잔디를 깎은 후에 발생되는 것 등
		임목 폐기물		지역을 개발하면서 벌채하거나, 토지형질 변경 상에서 발생하는 목재(낙엽, 톱밥, 수피 등)

자료) 유기성폐기물 종합관리기술 구축(Ⅰ), 2004

<표 4-6> 바이오매스 습.건식 분류 범위

구 분		분 류	이용기술	생산물
폐기물계	식 품 폐 기 물	습 식 계 바이오매스	사료화, 바이오가스화, 에탄올 화,에스테르 화, 고형연료 화	사료원료, 메탄, 에탄올, 바이오 디젤, 고형연료(RDF)
	축 산 폐 기 물		퇴비화, 바이오가스화	퇴비, 메탄
	각 종 슬러지류		퇴비화, 고형연료화, 바이오가스화	퇴비, 고형연료(RDF), 메탄
	사업장계 폐 목 재	건 식 계 바이오매스	바이오 가스화, 에탄올 화, 열분해 가스화, 탄화, 고형연료화, 연소	메탄, 에탄올, 열분해 가스, 숯 고형연료(RDF), 열과 전기
농 업 계 부 산 물			퇴비화, 사료화, 바이오가스화, 에탄올 화, 열분해 가스화, 연소	퇴비, 사료연료, 메탄, 에탄올, 열분해 가스, 열과 전기
임 산 계 부 산 물			바이오 가스화, 에탄올 화, 열분해 가스화, 탄화, 고형연료화, 연소	메탄, 에탄올, 열분해 가스, 숯 고형연료(RDF), 열과 전기

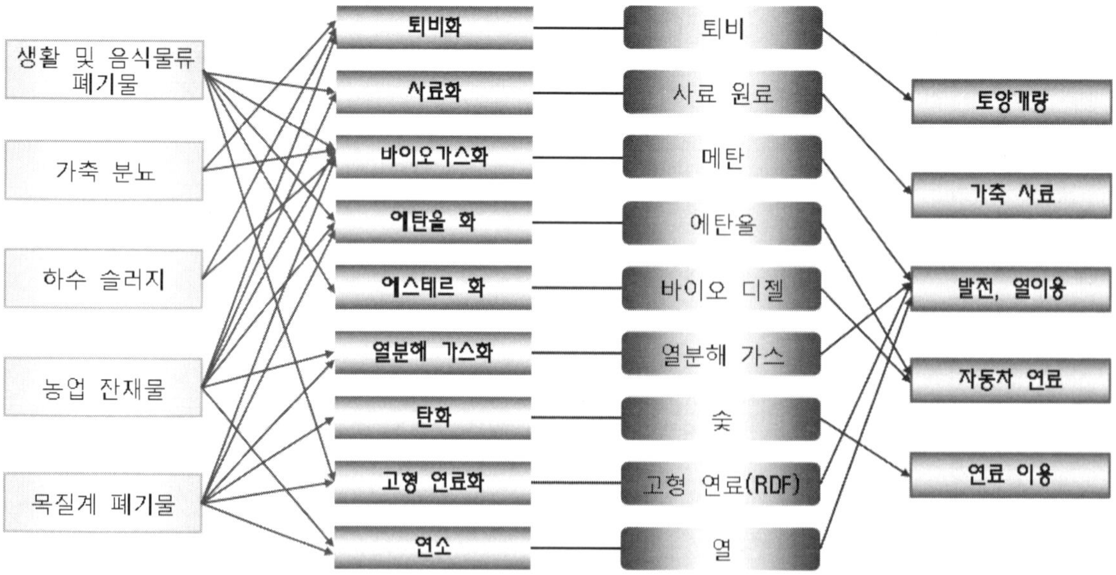

<그림 4-1> 바이오매스 종류별 물질 및 에너지 기술

앞서 검토한 분류방법에 따라 바이오매스 종류가 다양하나, 본 연구에서는 바이오매스 에너지타운 내 사용가능한 습식계 바이오매스, 건식계 바이오매스에 대해 구체적으로 검토하도록 한다.

2. 국내·외 바이오매스 활용 기술개발 동향

1) 국내 · 외 바이오매스 활용 기술개발 동향[16)]

가. 국내 바이오매스 활용 기술개발 동향

국내 바이오매스에 대한 수요 잠재력은 충분하지만 지금까지는 이를 적극적으로 활용하는 노력이 부족했던 것으로 판단된다. 국내 자원과 기술 현실을 고려할 때 장기적인 관점에서 바이오매스에 대한 목표를 정하고 일관되고 지속적으로 기술개발 및 기술상업화 노력 및 효율적인 추진을 위해 우선 도심 유기성폐기물 활용 극대화, 바이오매스 생산기술 및 기술의 확보, 자원 확보 등이 필요할 것으로 판단된다.

국내에서는 1999년까지 바이오에탄올, 메탄가스화 기술개발이 진행되었으며, 1990년대 들어서는 LFG 이용기술개발, 바이오 수소생산 기술개발 등이 주요 분야로 추가되었다.

현재 전분계 에탄올 생산기술은 상용화 단계에 이르렀고, 목질계 에탄올 생산기술은 기반기술 확립단계이며, 유가 상승시 기술개발과 상용화가 가속화될 수 있다는 평가를 받고 있다. 각종 산업폐수와 음식물 쓰레기를 처리하는 고효율 메탄발효 공정은 상용화 단계로 현재 보급이 추진 중에 있다.

나. 국외 바이오매스 활용 기술개발 동향

1980년대 미국 및 EU는 폐기물의 단순처리 목적으로 소규모 매립장을 다수 설치하였으나 메탄 방출에 의한 지구온난화 등의 환경문제가 심각하게 대두되자, 1990년대에는 매립장에서 발생하는 메탄(LFG: Landfill Gas)을 회수해서 에너지원으로 활용하는 공정을 상용화했으며 대규모 매립장을 중심으로 전력을 생산하고 있다. 미국은 정부 주도로 연료용 바이오에탄올과 디젤, LFG의 기술개발과 보급사업을 추진하고 있다.

EU에서는 나무를 이용한 지역 열병합발전으로 2,200만toe/년, 쓰레기 소각열 발전으로 2.1GW의 전력설비를 가동 중이다. 또한 축산분뇨, 하수슬러지, 음식쓰레기 등의 고농도 유기성폐기물을 이용한 메탄가스화 기술이 개발되어 1988년 이후 EU 지역에만도 약 100기의 메탄가스화 장치가 보급되어 약 240MW의 분산형 전력 및 열을 공급하고 있다.

스웨덴에서는 2005년 10월부터 세계 최초로 바이오가스 열차를 운행하고 있다. 국내에서도 바이오 분야에 434억 5,400만원을 투자했으며, 그 중 289억 8,800만원을 정부에서 지원했다.

16) 강원도 바이오에너지사업의 경제적 타당성에 관한 연구, 2007, 강원발전연구원

<표 4-7> 주요 선진국과의 바이오매스 기술수준 비교

국내 기술수준	국외 기술수준
축산폐수 메탄가스를 활용하기 위한 실증연구는 추진 중이며, 매립지가스(LFG) 이용 기술개발은 완료하여 활용단계 - 고농도 유기성 폐수의 메탄생산 시스템개발 (파일럿 플랜트) - 농가형 축산분뇨 메탄가스 처리공정 개발 실증 착수 - 매립지가스(LFG) 이용 기술개발 완료 (현재 11개 매립지에서 LFG 이용 중) 바이오 디젤유는 상용 생산공정 확보단계이며 보급 활성화를 위해 시범사업으로 바이오디젤 주유소 지정	유럽, 일본, 미국 등은 메탄발효 기술과 유기성폐기물의 혐기성 처리기술이 상용화 미국은 바이오매스 연료 및 가스화 발전 10GW, 유럽은 50㎥ 규모 혐기성소화 플랜트 80기 공급, 독일은 농가형 혐기성소화 플랜트 4,000기 보급, 스웨덴, 캐나다, 브라질은 미국과 목질계 에탄올 기술개발 협력, 스웨덴은 바이오매스 가스화 발전기술은 실증단계, 네덜란드와 덴마크는 LFG 및 바이오가스 이용기술개발 적극추진

자료) 산업자원부, 2006.

2) 국내 · 외 바이오매스 시장 현황

2001년 기준 전세계(IEA 통계 국가)의 바이오에너지 보급량은 1억5,000만toe로 총 에너지 소비량의 3%를 차지하며, 전체 신재생에너지 보급량 기준으로는 55%에 해당해 신재생에너지 보급 중 가장 높은 비율을 차지하고 있다. 1980년에만 해도 신재생에너지 중 바이오에너지 비율이 8.5%였다는 사실을 고려하면, 과거 20년동안 바이오에너지 비중이 꾸준히 높아졌다는 사실을 보여준다.

가. 국내 바이오매스 시장 현황

국내 바이오매스 부존자원은 연간 1,128만toe 정도이며 현재 기술로 이용 가능한 보급 잠재량은 232만toe 수준이다. 구체적으로 국내에서 보급되어 있는 바이오에너지는 폐기물 혐기소화에 의한 메탄, 성형탄, LFG 이용 발전과 바이오디젤 등이다.

<표 4-8> 2005년도 국내 바이오에너지 보급 현황

구 분	업체 수	용량, toe/년	현황
고형연료(대체탄)	9개 업체	42,100	원주RDF, 수도권매립지 RDF 등
유기성 폐기물, 폐수의 혐기성소화(메탄)	97개 시설	41,000	폐수, 음식폐기물 등 처리
LFG	13개소	83.2MW	수도권, 전국매립지에서 전기 및 열에너지 생산
바이오디젤	3개 업체	30,000	

자료) 산업자원부, 2006.

바이오에너지는 여러 신재생에너지 자원 중에서도 자원의 잠재량이 풍부하고 경제적이며 선진국 중심으로 활발히 보급되고 있음에도 불구하고 국내에서는 개발에 비교적 소극적이었다. 이는 바이오에너지 기술을 난방용 땔감 수준의 전근대적 기술이라는 잘못된 인식과, 도시쓰레기 소각로의 실패 사례 등 바이오매스 혹은 미활용 유기성 폐기물 자원의 이용기술에 대한 불신과 집단 이기주의 때문에 대규모의 바이오에너지 이용 시설의 보급에 문제가 있어왔기 때문이다.

그러나 최근 지속되어 왔던 고유가와 기후변화 협약, 유기성 폐기물 문제 대두(음식물 쓰레기, 슬러지 매립 금지, 해양 투기 금지 등) 바이오에너지 보급여건에 급격한 변화가 일어나기 시작했다. 정부는 2011년까지 1차 에너지 소비량의 5%를 신재생에너지로 공급할 계획이며, 바이오에너지는 폐기물, 수력, 풍력에 이어 1,053천toe를 공급해 총 신재생에너지 공급량 중 7.9% 즉 2011년 총 에너지 소비량의 약 0.4%를 차지하게 될 전망이다. 2005년에 신재생에너지법이 개정되면서 신재생에너지 전문기업제도가 도입되어 현재까지 신재생에너지 전문기업으로 등록된 업체 수는 〈표 4-9〉과 같이 2006년 2월 총 170개에서 2007년 6월에 1,137개로 급증하였다. 또한 바이오에너지 사업에 종사하고 있는 신재생에너지 전문기업은 2006년 2월 14개에서 2007년 5월 51개로 4배 가까이 증가했고 국내 시장규모도 급속도로 커지고 있다. 2007년 6월 신재생에너지 전문기업 등록현황

<표 4-9> 2007년 6월 신재생에너지 전문기업 등록현황

태양	바이오	풍력	수력	연료전지	석탄가스	해양	폐기물	지열	수소	기타	합계
995	51	180	30	25	17	14	37	303	19	6	1,665

나. 국외 바이오매스 시장 현황

2001년 기준 전세계(IEA 통계 국가)의 바이오에너지 보급량은 1억5,000만toe로 총 에너지 소비량의 3%를 차지하며, 전체 신재생에너지 보급량 기준으로는 55%에 해당해 신재생에너지 보급 중 가장 높은 비율을 차지하고 있다. 1980년에만 해도 신재생에너지 중 바이오에너지 비율이 48.5%였다는 사실을 고려하면, 과거 20년 동안 바이오에너지 비중이 꾸준히 높아졌다는 사실을 보여준다.

(1) 고체 바이오매스 전력생산 시장

2004년도 IEA 통계에 따르면 IEA 국가에서 고체 바이오매스를 원료로 2001년도에 생산한 전기는 84TWh로 총 발전량과 신재생에너지에 의한 발전량의 각각 1%와 6.1%에 차지했다고

한다. 1990년 기준 고체 바이오매스에 의한 발전량이 60.5TWh였다는 사실을 고려하면, 고체 바이오매스에 의한 발전시장은 1990년부터 2001년까지 연평균 3% 가량 증가했다고 볼 수 있다. 바이오매스를 이용한 발전시설 용량은 2001년도에 12GWh에 달했다. 고체 바이오매스에 의한 발전비율이 가장 높은 나라는 핀란드로 전체 발전량의 11%를 차지하고, 가장 많은 발전소를 설치한 미국의 경우에는 전체 발전량의 1.1%를 바이오매스 전력으로 공급하고 있다. 스웨덴, 오스트리아, 포르투칼 등은 바이오매스 이용 발전비율이 상대적으로 높아 약 2%에 달한다.

(2) 바이오매스 열공급 시장

2001년 기준 IEA 국가에서 바이오매스 열공급 시장의 규모는 148,322Tj이며, 전체 재생에너지에 의한 열 생산량의 38%를 차지한다. IEA 국가 중 가장 많은 열에너지를 보급한 나라는 스웨덴으로 총 열에너지생산량은 82,640Tj로 IEA 국가 총 열에너지 생산량의 50% 이상을 차지한다. 다른 주요 국가로는 핀란드, 미국, 덴마크 등이 있다.

(3) 바이오가스 발전 시장

2001년 기준으로 바이오가스를 연료로 사용한 발전량은 13.6TWh로 1990년 대비 270% 증가하였다. 1990년대 초반에는 거의 모든 바이오가스 발전이 미국에서 이루어졌지만 최근 바이오가스에 의한 발전량 증가는 EU에서 발생하였다. EU에서 바이오가스 발전이 가장 활발한 국가는 영국으로 2001년도 기준으로 2.9TWh를 생산했으며, 다음으로 독일이 2TWh를 생산했고 국은 IEA 국가 중 가장 많은 4.9TWh를 생산했다.

(4) 수송용 바이오연료 시장

IEA 국가에서 수송용 바이오연료 생산은 1995년 430만톤에서 2001년 580만톤으로 증가했으며, 최대 바이오에탄올 생산국가인 브라질을 포함할 경우 2004년에만 약 2,000여만톤이 생산된 것으로 보고되고 있다. 그렇지만 바이오연료의 90% 이상을 브라질과 미국이 생산하고 있으며, 연료의 대부분이 바이오에탄올이다. 바이오디젤은 유럽에서 주로 생산되고 있으며, 독일과 프랑스 등이 대부분을 생산하고 있다.

<표 4-10> 주요 수송용 바이오연료

바이오 에탄올	바이오디젤(BDF)	바이오 액화연료(BTL)	에코 경유
사탕수수나 옥수수, 목재, 폐지 등 식물에서 추출한 다당에서 생산되는 액체 알코올	식물성유지를 메틸에스테르화해 얻을 수 있는 액체	바이오매스의 열분해 가스를 FT 기법(Fischer Tropsch)에 의해 합성해 얻을 수 있는 액체연료	식물성 유지 등을 수소화 정제 해 얻을 수 있는 탄화수소유

3. 습식계 바이오매스 활용기술

바이오매스 자원을 물성으로 분류하면 수분을 많이 함유하고 있는 것(Wet biomass)과 수분을 적게 함유하여 자체 연소가 가능한 것(Dry biomass)으로 구분된다. 목질계 바이오매스나 농산물계 바이오매스 등은 비교적 수분이 적은 상태의 것이 많으며, 연소가 가스화 등 열화학적 변환이 적합한 에너지 자원이라 할 수 있다. 한편 하수오니, 축산폐기물, 산업폐수 슬러지 등은 수분이 많아서 연소열 회수는 곤란하며 혐기성 발효 알코올 발효 등의 생물학적변환이 적합한 자원이다.

1) 습식계 바이오매스 개요

습식계 바이오매스 활용기술은 물질을 재이용할 수 있는 퇴비화, 연료화와 생물학적 변환을 통해 부산물을 얻는 바이오가스화, 에탄올 발효, 에스테르 발효, 소수발효, 아세톤·부탄올 발효 등이 있다.

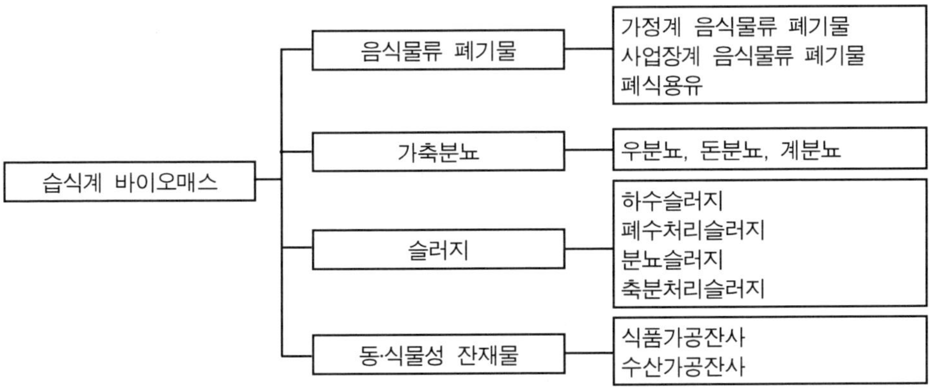

<그림 4-2> 바이오매스 종류별 물질 및 에너지 기술

가. 음식물류 폐기물

음식물류 폐기물의 성상은 배출원에 따라 가정, 식당, 대형유통시설, 집단급식소별로 차이가 나며, 계절에 따라서도 큰 차이가 있다. 음식물류 폐기물은 크게 곡류, 과일류, 채소류, 어육류로 나누며, 평균 구성비는 채소류(53%), 어육류(29%), 곡류(13.0%), 과일류(5.0%)순으로 채소류가 가장 높다.

<표 4-11> 국내 음식물류 폐기물의 평균구성비(2000년 기준)

합 계	채소류	어육류	곡 류	과일류
100%	53%	29%	13%	5%

자료) 환경부(2002)

음식물의 성상을 살펴보면 함수율은 70~80%, 유기물 함량은 70%이상, 염분농도는 평균 1.1%, C/N비는 16.8을 나타내고 있다. 생물학적 처리 시 중요한 인자인 염분이 평균 1%로 생물학적 처리 시 미생물의 활성을 제한 농도기준인 0.8%보다 약간 높게 나타내고 있다. 따라서 미생물처리인 퇴비화 및 가스화를 위해서는 염분의 농도를 줄일 수 있는 적절한 방법을 제시하여야 한다.

나. 가축분뇨

국내 가축분뇨 발생량은 전체 오·폐수 발생량의 0.6%에 불과하지만, 오염부하량 기준으로 볼 때 전체 수질오염 부하량의 25.9%에 수준이며, 관리가 부실할 경우 심각한 토양 및 수계 오염의 주요인으로 작용함으로 철저한 관리 및 처리가 요구된다. 가축분뇨의 발생량은 사육가축의 종류와 두수, 가축의 체중에 따라 크게 변화하며, 또한 분과 뇨의 분리가 곤란하고 있어 토양에 직접 투입할 경우 염류가 축적된다. 염료축적 문제는 오래전부터 보고되고 있으며, 이러한 문제들을 극복하기 위해 전 세계적으로 사용에 엄격한 기준을 설정하고 있다.

다. 슬러지

1990년 이후 4대강 상수원 수질개선을 위해 하수관거정비 및 하수처리장 증·신설 사업을 점진적으로 추진한 결과 2005년 하수도 보급률은 83%까지 증가하였다. 2005년도 기준 전국적으로 294개소의 가동 중인 하수처리장에서 7,502톤/일의 하수슬러지가 발생하였고, 처리방식에 있어 해양투기 77%, 소각 및 재활용 각각 11%, 육상매립 1%로 순으로 조사되었는데, 해양투기가 가장 높은 이유는 하수슬러지의 직매립 금지에 따른 결과와 다른 방식에 비하여 처리비용이 가장 저렴하기 때문으로 사료된다.

환경부는 하수도 보급률 향상을 위해 점진적으로 하수종말처리장 신·증설을 계획하고 있으며, 2011년에 하수슬러지는 '05년 대비 43% 증가한 약 10,071톤/일 발생할 것으로 전망하고 있다. 하지만 현재까지 하수슬러지 주 처리방식인 해양투기가 2012년 1월부터 전면적으로 금지되므로 하수슬러지의 육상처리시설 기반을 확충하기 위한 새로운 국면을 맞이하게 되었다.

라. 동 · 식물성 잔재물

동 · 식물 잔재물은 부가가치가 있는 것이 대부분이며, 발생량에 대한 신고 없이 그대로 재활용되는 경우도 많다. 대표적으로 식료품 제조업, 유통업 또는 판매업에서 발생하는 동·식물성 잔재물(도축, 고기가공 및 저장, 낙농업, 과실 및 야채, 통조림 및 저장가공, 동식물유지류 빵제품 및 국수, 설탕 및 과자, 배합사료, 조미료, 두부 및 기타), 음료품 및 담배 제조업에서 발생되는 동·식물성 잔재물(주정, 소주, 인삼주, 증류주, 약주 및 탁주, 청주, 포도주, 맥주, 청

량음료, 담배제조업 및 기타) 등이 있으며, 이들은 종류 별로 그 유가성에 따라 수집운반, 자원화하는 체계가 구축이 되어 있으며, 예를 들면 정육점 등에서 발생하는 동물성 유지류의 경우에는 수집상이 수집하여 사료화시설 혹은 동물성기름을 생산하는 시설로 반입하고 있다.

2) 습식계 바이오매스 기술

가. 퇴비화

(1) 기술개요 및 특징

퇴비화는 농업폐기물, 축산폐기물, 슬러지, 도시쓰레기 등의 여러 유기물을 원료로 해서 만들어진다. 퇴비화란 유기성 폐기물 중 분해가 쉬운 유기물을 호기성 조건하에서 미생물에 의해 분해시켜 녹농지로 이용 가능한 형태로 안정화시키는 과정을 말한다. 퇴비화는 크게 나누면 혐기법과 호기법이 있다. 전자는 혐기성 세균을, 후자는 호기성 세균을 주로 하는 미생물에 의해 원료 중의 불안정한 유기물을 분해, 안전화하고 있다. 양자의 장치상의 차이는 통기를 적극적으로 하고 있는가(호기성 처리), 하고 있지 않는가(혐기성 처리)이다. 혐기성 처리는 퇴비화 속도가 늦기 때문에, 공업적인 퇴비화 플랜트에서는 대부분 호기성처리가 사용되고 있다. 퇴비화 물리학적 요소는 다음과 같다.

(가) 유기물 분해와 생체합성

● 탄수화물, 지방, 단백질의 분해

퇴비화 가능한 유기물을 분류하면, 탄수화물, 지방, 단백질로 된다. 먼저 탄수화물의 분해의 경우 탄수화물은 $Cm(H_2O)n$의 형으로 표시되며, 다음 식과 같이 산소와 반응하여 최종적으로는 이산화탄소와 물로 분해한다. 이 반응은 연소와 동일하지만, 이 경우에는 생물이 갖고 있는 산소가 촉매로서 작용해 저온에서 반응이 진행된다. 퇴비화는 상온 가까이에서 일어나는 완만한 연소라고 해도 좋다.

$$Cm(H_2O)n + mO_2 \rightarrow mCO_2 + nH_2O$$

퇴비재료 속으로의 산소공급이 부족하여 혐기성 상태가 되면, 다음의 반응식에 나타난 것처럼 유기산이 발생하여 pH가 저하하고, 퇴비화 반응속도는 작아지며, pH가 5이하로 되면 반응은 거의 정지해 버린다.

$$C_6H_{12}O_6 \rightarrow 3CH_3COOH$$

단백질이나 지방은 다음 식과 같이 분해해서 분자량이 작은 물질이 되며, 동시에 이산화탄소, 수분 및 암모니아를 생성시킨다.

$$CxHyNzOp + O_2 \rightarrow CuHvNwOq + bCO_2 + dH_2O + eNH_3$$

여기서 생긴 암모니아 NH_3는 물에 용해되어 NH_4OH가 되며, 재료의 pH를 높이는 작용을 한다. pH가 약알카리성에서는 퇴비화 반응의 속도가 높아지지만, pH가 너무 높아져도 반응속도가 저하한다. 그러나 pH가 높아지면 다음의 반응에 의하여 물에 녹아 있던 암모늄 이온 NH_4^+는 기체인 암모니아 NH_3가 되기 쉬워져 휘발하게 되며, 암모니아의 발생에 의해 퇴비의 pH가 10 이상으로 올라가는 경우는 거의 없다.

$$NH_4^+ + OH^- \rightarrow NH_4\uparrow + H_2O$$

(나) 생물체 합성(동화작용)

생물이 외부에서 섭취하는 물질을 자신의 구성성분으로 바꾸는 작용을 동화작용이라고 한다. 식물은 에너지를 이용하여 엽록소의 작용으로 무기물에서 생체를 만들 수 있다. 이것은 탄소동화작용으로 알려져 있다. 이에 대해 동물은 무기물에서 신체를 구성하는 단백질을 합성할 수 없고, 식물이 만든 단백질을 먹어서 자신의 신체를 만들고 있다. 미생물 중에서도 무기물질에서 자신의 생물질을 합성할 수 있는 독립영양의 미생물과 유기물을 분해해서 에너지를 얻어, 생체물질을 만드는 종속영양의 미생물이 있다. 퇴비화 반응에 관여하는 미생물은 후자이다.

생물은 유기물을 섭취하여 세포를 합성하고 증식한다. 이 때 호기성 생물은 산소를 받아 들이고 이산화탄소와 물을 생성한다. 생물체를 구성하는 단백질을 합성할 때에는 탄소이외에 질소와 인 그리고 미량원소를 필요로 하는데, 아래의 반응식에서는 생물체를 $C_5H_7NO_2$로 간단히 표시하고 인이나 미량원소에 관해서는 생략하고 있다.

$$8(CH_2O) + C_8H_{12}N_2O_3 + 6O_2 \rightarrow 2C_5H_7NO_2 + 6CO_2 + 7H_3O$$

(다) 생물체물질 분해(이화작용)

기질(미생물의 먹이 즉 유기물)이 부족한 상태에서 산소를 충분히 공급하면, 생물체는 다음과 같이 스스로 분해해서 이산화탄소와 암모니아 및 물을 생성한다.

$$C_5H_7NO_2 + 5O_2 \rightarrow 5CO_2 + NH_3 + 2H_2O$$

상기의 각 반응은 단순한 화학반응이라면 수백도의 고온으로 하지 않으면 일어나지 않는다. 예를 들면 연소와 같은 반응이다. 유기물은 그 만큼 안정된 물질이면서 생물이 갖는 효소가 작용하면 상온 가까이에서 반응이 진행된다. 퇴비화처리는 상온부근에서 생물반응에 의해 분해하기 쉬운 유기물을 보다 안정된 물질로 만드는 과정이라 할 수 있다.

(2) 퇴비화 화학적 요소

(가) 탄질소비(C/N ratio)

미생물에 의한 각종 생분해 반응에는 다양한 종류의 화학물질이 요구되며 그중 가장 중요한 화학종이 탄소와 질소이다. 탄소는 퇴비화 미생물의 건조 질량의 50% 이상을 점유하는 주요한 에너지원으로 생체의 주요 생화학적 골격을 생성한다. 질소는 생체내의 골격분자인 단백질, 핵산, 효소 등의 생성에 요구되는 생장 요소 화학종이다. 따라서 퇴비화에 있어 탄소와 질소의 요구량을 비로 표시하며 통상 C/N비로 나타낸다. 퇴비화에 있어서 최적 C/N비는 25~30이다. 퇴비더미 내에 질소의 양이 과량일 때는 불필요한 질소로 인해 암모니아의 생성이 초래되어 불쾌한 냄새를 유발한다. 질소의 양이 적을 경우에는 퇴비화가 진행되어 최종 산물인 부식을 만드는데 오랜 시간이 소요된다.

일반적으로 녹색 식물류들은 수분과 질소함량이 높은 경향이 있으며 갈색이나 건조된 식물에 있어서는 탄소함량이 높음을 알 수 있다. 질소의 함량이 높은 유기성 폐기물들은 잔디 깍은 잔재, 풀 깍은 잔재, 각종 과일의 껍데기 그리고 채소 조각이며 가을 낙엽, 나무조각, 폐신문지 등은 탄소 함량이 높은 편이다. 정확히 C/N비를 산정해야 만이 최적의 퇴비더미를 만들 수 있다. 퇴비화 과정 동안 초기에 25~30으로 조정해 둔 C/N비가 10~15 수준으로 떨어진다. 그 이유는 퇴비화 과정 동안의 미생물 활동에 의하여 탄소원이 CO_2나 CH_4의 형태로 방출되어 탄소비는 낮아지나 질소는 미생물의 세포내에 그대로 축적되어 있다가 미생물이 사멸하면 다시 분해되어 재이용되기 때문이다.

(나) 공기

퇴비화를 성공적으로 완수하기 위하여 필수적으로 요구되는 것이 산소이다. 퇴비화 미생물이 탄소를 산화하여 에너지를 얻을 때 산소가 요구되며 최종산물로 이산화탄소를 생성한다. 산소가 없는 무산소 상태의 퇴비화도 가능하나 퇴비화 속도가 매우 느려 부식 생성률이 매우 낮아지며 혐기성 상태의 퇴비더미 내에서는 불쾌한 냄새가 난다. 대기중에는 21%의 산소가 있으며 호기성 퇴비화 미생물이 요구하는 임계 산소량은 5%정도이면 충분하다. 퇴비화에 관여하는 미생물군의 최적산소 농도는 대기 중에 10% 정도이면 성공적인 퇴비화를 할 수 있다.

(다) pH

퇴비화 미생물의 최적 생육 pH는 5.5에서 8.5 사이이며 퇴비화 과정중 박테리아나 균류가 유기물을 산화시키며 방출하는 산이 많아 퇴비더미 내의 산도는 산성으로 치우치는 경우가 많다. 따라서 퇴비화가 진행되는 동안 공기의 공급이 없으면 혐기성 상태가 되어 pH가 점차 낮아져 최종적으로 4.5까지 떨어진다. 이때 미생물의 활성도 급격히 떨어져 정지되고 만다. 퇴비더미 내에서 낮은 pH 환경을 극복하기 위하여 공기를 공급하여 호기성 상태를 유지해 주면 낮은 pH 환경을 극복할 수 있다.

(3) 퇴비화 물리학적 요소

(가) 온도

퇴비화 과정 중 발생하는 열은 미생물의 유기물 산화과정중 발생하는 부산물이다. 열의 발생정도는 퇴비더미의 크기와 습도, 공기주입률, C/N비 등에 의하여 결정된다.

퇴비화과정 중에 자연발생하는 열에 의하여 온도가 적절하게 유지되나, 온도가 높거나 낮을 때에는 분해율이 저하된다. 보통 대형퇴비화시설에서는 온도제어를 하지 않고 있으나 때에 따라서는 제어가 요구된다. 퇴비화과정 중에 온도는 70℃ 이상까지도 유지되나 일반적 제어온도 50℃, 60℃에서 이루어지며, 탄소분해율이 좋은 온도는 60℃로 알려져 있다. 퇴비화의 초기에는 미생물에 의하여 분해되기 쉬운 당류, 단백질, 지방 등이 분해되어 발열반응에 의하여 온도가 상승한다. 온도가 상승되면 반응속도는 수배로 되며 다시 온도상승을 가져온다. 온도가 높은 상태에서 고열균이 우점종으로 나타나며, 유기물이 분해되고 수분이 저하되면 온도가 떨어지게 된다.

(나) 열 손실

퇴비화가 진행되는 동안 미생물의 작용에 의하여 많은 양의 열이 발생되며 전도, 대류, 복사에 의하여 방출된다. 열전도의 경우 퇴비더미의 주위에 있는 공기의 온도차에 의하여 열 손실이 일어난다. 대류의 경우에는 퇴비더미 내의 입도와 입도 사이의 공극에 공기나 물이 유동하면서 열 손실이 발생된다.

(다) 입도

퇴비화 반응에 있어서 미생물의 주활동 및 활성은 유기물의 표면에서 발생한다. 따라서 유기물 입도의 감소는 표면적의 증가를 의미한다. 퇴비화 반응 미생물의 활성은 입도가 큰 것보다 작은 것이 퇴비화율에 있어서 유리하다.

그러나 입도가 너무 작으면 퇴비더미 내 공기의 통기성이 좋지 않아 미생물 활성을 저해한다. 그러므로 입도는 유기물의 종류에 따라 다르지만 적당해야 한다.

(라) 함수율

최적 퇴비화 더미를 조성할 경우 습도는 50~60% 정도가 좋다. 퇴비화 대상 유기물의 표면이 얇은 수막으로 되어 있을 때 퇴비화 미생물의 활성이 좋다. 습도가 30% 미만일 경우 퇴비화 미생물의 활성이 중단된다. 또한 65% 이상일 경우 퇴비화 속도가 매우 늦어진다.

(4) 퇴비화 반응의 최종 생성물

(가) 분해반응기구

유기성 폐기물의 분해는 미생물에 의하여 호기적으로 일어나며, 산화 반응에 의하여 발생하는 산화 발생열에 의하여 분해가 촉진된다.

$$\text{유기물} + O_2 \rightarrow H_2O + CO_2 + NO_3 + SO_4^- \rightarrow \text{대사물질} + \text{Energy}$$

유기물 성분은 단백질, 다당류, 지질(脂質)등이 주성분으로 되어 있어 이들의 고분자 유기화합물은 미생물의 체내효소에 의하여 Glucose, 아미노산, 지방산 등의 저분자 유기화합물로 일단 분해되어 최종적으로는 탄산가스, 암모니아, 물 및 무기염류로 분해된다. 혐기성발효에서 발생되는 황화수소 . Indole . Skatol과 같은 악취화합물의 발생은 없으나, 암모니아 냄새와 저급지방산의 냄새(부분 혐기 반응시)가 발생된다.

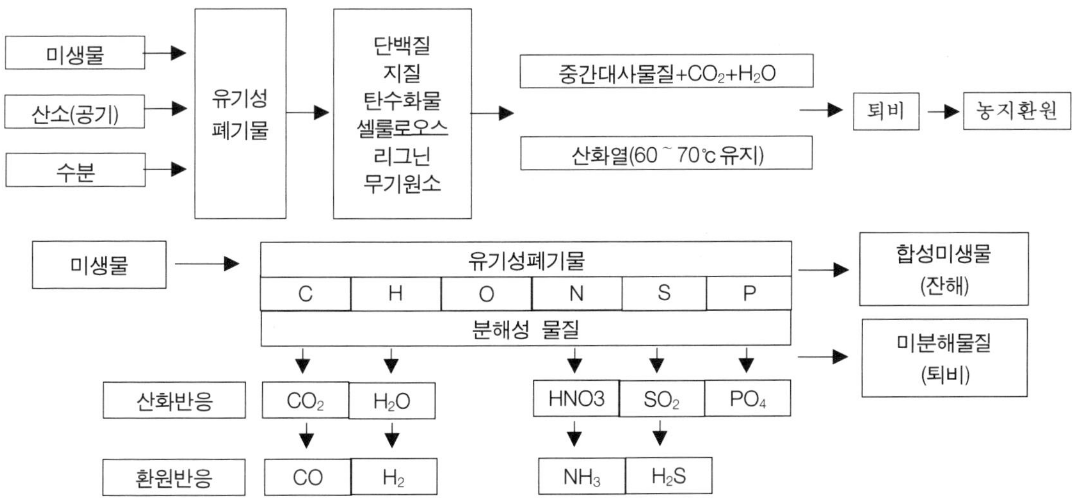

<그림 4-3> 미생물에 의한 분해과정

(나) 최종생성물

퇴비화의 최종생성물은 후민산 같은 부식질, 미생물군과 그 유해로 생각되고 있다. 미숙한 퇴비에는 분해가 더딘 셀룰로오즈, 리그닌도 포함된다. 부식질이란 토양 중에 있어서 주로 미생물작용에 의해 동식물 유체가 분해되어 생성된 것으로, 토양부식 중 암색 내지 흑갈색의 무정형의 콜로이드 상의 고분자물질군을 말한다. 알칼리에 녹으며 산에 의해 침전하는 부분을 부식산(후민산, Humic acid), 알칼리와 산의 어디에서도 녹는 부분을 훌보산(Fulvic acid), 그리고 토양에 잔류하는 부분을 휴민(Humin)이라고 부른다. 이중 부식산과 Humin의 일부가 부식질에 해당된다. 방향환이 골격이 되고 각종의 유기성 기를 갖고 있지만 물질적 본체는 아직 불명확하다.

<그림 4-4> 퇴비의 구성물질

나. 주요 처리공정

유기성 폐기물을 퇴비화하는 방법으로는 종래에 농촌에서 실시하였던 것과 같이 단지 유기성 폐기물을 쌓아두면서 부숙시키는 수동식 퇴비화가 있으나, 근래에는 효율을 높이기 위하여 발효조건을 조절하는 다양한 방법들이 개발되었다.

최종제품의 용도와 소비자의 기호에 맞는 품질을 생산할 수 있는 방식은 각자의 여건에 따라 다르나 기본적으로 퇴비화는 전처리공정, 발효공정(1차, 2차발효), 후처리공정(가공, 저장 등)의 3단계 공정을 따른다.

(1) 발효처리의 원리 및 방식

(가) 호기성발효의 원리

부숙이 빠르고 악취가 덜 발생되며, 병원성세균, 바이러스, 기생충, 잡초종자 등을 사멸시키는 위생적인 발효방법인 호기성발효를 이용하여 유기물이 분해되는 과정을 요약하면 다음과 같다.

유기물질 + 미생물 + O_2 → 유기잔류물 + 미생물 + CO_2 + H_2O + H

이는 미생물에 의한 대사작용으로 총 에너지의 30~80% 가량이 미생물의 분해 및 재생성에 소모되고 나머지는 이산화탄소와 물 및 열로 배출된다. 이 과정에서 발생되는 열로 인하여 병원균, 잡초씨, 충란 등을 사멸할 수 있으며 건조되어 취급이 용이하게 된다.

(나) 발효처리방식

발효처리방식은 크게 뒤집기식, 정체식, 혹은 둘의 조합으로 분류될 수 있으며, 이들의 목적은 원료더미의 발효를 위한 미생물의 성장요건인 산소를 공급하고 수분함량을 조절하는데 있다. 다음 〈그림 4-5〉에 발효처리방식 분류를 나타내었다.

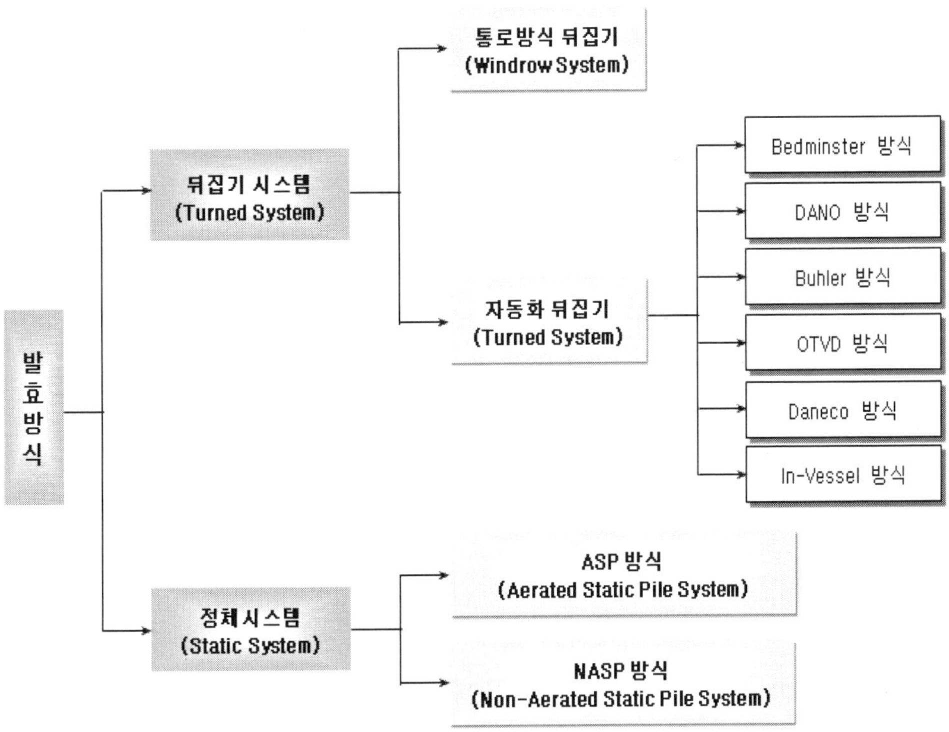

<그림 4-5> 발효처리방식의 분류

(2) 퇴비화 공정의 구성과 기능

퇴비화장치의 공정에 대하여 검토하고, 세부적인 설계를 위해서는 다음과 같은 공정을 참고로 해야 한다. 실질적으로 대규모의 공정에서는 이와 같은 처리 흐름에 의하여 처리를 하고 있다. 또한 그 원리상 장치 및 플랜트내에 각각에 해당하는 각종제어기술이 함축되어 포함되어야 한다. 크게 분류하여 각종첨가물 및 조작 등을 가하여 수분을 조절하는 전처리 조작, 호기성미생물을 활발하게 움직이게 하여 유기물을 분해시키는 1차 발효단계, 활성화되어 있는 유기물을 안정화시키는 2차 발효단계, 채분리 및 포장을 하는 제품화단계로 분류가 가능하다. 실질적으로 중요한 제어조작은 1차 발효단계로서 이 단계의 공정제어에 따라 유기물 분해가 좌우된다. 전체공정을 다음 〈그림 4-6〉에 나타냈다.

기본 프로세스

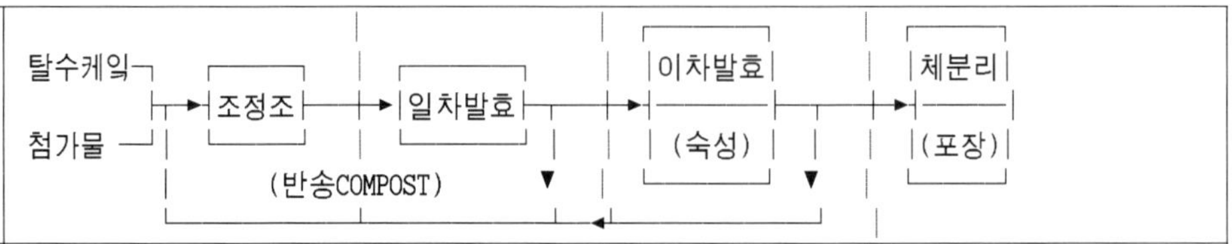

목 적	미생물의 활동에 관한 환경조건을 정비한다. · 영양분(C/N) · 수 분 · 통기성 · pH	(호기성발효) · 분해성유기물의 분해와 안정화 · 오니취의 제거 · 병원균, 기생충란 잡초종자의 사멸 · 수분의 제거	· 가분해성유기물의 분해와 안정화 · 부식물질의 생성 · 수분의 제거	· 비료로서의 유용성을 높힌다. · 취급이 용이하게 개선 · 저장
조 작 내 용	· 원료혼합(탈수케익, 첨가물, 반송COMPOST) · 수분조정 · pH조정 · 종균의 접종(반송) · 통기성의 개선	· 통기 · 반복된 오니이동 · 반송COMPOST의 분리	· 반복 · 반송COMPOST의 분리	· 비료성분의 조정 · 포장 · 입도조정 · 저장
주 요 시 설	· 각종호퍼 · 혼합기 · 계량기	· 발효조 · 송풍기 · 혼합장치 · 반송설비	· 발효장 · 혼합장치 · 체 · 반송설비	· 저장가공 · 계량기 · 포장기계
비 고	· 첨가물 또는 반송COMPO-ST가 없는 경우도 있다	· 반송하지 않는 경우도 있다.	· 1차발효조내에서 하는 것도 있다. · 통기를 하지않는 경우가 많다. · 퇴적방식이 많다.	· 야적도 있다.

<그림 4-6> 퇴비화 장치 사용현황 및 특성

(가) 전처리과정

유기성폐기물은 폐기물별 유기물의 함량과 함수율이 서로 다르다는 점으로부터 전처리에서는 균일화하는 작업 및 수분을 조절하는 것이 중요한 기능이다. 수분을 제어하는 수단으로서 먼저 검토해야 할 것이 기계적으로 수분을 감량화하는 것이 가능한가에 대하여 검토해야하며, 이러한 조작이 확보된 상태에서 미생물이 활성을 유지하도록, 통기개량제 및 제품의 반송량을 결정해야한다. 이와 동시에 퇴비화를 원활하게 촉진시키기 위하여 미생물의 공급을 위한 각종 영양균형의 조정과 pH 등이 조절가능하다면, 이러한 조작도 부가적으로 필요하다.

(나) 1차(본처리)처리 과정

특히 1차 발효공정의 경우에는 호기성미생물의 성장을 유도할 수 있는 산소 즉 공기의 공급이 주요한 조작에 포함되며, 이러한 조작에 의하여 온도가 60~70℃로 상승하여 난분해성의 유기물이 분해되고 병원성미생물 및 잡초씨앗 및 유충의 알 등이 불활성화되게 된다. 또한 퇴비화는 감량화가 주요한 목표가 될 수 있다. 이러한 감량화는 유기물 분해와, 수분의 증발에 의하여 얻어질 수 있다. 이 중 유기물의 분해량은 감량화에 큰 기여를 할 수 없으나, 수분의 증발은 감량화에 큰 기여를 할 수 있다. 이러한 면에서 1차 발효조에서는 증발한 수분을 신속하게 제거하는 조작도 필요하다. 즉 이 과정에서는 미생물들이 원활하게 유기물을 분해하도록 각종제어인자를 고려하여야 한다. 열의 보온, 공기량의 조절, 증발되는 수분의 배출, 내용물의 혼합 등의 조작이 필요하다.

(다) 2차(숙성과정)처리 과정

2차 발효과정은 흔히 숙성과정이라고도 하며, 이 숙성과정은 분해과정 중에 유기물이 불안정한 상태에 있는 것을 안정화시키는 과정이다. 즉 1차 발효과정 중에 발생된 각종 악취물질의 휘산, 휴믹산의 안정화 등이다. 2차 발효과정은 단순하게 저장과 같은 조작으로 해도 좋으나, 일반적으로는 하부에서 공기를 공급해 주는 경우가 많다. 또한 이 과정 중에서 중요한 역할을 하는 것이 반송퇴비의 공급여부이다. 반송퇴비의 가장 큰 목적은 원재료에 종균을 투입하는 것이고 둘째가 수분의 조절이다. 대부분 반송시에는 스크린을 하여 입자가 큰 것을 재분리하여 보내는 것이 일반적이다. 입자가 큰 것일수록 입자내의 유기물이 분해되지 않고 남아있기 때문에 재순환하여 완전하게 분해시킨다는 의미를 갖는다. 이 때 반송비는 원료의 수분함량을 측정하여 결정해야한다. 통기 개량제를 첨가할 경우에는 30~40%, 무첨가의 경우에는 50~300%까지 반송을 시키고 있다.

다. 장·단점

<표 4-12> 호기성, 혐기성처리공법의 장.단점 비교

구 분	장점	단점
호기성 퇴비화	· 기술적 난이도가 높지 않아 접근이 쉽다. · 악취 발생률이 낮다 · 부패서 폐기물을 비교적 빠른 시간안에 안정화 시킬 수 있다. · 제품의 장기보관이 가능하고, 취급이 이하다. · 신선도가 좋지 않아도 자원화 원료로서 활용 가능하다. · 유기성 폐기물을 대량으로 처리할 수 있다.	· 톱밥 등의 부형제의 수급이 문제. · 음식물류폐기물은 타 유기성폐기물에 비교해 염분농도가 높아 제품 사용시 문제가 될 수 있다. · 부가가치가 그다지 높지 않다. · 소비자의 선호도가 좋지 않아 구매처의 확보가 쉽지 않다.
혐기성 퇴비화	· 공기가 필요 없어 비교적 동력비가 적게 든다. · 악취 발생률이 높은 반면 유용한 메탄이 발생한다. · 소화후 슬러지 발생량이 적다. · 운영비용이 저렴하다.	· 호기성 퇴비화에 비교하여 처리시간 이 길다. · 악취 제거 시설이 반드시 필요하다. · 초기 설치비가 고가이다.

라. 국내외 기술적용 사례

(1) 국내 기술적용 사례

(가) 음식물류 폐기물

음식물류폐기물로 인한 자원낭비와 환경오염을 줄이기 위한 정책으로서, 폐기물관리법시행규칙 제6조 제5호의 규정에 따라 2005년 1월 1일부터 특별시, 광역시, 시 지역에서 발생하는 음식물류폐기물을 바로 매립하여서는 안되며 소각, 퇴비화, 사료화, 소멸화 처리 후 발생되는 잔재물만 매립하여야 한다.

음식물류폐기물의 직 매립은 질소 및 유황 화합물에 의한 악취발생과, 파리·모기 등의 해충 번식을 유발하며, 고농도 침출수가 발생하여 처리비용이 많이 소요될 뿐만 아니라 매립지를 잘못 관리할 경우 폐기물 문제에 국한 된 것이 아니고, 각종 토지오염을 증가시킬 수 잇는 위험이 있다.

소각처리할 경우에도 음식물에서 배출되는 다이옥신뿐만 아니라, 음식물류 폐기물 자체의 낮은 열량과 많은 수분함량으로 인해 소각효율을 저하시키므로 이에 따른 불완전 연소로 각종 유해물질의 배출 가능성이 증가하게 된다.

소각처리비용 역시 만만치 않기 때문에 그 경제적 손실 역시 간과 할 수 없는 것이다. 그러나 재활용을 통한 처리가 꾸준한 증가 추세에 있다는 건 긍정적이라 할 수 있겠다. 2003년 기준 음식물폐기물 처리현황을 〈표 4-13〉에 나타내었다.

<표 4-13> 국내의 음식물류 폐기물 처리현황

총 발생량 (2003)	처리비율		
	소각	매립	재활용
4.16백만 톤/년	8%	29%	· 63%

자료 환경부(2005) "환경통계연감 "

(나) 가축분뇨

2003년 말 기준으로 작성된 환경부 자료에 따르면 국내의 가축분뇨 발생량의 89%는 퇴비 및 액비화 과정을 통해 자원화되고 있고 해양배출에 의해서는 전체 발생량의 4%가 처리되고 있었다. 〈표 4-14〉

<표 4-14> 국내의 축산분뇨 처리현황

처리방법	퇴비화 및 액비화	해양배출	기타
처리 비율	89%	4%	7%

자료) 환경부 (2003) "가축분뇨현황"

이를 처리시설 설치농가 호수 별로 살펴보면, 일일 발생하는 가축분뇨의 87%인 147천 톤/일이 허가·신고된 농가에서 배출되며 13%가 미 규제 신고미만인 농가에서 배출되고 있다. <표 4-15>는 국내의 가축분뇨처리시설현황에 대하여 나타낸 표이다. 허가·신고된 농가의 89.3%에 해당하는 농가는 퇴비화 및 액비화를 통해 처리하고 있으며, 7.7%의 농가는 위탁처리, 약 3%의 농가는 정화처리를 통해 가축분뇨를 처리하고 있다.

<표 4-15> 국내의 가축분뇨 처리현황

구분(호수)	설치대상 농가수(호수)	정화처리	퇴비화	액비화	위탁처리등
허 가	10,624	515	8,476	780	853
신 고	42,749	1,076	35,841	2,567	3,265
계	53,373	1,591	44,317	3,347	4,118

자료) 환경부 (2003) "가축분뇨현황 "

(2) 국외 기술적용 사례

(가) 음식물류 폐기물

- EU

EU15 국가들을 대상으로 조사한 생활폐기물(municipal waste) 및 유기성생활폐기물(biodegradable municipal waste, BMW)의 발생량 및 처리현황을 각 <표 4-16>에 제시하였다.

유기성폐기물 중 음식물류폐기물 및 정원폐기물(yard waste)은 벨기에, 덴마크, 독일, 프랑스, 스페인, 룩셈부르크, 스웨덴을 제외한 모든 나라에서 전량 퇴비화 되는 것으로 조사되었다. 전량을 퇴비화하지 않은 나라 가운데 벨기에는 0.2%를 매립하고 덴마크는 12.6%를 혐기성 소화로, 독일은 1.8%와 0.2%를 각각 매립과 소각으로 처리하고 있으나 여전히 퇴비화가 가장 큰 비중을 차지하고 있다. 프랑스는 다른 국가와는 달리 음식물류 폐기물 및 정원폐기물을 전량 재활용하고 있다.

<표 4-16> EU15의 유기성생활폐기물(BMW) 발생 및 처리 현황 단위(톤/일)

구 분	유기성생활폐기물 (BMW)			음식물+정원 폐기물의 처리방법						
	총계	음식물+정원	기준년도	매립	소각	퇴비화	혐기소화	기타	기준 년도	비고
오스트리아	1,575,000	360,000	1996	-	-	360,000 (100%)	-	-	1996	
벨기에	1,924,304	334,037	1998	826 (0.2%)	-	333,211 (99.8%)	-	-	1998	
덴마크	2,007,217	51,000[1)]	1998	-	-	42,000 (82.4%)	9,000 (17.6%)	-	1998	음식물
핀란드	1,780,745	93,376	1997	-	-	93,376 (100%)	-	-	1997	
프랑스	15,746,376	60,000[1)]	1998	-	-	60,000 (100%)	-	-	1998	음식물
독일	5,649,284	1,172,619	1998	21,203 (1.8%)	2,091 (0.2%)	1,008,069 86.0%)	-	141,256 (12.0%)	1998	
그리스	2,613,000	31,500	1997	-	-	31,500 (100%)	-	-	1997	
아일랜드	1,162,218	5,664[1)]	1998	-	-	5,664 (100%)	-	-	1998	음식물
스페인	17,143,000	-	2001	-	-	-	-	-	1998	
이탈리아	10,092,409	891,150	1998	-	-	891,150 (100%)	-	-	1998	
룩셈부르크	-	-	-	-	-	--	-	-	-	
네델란드	5,340,000	1,490,000	1998	-	-	1,490,000 (100%)	-	-	1998	
포르투갈	4,173,252	14,314	1998	-	-	14,314 (100%)	-	-	1998	
스웨덴	4,000,000	-	1998	-	-	-	-	-	1998	
영국	17,682,000	33,000	1999	-	-	33,000 (100%)	-	-	1999	
총계	90,888,801	4,545,756	-	22,209 (0.5%)	2,091 (0.1%)	4,371,380 (96.1%)	9,000 (0.2%)	141,256 (3.1%)	-	-

1) 음식물류폐기물 발생량만의 자료

자료) EEA(2002) "Biodegradable municipal waste management in Europe" Part 2

● 미국

USEPA의 통계자료에 따르면 미국의 연간 도시고형폐기물(Municipal solid waste, MSW) 발생량은 2000년 232백만 톤에서 2003년 236백만 톤으로 약 1.7% 증가하였다. 이 가운데 음식물류폐기물의 비중은 2000년 11.3%에서 2003년 11.7%로 증가하였으며, 발생량 기준으로는 26.5백만 톤에서 27.6백만 톤으로 4.1%의 증가를 보여 전체 도시고형폐기물에 비하여 현저히 높은 증가추세를 나타내었다(USEPA, 2005). 이는 인구 1인당 연간 약 98kg의 음식물류 폐기물이 발생하는 것을 의미한다. 2005년 USEPA 통계자료에 따르면 2003년 미국에서 발생한 음식물류 폐기물의 약 3%에 해당하는 75만 톤만이 퇴비화 및 사료화를 통해서 재활용되고 있으며, 나머지는 모두 매립과 소각을 통해서 처리되었다. 1960년부터 지속적으로 증가한 음식물류폐기물의 발생량은 2000년 이후 일정한 수준으로 유지되고 있으나, 재활용 비율 역시 3% 이후 수준에 계속 머무르고 있어 문제가 되다.

<표 4-17> 미국의 음식물류 폐기물 처리현황

총 발생량 (2003)	처리비율	
	소각 및 매립	퇴비화 및 사료화
27.6백만 톤/년	97%	3%

자료) USEPA(2005) "Municipal Solid Waste Generation, Recycling, and Disposal in the United States

재활용은 주로 퇴비화에 의해서 이루어지고 있으며 2000년 기준으로 미국 전역에 대학, 교도소 등의 공공기관을 중심으로 약 350개소의 음식물류 폐기물 퇴비화 시설이 운영되고 있다(Miller, 2004). 미국의 경우 음식물류 폐기물은 도시고형폐기물에 포함되어 처리되고 있어 개별적인 소각 및 매립 비율의 산정이 어렵다. 도시고형폐기물 전체의 처리비율을 살펴보면, 2003년 기준으로 매립 55.4%, 재활용 30.6% 소각 14%로 나타나 다른 국가에 비하여 매립비중이 현저히 높은 것으로 조사되었다.

● 일본

일본에서 발생되는 음식물류폐기물의 발생량을 일본 환경성의 '식품폐기물의 발생 및 처리현황(2005)' 에 따라 〈표 4-18〉에 나타내었다. 2005년 음식물류 폐기물의 총 발생량은 2,198만 톤으로, 2003년부터 2005년까지 약 11.7%가 증가하였다. 〈표 4-19〉는 2003년부터 2005년까지 음식물류 폐기물의 연도별 처리현황을 나타낸 것이다. 발생된 음식물폐기물은 2003년부터 2005년까지 평균 90% 이상이 매립·소각되었으며, 약 10% 가량 비료 및 사료화로 처리되었다.(일본 환경성, 2005c) 소각, 매립 비율은 2003년 91.3%에서 2005년 89.8%로 1.5% 감소한 반면, 퇴비화 및 사료화를 통한 재활용 비율은 다소 증가추세를 나타내었다.

<표 4-18> 일본의 음식물류폐기물(식품폐기물)발생현황

연도	2003년	2004년	2005년
가정계 식품폐기물	1,600	1,793	1,778
사업계 식품폐기물	340	405	411
합 계	1,940	2,198	2,198

자료) 일본 환경성(2005c) "식품폐기물의 발생 및 처리현황"

<표 4-19> 일본의 음식물류폐기물(식품폐기물) 처리현황

연도	2003년	2004년	2005년
소각·매립	1,772(91.3%)	1,932(87.9%)	1,973(89.8%)
퇴비 등(비료화)	52(2.7%)	135(6.1%)	106(4.8)
사료화	104(5.4%)	105(4.8%)	119(5.4%)
기타	12(0.6%)	-	-

자료) 일본 환경성(2005c) "식품폐기물의 발생 및 처리현황"

(나) 가축분뇨

● EU

EU15국가의 가축분뇨 발생량은 〈표 4-20〉에 제시하였다. 가축분뇨는 인구가 많은 독일과 프랑스 등 주요 국가들에서 높게 발생하고 있으나, 1인당 발생량 측면에서 보았을 때 이들 국가의 수치는 유럽 평균치에 근접해 있거나 약간 상회하는 정도에 그친다. 오히려 발생량의 절대 수치가 그다지 높지 않은 덴마크, 아일랜드, 네덜란드가 유럽 평균의 2배 내지는 3배 이상의 수치를 보인다. 이들 국가는 낙농업이 발달하여 인구대비 가축 사육 두수가 여타 유럽 연합 회원국에 비해 월등히 많기 때문으로 분석된다. 룩셈부르크에서는 가축분뇨가 전혀 발생하지 않는 것으로 조사되었다. 가축분뇨의 대부분은 혐기성 소화나 퇴비로 처리 및 이용되고 있다.

<표 4-20> EU15의 축산분뇨 발생현황

국가	인구(천명)[1)]	축산분뇨[1)] (wet 톤/년)	1인당 발생량 (kg/인/년)
오스트리아	8,002	10,619,469	1,327
벨기에	10,239	23,474,926	2,293
덴마크	5,330	29,333,333	5,503
핀란드	5,171	9,056,047	1,751
프랑스	58,749	111,392,330	1,896
독일	82,164	124,713,864	1,518
그리스	10,903	3,041,563	279
아일랜드	3,778	15,598,820	4,129
이탈리아	59,930	68,761,062	1,147
룩셈부르크	434	0	0
네덜란드	15,864	47,321,534	2,983
포르투갈	10,195	9,811,209	962
스페인	39,960	57,309,735	1,434
스웨덴	8,861	11,492,625	1,297
영국	59,623	58,407,080	980
합계	379,203	580,333,599	1,530[2)]

1) 2000년 기준, 2) 각국의 평균치
자료) - Eurostat(2005) "Europe in figures : Eurostat yearbook 2005", European Commission
- Nikolaou, A.; Remrova, M.; Jeliazkov, I.(2003) "Biomass availability in Europe"

● 미국

가축분뇨는 미국 내에서 발생하는 유기성 폐기물 중 가장 많은 부분 차지하고 있다. 상원농림위원회(US Senate Committee on Agriculture, Nutrition and Forestry)는 1997년 발간물에서 인분뇨 발생량의 130배에 달하는 연간 14억 톤 이상의 가축분뇨가 발생하고 있다고 보고하였다. 최근 자료에 따르면 축산분뇨의 발생량은 지속적으로 증가하여 15억 톤을 넘어서고 있다. (Jenkin & Bowman, 2004). 이는 산술적으로 인구 1인당 하루에 약 14.6.kg의 가축분뇨가 발생하고 있음을 의미하며, 국내의 1인당 1일 가축분뇨 발생량 3.15kg에 비하여 4배 이상 많은 양이다.

<표 4-21> 미국의 가축분뇨 처리현황

총 발생량 (2004)	처리비율	
	농지살포	기타
15억 톤/년	95%	5%

자료) - jenkins and Bowman(2004) "Viability of Pathogens in the Environment", Pathogens in the Environment Workshop Proceedings, Kansas City, MO. PP. 30~33.
- USEPA(2004) " EPA Regional Priority AFO Science Question Synthesis Document : Manure Management"

농경지 면적이 넓은 미국의 경우 발생하는 가축분뇨의 대부분을 별다른 처리과정 없이 직접 농지에 거름으로 살포한다. 농지살포는 매우 단순하고 처리비용도 저렴한 방법이기 때문에 현재 가장 많이 이용되고 있는 방법이다. 미국 환경부(U.S. Environmental Protection Agency, USEPA)의 2004년 자료에 의하면 미국에서 발생하는 축산분뇨의 95% 가량이 농지살포를 통하여 처리되고 있는 것으로 조사되었다. 반면 퇴비화를 거쳐 재활용되는 양은 전체 0.3 ~ 0.4%에 불과하며(WRAP, 2002), 나머지는 주로 혐기소화를 포함한 기타 처리방법을 통해 처리되고 있다.

가축분뇨는 일반적으로 질소(N), 인(P), 칼륨(K) 등의 영양염류를 과다하게 함유하고 있을 뿐 아니라 중금속과 병원균도 포함하고 있기 때문에, 무분별하게 농지에 살포될 경우 환경오염 및 위생 문제를 유발할 가능성이 있다. Landry와 Wolfe의 1999년 보고에 따르면 미국 내의 수로들에서 발현되는 생물학적 산소요구량(BOD)의 73%, 총 부요물질의 92%, 박테리아의 83%가 농지에서 유래하는 것으로 밝혀졌다. 이는 농지가 수계의 오염을 초래하는 주된 비점(non-point)오염원임을 의미하는 결과이다. 농지에 살포된 가축분뇨 성분들은 다양한 경로를 통해 지표수계 혹은 지하수계로 침투할 수 있으며, 질소의 경우 암모니아 휘발을 통해 대기로 유입될 수 있다. 따라서 매년 엄청난 양의 가축분뇨가 발생하는 미국에서는 농지살포의 비율을 줄기고 혐기소화 및 퇴비화를 통한 재자원화를 유도하기 위하여 정부차원의 지속적인 노력이 이루어지고 있다.

● 일본

일본 환경성의 '산업폐기물의 종류별 배출량' 에 의하며, 축산분뇨는 발생폐기물 중 산업폐기물로 분류되고 있다. 가축분뇨 발생량은 2001년 90,094천 톤으로 1992년부터 2001년까지 약 15.2%의 발생량이 증가하였다. 특히, 1997년 이전까지 70,000천 톤내외로 발생되던 축산분뇨가 1997년부터 90,000천톤 내외로 증가하여, 1997년 이후 연간 약 91,000천 톤 가량 발생되고 있다. 일본에서 발생된 축산분뇨는 약 94%가 퇴비 등의 비료로서 재활용되고 있다. 그러나 현실적으로 가축분뇨의 퇴비화는 수요처 확보, 수송문제 및 퇴비기준 성분함량 조건 등을 고려해야하는 어려움이 있으며, 축산분뇨의 퇴비화를 통한 농지 환원은 한계가 있다(일본 농림수산성, 2002). 〈표 4-22〉은 발생된 축산분뇨의 처리현황을 나타낸 것이다.

<표 4-22> 일본의 축산분뇨 처리현황

처리 방법	재활용(퇴비화)	소각	기타
처리 비율	94%	1%	5%

자료) 일본 환경성(2005b) "상업폐기물 처리 처분의 추이"

(다) 유기성슬러지

● EU

유기성 슬러지는 도시 하수 혹은 산업 폐수의 처리 과정에서 발생하는 잔류물로 정의된다. 유기성 슬러지는 농업, 임업 등의 분야에서 비료나 토양 첨가물로 사용 가능하다. 그러나 고농도의 중금속과 같은 독성물질로 오염된 유기성 슬러지의 경우, 농업에서 사용시 안전성의 문제가 있기 때문에 소각이나 매립의 방법으로 처리된다.

1990년대 초반부터 유기성 슬러지 발생량의 69.9이상을 차지하고 있다. 1인당 발생량은 독일, 덴마크, 프랑스, 룩셈부르크에서 재활용 비율이 60%이상으로 높음을 알 수 있다. 네달란드는 소각비율이 49.3%로 EU15국가에서 가장 높음을 알 수 있다.

매립의 비중이 높은 국가는 그리스 및 포르투갈을 꼽을 수 있다.

● 미국

발생된 유기성 슬러지는 안정화 과정을 거친 후에 수익성 재활용(beneficial reuse) 용도로 사용될 수 있도록 규정되어 있다. 유기성 슬러지는 다량의 유기탄소를 포함하고 있으며, 작물 생장에 필요한 영양염류를 함유하고 있기 때문에 농지용 거름으로 많이 이용되고 있다.

2000년 발생된 전체 유기성슬러지 중 약 56%가 수익성 재활용되었으며, 주로 농지에 거름으로 이용되었다(Lue-Hing, 2000). 현재 발생량의 약 60%가 퇴비화를 비롯한 추후처리 과정을 거쳐 농지용 거름으로 재활용되고 있으며, 약 20%와 17%의 발생 슬러지가 각각 소각과 매립을 통해서 처리되고 있다(Univ. ofMichigan-CSS, 2005).

2000년에 조사된 처리현황과 비교하면 소각과 매립은 각각 22%와 17%로 유사한 비율로 유지되었으나, 농지이용이 41%에서 60%로 크게 증가하였다. 이는 정부의 환경규제책 및 유기성슬러지 재활용 유도정책이 반영된 결과이다.

● 일본

전체 유기성슬러지는 약 70%를 소각·매립하여 처리하고 있으며, 나머지 30%가량을 재활용하고 있다. 〈표 4-23〉는 일본의 유기성 슬러지 처리현황을 나타낸 것이다.

<표 4-23> 일본의 유기성슬러지 처리현황

총 발생량 (2001)	처리비율		
	매립·소각	재활용	기타
7.9 백만 wet 톤/년	70%	29%	1%

자료) 일본 환경성(2005b) "상업폐기물 처리 처분의 추이"

나. 사료화

유기성 폐기물을 사료화하는 경우, 유기성폐기물 자체의 특성인 부패성이 문제가 되며, 무엇보다도 가장 큰 문제점은 유해물질과 관련한 위생적인 면이라 할 수 있고, 발생처별로 영양분의 차이가 커서 제품의 질이 일정하지 않을 수 있다.

사료라함은 인간이 생존을 위하여 음식물을 섭취하는 것과 같이 동물의 먹이로서 그 성분을 크게 구분하면 탄수화물, 단백질, 지방, 무기질, 비타민의 5종류로서 5대 영양소라 한다.

먼 옛날부터 동물을 사육함에 있어 식물의 잎새, 줄기, 뿌리, 열매 등이 주로 사용되어 왔으나 산업의 발전으로 사육의 목적에 따라 영양소를 배합하여 사료를 제조하게 되었다.

비육의 경우 성장을 촉진시키고 육질을 좋게 하고 산란의 경우 건강을 유지하며 성분이 우수한 계란을 생상하기 위해 적절한 영양소를 첨가하여 사료를 배합제조한 것이 배합사료이다.

이의 배합사료를 제조시 목적달성을 위하여 영양소 공급을 목적으로 제조된 것이 단미사료이다.

단미사료의 가격은 주성분인 5대영양소를 기준하여 가격을 산출하되 주로 조단백의 함량을 기준한다.

현재 국내에서 가동 중인 사료화 설비의 경우 밀기울 탈지강 혹은 대두박을 첨가하여 수분조절하여 건조시킨 사료의 경우 조단백이 첨가물에 따라 17%~22% 정도의 제품을 생산하여 오리, 돼지농가의 사육 테스트 겨과 100% 곡물사료를 공급하였을 경우보다 사료비를 50%이하로 절감할 수 있으나 영양균형이 맞지 않아 성장률이 낮아졌다.

(1) 기술개요 및 특징

유기성폐기물의 사료화 방법은 열(熱)과 에너지 등을 이용하여 건조시키는 사료화방법과 유기물을 발효시키면서 발생하는 열을 이용하는 발효사료화방법으로 구분할 수 있다.

〈그림 4-7〉는 유기성 폐기물을 이용하여 만든 사료를 사료화방법에 따라 함수율을 구분하

여 보면 건식사료방법에서는 함수율이 약 15% 이하이고, 발효시키면서 건조시키는 건조발효사료에서는 함수율이 약 30%이하이며(공정에 따라 함수율을 12%이하로 유지하는 경우도 있음), 습식발효사료인 경우에는 함수율이 약 70~80%이다.

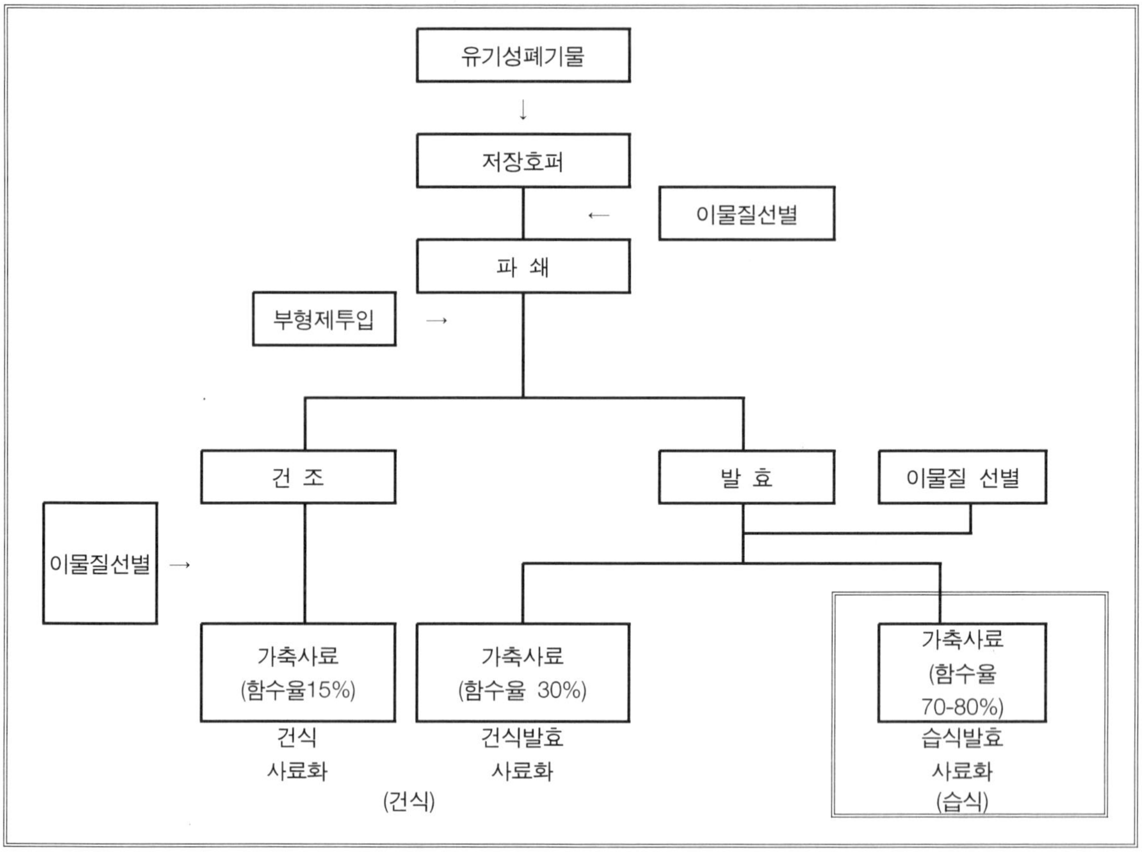

<그림 4-7> 유기성 폐기물 사료화공정도

유기성 폐기물은 식물성, 동물성 영양분에 유지류가 포함되어 있는 일종의 배합사료라고 할 수 있다. 사료화 기술은 처리과정 중 영양분의 보전, 병원성 미생물이나 해충의 사멸, 악취제거 및 풍미향상, 보존성 및 운반성 증진, 이쑤시개, 유리조각, 금속물질 등 협잡물 제거 등이 신중히 고려되어야 하며 산물의 영양성 평가도 수반되어야 한다.

또한 사료화시 혼입을 금지하는 유기물로서는 햇빛을 받아 파랗게 변한 감자(솔라닌 독소 함유), 흑반병에 걸려 검게 썩어들어간 고구마(인포메아마론 독소 함유), 부패된 동물성 단백질 함유 물질(프토마인 독소 함유) 등은 이물질의 선별과 동시에 반드시 선별되어야 한다.

이러한 사료화 기술은 크게 건조사료화, 습식사료화, 발효사료화로 분류할 수 있으며, 사료화 기술에 따른 분류별 장단점은 〈표 4-24〉과 같다.

이러한 분류 방법은 사료화 기술의 경제성, 영양성, 취급성 등을 달리하고 있으며, 사료화 기술은 지역에 따른 특성, 급여 가축, 운반과 저장성 등에 따라 결정될 수 있다.

(2) 주요 처리공정

<표 4-24> 사료화 방법의 장.단점 비교

구분		장점	단점
건조사료		· 수용성 단백질이 유출되지 않아 단백질 함유량이 높은 사료를 생산할 수 있음. · 고온순간 건조로 영양분의 파괴가 적음 · 위생적이며 함수율이 낮아 장기보관에 좋음. · 함수율이 낮아 취급이 용이하다. · 보조사료등과 혼합사용이 용이하다. · 병원성 균의 사멸이 용이하여, 급여시 병원균에 의한 문제가 적다. · 습식사료화에 비교하여 이물질 선별이 용이하다. · 함수율의 감소로 감량화가 효율적이다.	· 2차 분쇄한 후 진동체로 선별하여 포장하는 공정을 거치는데 처리량 부족과 경비과다로 아직 수익성이 없음. · 습식사료화에 비교해 초기비용 및 처리비용이 높다.
습식사료		· 습식사료 제조방식은 건조방식에 비해 생산원가가 매우 저렴하다. · 돼지 등에 대한 기호성이 좋다. · 침출수 등 2차 오염의 문제가 적다. · 설치구조가 간단하여 일반축산농가에서도 설치가 가능하다.	· 이물질 선별이 어렵다. · 심하게 부패된 음식물의 투입금지가 반드시 선행되어야 함. · 수분이 많아 수거, 운반 등 취급이 난해 하다. · 보관이 용이치 않으며, 악취 등의 발생이 심하다. · 염분이 과다할 경우 탈수와 같은 전처리 시설과 부사료 등의 혼합이 필요하다.
발효사료	습식발효	· 생산원가가 저렴하다. · 다른 보조사료와 혼합사용이 가능하다. · 효모와 유산균이 풍부하여 반추동물의 위에서 소화율이 좋다.	· 악취와 침출수 등 2차 오염이 발생한다. · 각종 곤충 및 설치류등의 발생우려가 있다. · 영양가가 부족하다. · 보관 및 저장시 변질의 우려가 있다. · 발효시 함수율 조절을 위하여 팽화제가 반드시 필요하다.
	건식발효	· 함수율이 낮아 저장, 운반 등이 용이하다. · 다른 보조사료와 혼합사용이 가능하다. · 효모와 유산균이 풍부하여 반추동물의 위에서 소화율이 좋다.	· 악취와 침출수 등 2차 오염이 발생한다. · 각종 곤충 및 설치류 등의 발생우려가 있다. · 발효시 함수율 조절을 위하여 팽화제가 반드시 필요하다.

(가) 건식사료화

유기성폐기물 건식사료화시설의 주요공정은 〈그림 4-8〉와 같이 투입시설, 선별시설, 파쇄시설, 가열/건조시설 등으로 구분할 수 있으며, 혼합시설을 설치·운영할 수 있다.

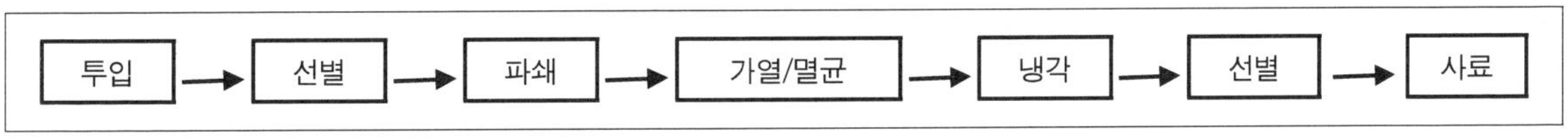

<그림 4-8> 건식사료화시설의 공정

건조 사료화 방식은 유기성폐기물이 보유하고 있는 수분을 낮게 함으로써 용량을 크게 줄여 보관 및 이동이 간편하고, 다른 사료와 혼합이 쉬워 모든 가축에 사료로서 공급할 수 있으며, 또한 고온에서 건조시키기 때문에 병원균의 사멸로 가축에 해를 줄일 수 있는 장점을 가지고 있다.

단점으로는 열풍으로 유기성폐기물을 건조시키기 때문에 다른 사료화 방법에 비교하여 연료의 소비가 많아 경제성이 낮아질 수 있는 단점이 있다.

건조방법의 종류로는 유동층 건조법, 진공건조방법, 원적외선 드럼식 건조방법, 초음파 건조방법, 유온탈수 건조사료화법, 증자 건조 사료화법 등이 있다.

(2) 발효사료화 방법

미생물 종균제를 일정 규모의 발효설비에 첨가하여 발효를 촉진시켜 유기성폐기물을 가축사료로 만드는 방법으로 건식사료화 방법에 비하여 발효 중 유기물의 손실이 적어 양질의 사료를 제조할 수 있는 장점이 있다.

발효사료화 방법은 여러 미생물과 효소들을 유기성폐기물과 혼합하여 발효 설비에서 유기물을 발효시켜 함수율 30% 정도의 가축 사료로 이용하는 발효건조 사료화와 유기물을 액상 슬러리로 파쇄한 후 고온 호기성발효 후 함수율 12% 이하로 건조하는 액상발효 건조사료화 및 함수율 70~80% 상태로 가축에게 급여하는 습식발효 사료화 방법으로 구분된다.

<표 4-25> 발효사료가 가능한 원료사료 종류

구분	원료
단백질원	가축내장, 콩(땅콩)깻묵, 어분, 탈지유, 육분부산물, 혈액, 곤충류, 어패류 등
에너지원	쌀겨, 밀기울, 빵찌꺼기, 변질된 배합사료, 당밀, 엿밥, 맥주박, 주정박, 돼지감자 등
조사료원	톱밥, 왕겨, 꽁깍지, 야채부산물 및 근채류, 엽체류 등
광물질 첨가제	소금, 골분, 미량광물질, 비타민제류, 숯가루, 부식토, 질석, 맥반석, 제올라이트, 모모릴나이트, 황토 등

(가) 발효건조방법

발효건조 사료화 방법은 유기성폐기물에 단백질 및 섬유소 공급원을 적절히 첨가하여 혼합한 후 여러 종류의 유익한 미생물(발효제)을 일정 규모의 발효 설비에 적당량 첨가하여 60℃ 내외의 온도에서 24시간 정도 발효과정을 거쳐 가축의 사료로 이용하는 방법이다.

발효건조사료화 방법은 발효조에 열풍 혹은 히터 등과 같은 가온장치를 설치하여 발효온도보다 높은 온도를 설정하고 발효와 건조를 동시에 일어나게 하는 방법으로 건조과정과 미생물의 발효공정을 접목시킨 처리방식이다.

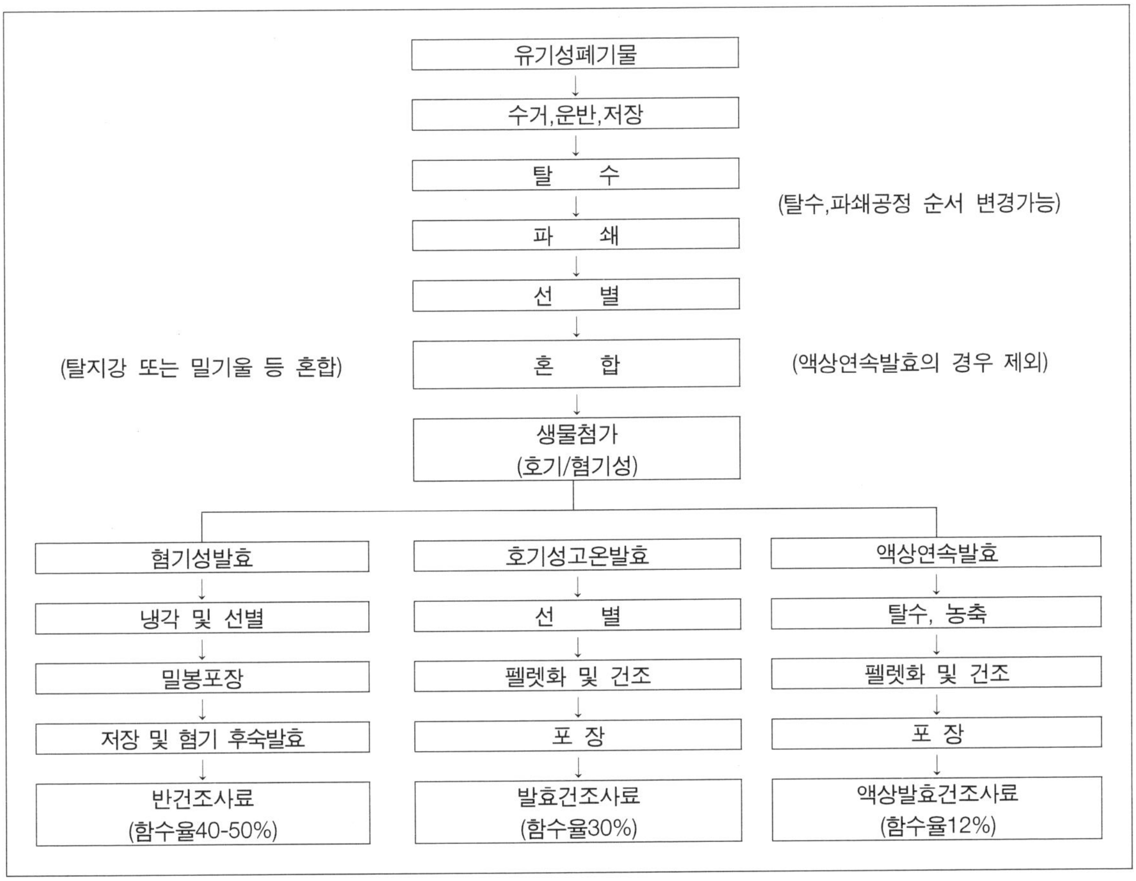

<그림 4-9> 발효건조사료 제조 공정도

(나) 액상발효 건조방법

액상발효 건조사료화공정은 일반 고체상 발효와는 달리 유기성폐기물에 별도의 물을 첨가하지 않고 슬러리화하여 60℃이상의 고온발효를 시키고 발효된 음식물류폐기물은 탈수기를 통하여 고형분함량 25% 정도의 탈수케익과 고형분 함량 10%의 탈리액으로 배출한다.

탈리액은 감압증발 농축기로 고형분 함량 35%까지 농축하여 다시 탈수케익과 혼합하여 건조시킨다. 액상발효는 공기의 공급 및 열전달이 고체상 발효에 비하여 균일하게 전달되고, 고온액상 발효조에서 6시간이상 발효가 진행되므로 접종한 미생물의 균체성장이 우수하며 병원성미생물로부터 안전하다.

액상발효 건조사료화 공정은 유기성폐기물의 최대입경을 8mm 이하로 파쇄 하는데 이 과정에서 무거운 이물질과 가벼운 이물질이 자동으로 분리되며, 발효 후 저장성과 운반성을 좋게 하기 위하여 수분함량 12% 이하로 건조한다.

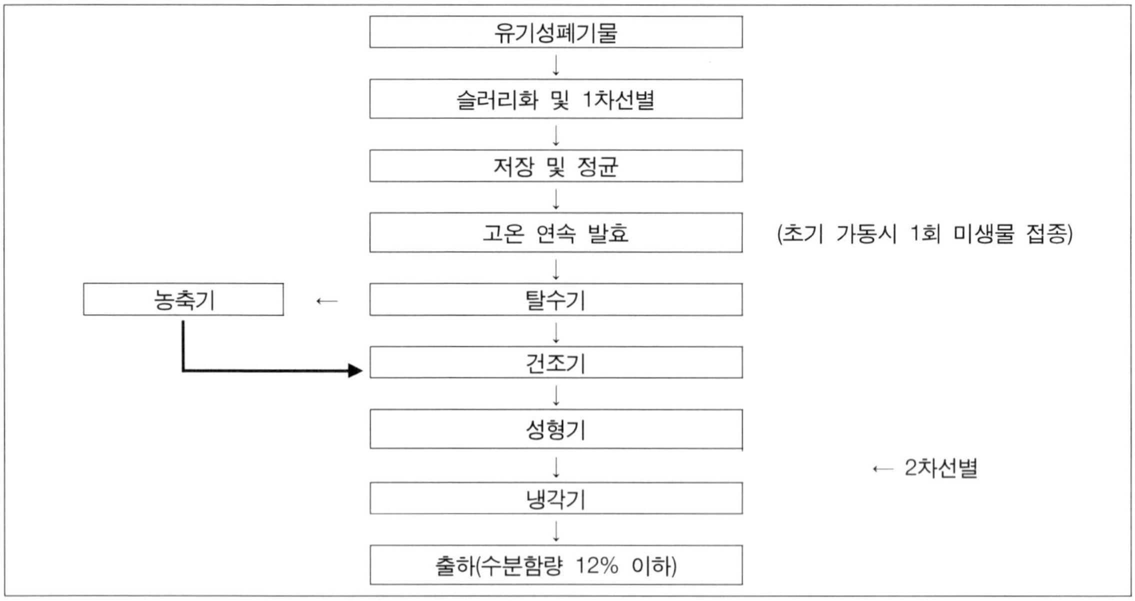

<그림 4-10> 액상발효 건조사료화 공정도

(다) 습식발효 방법

습식발효 사료화 방법의 공정은 반입된 음식물 쓰레기의 이물질을 선별하고 파쇄하여 곱게 파쇄한 뒤 100℃ 이상에서 가온 살균과정을 거쳐 부패균을 사멸시킨다.

다음 옥분, 밀기울과 같은 부형제를 1 : 1 정도로 혼합한 후 고초균이나 유산간균과 같은 미생물을 첨가하여 45~55 ℃ 부근에서 3~5시간 정도 발효시킨 후 다시 한번 이물질을 선별한 후 저장하거나 가축에게 급이 한다.

이 방법은 건조과정이 필요 없고 포장비용이 소요되지 않아 사료제조비용이 저렴하나 영양적 균형이 잘 이루어지도록 해야 한다. 돼지의 경우 각 종 옥분이나 밀기울 등의 배합사료 원료들을 적당히 혼합하여 수분함량이 약 70~80% 정도로 조절한 다음 자동이송펌프나 인력에 의하여 축사에 급여한다.

습식발효 사료화 방법은 음식물류폐기물에 수분이 많은 관계로 유통이 곤란하여 주로 농가단위로 양돈농가에서 이용하고 있으며 가공시 비용과 인력이 적게 소요되고, 돼지 등에 대한 기호성이 좋으며 처리과정에서 수질오염물질(폐수)이 많이 발생하지 않는 장점이 있으나 가축에 급이시 운반이 어렵고 저장성이 부족하며 취급이 곤란하여 유통상의 어려움이 있다.

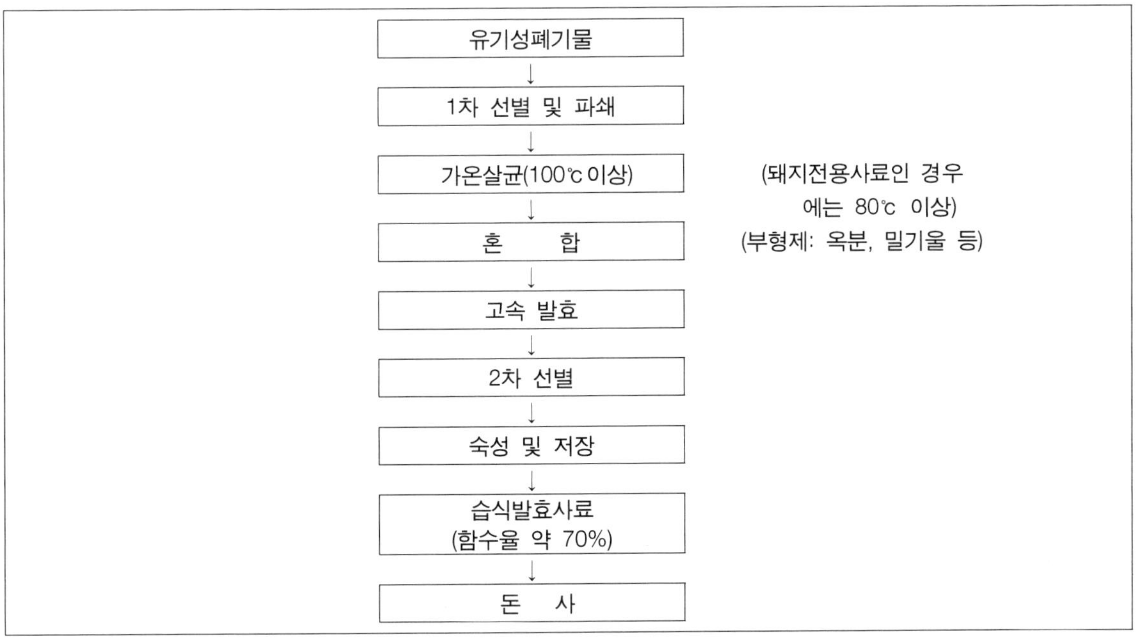

<그림 4-11> 습식발효사료 공정도

<표 4-26> 건조사료화 및 발효사료화 특성비교

구 분		원 리	장 점	단 점
건조	건식 사료화	· 고온건조시켜 가루사료로 제조하여 단미사료로 활용하는 방법 · 음식물류폐기물을 열원(고속열풍,스팀,원적외선등)에 의해 건조시켜 사료화하는 방법	· 건조에 의해 수분함량을 10~15% 이내로 줄임으로써 중량과 부피 감소. · 수거·운반이 편리. · 병원균이 멸균됨. · 장기보관이 가능하고 품질 변화가 적음	· 생산원가가 높음 · 영양소가 불균형보완필요 · 전처리와 건조과정에서 냄새 발생 · 털수공정에서 수질오염물질(폐수)발생
발효	건식 발효 사료화	· 음식물류폐기물을 발효시켜 발효열과 외부 열로 건조시켜 사료생산	· 생산원가는 건식 사료화와 습식사료화의 중간 · 발효열이용과 가온에 의한 건조로 중량과 부피감소(함수율 약30%)	· 발효공정과 건조공정이 동시에 이루어지므로 함수율이 급격히 낮아져 충분한 발효가 이루어지기 어려움
	액상 발효 건조 사료화	· 음식물류폐기물을 슬러리화 한 후 고온에서 연속발효시킨 후 탈수, 농축 과정을 거쳐 건조사료를 생산	· 고온 호기성 연속발효 · 연속발효 동안 추가의 접종제 필요 없음. · 펌프를 이용한 밀폐형 배관 이송으로 악취 원천 차단 · 수질오염물질(폐수) 없음	· 액상공정이므로 발효는 충분히 이루어지나 건조공정의 에너지사용에 의해 생산원가 증가.
	습식 발효 사료화	· 발생원에서 신속하게 가축사육장으로 수거·운반하여 음식물류폐기물의 이물질을 제거하고 파쇄한 후 가온멸균하여 균을 멸균하고 부형제를 투입하여 발효시킨 후 습식상태에서 급이하는 방법	· 생산원가가 저렴 · 수질오염물질(폐수) 없음	· 이물질 선별과 수거·운반 과정에서 변질 우려 · 생산물의 장기보관이 어려움 · 생산시설과 근접된 가축사육시설에서 사료로 가능 · 가온멸균공정이 중요함

습식발효사료화의 방법의 장단점으로는 사료제조 비용과 인력이 적게 소요되고, 돼지 등에 대한 기호성이 좋으며, 처리과정에서 수질오염물질(폐수)이 많이 발생하지 않는 장점이 있으나 가축에 급이시 운반이 용이하지 않으며, 저장성이 부족하고 취급이 곤란하다.

(4) 국내외 기술적용 사례

(가) 국내 기술적용 사례

음식물 사료화 공공시설 현황은 다음 〈표 4-27〉와 같다.

<표 4-27> 음식물류폐기물 처리시설현황(공공시설 현황)

구 분	시설명	처리방법	시설용량 (톤/일)
서울 도봉구	도봉 음식물중간처리장	습식, 건식	150
서울 강동구	난지 음식물폐기물 자원화시설	건식	240
부산 사하구	하사FR센타	건식	50
인천 서구	청라광역 음식물폐기물 자원화시설	건식	100
인천 남구	남구 자원화시설	건식	150
광주 광산구	광주광역시 음식물류 폐기물 자원화시설	건식	150
경기 수원시	음식물류 폐기물 자원화시설	건식	100
경기 성남시	성남시 건식사료화시설	건식	80
경기 성남시	성남시 건식사료화시설	건식	150
경기 안양시	안양시 사료화시설	건식	96
경기 하남시	하남시 사료화시설	건식	10
경기 하남시	하남시 사료화시설	건식	20
경기 동두천시	남은 음식물처리장	건식	15
강원 횡성군	횡성군 음식물류 폐기물 자원화시설	건식	10
충북 청주시	청주시 음식물자원화시설		20
충남 서청군	남은음식물사료화시설	습식	10
전북 전주시	전주시 음식물류 폐기물 자원화시설	탈수, 건조	300
전북 부안군	부안군 음식물쓰레기 자원화시설	발효, 건조	7
경북 구미시	구미시 남은 음식물 사료화시설	건식, 습식	95
경남 마산시	남은음식물공공자원화시설	습식	40

출처) 음식물류폐기물 처리시설 현황(2007), 2008, 환경부

음식물 사료화 민간시설 현황은 다음 〈표 4-28〉와 같다.

<표 4-28> 음식물류폐기물 처리시설현황(민간시설 현황)

구 분	총합	건식	습식	건식습식	기타
사료화시설	104	17	85	1	1

자료) 음식물류폐기물 처리시설 현황(2007), 2008, 환경부

(나) 국외 기술적용 사례

● 미국

<표 4-29> 미국의 음식물류 폐기물 처리현황

총 발생량 (2003)	처리비율	
	소각 및 매립	퇴비화 및 사료화
27.6백만 톤/년	97%	3%

출처) USEPA(2005) "Municipal Solid Waste Generation, Recycling, and Disposal in the United States

● 일본

<표 4-30> 일본의 음식물류폐기물(식품폐기물) 발생현황

연도	2003년	2004년	2005년
소각·매립	1,772(91.3%)	1,932(87.9%)	1,973(89.8%)
퇴비 등(비료화)	52(2.7%)	135(6.1%)	106(4.8)
사료화	104(5.4%)	105(4.8%)	119(5.4%)
기타	12(0.6%)	-	-

자료) 일본 환경성(2005c) "식품폐기물의 발생 및 처리현황"

다. 바이오가스화(혐기성소화)

(1) 기술개요 및 특징

(가) 혐기성 소화 정의

혐기성소화처리는 예전부터 기술이 확립되어 발전되어 오고 있는 전통적인 기술로서, 비교적 기온이 온난한 지역에서 액상 및 반고상 폐기물의 처리에 이용되었다. 대부분의 공정에서 고형물의 함량이 10%이내인 것에 적용되고 있으며, 최근의 기술발전에 의하여 고형물이 25% 전·후인 고형상 폐기물에도 적용이 시도되고 있다.

혐기성소화처리는 일명 "메탄발효" 라고도 하며, 주된 목적은 폐수 혹은 폐기물처리와 동시에 메탄이라는 에너지를 회수하기 위하여 적용되고 있다. 즉, 혐기성소화는 산소가 없는 무산소 상태에서 분해 가능한 유기물을 분해 시켜 메탄으로 전환시키는 것이다. 생물학적 처리 범

주 내에 포함되며, 초기에는 통성혐기성균이 작용하여 가수분해와 산발효를 시키고, 산소가 고갈되는 지점에서 편성혐기성균이 메탄을 생성하게 된다.

예전에는 중국 등에서 분뇨처리목적으로 사용이 되었으나, 1900년경부터 하수처리의 슬러지 감량화 기술로서 환경 분야에 접근이 되었으며, 1950년대 후반에는 효모제조폐수 등의 공장폐수처리에 응용화 되었다. 초기에는 1개의 반응에서 처리하는 단상메탄발효조가 주로 이용되었으나, 1970년대 후반부터 산분해 과정과 메탄생성단계를 분리한 2상식메탄발효조로 발전하였으며, 여기에 미생물군을 담체에 고정화한 고정상식, 유동상식 등 고효율메탄발효조가 개발되었다.

<표 4-31> 혐기성 소화의 특징에 따른 분류

분류 기준	분 류	특 징
함수율	건식 혐기성	- 함수율 : 65~70% - 주로 단상법으로 설계 - 함수율 60% 이하에서 반응기 내부의 이송을 방해하고, 미생물의 분해 활동을 저해할 위험성 증가 - 반응기 용량의 최소화
	습식 혐기성	- 함수율 : 90% 내외 - 반응기 내에서 혼합과 이송이 용이 - 소화가스 방출 및 열과 물질의 이송과 교환조건이 양호 - 반응기 용량 증가
반응 온도	중온소화	- 온도조건 : 35~37℃ - 고온소화에 비해 에너지 소비 및 암모니아 발생비율이 낮음 - 고온소화에 비해 적용 사례가 많음
	고온소화	- 온도조건 : 50~55℃ - 위생적인 측면에서 중온소화보다 양호 - 중온소화에 비해 약 10% 더 높은 가스 생산율 및 유기물 분해율 - 소화과정 중에 가온에 필요한 높은 에너지 소비 - 혐기분해에 장애가 되는 암모니아 발생비율이 높음
상	단상소화	- 한 반응기 내에서 혐기박테리아 대사의 모든 과정이 병행으로 실시
	2상 소화	- 두개의 반응기에서 가수분해, 산생성, 아세테이트생성, 메탄생성단계의 조건을 구분하여 운영 ※ 가수분해 및 산생성단계, 아세테이트 및 메탄생성단계의 2상 으로 운전하는 경우가 많음

메탄발효는 활성슬러지법이 보급되면서 적극적으로 사용되는 않았으나, 1970년대 중반 석유파동 이후에 회수가스(CH_4 60~70%, CO_2 30~40%)를 연료로 하여 이용하는 것이 가능하고, 많은 양의 공기를 통기시켜야하는 활성슬러지법과 비교하여 소비전력이 적은 장점 등으로 인해 적극적인 석유대체에너지수단으로서 도시폐기물(음식물류 폐기물, 하폐수 처리 슬러지 등)의 많은 바이오메스로부터 에너지 회수를 목적으로 하는 연구가 활발히 진행되었다. 현재에는 에너지사정이 안정되고, 메탄이 지구온난화의 원인이 되는 주된 물질 가운데 하나이기 때문에 적극적인 에너지 회수를 위한 목적으로 설치된 플랜트는 드문 실정이며, 폐기물(폐수)처리를 주된 목적으로 하고 에너지를 부수적으로 얻는 에너지절약 플랜트로서 많이 가동되고 있는 추세

이다.

지금까지 폐기물을 최종 처분하는 수단으로 사용된 매립지도 기본적으로 혐기성소화원리이며, 또한 최근에 폐수의 고도처리에서도 탈질을 유도하기 위하여 호기성처리와 혐기성처리를 병용하고 있다. 혐기성처리의 한계점은 대상 폐기물이 고농도폐수에 한정하여 적용이 가능하며, 최종 배출수는 방류수기준에 적합한 수질기준을 만족시키는 것이 불가능하기 때문에 반드시 별도의 호기성처리가 연계되어야 한다는 점이다.

(2) 혐기성소화의 원리 및 일반개론

(가) 유기물의 분해 원리

● 분해의 기본원리

혐기성소화는 유기물을 여러 미생물의 분해 작용에 의하여 메탄으로 전환하는 일련의 프로세스이며, 이러한 프로세스는 〈그림 4-12〉에 나타낸 것처럼 4단계로 구분하는 것이 가능하다.

즉 고형상의 유기물을 액상화하고 가수분해하는 과정, 식초산, 프로피온산, 부틸산을 생성하는 저급지방산(휘발성유기산, VFA)생성 과정, 이들을 식초산 및 H_2가스로 분해하는 과정, 이들 산물을 이용하여 메탄을 생성하는 과정으로 설명 된다.

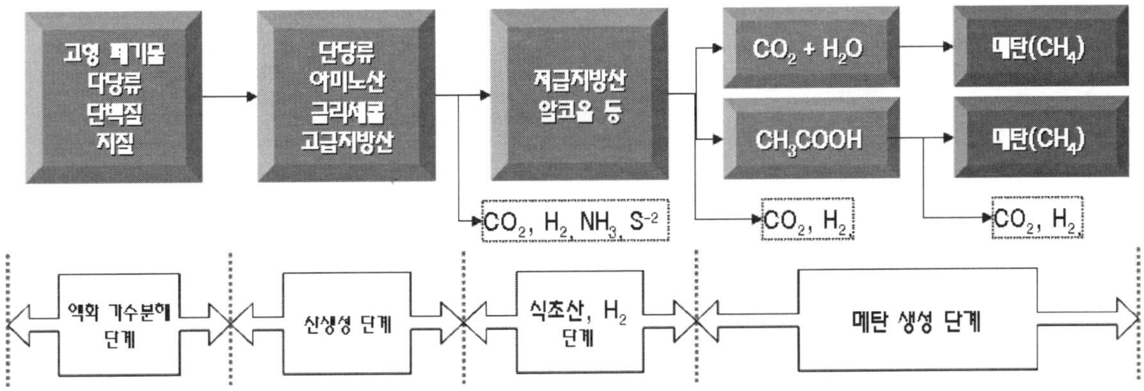

<그림 4-12> 혐기성소화에 의한 유기물의 분해단계

최근에는 각각의 반응과정에 작용하는 미생물도 서로 상이한 것으로 알려지고 있다.

예전에는 부틸산 및 에탄올로부터 메탄을 생성하는 미생물이 알려져 있었으나, 이들은 하나의 균이 작용하는 것이 아니고, 공생미생물에 의한 것으로 밝혀졌다.

다시 말하면 실제로는 하나의 반응조내에서 미생물군이 공생계를 만들고, 이들 미생물이 서로 연계되어 메탄발효가 진행되는 것이다.

(나) 유기산과 메탄의 생성단계

상기에서 제시된 유기물의 분해단계를 산생성 단계와 H_2와 식초산을 생성하는 단계를 하나로 할 경우에 이는 다시 3단계로 구분하여 설명이 가능하다. 즉, 가수분해, 산생성 단계, 메탄 발효 단계이며, 이러한 일련의 과정을 거쳐서 CH_4와 CO_2가 생성되는 것이다.

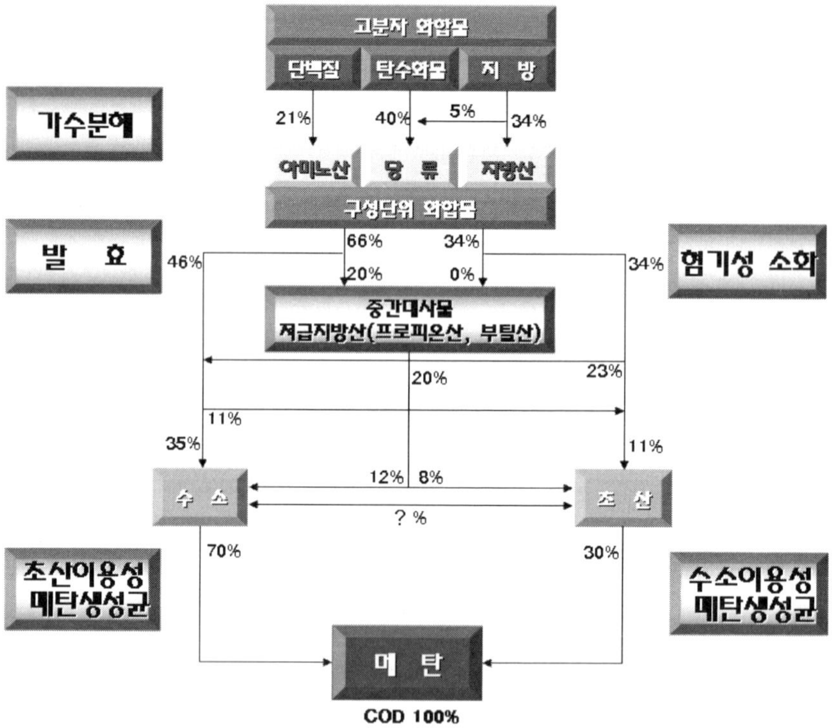

<그림 4-13> 메탄생성단계 및 각 단계에서 분해대상물의 변화과정

● 1 단계 : 가수분해단계

1차로 지질(Fats)는 세포외 효소인 Lipase에 의하여 가수분해되는데, 단순지질의 경우 1몰의 중성지질로부터 1몰의 글리세롤과 3몰의 고급지방산이 생성된다. 글리세롤은 알코올의 분해경로에 따라서 더 분해되며, 고급지방산은 보다 저급의 지방산을 거쳐 아세트산과 수소로 분해 된다. 그러나 조건에 따라서 프로피온산과 브티르산으로 되는 경우도 있다.

Cellulose의 경우 주로 섬유소, 반섬유소성분 등의 복합고분자의 형태로 유입되며 이러한 고분자물질이 세포에 의하여 최종적으로 대사되려면 먼저 물에 용해되어 저분자로 분해되어야 한다. 따라서 이러한 기질에 대한 혐기성반응의 선행단계는 가수분해이며, 가수분해는 여러 세균으로부터 각각 특이하게 분비되는 세포외효소에 의하여 연쇄적으로 수행된다. Cellulose는 가수분해에 의하여 포도당으로 분해되며, 이렇게 분해된 저분자물질은 세포에 의하여 섭취된 후 이화 및 동화된다. 섬유소의 경우는 아래와 같이 3단계의 가수분해를 거쳐서 포도당으로 전환된다.

하기의 식에서 C1, C2, C3 는 각각 특이한 가수분해효소이다. 이렇게 분해된 포도당이나 기타의 단당류는 세포에 흡수되어 에너지공급을 위한 해당경로를 거쳐서 피루브산까지 중간 분해된 후, 혐기성상태에서 다시 여러 지방산, 알데히드, 알콜, CO_2, H_2 등 다양한 물질로 생성된다. 이때의 생성물질 분포상태는 pH, 온도, 가수분해 등 환경조건에 따라서 달라진다.

$$\text{천연 cellulose} \xrightarrow{C1} \text{직쇄 Cellulose 단편} \xrightarrow{C2} \text{Cellobiose} \xrightarrow{C3} \text{포도당}$$

단백질은 Pseudomonas, Proteus, Bacteriaceae, Bacillaceae속 세균의 효소에 의하여 다음과 같이 가수분해 된다.

$$\text{Protein} \xrightarrow{P1} \text{Proteoses} \xrightarrow{P2} \text{Peptones} \xrightarrow{P3} \text{Peptide} \xrightarrow{P3} \text{Amino acids}$$

아미노산은 세포에 섭취되어 암모니아, 이산화탄소, 아세트산, 포름산, 프로피온산 등으로 생성된다. Fats, Cellulose, Proteins 등이 가수분해된 후 발효세균에게 섭취되어 생성된 이러한 물질들은 아직도 상당 수준의 에너지를 함유하고 있지만 일반 발효세균이 더 이상 소화하지 못한다.

● 2 단계 : 유기산(저급지방산) 생성단계

유기산 생성단계는 산과 아세트산생성으로 진행되는데, 산생성은 기질이 가수분해된 후부터 이산화탄소, 수소, 여러 가지 카르복시산으로 생성될 때까지의 과정이다.

여기에서 생성된 기질을 이용하여 3차의 세균군에 의하여 직접 메탄으로 전환될 수도 있다. 이 과정은 열역학적으로 볼 때 반응조 내의 수소분압이 낮을 때에 일어난다. 반응조의 수소분압이 저급지방산을 생성하게 되며, 그 결과로 프로피온산, 브티르산, 에탄올 등 환원 물질이 생성된다. 산생성의 이화작용은 다음 두가지 중의 한 경로를 밟는다.

기질 → CO_2 + H_2 + 초산

기질 → 프로피온산 + 부틸산 + 에탄올

첫 경로에서 생성된 물질은 3차의 세균군에 의하여 직접 메탄으로 전환될 수 있다. 첫 경로의 반응은 열역학적으로 볼 때 반응조내의 수소분압이 충분히 낮을 때에 일어난다. 반응조 내의 수소분압이 높을 때에는 둘째 경로를 밟게 되며 그 결과로 프로피온산, 브티르산, 에탄올 등 환원물질이 생성된다.

아세트산생성은 둘째 경로로 생성된 프로피온산, 부티르산 등 유기산과 에탄올 등을 아래와 같이 대사한다.

$$CH_3COO^- + 3H_2O \rightarrow CH_3COO^- + HCO_3^- H^+ + 3H_2 + 75.4$$

$$CH_3CH_2CH_2COO^- + 2H_2O \rightarrow 2CH_3COO^- + H^+ + 2H_2 + 42.3$$

$$CH_3CH_2OH + H_2O \rightarrow CH_3COOH + 2H_2 + 9.6$$

● 3 단계 : 메탄생성단계

3차에서의 메탄생성은 메탄생성균에 의해 이루어지는데 메탄생성균은 형태상으로 Methanobacterium, Methanococcus, Methanosarcina, Methanospirillum의 4속으로 분류되고 있다. 이러한 세균들이 직접 이용할 수 있는 기질은 아세트산, 수소, 이산화탄소, 포름산, 메탄올뿐이며 이외의 지방산과 알콜 등은 비메탄세균과 메탄세균의 상조 하에 메탄과 이산화탄소로 전환된다. 이러한 비메탄세균이 일부의 아세트산 생성 세균이며, 또한 지방 및 단백질을 혐기성으로 발효시킬 때 가장 많이 생성되는 중간물질이 아세트산이고 최종발효산물인 메탄의 약 70%가 아세트산으로부터 전환된다고 한다.

중탄산(HCO_3^-)은 다시 이산화탄소로 전환되는데 그 비율은 pH에 따라서 다르며 이산화탄소가 용존 형태로 전환되면 최종적으로 메탄이 생성되게 된다.

$$CH_3COO^- + H_2 \rightarrow CH_4 + HCO_3^- + \text{energy}$$

$$4H_2 + HCO_3^- + H^+ \rightarrow CH_4 + 3H_2O + \text{energy}$$

첫 경로를 제외한 메탄생성의 대부분은 이 둘째 경로를 통하여 이루어지는데, 이 둘째 경로는 혐기성반응 전체를 좌우할 만큼 낮게 유지함으로서 아세트산생성을 가능케 하는 역할을 하기 때문이다.

또한 메탄생성세균은 환경 변화에 따른 적응능력이 약하고 증식속도가 느리므로 온도, pH 등의 조건을 적합하게 안정시키는 것이 중요하다. 호기성 및 혐기성과정의 분해상태를 비교하면 호기성상태에서는 유기물구성원소가 모두 호기성미생물에 의해 산소와 결합된 상태로 발생되기 때문에 악취가 발생되지 않고 또 발열량이 높아 퇴비기초재의 각종 병원균과 씨앗들을 사멸시킬 수 있는 장점이 있다. 하지만 혐기성상태에서는 H_2S, NH_3 등의 가스가 발생되어 악취를 유발하며, CH_4 가스가 발생되어 에너지원으로 이용될 수 있으나 발열량이 적어 인공적으로 가열하지 않으면 필요 온도에 도달하지 못하는 단점을 가지고 있다. 중온 가열에 필요한 CH_4 가스량은 발생되는 CH_4의 1/3정도 이고 고온에는 거의 대부분의 CH_4 가스가 소모되는 것으로 알려지고 있다. 그러나 악취는 반응조를 밀폐 시키면 거의 완전하게 제어가 가능하며, 오수도 동시에 처리할 수 있기 때문에 장래 관심이 큰 처리방식이다.

(3) 주요 처리공정

혐기성소화공정은 유기성폐기물을 전처리에 의하여 액상에 슬러리상태 혹은 용해시켜, 혐기성 소화에 의하여 유기물을 분해시키고, 분해과정에서 얻어지는 메탄가스를 가스를 회수하여 보일러에 의하여 온수 및 열을 회수하여 반응기 가온용의 에너지를 얻거나, 발전에 의하여 전기를 생산하는 공정이다. 혐기성소화는 반응 후에 고농도 소화여액이 발생한다. 이 소화여액의 처리장에 따라서 하수와 병합처리하거나, 자체에 폐수처리설비를 설치하여 폐수를 처리하여 방류기준까지 적합하게 처리한다.

혐기성소화는 1차적으로 전처리된 유기성폐기물을 산발효조로 유입시켜 유기산을 생성시킨 후 메탄발효조로 유입시켜 유기물을 안정화함과 동시에 부산물로 메탄가스를 생성한다. 이때 생산된 메탄가스는 탈황설비를 거쳐 가스 저장조에 일시적으로 저장 시킨 후 보일러 및 발전기 연료로 활용할 수 있다.

이와 같이 혐기성 소화설비를 2상으로 구성함으로써 메탄발효조의 충격부하에 대한 완충능력을 향상시키고 발생된 가스중 메탄함량을 증가시킬 수 있다. 또한 소화조 운영을 위해서는 외부에서 에너지 공급에 의한 반응조의 가온이 필요하며, 반응조의 온도를 35℃에서 하는 중온소화, 55℃에서 운전하는 고온소화로 구분하는 것이 가능하다.

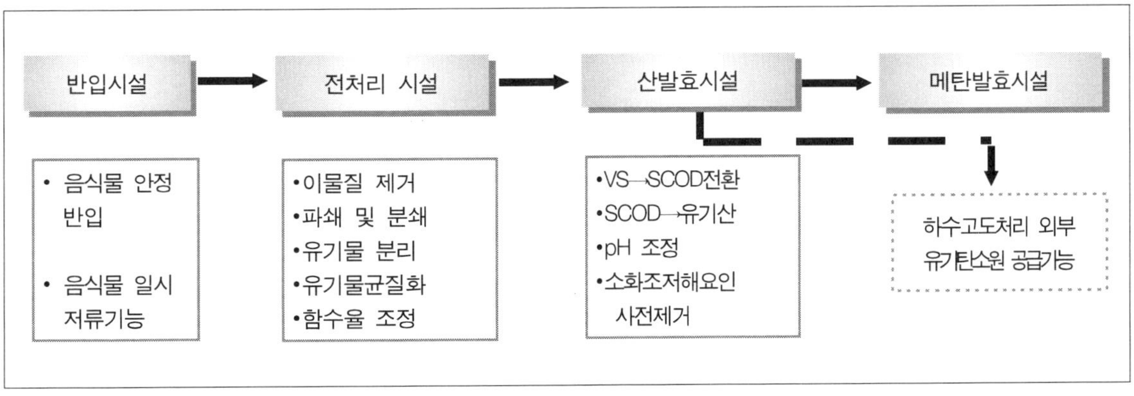

<그림 4-14> 혐기성소화 시설의 공정구성

● 반입시설

반입공정은 이전에 서술된 사료화 및 퇴비화공정과 동일하며 수거된 유기성폐기물을 처리공정에 유기성폐기물이 안정적으로 투입할 수 있도록 하는 시설이다. 반입호퍼 용량은 투입유기물을 2일분 이상 저장할 수 있도록 하여 유기성폐기물을 정량적으로 공급이 가능하도록 하여야 하며, 시설라인은 가능한 한 2계열로 구성하여 비상시에도 시설 운영이 가능하도록 한다. 악취발생이 최소화 되도록 설계하고, 계절적 변동량을 고려한 설계를 해야하며, 안정적 설비운전 및 유지관리가 용이하도록 해야 한다.

● 전처리 시설

전처리 시설은 투입된 유기성폐기물을 파쇄 및 선별하여 처리공정에 방해를 주는 이물질은 제거하고 선별된 유기물을 Ø10mm이하의 미세입자로 파쇄한 후 반입되는 유기물을 탈수액 및 신수를 공급/ 혼합하여 함수율을 90% 정도의 현탁액으로 만들어 후속공정인 산/메탄발효조에서 가수분해 및 메탄 발효반응이 원활하게 이루어지도록 하는 것이다.

투입된 유기물은 파쇄하여 Ø10mm 이하의 미세입자가 되도록 하여야하며, 투입된 유기물중의 이물질을 선별할 수 있는 전처리 기기를 선정해야하고 선별효율이 우수하고 소요동력이 낮아야 한다.

전처리시설 중에서 선별공정이 중요하며, 선별방식은 크게 건식선별과 습식선별 공정이 있다. 현재 국내에는 건식선별공정이 주로 이용되고 습식공정은 설비면에서는 단순하지만 안정성 면에서 많은 문제점을 야기하고 있다.

습식공정을 이용할 경우에 공정수를 재이용함으로 용수의 사용량을 줄이는 것이 가능하며, 폐수의 발생량도 줄여 소화조 및 폐수처리에 부하를 줄일 수 있다. 그러나 계속적인 재사용에 의하여 탁도가 상승될 수 있으며, 염분농도가 축적되어 역으로 유기물폐기물의 고형물에 염분농도를 증가시킬 수 있다.

습식선별방식의 경우 현탁액의 재순환 가능횟수는 2회 미만이고, 2회 이상 재순환시 NaCl 0.5% 이상으로 혐기성 발효에 저해를 주며, 비중 및 점도증가로 선별효율 저하가 발생 한다 따라서, 국내 유기물폐기물의 경우는 건식선별에 의한 이물질 분리가 적합한 것으로 판단된다.

이러한 습식선별 다음의 공정으로 혼합탱크가 필요하며, 혼합탱크는 내부의 유기성폐기물 현탁액을 펌프에 의해 순환시키면서 미립화, 혼합, 균질화가 이루어지며, 또한 산발효 미생물의 식종 및 pH저하 억제를 위한 pH조정도 이루어진다.

전처리시설의 주요기기는 유기물 이송설비, 건식 혹은 습식 선택파쇄선별기(SPC), 자력선별기, 파쇄기 & 미세분쇄기, 혼합탱크로 구성된다.

● 혐기성소화조

혐기성 소화조로 처리하는 경우 유기물폐기물의 전처리와 후단공정은 비슷하게 이루어지나 유기물폐기물을 분해시키는 공정에서 차이가 뚜렷하게 나타난다. 즉 반입된 유기물폐기물은 선별·파쇄공정을 거쳐 이송되어 1차산발효과정을 거쳐 혐기성소화조로 보내진다.

혐기성소화조로 투입된 유기물폐기물는 처리시스템에서 정한 온도로 유지하고 교반조 내부의 전단계(가수분해), 1단계(산발효), 2단계(메탄발효) 과정을 통하여 일정기간동안 체류되면서 안정화되어 메탄가스가 발생된다. 이때 발생되는 메탄가스는 이송되어 저장된 후 열에너지원이나 전기를 얻은 원료로 이용된다.

혐기성소화조에서 유기물폐기물의 혐기성소화가 원활하게 진행되기 위해서는 유기물함유율, C/N비, 소화온도, pH, 알카리도, 독성물질 등의 운전조건을 잘 맞추어 주고 혐기성소화조의 상태를 수시로 파악하여 이상 유무를 파악하면서 관리하여야 운전의 적정성을 기할 수 있다.

● 산발효 시설

산발효 시설은 고분자 유기물을 미생물이 분해하기 좋은 저분자로 분해하고 채소류등 셀룰로우즈 성분이 전처리를 통한 음식물의 균질화를 이루고 메탄소화조 투입시 저해요인을 최소화시키는 것이 필요하다.

산발효시설의 주요 설계인자는 온도, pH, 체류시간 등이다. 온도는 고온소화에서는 53~55℃, 중온소화에서는 35~37℃ 정도를 유지한다. 산발효단계에서는 유기산이 지속적으로 생산되어 산성으로 진행되는 것으로부터 pH는 산발효 저하를 방지하기 위해 5이상을 유지하며, 체류시간은 VS의 S-COD 전환율 증가를 위해 12시간 이상의 저류시간을 갖는다.

산발효조에서는 유기산, 지급지방산 생산되어 악취가 발생함으로 악취에 대한 적절한 대책이 강구되어야 한다. 산발효를 위한 적절한 미생물의 환경 유지가 필요하며, 이를 위해서는 온도, pH, 체류시간를 적절하게 유지해야 한다. 특히 유기산의 급격한 산발효로 인하여 소화조내 국부적인 pH 저하로 인한 영향을 방지하는 것이 필요하다.

산발효조 특징은 55℃인 고온소화로 운전될 시에 유해균 사멸로 멸균시설이 불필요하며, 산발효조 내부온도를 유지하기 위하여 발효조 외부를 온수코일로 보온하여야 한다. 짧은 시간내에 산발효가 일어나므로 반응조에서 빠른 혼합이 이루어지도록 교반기의 설치가 필요하며, 발생가스의 적체가 되지 않도록 산발효조 상부에 모인 가스를 가스 이송 블로워로 강제 배출하여 가스의 축적 및 분압 발생을 방지하여야 한다. 또한 발효조 하부로 가라앉는 이물질을 콘베이어로 배출한다.

산발효조의 주요기기는 산발효조, 산발효조 배출물 열교환기, 교반기, 가스 이송 블로워로 구성되어 있다.

(4) 메탄 발효 시설

메탄 생성균에 의해 유기물을 메탄 및 이산화탄소로 분해하여 유기물량을 감소시킴과 동시에 연소가 가능한 에너지원으로 메탄가스를 회수한다. 현탁액의 신속한 메탄균 분해작용을 위해 온도, pH, 흐름의 안정성 및 혼합정도 등의 반응 여건조성 및 유지가 필요하다. 소화일수는 14일 정도이고 생성된 메탄 및 이산화탄소 가스는 신속 배출하여 가스 분압에 의한 반응

저해를 방지하여야 한다.

분해 소요기간을 최적화 하여 안정적 운영 유지 및 메탄발효조의 소화용적을 최소화하여야 하며, 유기성폐기물 유입물량 변동 및 비상사태에 대비하여 소화조를 2계열화로 구성하는 것이 바람직하다. 메탄소화조내의 분해작용, 안정화 및 분해 완료된 물질을 균일하게 배출하기 위해 Plug-Flow 상태를 유지한다.

최적온도 및 소화일수에 의하여 분해효율을 극대화하여 소화일수를 14일정도로 단축하고, 발효조의 용적 감소로 부지를 효율적 이용 가능하여한다. 소화조 내부의 기계적 구동부를 배제하여 설비를 수명 연장시켜야 하며, 발효액이 발효조내 교반 및 각종 다공판 Hole 등을 설치하여 완전혼합이 이루지게 한다.

Impulse Mixing System 등에 의하여 2계열의 메탄소화조간에 발효액을 교대로 주입하여 소화조내의 혼합을 촉진한다. 초기 운전에서는 메탄발효조내의 발효액중 일부를 산발효액 유입구로 주입하여 메탄 생성균을 식종하여 발효촉진을 유도하고, 인근의 혐기성소화시설로부터 소화액을 식종하여 시운전을 한다. 메탄발효조는 메탄 발효조, 교반시스템, 온수 열교환기 등으로 구성되어 있다.

<표 4-32> 단상 혐기성소화방식과 2상 혐기성소화방식의 비교

항 목	단상 혐기성소화방식	2상 혐기성소화방식
원 리	단일 반응조에서 산발효, 메탄발효가 동시에 진행	1상 : 가수분해 및 산발효조 2상 : 메탄발효조
외부전경		
장 점	·습식 및 건식, 중온, 고온 선택적용이 가능 ·유지관리가 용이 ·초기설치비가 저렴	·단상에서 발생되는 유기산 축적에 의한 메탄소화 과정에 미치는 영향이 매우적어 효율이 우수함 ·충격부하에 대한 대처능력이 큼 ·높은 안정성으로 효율적운전이 가능
단 점	·각 단계별 반응 과정의 최적 조건을 맞추기 어려움 ·처리시설이 상대적으로 단순해지나 산발효 과정에서 생성된 유기산 축적시 반응조의 상운전이 어려움	·산발효조의 pH충격부하에 대응으로 반송물량이 큼 ·유지관리가 상대적으로 어려움 ·초기설치가 많음

(가)가스 이용설비

● 가스정제 및 저장설비

혐기성소화설비는 다른 자원화방법과 달리, 생성되는 메탄가스를 에너지원으로 이용하는 것

으로 최근에는 바이오가스화라고 말하고 있다. 재이용을 위해서는 탈황설비를 거쳐 가스 저장조에 일시적으로 저장시킨 후 보일러 및 발전기 연료로 활용할 수 있도록 하여야 한다. 이를 위해서는 열교환기, 순환펌프, 탈황기, 가스저장고가 이용 전단계에 필요하다.

열교환기는 고온·고압 유지에 의한 열교환 효율을 증대시켜야 하며, 압력 조절에 의한 온도 제어로 적정 온도 유지가 가능하여야 한다. 순환펌프는 고점도, 저함수율 유체 이송에 적합한 것으로 채용해야 하며, 내부 와류 발생 최소화 및 공동현상 발생에 대한 내성 및 내마모성이 높은 것으로 부식성에 강한 재질 적용으로 내구연한을 연장시켜야 한다.

탈황기는 습식과 건식이 있으나, 일반적으로 유지관리가 용이하다는 점으로부터 건식을 많이 적용하고 있으며, 최적의 용량설계 및 효율 95%이상이 되는 설비 적용으로 가스이용설비의 부식 방지 및 독성 대기 오염물질 생성 방지시켜야 한다.

가스 저장조는 생산된 메탄가스의 일시적인 저장 기능을 갖고 있으며, 가스유출 최소화시키기 위하여 이중 멤브레인 구조를 하기도 한다.

또한 때에 따라서는 발생되는 가스량이 많은 경우에 잉여가스를 연소시키는 설비가 필요하며, 잉여가스를 연소하는 것에 의하여 대기오염을 최소화하는 것이 가능하며, 안전사고 예방 및 용이한 유지관리를 위해 연소탑을 선정에 주의를 기울여야 한다. 또한 가스이용설비의 유지보수를 고려한 최적의 용량을 설계한다.

● 가스이용설비

가스이용설비는 가스터빈 발전기와 보일러로 구성되며, 메탄발효조로부터 생산된 가스 발전기 원료로 활용하여 전력을 생산하거나 보일러 연료로 이용하여 스팀을 생산함으로써 효율적인 폐기물 재이용을 유도하는 설비이다.

먼저 가압송풍기는 포터 및 블레이드의 기밀성이 높은 것으로 효율이 우수하고 동력비 절감되는 것으로 한다. 완벽한 씰링으로 가스 누출이 없는 설비를 선정하고 고성능 강제식 자동 급유 방식으로 수명이 길고 내구성이 뛰어난 설비 적용한다. 또한 소음 및 진동이 적어 운전환경 개선 효과가 크고, 내부식성이 강하고 견고하며 구조가 간단하여 유지관리가 용이한 것으로 한다.

가스발전기는 혐기성 소화과정에서 생산된 메탄가스를 효율적으로 활용할 수 있도록 가스엔진 발진설비를 구성하고 생산전력을 시설내에서 원활히 사용할 수 있는 안정적 설비로 한다. 생산된 에너지 활용율을 극대화할 수 있는 설비로서 과부하에 대하여 연속 정격의 110% 부하에서 연속 1시간 이상 운전이 가능한 설비 적용하고, 정격 회전수의 120%에서 1분이상 운전이 가능하도록 한다. 전압 및 주파수 변동율이 5% 이내로 안정적 전력생산이 가능한 효율적 설비 선정하고, 기타 각종 경보기능 및 안전설비 적용으로 이상 현상 발생시 전동설비 및 시설보호가 가능한 구조로 한다.

가스경유 겸용 보일러는 자동제어 방식으로 유지관리가 용이하여야 하며, 가스 및 경유 겸용설비 적용으로 생산된 메탄가스 이용율을 극대화할 수 있도록 용량을 설계한다.

역화방지설비 적용으로 가스저장설비 및 이용 설비의 안전사고 발생 가능성 배제하고, 연소시 발생되는 배기가스 누출이 없는 기밀을 유지하고, 주기적인 노내부 청소가 가능한 것으로 한다. 보일러 및 소화조 가온에 이용되는 증기의 공급을 위해 메탄가스와 경유를 겸용할 수 있는 보일러 설비를 계획하고 생산된 자원의 효율적 재활용 가능하도록 설비를 구성한다.

다. 국내외 기술적용 사례

(1) 국내 기술적용 사례

(가) MSW-AD 공법

현재 우리나라에는 두 종류의 혐기성 플랜트가 운전이 되고 있다. 그 중 첫번째인 MSW-AD 공정은 에너지 연구소(KIER; Korea Institute of Energy Research)에서 개발된 것으로, 파일롯 플랜트는 1996년 한라 엔지니어링 및 중공업에 의해 건설되었으며 하루 5톤 규모의 음식물쓰레기를 처리하였다.

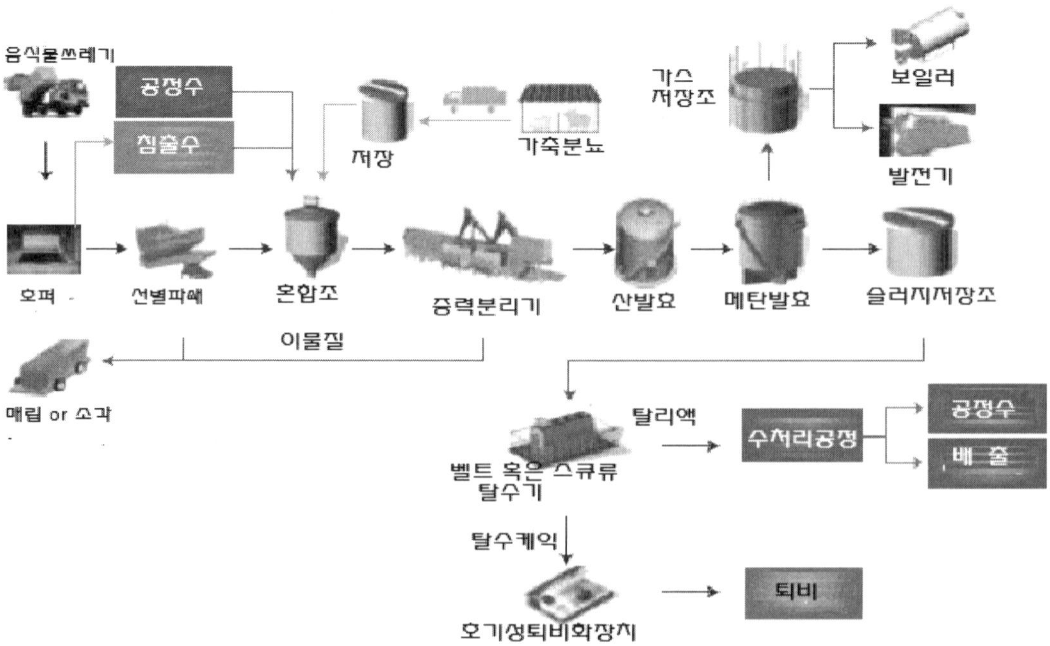

<그림 4-15> MSW-AD 공정의 개요도

초기의 파이롯트는 안양시 소각 플랜트 내에 위치하였으며,시당국에 의해 분리 수거된 음식물쓰레기를 공급받고 처리하였다. 또한 분쇄기, 드럼 스크린, 자력 분별기와 같은 전처리 시설도 가지고 있어 분리 수거되지 않은 음식물쓰레기도 처리할 수 있도록 설계되었다.

선별된 유기물은 산발효 과정을 거친 후 15-20일정도 중온소화조에서 메탄으로 전환된다. 이 공정은 1997년 의왕시에도 하루 15톤 규모로 건설되어 운전되었으며, 현재는 파주시, 동탄 신도시 등에 음식물류 폐기물처리로 설치되어 있다.

(나) 수평형혐기성 발효 공법

다음의 공정은 독일 BAUER KOMPOST company에 의해 개발되어 (주)D사에 의해 1998년 도입된 BKF 공정으로 동해시에서 하루 10톤의 음식물쓰레기를 처리하였으며, 반응기간은 20~25일이며 수평형의 발효조에서 고온(55℃)의 조건으로 운전되었다.

다른 플랜트가 1999년 대전시 유성구 금고동 매립지 내에 건설되어 하루 10톤 규모로 운전되었다. 그러나 이 2개의 플랜트는 현재 가동이 정지되어 있는 상태이다.

본 시스템의 경우에는 탈리액의 액비화를 강조하고 있으나, 액비의 년간수요처 확보에 어려움이 있는 것을 알려져 있다. 최근에 액비와 동시에 필요시에 수처리까지 함께하는 공정으로 설계되고 있다.

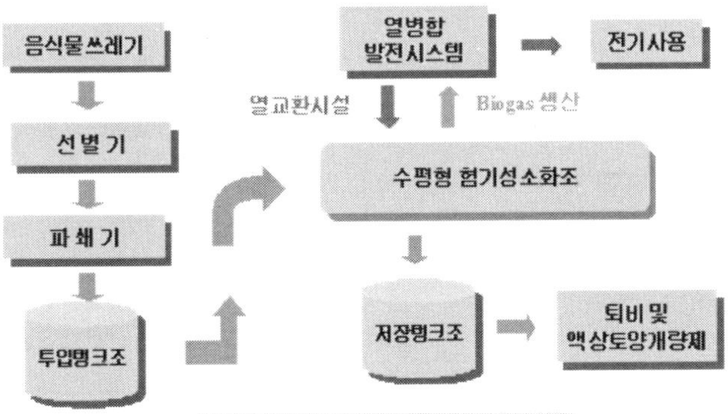

<그림 4-16> 수평형 혐기성발효 공정의 개요도

(다) 건식 단상 혐기성 발효 공법

S건설에서 외국기술을 도입하여 부산 생곡매립장에 설치하였으며, 100톤/일의 2기가 가동

중에 있다. 본 혐기성발효조의 특징은 건식으로 운전되는 것이며, 발효조내부 물질의 고형물 함량을 15%이상으로 유지하고 있으며, 이러한 농도는 타사의 8%이내에 비교 시에 상당히 높은 농도이다. 처리공정은 초기에 이물질을 제거하기 위하여 파쇄선별하고 탈수공정이 없이 그대로 발효조에 투입하며, 투입되어진 물질이 혐기성소화조에서 분해되어 소화액으로 배출되어질 때에 응집제 첨가 원심분리에 의하여 고액분리하여 고형물을 다시 반응조로 재순환시킨다.

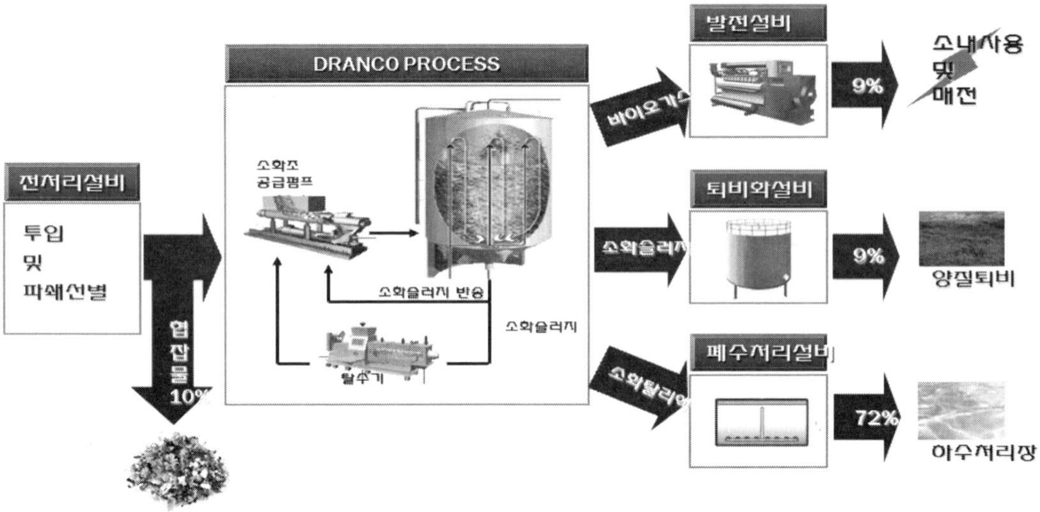

<그림 4-17> 건식단상혐기성 소화시스템의 개요도

(라) S사 P시 자원화시설 사례

● 기술현황

기 술 명	DRANCO PROCESS
기 술 분 야	음식물자원화 분야
처리대상물	음식물류폐기물, 농축슬러지, 산업유기물 쓰레기
기술적용분야	건식단상고온 혐기성소화

● 기술의 원리 및 개요

유기성 폐기물을 혐기성으로 분해하는 프로세스로 음식물류폐기물, 농축슬러지, 산업유기물 쓰레기 등을 처리하는 공법입니다. 혐기성 소화를 통해 바이오가스형태의 에너지를 생성함과 동시에 후단의 호기성 퇴비화과정을 통해 양질의 퇴비를 위생적으로 생산하는 기술.

선별효율이 뛰어난 자동파쇄선별기를 설치하여 음식물파쇄 및 협잡물 제거효율(95%이상)이 높고, 유기물을 파쇄 후 반송슬러지와 혼합, 접종하여 단기간 내에 메탄균을 균질화하여 소화조로 공급하므로 소화조 효율을 높여 경제성이 우수하다. 고온소화로 병원성 세균을 감소시키며 반응속도가 빠르기 때문에 안정적으로 처리할 수 있고, 가스발생량이 일반 혐기성 소화방식보다 20%이상 많아 다량의 가스로 발전하여 자체 에너지 수요를 충족시킴은 물로 잉여전기 판매로 경제성을 갖출 수 있다. 건식으로 가수가 없으므로 폐수발생량이 적어 폐수처리를 경제적으로 처리가능하며 밀폐구조로 악취의 유출이 없으며, 포집이 쉬워 악취 발생이 거의 없고, 소화조에 교반장치가 없으므로 고장이 없으며 유기물의 높은 제거효율로 발생 퇴비량이 적다(높은 감량화율).

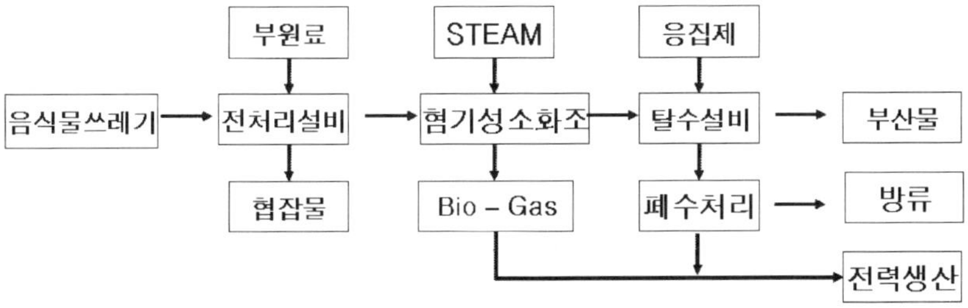

<그림 4-18> 처리계통도(S사 P시)

(마) D사 I시 자원화시설 사례

- 혐기성소화조 처리 방법 및 운전시간
  - 처리방법 : 생물학적처리(Up-flow Anaerobic Sludge Bracket)
  - 운전시간 : 24시간

- 기술의 개요

최근에 UASB(Up-flow Anaerobic Sludge Bracket), FB(Fluidized Bed) 및 AAFEB (Anaerobic Attached Film Expanded Bed)와 같이 고농도 미생물을 보유할 수 있는 교율 혐기성장치의 개발로 인하여 혐기성 폐수처리 장치가 광범위하게 적용되고 있다.

특히 UASB는 1980년대 네덜란드에서 공법이 개발되어, 급속하게 확산된 기술로서, 상향류로 내부수를 순환시켜 내부소화슬러지를 유동화시켜 줌으로, 슬러지가 자기입상화 되도록 하여 혐기성미생물에 의하여 메탄을 생성하고, 유기물을 분해시키는 시스템으로서 효율을 개선하면서, 과부하에 대한 대비를 하기 위하여 제안된 기술이다.

UASB 공정의 중요한 잇점은 일반 혐기성 반응조와 비교하여 많은 양의 활성미생물을 보유함으로서 고농도의 유기물 부하의 적용이 가능하다. 특히 UASB공저을 이용한 용해성 폐수의 처리시(휘발성산 용액, 알콜폐수) 20~25kg COD/㎥ day의 높은 유기물 부하에서도 안정적인 처리가 가능한 것으로 알려져 있다.

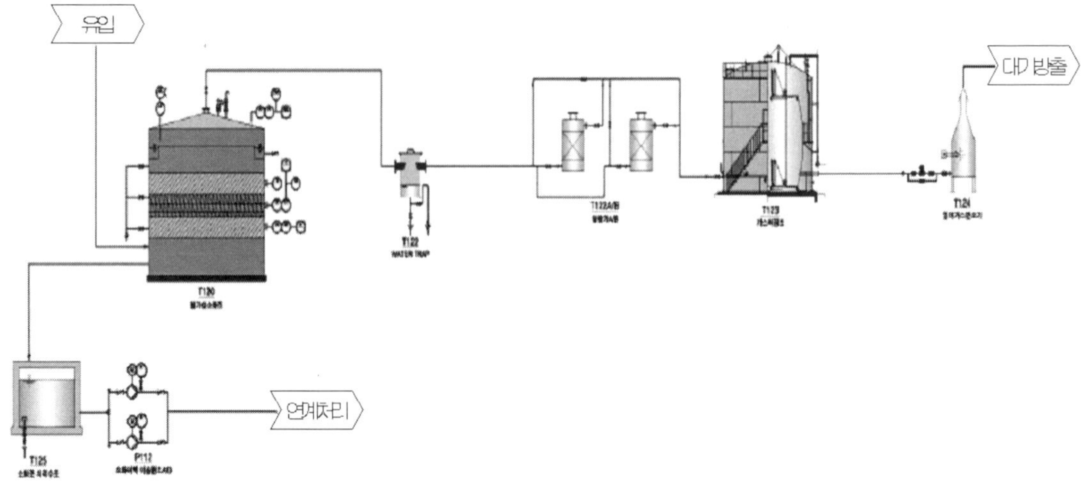

<그림 4-19> 처리공정도(D사 I시)

(2) 국외 기술적용 사례

(가) 공정별 소화 공법의 개요 및 소개

● DRANCO Process

DRANCO(DRy ANaerobic COmposting) Process는 TS 함량이 30~35%인 유기성 도시폐기물을 혐기성 소화시키기 위해 1980년대 초 벨기에에서 개발된 공법으로 유기성 도시폐기물에서 에너지를 회수하고 Humus 형태의 최종산물을 얻는 공정이다.

DRANCO Process의 첫 공정은 폐기물로부터 유기성분을 분리하고 이 폐기물의 크기를 감소시키는 작업이다. 전처리 과정이 끝난 유기물은 다음 단계의 고효율 소화조에서 2~3주간 소화시켜 가스를 생산하고 생산된 가스는 발전기에 의해 전력으로 전환된다. DRANCO 공정에 의해 생산된 전력의 30~50%는 소화조 운전을 위해 자체적으로 소비한다. 고속발효된 내용물은 후속 안정화조(Deactivation Reactor)에서 더욱 안정화되며, 잔류물은 스크류프레스를 이용하여 TS 65~75%로 탈수되고 탈수여액은 유입된 기질의 함수율을 조절할 때 사용되거나 응집제와 혼합되어 필터 프레스에서 재탈수된 후에 증발기에서 분리된다. 필터프레스 케익은 스크류 압착기 및 증발기의 건조슬러지와 혼합되어 Humus를 만들게 된다.

1993년에 OWS(벨기에)의 기술제공으로 Salzburger Abfallseitigung GmbH & Co. KG가 오스트리아 Salzburg에 시공하여 동년 11월 시운전에 들어가 6개월간 15,000톤/년의 용량으로 운전하고 1994년 7월 이후 정상운전 중인 것으로 보고 되고 있으며, 매우 우수한 공정으로 알려져 있다. 상업화 공정으로 Salzburg 외에 벨기에의 Brecht에도 플랜트를 시공하였다.

<표 4-33> DRANCO Process 개요 (건식 고온 PFR)

구 분	항 목	자 료 (단 위)	비 고
원료 폐기물 및 가스이용	도시폐기물	60(톤/일) 유기성	TVS 제거율 36%
	메탄가스 생산 (60% 메탄)	8,400(㎥/일)	
	메탄가스 이용(가스엔진) 열효율 85%(전력36%, 열49%)	총 46,200kwh/일 전력 17,200kwh/일 열 22,000kwh/일 발전용량 750kw	
공 정 개 요	총 발효조 용적	1,888㎥	-
	발효조 온도	55℃	-
	폐기물 전처리	Manual sorting Hammer Mill Screen(40mm)	Capacity data
	체류시간	21일	HRT
	폐기물 후처리	press to 50%DM with 40% VS composting 2-3Week	17톤/day 퇴비 (Humotex)
경제성 개요	초기투자(1988)	150백만 쉴링	100억원
	폐기물 단위무게 당 운전비	1,000쉴링	$85
	설치장소	오지리(Salzburg)	
	발효조 내 고형분	미 상	투입 30-35%

● VALORGA Process

VALORGA Process는 분쇄된 고형폐기물의 유기성분이 중온 조건에서 TS 35%로 유지되어 반응기로 유입된 후 반연속식(semi-continuous)으로 운전되는 공정이다. 〈표 4-34〉에 VALORGA 프로세스의 개요를 정리하였다. 이 공정은 도시폐기물을 파쇄하여 유기물질을 회수하고 메탄공정으로 투입시키기 위한 유기성 폐기물을 선별하는 전처리 공정과 유기성 폐기물을 고속메탄발효시키는 메탄발효조와 잔류물을 소각처리하는 후처리 시설로 구성된다.

유입폐기물은 소화 잔류물의 탈수기로부터 생성된 여액과 혼합하여 메탄발효조에 필요한 수분함량을 조정하여 반응의 최적화를 도모한다. 메탄발효조가 중온으로 운전되는 경우, 폐기물은 15일, 고온에서 운전되는 경우는 약 9일간 발효시킨다. 메탄발효조에서 발생되는 가스의 일부는 반송시켜 반응조 내용물의 혼합에 이용한다.

1988년에 Valorga S.A가 시공하여 1990년 내외에 Gaz de France가 인수하여 Valorga Process S.A.로 운영하고 있으며 공정의 개발자는 랑크독 후시용 과학기술대학(Montpellier소재)이다. 세계 최초의 상업화 공정으로 아미엥 외에 타히티와 화란의 Tilburg에도 플랜트를 시공하였다. 최근에는 고온 혐기성 소화공정도 개발에 착수하였다.

<표 4-34> VALORGA Process 개요 (건식 중온 CSTR)

구 분	항 목	자 료 (단 위)	비 고
원료 폐기물 및 가스이용	도시폐기물	180(톤/일) 혼합 120(톤/일) 유기물	TVS제거율 : 36%
	메탄가스 생산 (60% 메탄)	18,200(㎥/일)	
	메탄가스 이용(가스엔진) 열효율 85%(전력36%, 열49%)	총 100,100kwh/일 전력 36,000kwh/일 열 49,000kwh/일 발전용량 1,500kw	
공 정 개 요	총 발효조 용적	3× 2,400㎥	-
	발효조 온도	37-40℃	-
	폐기물 전처리	Screening Magnet, separator Crushing and Air separation	Capacity data N.A.
	체류시간	17-25일	HRT
	폐기물 후처리	25% DM effluent, press to 55% DM	50톤/day 55% DM 발생 퇴비화 이용
경제성 개요	초기투자(1988)	160억	미상
	폐기물 단위무게 당 운전비	26,000원	자본비용 불포함
	설치장소	프랑스(Amiens)	-
	발효조 내 고형분	24-28%	투입 30-35%

● Vegger Process

1985/1986년 W.W. Engineering사에 의하여 시공되었으며 1988/1989년 Vegger Energiselskab에 의하여 전면적인 개수가 시행되었다. 개수의 요점은 가스엔진 발전기 부문과 산업폐기물을 추가 투입할 수 있도록하여 가스수율을 높인 것이며 축산폐기물의 저장조에도 멤브레인 방식으로 커버를 설치하여 메탄가스를 회수할 수 있도록 한 것이 특징이다. Vegger 프로세스의 특징은 〈표 4-35〉와 같다.

● BIOCEL Process

네덜란드에서 개발된 공정으로 설비 및 유지관리비가 저렴한 공정이다. 초기에 연속적인 공정보다는 회분식 운전이 경제적이라는 측면에서 고려되었다.

BIOCEL Process는 혼합이 없는 회분식 반응조로 운전되며, 초기에는 휘발성 유기산의 축적에 비례하여 pH 저하가 이루어지고, 그 다음 단계는 휘발성 유기산이 감소하는 기간이 되어 pH가 회복된다. 초기의 pH저하 기간이 짧을수록 유기물의 평균 분해율은 높아진다.

또한 투입되는 고형물의 크기가 작아질수록 고형물 체류시간이 길어진다. 이 반응조는 혼합이 존재하지 않기 때문에 함수율을 유지하는 것이 중요한 변수로 작용되며, 일반적으로 통상 28% 정도의 TS 농도가 적당한 것으로 밝혀졌다.

<표 4-35> Vegger Process 개요 (습식 고온 CSTR)

구 분	항 목	자 료 (단 위)	비 고
원료 폐기물 및 가스이용	우분뇨	36(톤/일) 75%	산업폐기물은 식품 공장슬러지 식용유폐 기물, 어류 폐기물 등
	산업폐기물	12(톤/일) 25%	
	메탄가스 생산	4000(㎥/일)	
	메탄가스 이용	가스엔진(400kw), 연소로	
공 정 개 요	총 발효조 용적	800㎥	
	발효조 온도	56℃	
	폐기물 운반	19㎥ Tanker	
	체류시간	17일	HRT
	기타 설치장소 반응기중 고형분	덴마크(Vegger) 덴마크(Herning) 10% 미만	
경제성 개요	초기투자(1985)	DKK 13.4 Mill	1 DKK = 0.15$ 16억 800만원
	폐기물 단위용적 당 처리비	30 DKK/㎥	50% 수송비
	폐기물 단위용적 당 수입	49 DKK/㎥	80% 가스판매 20% 수수료

● SEBAC Process

SEBAC(SEquential Batch Anaerobic Composting)은 도시고형폐기물 중의 유기 성분으로부터 메탄과 퇴비의 생산을 위해 Florida 대학에서 개발된 공정이다.

전체 공정은 3단계로 이루어지며, 유기물을 메탄으로 전환하기 위한 초기운전과 반응의 완결이 이루어지는 2개의 반응조로 구성되어 있다. 먼저 잘게 분쇄된 유기성 폐기물을 반응조 1에 넣고 활동적이고 오래된 반응조 2의 유출수를 반송하여 반응조 1에 식종하고 수분을 조절한다. 또한, 반응조 1에서 생성된 유기산을 반응조 3에 공급하여 반응조 1에 생성물 저해를 방지하며, 반응조 3에서는 반송된 유기산을 메탄으로 전환시킨다. 반응조 2는 식종된 반응기로 회분식으로 운전한다. 반응조 3은 고형물의 분해와 식종의 역할이 끝나면 폐기처분하고 반응조 1의 단계로 돌아가 새로운 고형폐기물의 유기성분을 다시 채운다. SEBAC 공법은 약 TS 35%인 유기성 도시폐기물에 사용되며 이 때 유기물부하는 3.2gVS/ l /day이다.

● Wabio Process

Wabio 프로세스에 대한 내용은 〈표 4-36〉과 같다.

<표 4-36> Wabio Process 개요 (습식 중온 CSTR)

구 분	항 목	자 료 (단 위)	비 고
원료 폐기물 및 가스이용	도시폐기물	70(톤/일) 60%	도시폐기물과 하수슬러지를 통합처리 하는 것을 특징으로 함
	산업폐기물(하수슬러지)	40(톤/일) 40%	
	메탄가스 생산 (60% 메탄)	8,470(m^3/일) 77(m^3/톤폐기물)	
	메탄가스 이용(가스엔진) 열효율 85% (전력36%, 열49%)	총 49,126kwh/일 전력 17,685kwh/일 열 24,071kwh/일 발전용량 750kw	
공 정 개 요	총 발효조 용적	1,900×2m^3	전처리 70×2m^3
	발효조 온도	35℃	-
	폐기물 전처리	햄머밀 27톤/hr 스크린 27tph (dXL 2,900×8,500) Magnet, Separator	미분리수거 및 분리 수거폐기물 하수슬러지 동시처리
	체류시간	17일	HRT
경제성 개요	초기투자(1990)	$ 12,000,000	96억원
	폐기물 단위무게당 운전비	$49/$m^3$	자본비용 60%, 운전비용 40%, 전처리 (18%) 공정 (22%)
	폐기물 단위용적당 수입	$78/$m^3$	$68/톤 폐기물 수수료 징수시
	설치장소	핀랜드(Vaasa)	-
	발효조 내 고형분	15%	-
	자본회임 기간	11.1년	-

- Snamprogetti Process

1992년에 이 200톤 규모의 플랜트를 Snamprogetti S.P.A가 시공하여 운전하는 것으로 보고하였다. 단 1994년 발간한 IEA Task force report에는 건설예정인 공장으로 분류되고 있다.

<표 4-37> Snamprogetti Process 개요 (반건식 고온 CSTR)

구 분	항 목	자 료 (단 위)	비 고
원료 폐기물 및 가스이용	도시폐기물	200(톤/일) 60%	도시폐기물의 대량 처리를 특징으로 하는 공정 TVS 제거율 40%
	메탄가스 생산 (60% 메탄)	26,000(m^3/일)	
	메탄가스 이용(가스엔진) 열효율 85% (전력36%, 열49%)	총 148,200kwh/일 전력 53,000kwh/일 열 72,000kwh/일 발전용량3×1,000kw	
공 정 개 요	총 발효조 용적	2,800m^3	추정
	발효조 온도	55℃	
	폐기물 전처리	Data N.A.	
	체류시간	14일(최대)	HRT
	폐기물 후처리	belt filtering to 25% TS, then press to 50% TS	42.2톤/day 90% TS 발생 유동상 소각

● BIOMET Process

BIOMET Process는 스웨덴에서 연구된 공법으로 co-digestion 공정으로 운반된 도시고형폐기물과 하수슬러지를 혼합하여 TS가 15%정도로 조절하여 처리한다. 처리공정은 운반되어 온 도시고형폐기물을 파쇄하여 유기성 고형물을 분리하고 하수슬러지와 혼합한 후 기계적인 hydropulper로 분쇄하고 무거운 무기질 성분을 분리한 후 소화한다.

마. 외국의 혐기성소화에 의한 가스 및 부산물 활용 현황

(1) 중국

아시아에서 혐기성발효방식에 대하여 오랜 역사를 지닌 국가는 중국이다. 중국에서는 농촌지역에 사는 840만의 중국인이 만들어내는 농업부산물, 인분, 축분, 음식물쓰레기를 처리하기 위하여 분산식 시스템인 혐기성소화조를 설치하기 시작했다. 이 사업은 1970년부터 시작되었으며, 시설의 형태는 주택용 혐기성소화조였다. 이 사업에 의하여 현재 중국에는 농촌지역 주택의 약 5백만 가구에 혐기성소화조가 설치되어 있다. 혐기성소화조를 설치한 가구에서는 인분, 축분, 볏짚, 감자줄기, 잡초 등의 농업부산물을 함께 처리하고 상한 음식, 곡식껍질, 잡초 등 타 유기물질은 소량 첨가한다. 30년 전 소화조가 처음 설치될 시기에는 볏짚이 주로 이용되었는데 이는 타 유기물이 적었기 때문이다. 초기 소화조는 규모가 컸고 기계적인 청소장비를 이용하였다. 그러나 곡식줄기는 쉽게 분해 되지 않아 상층에 1m정도의 두꺼운 층을 형성하였다. 그 층은 매년 제거를 요했고 반응도 효과적으로 이루어지지 않았다. 이 문제를 해결하는 유일한 방법은 소화조의 투입구를 설치하는 것이었다. 그러나 이 방법은 작업도 어려웠고 산소가 없는 상태에서 생물가스가 폭발할 위험성도 안고 있었다. 이러한 문제점을 개선하는 방향으로 반응조의 구조는 지속적으로 발전하여 왔다. 원통형의 주반응조에 원형뚜껑이 달려있고, 유입물은 투입구를 통하여 바닥으로 공급된다.

초기의 반응조에는 유출수 저류조가 설치되어 있었으며 수면아래로 연결파이프가 있었다. 청소가 쉽도록 반응조 상부에 뚜껑을 설치하였다. 가스누출을 방지하기 위하여 뚜껑은 무겁게 제작하였다. 투입구는 비교적 컸으며, 수동으로 쓰레기를 넣을 수 있도록 외부에 설치하였다. 오늘날의 구조는 단순화되어 졌고, 반응조의 상부에 투입구가 없다. 유출수 저유조와 반응조는 연결되어 있고, 화장실과 축사는 직접 연결되어 있다. 반응조는 정부로부터 훈련받은 기술자나 주택소유자가 직접 설치하며, 기술자는 지역의 거주자로 본업이외에 부업으로 이 일을 한다. 반응조의 건설소재는 콘크리트나 블록으로 중국의 농촌지역에서 쉽게 구할 수 있다. 대부분의 반응조는 새로운 축사와 변소의 설치 시 연계하여 설치된다. 설치기간은 1주일 정도이고 자재비와 인건비를 포함한 총비용은 $80정도이다. 현대식 자동주입시스템은 운전과 유지관리를 더욱 편리하게 만들었다. 축사와 화장실로부터 나온 폐기물은 직접 반응조로 유입된다. 많은 가정에서 유출수는 없고 단지 세척수만이 유입된다. 어떤 보고에 따르면 6㎥의 반응조에 매일 주입되어야할 투입물은 30kg의 분뇨 및 타유기물과 50kg정도의 물과 요라고 한다. 반응조로 유입되는 순수한 고형물은 대략 8% 정도이어야 한다. 농부들의 입장에서 반응조를 설치하는 주요한 이유는 60%의 메탄을 함유하는 소화가스를 활용하기 위해서라고 한다. 가스생산은 온도에 영향을 받는데 평균 대기온도가 10℃이하에서는 생산이 장해를 받는다. 소화가스는 주로 취사와 광열에 이용된다. 소화가스는 한 가족이 사용하는 전기량의 약 60%를 공급한다. 대부분의 부엌에는 가스버너와 함께 전통적인 연료스토브가 설치되어 있어 가스생산이 낮아지는 동계에는 볏짚, 목재, 석탄 등을 취사용으로 이용한다.

반응조의 유출수는 무취의 흑색 슬러지로 주로 농업용 퇴비로 이용된다. 다른 용도로는 돼지 급이보조제, 버섯재배매체, 물고기 사육 사료, 지렁이 사육매체, 씨의 발아매체 등이 있다 (Glenda Gies, 1997.3).

(나) 프랑스

유럽지역에서는 퇴비화를 음식물쓰레기의 마지막 처리수단으로 간주하고 있지 않다. 공정을 호기성에서 혐기성으로 전환하면 에너지를 회수하고 남는 부산물을 퇴비원료로 활용할 수 있기 때문이다. 소각시설은 인구 50만이상의 지역을 요구하지만 혐기성소화시설은 훨씬 작은 규모로 건설할 수 있는 장점이 있기 때문이다.

유럽 지역 중 프랑스는 바이오메스로부터 생물가스를 생산하고자 하는 실험을 최초로 수행한 국가이다. 퇴비에 대한 시장수요가 지속적으로 창출되었으므로 새로운 시도에 대한 위험성이 다른 유럽국가보다 작았다. 유기성 가정폐기물로부터 소화가스를 생산하는 최초의 시설은 1984년 4월에 Isere지역 La Buisse에 Valorga Company에 의하여 세워졌다. 시설용량은 연간 16,000톤이었다. 이 시설의 경험을 바탕으로 동회사는 Amiens에 또다른 시설을 건설하였다.

(다) 벨기에

1984년 벨기에의 Gent지역에서는 연간 1,000톤을 처리하는 실험시설이 설치되었다. 이 시설은 Valorga시설과 유사한 1단계 반응시설이었다. Gent시설은 고온조건인 55℃에서 운전하여 살균도 가능하였지만 Valorga시설은 중온조건인 37℃로 운전되었으므로 이어지는 퇴비화 단계에서 살균이 되도록 하였다.

Gent에 있는 그 시설은 수분이 매우 낮은 상태로 운전하며, 고온조건에서 운전하므로 부산물은 호기성 퇴비화 반응물과 거의 같다.

독일의 Garching에는 연간 100~150톤 용량의 소규모 시설이 1987년에 건설되었다. 흥미로운 사실은 이 시설이 반응단계를 분리하고 있다는 점이다. 이렇게 하여 체류시간이 15~20일에서 2일로 줄었다. 동시에 가스회수율도 0.3Nm³ CH_4/kg-건조유기물에서 0.35~0.4Nm³ CH_4/kg-건조유기물로 증가하였다.

(라) 덴마크

오늘날 덴마크는 가정폐기물로부터 소화가스를 생산하는 가장 선도적 국가 중 하나이다. 많은 다른 국가들과 비교할 때 덴마크에서 소화가스의 생산은 매우 매력적인 방법인데, 특별한 덴마크의 세금구조 때문이다. 소각 및 예치폐기물에 대하여 덴마크에서는 톤당 130DDK의 세금을 부과하고 있다. 이 세금은 음식물쓰레기가 소화가스시설이나 퇴비화시설로 가지 않는 한 반환되지 않는다. 동시에 가정용 화석연료의 높은 에너지비용은 소화가스의 가치를 더욱 높이고 있다. 예를 들어 화석연료에는 톤당 약 2,000DDK의 세금이 부과되고 있다.

덴마크의 Hillerod지역에는 실험시설이 연간 300톤의 시설용량으로 1989년에 설치되었다. 이 시설은 여러 가지 실험조건에서 운전 중이며, 특히 운전 수분의 저하에 목적을 두고 있다. 이 시설은 거의 고온조건에서 운전되고 있다. 1990년에 북동부 Zealand의 Elsinore지역에는 야심찬 2단계 실규모 시설이 연간 2만톤의 용량으로 설치되었다. 처리대상은 분리수거된 가정계 바이오메스이었다.

덴마크의 다른 지역에서는 유기성 가정폐기물과 농업폐기물의 혼합처리에 대한 관심을 두고 있다. 1990년에 Northern Jutland의 Aaborg에서는 농업시설에 유기성 가정폐기물을 혼합 처리하는 시험을 시작하였다(Ib Larsen, 1993).

4. 건식계 바이오매스 활용기술

건식계 바이오매스는 최종적으로 열에너지 및 전기를 생산하는데 중점을 두고 에너지 생산방법에 따라 직접연소, 혼합연소, 그리고 간접연소로 대별된다. 현재 연소는 스토커형, 선회류형, 유동상식 연소로 등 다양한 방법으로 활용되고 있다. 〈표 4-38〉는 건식계 바이오매스의 열화학적 변환기술에 대해 나타내었다.

1) 건식계 바이오매스 개요

건식계 바이오매스란 농작물, 목재, 폐목재 또는 부산물, 식물(수상식물 포함) 잔디, 잔류섬유 등의 재생에너지로 쓰일 수 있는 모든 유기물 중 셀롤로오스(Cellulose) 및 리그닌(Lignin)으로 구성된 목질계 자원으로 주로 목본식물과 초본식물을 의미하며 이들에서 파생된 제품이나 그것의 폐기물 즉 목재, 폐목재, 종이 등을 포함한다.

또한 건식계 바이오매스에 대한 국내 기술개발의 경우, 60~70년대 산림녹화사업을 통해 축적한 산림자원을 이용하여 에너지로 활용하고, 속성수를 심어 지속적인 에너지원 공급이 필요한 것으로 나타났다.

숲가꾸기 부산물 및 폐목재와 같은 바이오매스를 정부는 2012년의 전체 발생량의 12%, 2020년의 24%에 해당하는 목재칩 또는 목재펠렛 형태로 가공하여 전용보일러 연료로 공급하도록 추진하고 있는 것으로 나타났다. 이를 위해 목질계 부산물의 공급 확대 및 수집효율 증대, 바이오매스 활용시설 확충 등이 필요하다.

<표 4-38> 건식계 바이오매스 열화학적 변환 기술

분류	변환기술	대상 바이오매스	실용화 정도	기 술 개 요
열화학적 변환	직접연소	건식계	실용화	직접 연소하여 열로서 이용거나, 보일러 발전을 하는 기술
	혼소	건식계	실용화	석탄화력발전소 등에서 석탄 등의 화석 자원과 바이오매스를 혼합 연소하는 기술
	고형연료화	건식계	실용화	100~150℃로 가열하고 목분 또는 목분과 석탄의 혼합물을 가압, 리그닌을 바인더로해서 성형 고화하는 기술
	가스화	건식계	실용화	바이오매스를 완전 연소하기 위해서는 불충분한 산소 또는 공기조건으로 열처리하고, 주로 열분해에 의해 생성하는 가연성 가스를 얻는 기술
	열분해	건식계	실용화	바이오매스를 1초 이하의 단시간과 500~600℃의 고온으로 폭기하고, 급속히 냉각하는 것에 의해 가스화를 억제, 유상(油狀) 생성물을 얻는 기술
	탄화	건식계	실용화	바이오매스를 공기 공급하지 않고 가열하고, 탄소를 주성분으로 하는 고형연료를 얻는 기술

자료) 폐목재 관리체계 개선 및 재활용 활성화 방안 연구, 2007, 국립환경과학원

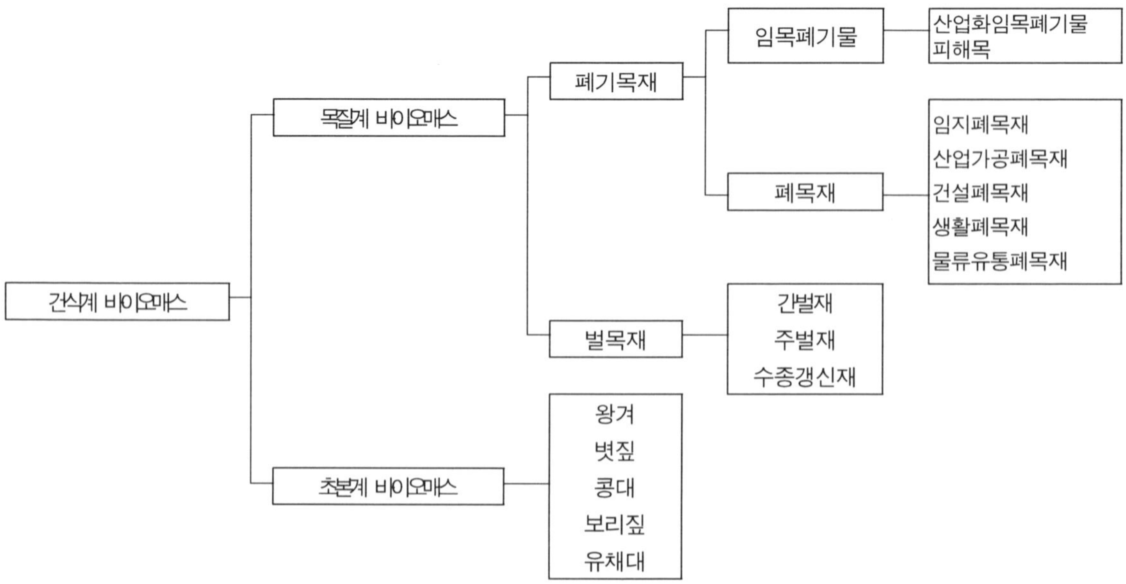

<그림 4-20> 건식계 바이오매스 분류

(1) 목질계 바이오매스[17)]

(가) 폐기목재

산림훼손으로 발생하는 목재 폐기물이나 산업활동 과정에서 발생하는 목재 잔여물, 그리고 다양한 용도로 사용된 후 폐기되는 목재를 의미한다.

폐기목재는 다시 목재의 사용을 목적으로 하지 않은 상태에서 발생하는 임목폐기물과 목재의 사용을 목적으로 하는 인간의 활동에서 발생하는 폐목재로 구분할 수 있다. 또한 폐기목재는 임목폐기물(산업화임목폐기물, 피해목)과 폐목재(임지폐목재, 산업가공폐목재, 건설폐목재, 생활폐목재, 물류유통폐목재)로 구분할 수 있다.

(나) 벌목재

산림의 관리 및 경영과정에서 발생하며 발생원별로 주벌목, 간벌목, 수종갱신목 등으로 구분된다. 벌목재의 대부분은 주벌 및 간벌 과정에서 발생하여 이물질이 거의 없고 성상이 비교적 균일하여 건조 후 목질칩으로 생산하면 좋은 연료가 될 수 있다.

조림사업, 사업사업, 산림보호사업 등이 성공을 거두면서 산림의 성숙화로 산림 축적량이 증가 추세이므로 향후 활용 가능성이 높다.

바이오매스 잠재량은 줄기뿐만 아니라 가지, 잎, 뿌리 등도 포함된다.

벌목재는 나무들에 알맞은 생육공간을 확보하기 위해 수목의 성장이 거의 이루어진 산림에서 비교적 굵은 나무들을 솎아내는 작업을 간벌이라 하고 이러한 간벌을 통해 발생하는 목재를 간벌재라 한다.

또한 성숙목을 이용하기 위해 실시하는 벌채를 주벌이라 하고 이러한 주벌을 통해 발생하는 목재를 주벌재라고 한다.

마지막으로 고급목재를 생산하기 위한 경제수종을 식재하기 위해 기존의 나무를 벌채하는 작업을 수종갱신이라고 하며 이러한 수종갱신을 통해 발생하는 목재를 수종갱신재라고 한다.

(2) 초본계 바이오매스

초본계 바이오매스는 미곡바이오매스(볏짚, 왕겨) 및 과수바이오매스(전지된 가지)로서 대부분 유가로 판매되고 있거나, 농가에서 축사 및 가축먹이로 자원화되고 있다.

<표 4-39> 미곡바이오매스(볏짚) 활용현황

생산량	사용용도 (단위 : %)				
	계	퇴비	가축사료	판매	과수원
6백만톤	100	59	25	11	5

자료) 농업부문 바이오매스 이용 활성화 전략, 한국농촌경제연구원(2007)

17) 신재생에너지 RD&D 전략 2030 바이오(목질계), 2007, 산업자원부

〈표 4-40〉와 같이 연간 7.9백만톤(볏짚 6백만톤, 기타 왕겨 1.9백만톤)이 발생되어 가축사료, 퇴비 등과 같은 자원화 유가물로 활용되고 있다. 향후 수요가 많고 부가기치가 높은 방향으로 에너지화하는 방안이 필요하다.

(가) 왕겨

알벼(정조)의 약 20%는 왕겨이다. 왕겨는 연료·퇴비로 사용하고 과일을 포장하는데 쓰이며, 왕겨숯·왕겨초액·고형연료 등을 만들어 이용한다.

또한 왕겨에서 규소를 추출하여 세라믹스나 실리콘 및 유리를 만들 수 있을정도로 왕겨는 회분의 90% 이상이 실리카로 구성되어 있다. 미국에서는 왕겨로부터 규소결정체(whisker)를 생산하며, 캐나다는 왕겨재로 특 수벽돌을 만드는데 사용한다.

(나) 볏짚

볏짚은 10a당 보통 500kg 정도 생산되며, 대부분 논에서 생고로 환원되나 제지원료 및 버섯재배에도 이용된다. 예전에는 농촌에서 볏짚을 한우의 겨울 사료로 쓰고 외양간 깃(외양간에 깔아주는 짚)으로도 이용하였다. 또한 볏짚으로 여러 가지 생활용 도구를 만들어 사용하였다. 예를 들면 가마니·새끼·멍석(작은자리)·둥구미(곡식을 담는 그릇)·망태(어깨에 멜 수 있도록 양끝에 길게 고리를 달아 만든 가방같은 것으로 외출할 때 소지품을 넣어 다님)·삼태기(흙쓰레기·거름 등을 담아 나르는 그릇) 등은 모두 짚으로 만들었다.

<표 4-40> 초본계 바이오매스 종류별 에너지 부존량

구분	단위중량당 열량	바이오매스 발생량	바이오매스 에너지량
볏짚	3,312 kcal/kg	6,236 천톤/년	2,065,363 TOE
왕겨	3,433 kcal/kg	1,127 천톤/년	386,899 TOE
보리짚	3,653 kcal/kg	173 천톤/년	63,197 TOE
유채대	3,970 kcal/kg	3 천톤/년	1,191 TOE
콩대	4,044 kcal/kg	272 천톤/년	109,997 TOE

자료) 농업부문 바이오매스 이용 활성화 전략, 한국농촌경제연구원(2007)

2) 건식계 바이오매스 기술

(1) 바이오매스 연소

(가) 기술개요 및 특징[18)]

● 직접연소

직접연소는 공기중의 산소를 이용하여 건식계 바이오매스를 연소시키는 방법으로 감량화, 전염

18) 목질계 바이오매스의 에너지 활용방안, 2007, 산업자원부

병 예방을 위한 화학적 · 물리적인 안정화, 부패성 물질처리를 위한 무해화 처리공법으로 많이 이용되고 있다.

직접연소는 고온에서 운전되는 연소실에서 바이오매스를 이론적 산소요구량 이상으로 충분히 공급한 후 불꽃산화를 수행함으로써 기체상태의 이산화탄소와 수증기로 전환하고 이 과정에서 발생한 연소열을 보일러에서 수증기로 회수하는 것이다. 생산된 수증기는 지역난방 등의 열에너지로 활용하거나 슈퍼히터에서 고압수증기로 만들어 스팀터빈에 적용하여 에너지의 일부를 전기생산에 이용하는 열병합발전(Combined Heat and Power, CHP)에 이용한다. 바이오매스 열병합발전 시스템은 1970년대 본격적으로 상용화되어 현재는 직접연소 기술의 대표적 공정으로 이용되고 있다. 직접연소 기술은 시스템이 비교적 간단하고 최고 60% 정도의 높은 수분함량을 지닌 바이오매스의 처리에 적합하지만 전기 생산효율이 20~25%로 낮다. 현재 산업화된 바이오매스의 직접연소 장치는 대략 고정층연소로(고정격자식, 이동격자식), 유동층연소로(버블유동층, 순환유동층) 등으로 대별된다.

- 고정격자식 고정층 연소로

고정격자식 고정층 연소로는 연료인 바이오매스를 고정된 화격자 위에 올려놓고 연소시키며 생산된 재가 연소시간이 경과함에 따라 격자 위에 누적되는 것이 특징이다. 따라서 일정시간이 경화한 후 생산된 재를 제거하기 위해 연소로 가동을 중단해야하며, 연소재 누적에 따른 균일한 연소특성을 얻기가 어렵다. 이 시스템의 전기생산효율은 20%로 낮고 주로 소규모 에너지 생산용으로 사용된다.

- 이동격자식 고정층 연소로

이동격자식 고정층 연소로는 고정격자식 시스템의 단점을 개선하기 위하여 이동식 화격자를 도입하여 운전 중에 연소재의 연속 제거가 가능하며 보다 높은 효율적 연소를 실현할 수 있다. 바이오매스가 연소실에 투입되면 이동식 화격자 위에서 이동하면서 일차연소가 일어난다. 연소가스는 2차연소실에 들어가 재차 연소되면서 불완전 연소물질이 제거된다. 투입되는 공기량과 화격자 재질에 따라서 연소로 운전온도가 결정된다. 다양한 형태의 이동식 화격자가 개발, 상용화되었으나 지역난방용 또는 집단에너지 생산용 시스템에서는 수냉각시스템이 장착된 경사형 이동식 화격자가 주로 사용되고 있다. 이동격자식 고정층 연소로의 보일러효율은 65~75%이고 전기효율은 20~25%이다.

- 버블유동층 연소로

버블유동층 연소로에서는 분쇄된 바이오매스가 고속 유입되는 공기에 의하여 연소로에서 혼합되어 와류를 형성하면서 연소되는 시스템으로 부유연소로(suspension combuster)로 불리기도 한다. 이 시스템에서는 화격자가 필요 없으나 투입되는 바이오매스의 입자크기는 15 mm 이하로, 수분함량은 15% 이하로 제한되어 연료 준비과정에 많은 운전비용이 필요하다. 보일러

효율은 80%로 고정층 연소로에 비하여 다소 높고, 석탄과의 혼소용 시스템으로 응용이 가능하며 소규모 운영도 가능하다.

- 순환유동층 연소로

순환유동층 연소로는 연소로 내부에 모래와 같은 매질을 유동화하면서 바이오매스를 연소하는 시스템이다. 매질 유동층은 연소로 하부에서 유입되는 공기에 의하여 실현한다. 이 시스템은 투입되는 바이오매스가 고온의 유동화 매질과 접촉하여 빠른 열전달이 가능하므로 높은 연소효율을 기대할 수 있다. 다양한 종류와 수분함량(최고 55%)의 바이오매스 연료에 적합하고 버블층 연소로에 버금가는 보일러효율(65%)을 얻을 수 있다. 전기생산 효율은 20~25%이고 일반적으로 30 MW 이상의 대규모 시설로 적합하다. 대표적인 산업용 유동층 연소로는 매질의 재이용이 가능한 순환식 유동층 연소로이다. 이 시스템에서는 연소로에서 배출된 유동화 매질이 싸이클론에서 고온의 배가스와 분리되어 다시 연소로에 투입되어 재활용된다.

이상의 바이오매스 직접연소 시스템들의 발전효율은 25% 이내로서 석탄의 전기효율 40%에 비하여 매우 낮다. 바이오매스 직접연소가 석탄 연소에 비하여 발전효율이 낮은 이유는 시설규모가 작고 연소온도가 낮아 결국 낮은 온도와 압력의 수증기가 생산되기 때문이다. 일반적으로 스팀터빈의 효율은 수증기의 온도와 압력이 높을수록 높게 나타난다. 따라서 바이오매스 연소시스템의 효율을 높이기 위하여 연료의 전처리, 연소로 규모 확대, 스팀터빈의 개선 등이 필요하며, 최적화 상태에서 최고 34%까지 발전효율을 끌어올릴 수 있을 것으로 전문가들은 판단하고 있다.

- 혼합연소 (Co-firing)

혼합연소는 기존의 발전소에 석탄과 혼합하여 연료로 사용하는 방법이다. 이 기술은 기존의 발전소 주요 장치를 활용함으로써 가장 경제적인 기술이다. 전기생산 효율도 직접연소에 비하여 높은 35%에 달하여 단기적 차원에서 매우 효율적인 바이오매스 연소기술로 평가받고 있다. 그러나 바이오매스를 석탄과 혼소하기 위해서는 톱밥크기(6㎜) 이하로 분쇄하여야 하며 수분함량도 25% 이내로 제한되어 있다. 이는 석탄연소 발전소에서는 주로 유동층 연소로를 택하고 있기 때문이다. 기존 발전소 시스템의 개조 없이 혼소 가능한 바이오매스 양도 2% 이내이나 바이오매스 전용 투입장치와 버너를 활용하면 실질적으로 15%까지 혼소율을 늘릴 수 있다. 일반적으로 석탄연소 발전소 규모가 600~1,000 MW이므로 바이오매스를 석탄의 15%로 사용하면 90~150 MW 규모의 바이오매스 연소 시스템을 운전하는 효과가 있다. 나무로 대표되는 바이오매스 연료에는 황 성분이 거의 없으므로 석탄과의 혼소량이 증가할수록 연소배가스의 황산화물(SOx) 농도가 비례적으로 낮아진다. 그러나 혼소량이 과도하게 많아지면 장기 운전시 바이오매스에 있는 알칼리 성분이 보일러 시스템에 막힘현상(fouling)을 일으킬 수 있으며, 석탄재에 바이오매스 연소재가 섞여 건설재로의 품질 저하를 가져올 수 있다.

● 간접연소

간접연소 기술은 바이오매스를 고온에서 처리하여 가연성 가스를 생산한 후 이를 가스엔진이나 가스터빈에서 연소하여 전기 및 열에너지를 생산하거나 가연성 가스의 개질 등 후처리 반응하여 수송용 연료로 전환한 뒤 내연기관에서 연소하여 에너지를 얻는 기술을 총칭한다. 간접연소의 발전효율이 36~45%로 석탄 화력에 필적하므로 주로 발전용 시스템으로 최근에 개발되고 있으며, 장기적으로는 혼소 시스템을 대체할 것으로 판단된다. 바이오매스로부터 가연성가스 생산은 바이오매스와 이론적요구량 이하의 산소를 고온에서 접촉시켜 실현한다. 구체적으로 가스화 반응은 두 단계에 걸쳐 진행된다. 우선 600℃ 이하 온도에서 고형 바이오매스의 열분해가 진행되어 액상의 유기화합물, 가연성가스, 타르, 수증기 등이 생산되어 반응기에서 배출된다. 남은 고형분(Char)는 공기, 산소, 수증기, 또는 이들의 혼합물과 연소반응하여 열분해에 필요한 반응에너지를 생산한다. 가스화에 필요한 반응열을 연료의 부분연소로 충당하다 보니 총 에너지회수율은 직접연소에 비하여 낮은 60% 내외에 불과하다. 또한 간접연소에 대한 구체적인 부분은 뒷 절의 가스화와 열분해에서 보다 자세히 다루었다.

(나) 주요처리공정

직접연소 장치의 주요 구성요소는 개발된 기술에 따라 다소 차이가 있지만 대략 바이오매스 연료의 흐름 순서대로 연료투입장치, 연소로, 보일러, 슈퍼히터, 배가스 정제장치(멀티싸이클론, 전기집진기), 배가스 에너지회수장치(이코노마이저), 연돌, 연소재 제거장치 등이 있다. (Loo and Koppeian, 2002)

● 연료투입장치

목질계 바이오매스 연료는 일정한 크기의 입도를 갖는 고형연료이므로 연료투입시스템은 액상과 기상의 투입시스템과는 매우 다르고 복잡하다. 특히 대규모 산업용 연소로에서 에너지를 안정적으로 생산하기 위해서 바이오매스 연료를 정량 투입할 수 있는 자동화된 연속시스템이 필요하다. 연료 투입시스템은 두 부분으로 구성되어 있다. 우선 연료를 저장시설에서 투입시스템에 전달하는 근거리 운송시스템과 이를 일정한 유속으로 연소로에 투입하는 시스템이다. 연소실에서 바이오매스 연료를 운반하는 유입장치는 원리에 따라서 벨트컨베이어, 체인컨베이어, 스크류컨베이어, 수입피스톤 피더 등 다양한 종류가 있다.

● 연소장치

연소장치는 연료 투입시스템으로부터 운송된 바이오매스를 불꽃산화하여 고온의 연소가스를 생산하는 장치이고 보일러시스템은 스팀이나 고온수 형태로 고온 연소가스의 에너지를 회수하는 장치이다. 바이오매스 연소공정에서는 연소로와 보일러를 하나의 시설 내부에 설치하는 것이 일반적이다. 또한 100kW급 이상 규모의 산업적 연소시스템은 원리에 따라서 고정층, 유동층, 분말형으로 나누고 고정층 연소시스템은 일반적으로 2개의 연소실을 구성되어 1차 연소실에서는 일차공기가 고정층을 통과하고 이곳에서 바이오매스의 건조, 가스화, Charcoal 연소가 진행되며, 생산된 가연성 가스는 2차 연소실에 유입되어 이차공기에 의해 완전 연소된다. 고정층 연소시스템은 목적에 따라서 다양한 종류가 상용화 되어 있으나 일반적으로 산업용 및 지역난방용 연소시스템은 격자형 화로(Grate Furnace)가 이용되고 있다. 유동층 연소시스템은 연소공기가 반응기 하부에서 일정한 압력으로 유입하면서 바이오매스 연료와 연소가스를 유동화, 혼합하면서 연소시킨다. 유동화 속도에 따라서 버블 유동층(Bubbling Fluidised Bed)과 순환 유동층(Circulating Fluidised Bed) 연소시스템이 있다. 분말 연소시스템은 2㎜이하의 톱밥 연소에 적합하며, 바이오매스 연료를 일차연소공기와 혼합하여 연소실로 유입하면 연료가 부유상태에서 연소되고 이때 생성된 가연성 가스는 이차공기가 유입되면서 완전 연소된다.

고정층 연소로는 연료의 건조, 열분해, 가스화 그리고 연소가 순차적으로 진행되는 1차 연소실과 1차 연소실에서 생성된 가연성 가스를 완전 연소하는 2차 연소실로 구성된다. 연료가 연소로의 격자(grate) 위에 투입되면 연소실 하단에서 서서히 이동하면서 연소가 진행되기 때문에 연소재의 비산을 억제할 수 있다. 따라서 격자형 화로(grate furnace)는 수분함량이 높고 입도가 다양하며 회분함량이 많은 바이오매스의 연소에 적합하다. 격자형화로(grate furnace)는 1차 연소실에서 연료의 운송방법에 따라서 고정형(fixed), 이동형(moving), 순환형(travelling), 회전형(rotating grates), 진동형(vibrating grates) 연소로로 구분된다. (Heermann 외, 2000) 연소로에서의 비산재 발생을 최대한 억제하고 연소 효율성을 높이기 위해서는 화상위에서 이동 중인 바이오매스 연료와 연소물질이 균일하게 분포되어 연소층에 구멍이 생기지 않게 해야 한다. 이를 위해서는 바이오매스 연료의 화상에서의 이동이 매우 균일하도록 1차 연소공기의 균일한 유입이 필요한다. 유동층 연소로는 1960년 이후 고형 쓰레기 소각에 활용되고 있다.

원리에 따라서 버블 유동층(Bubbling fluidised beds, BFB)과 순환형 유동층(Circulating fluidised beds, CFB)이 있다. 연소반응기는 주로 원통형으로 제작하며 반응기 하분에 다공판이 있고, 연소실은 고온의 불활성 입자상 매질이 유동화하며 연소반응을 촉진한다. 유동화는 일차 연소공기가 다공판 하부에서 연소실로 유입되면서 수행한다. 유동화 매질로는 실리카, 모래, 백운석 등이 주로 사용되고 반응기 내부 유동물질의 90~98%를 차지한다. 연료를 유동매질과 함께 유동화함으로써 연료와 공기의 혼합이 효율적으로 일어나고 열전달이 잘되어 결과적으로 적은 공기로 완전연소를 기대할 수 있다. 유동층에서 회분의 소성, 용융을 방지하기 위하여 반응기 온도는 800~900℃를 유지한다. 이를 위하여 반응기 내부에 열교환기를 설치하며 연소배기가스의 순환이나 수냉각을 통하여 반응기 온도를 유지한다.

각로의 바닥에서 1,200~3,500㎜H_2O의 정압을 가진 200~500℃의 열풍 또는 상온공기를 로

내에 주입시키고 유동상의 유동매체를 물이 끓는 것과 같이 유동상상을 형성시켜서 매체의 온도를 700~800℃로 유지하면서 피소각물을 연속적으로 균일하게 투입시켜 유동연소를 하는 방식이다. 유동상 소각로는 불활성층이 미리 가열된 상태에서 태우기 때문에 건식계 바이오매스는 순간적으로 연소하고 열효율이 좋으나 다만 건식계 바이오매스(목재칩, 목재펠릿)의 경우는 투입하기 전에 알맞은 형태로 파쇄하여야 한다. 또한 연소효율이 높아 미연소분 배출이 적고 2차 연소실이 불필요하고, 가스의 온도가 낮고 과잉공기량이 낮아 NOx도 적게 배출되며, 유동매체의 측열량이 높은 관계로 단기간 정지 후 가동시에 보조연료 사용없이 정상 가동이 가능하다는 특징이 있으나 유동상의 마련과 정비, 유동매체의 손실로 인한 보충이 필요하며 운전비, 특히 동력비가 크게 든다.

(다) 장단점

<표 4-41> 연소로의 장단점 비교

항목	장 점	단 점
하부 스토커	• 6MW이하 시설에서 투자비가 낮다 • 연료의 유입이 간단하고 제어가 쉽다 • 간헐적 연료유입에도 배기가스량이 낮다	• 회분함량이 낮고 용융점이 높은 우드연료에만 적용하고 짚이나 곡류는 불가 • 연료의 입도가 균일해야 한다
격자형 화로	• 20MW 이하 시설에서 투자비가 낮다. • 운전비용이 낮다. • 배기가스 중의 Dust양이 적다 • 유동층에 비해 Slagging에 덜 민감하다	• 우드와 짚이나 곡류의 혼소가 어렵다 • NOx를 효율적으로 제거하기 위해서는 별도의 기술이 필요하다 • 높은 과잉산소량(5~8vol%)은 연소효율을 떨어뜨린다 • 연소조건이 균일하지 않다 • 연료 유입량이 다르면 배기가스의 오염물질 농도를 제어하기 어렵다
BFB	• 고온 연소로에서 움직이는 시설이 없다 • 공기의 단계적 공급에 의해 NOx 발생량이 적다 • 다양한 종류와 수분함량의 바이오매스 연소에 적합하다 • 효율적 연소를 위한 과잉산소(excess oxygen)량이 3~4vol% 정도로 배기가스 발생량이 적다	• 투자비용이 높아 20MW이상 규모의 시설 건설에서 검토할 수 있다 • 운전비용이 높다 • 연료 입도가 제한적이다(80mm 이하) • 배기가스의 Dust 함량이 높다 • 연료 유입량이 불규칙하면 특별한 기술이 필요하다 • 회분의 slagging에 다소 민감하다 • 유동매질의 손실이 있다 • 유동층에서 열교환기 튜브의 부식이 비교적 쉽다
CFB	• 고온 연소로에서 움직이는 시설이 없다 • 공기의 단계적 공급에 의해 NOx 발생량이 적다 • 다양한 종류와 수분함량의 바이오매스 연소에 적합하다 • 여러개의 연료유입장치를 사용하여 균일한 연소조건을 유지할 수 있다 • 반응기내의 강한 난류를 형성하여 높은 열전단효과를 얻을수 있다.	• 투자비용이 높아 30MW이상 규모의 시설 건설이 어렵다 • 운전비용이 높다 • 연료 입도가 제한적이다(40mm 이하) • 배기가스의 먼지함량이 높다 • 연료 유입량이 불규칙하면 이차 유동층이 필요하다 • 회분 Slagging에 매우 민감하다 • 유동매질의 손실이 있다 • 유동층에서 열교환기 튜브의 부식이 비교적 쉽다

(라) 국내 · 외 기술사례[19)]

● 국내 기술적용 사례

목질계 바이오매스 발전설비의 도입현황 및 추진계획을 살펴보면 현재 가동 중인 목질계 바이오매스 발전설비로는 2006년 5월 23일 준공되어 서대구 산업단지에서 전력 및 열을 공급 중인 케너택(주)의 열병합발전 설비가 유일하다. 서대구 바이오열병합발전소의 설비용량은 전력 1.5MW (750kw×2기), 스팀 53.5ton/hr(10.7ton/hr×5기)이며 현재 대웅섬유 외 23개 업체에 전력 및 스팀을 공급하고 있다.

연간 목질칩 소모량은 약 120천㎥ 수준이며 개발부산물, 건설폐목재, 숲가꾸기 부산물 등을 이용하여 자체적으로 목질칩을 생산하고 있다. 한편 (주)케너택의 서대구 목질계 열병합발전 설비 외에 현재 사업계획을 수립중인 사업자는 총 4개사가 있으며 이들의 계획 설비용량을 합하면 전력 123.4MW, 스팀 156.3ton/hr에 이른다. 따라서 4개 사업자가 모두 계획대로 목질계 바이오매스 열병합 또는 발전 설비를 건설할 경우 목질계 바이오매수 총 설비용량은 전력 124.9MW, 스팀 209.9ton/hr에 이를 전망이다.

<표 4-42> 목질계 바이오매스 발전시설 설치 계획

사업자	지역	전기용량 (MW)	주관기관	비고
케너택(주)	대구	1.5	53.5	가동중
G사	전북	100	-	계획
H사	미정	3	21.8	계획
N사	전북	14.4	112.5	계획
J사	강원	6	22.0	계획
합계		124.9	209.8	

자료) 국가연구개발과제 정보검색 시스템, 2008

- G사는 전북 군장 산업단지내에 목질계 바이오매스 발전소를 건설할 계획이며, 용량은 100MW(50MW×2기)에 이르는 목질계 바이오매스 발전소로는 대형설비이다.
- H사의 경우 건설 위치는 미정이며, 전력용량 3MW, 스팀용량 9Gcal/hr의 열병합 설비를 계획하고 있으며 투자비는 약 143억원으로 예상된다.
- N사의 제지회사로 전북 전주에 위치한 자체공장의 스팀수요를 충족시킬 목적으로 목질계 바이오매스 열병합설비를 건설할 계획을 수립중이다. 전력용량은 14.4MW, 스팀용량 90ton/hr 규모의 설비를 계획하고 있다.
- J사는 강원도 위치한 사업체로 자체 전력 및 열수요를 충족시킬 목적으로 목질계 바이오매스 열병합발전소 건설을 추진하고 있다. 계획중인 전력용량은 6MW, 스팀용량은 22.0ton/hr이다.

19) 신재생에너지 RD&D 전략 2030 바이오(목질계), 2007, 산업자원부

● 국외 기술적용 사례

① 미 국

미국 내에서 바이오매스를 이용한 주요 기업은 John Deer사가 농업기계 관련 제조판매 회사에서 임업용 장비를 함께 개발하여 바이오매스 원료 생산 및 공급에 관한 연구개발을 수행하고 있다. 또한 열분해 오일 관련 주요 기업은 〈표 3-43〉과 같이 바이오매스 적용 실적을 가지고 있다.

<표 4-43> 미국 기술적용 실적

사업자	기술적용 실적	생산능력	비고
Dynamotive	BioTherm Process CFB(순환유동상)	200 ton/hr	
Ensyn	Rapid Thermal Process CFB(순환유동상)	36 ton/hr	식품원료용
Advanced Bioreinery	이동성 열분해장치	50 ton/hr	산림폐잔재 이동성 열분해
Agri-Therm	이동성 열분해장치	10 ton/hr	농업폐잔재 이동성 열분해
Pyrovac	Vacuum형 반응기	3.5 ton/hr	
RTI	버블 유동상	20 kg/hr	
Chiptec	목질칩 열분해 산화	약 26 kg/hr	125기 설치
Total Energy Solutions	상업용 목질칩 보일러 가정용 목질칩 보일러	53~1992kw 25~80kw	상업 및 가정용
Biomass Combustion System	목질칩 보일러	5.8 MW	공공 건물 설치

자료) 신 · 재생에너지 R&D 전략 2030(목질계 바이오에너지), 2007, 에너지관리공단

② 캐나다

캐나다의 산림은 240만㎢로서 세계 3위이며, 펄프 및 종이산업이 활발하고 방대한 목재부산물이 생산되고 있어 에너지 생산에 활용되고 있다. 바이오매스를 활용하는 산업 중에서 가장 규모가 큰 것은 종이 및 펄프산업이며 필요한 에너지의 절반을 바이오매스로 충당하고 열병합발전으로 1,500MW의 전력을 활용하고 있다.

풍부한 목재자원을 지닌 캐나다에서는 이미 오랜전부터 목재펠릿연료를 생산하여 유럽에 수출하고 있으며 2005년도 현재 11개 공장에서 연간 120만톤을 생산하고 있으나 유럽의 자본이 유입되어 캐나다 현지에 공장을 설립하는 시도가 활발히 이루어지고 있다.

③ 일 본

1960년대 북해도 풍도목 벌채를 기점으로 보급된 임업용 수확장비는 2004년도 기준으로 목재 수확 수집용 고성능 임업기계는 2,726대이고 이런 고성능 임업기계와 함께 목질계 자원을 생산하는데 소요되는 장비는 집재기 11,650대, 체인톱 253,607대, 트랙터 2,639대, 소형운재

차 18,974대, 모노레일 872대, 자도지타기 10,308대, 자주식 반송기 1,720대, 가선형 장비 2,497대, 목재파쇄기 320대 등이 보급 활용되고 있다.

1982년 최초로 목재펠릿연료를 생산하기 시작하였으며 2001년 공장 21개 설치, 2002년 3개, 2003년 6개, 2004년 5개 공장이 신설되어 총 35개 공장이 가동중이다.

현재 일본에서 바이오매스의 직접연소방식을 이용하여 연간 12.3PJ의 전력을 생산하고 있고 보급확대를 위해 노력을 기울이고 있다.

④ 독 일

유럽의 다른 국가와 마찬가지로 1990년 후반 목재펠릿연료에 대한 관심을 갖게 된 독일에서는 2003년 현재 목재펠릿전용 시스템 20,000여기가 보급되어 있고, 2003년 현재 14개의 목재펠릿연료 생산공장에서 연간 90,000톤을 생산하고 2007년 현재 생산공장 수가 21개로 증가되었다.

⑤ 덴마크

덴마크는 유럽의 대표적인 목재펠릿연료 관련국으로 1980년대 후반 석탄을 이용하던 지역난방시스템에 처음으로 목재펠릿연료를 사용하기 시작하였다. 현재 공공건물 난방에 250,000톤/년, 지역난방에 160,000톤/년을 사용하고 있으며, 2003년에 가동을 시작한 열병합발전소(Avedore II)의 연료 일부를 목재펠릿으로 대체하면서 연간 사용량이 600,000톤을 넘어서고 있다. 덴마크 국내 목재펠릿연료 제조공장은 2001년도에 설립되어 연간 190,000톤을 생산하고 있으며, 제조공장 신설이 꾸준히 이어지고 있다.

⑥ 스웨덴

스웨덴의 목재펠릿연료 생산실적은 〈표 3-44〉와 같이 연간 약 200,000톤씩 꾸준히 증가하고 있는 추세이다.

<표 4-44> 스웨덴의 목재펠릿연료 생산실적 및 난방 점유율형태

년도	생산실적(톤/년)	난방형태	시장 점유율(%)
1996	200,000	바이오매스	13.3
1997	400,000	석유	21.7
1998	600,000	천연가스	1.0
1999	800,000	전기	23.4
2000	1,000,000	지역난방	34.9

바이오매스를 연료로 하는 열병합발전, 삼림 바이오매스를 이용한 에탄올화 기술개발, 대체 모터연료를 중점적으로 육성하고 있으며 바이오매스 이용이 약 90TWh 1997년 이래, 매년 수 TWh식 늘어나 현재는 약 100TWh 정도로 예상된다. 특히 지역난방시설 발열량의 약 절반은 바이오매스에 의한 것이다.

⑦ 오스트리아

오스트리아에서는 1997년 소위 'Pellet Boom'이 일기 시작하여 그해 처음으로 목재펠릿연료 전용 시스템이 도입되었으며, 2002년에는 17,000기의 목재펠릿전용 중앙난방 시스템이 가동중이다. 2004년도에는 목재펠릿전용 보일러의 보급대수가 3만대로 증가되었다. 또한 2006년까지 바이오매스에 의한 발전량 목표를 4%로 잡고 있으며 약 100개소의 바이오가스시설 및 기존 석탄 혼소시설, 2~3개의 목재가스화 시설 등이 운영되고 있다.

⑧ 핀란드

핀란드의 경우 1차 에너지 소비량의 30%, 전력량의 20%가 바이오에너지에 의해 공급되고 있으며, 이는 구미 선진국 가운데 가장 높은 점유율이며 복합사이클 방법에 있어서 바이오매스 가압가스화 기술은 실증단계에 있다. 또한 바이오매스 가스화와 연관된 바이오매스 혼소 보일러 기술은 유럽지역을 중심으로 개발이 이루어지고 있는 상황이며 기존의 미분탄 보일러, 중유 보일러 및 천연가스보일러에 바이오매스를 파우더 형태로 변환하여 넣는 방법이 연구되고 있다.

<표 4-45> 유럽 내 운영되고 있는 바이오매스 가스화 복합발전 시스템

구분	실적 플랜트	전력생산능력(MW)	시장 점유율(%)
Sweden	CFB	7	13.3
Italy	CFB (고형연료화)	6.7	21.7
United Kingdom	CFB	9	1.0
Austria	ICFB	3	23.4
Italy	CFB	8	34.9

(2) 바이오매스 고형연료화

(가) 기술개요 및 특징

고형연료로서의 바이오매스의 이용은 목재의 이용 중 가장 일반적인 형태로서 아직도 세계 각지에서 널리 이용되고 있다. 상품화된 고형연료로는 칩의 형태로의 이용이 일반적이지만, 최근에는 이용편의성 등의 이점 때문에 고밀화한 목질펠릿의 이용이 점차 늘고 있다. 오일쇼크가 있었던 1970년대 이후 이들 고밀화연료가 개발되기 시작한 후 현재 북미와 유럽을 중심

으로 가정용 및 산업용으로의 이용량이 꾸준히 증가하고 있으며, 일본에서도 1980년대 초 이후 재차 펠릿연료에 대한 관심이 높아지고 있다. 최근에는 고밀화 연료를 이용하여 산업용 또는 가정용의 열생산 이외에도 열병합발전에 이르기까지 그 규모가 점차 확대되고 있어, 목질펠릿연료의 경우 현재 북미지역과 스웨덴에서 각각 연간 70만톤 정도 소비되고 있는 것으로 알려지고 있다. 또한 목질펠릿 연료는 목재 폐기물 또는 산림잔재를 원료로 사용할 수 있고, 국내에서 생산·소비할 수 있다는 점에서 눈길을 끌며, 자원활용의 차원에서도 재생가능하며 환경 친화적이라는 점에서 유용한 이용법이 될 수 있다.

● 목질칩(Wood Chip)

목질칩은 목제품 제조원료 및 연료 생산을 목적으로 목질칩 파쇄기를 이용하여 잘게 절삭한 목재조각을 의미한다. 크기는 담배크기에서 작은 성냥갑 정도 (50~150㎜)로 가공시 에너지 소비가 적으나 대용량의 설비를 필요로 한다. 폐목재로부터 제조하는 목질 칩의 경우 금속, 토사와 같은 이물질과 화학물질 코팅이 없는 전선드럼, 비계목, 받침목 등을 파쇄하여 생산할 수 있고 이 경우 양질의 목질 칩을 생산할 수 있다. 그러나 벌목재 및 임목폐기물 목질칩의 경우 폐목재 목질칩과 달리 토사함량이나 수분함량이 높기 때문에 양질의 목질칩을 생산하는데 한계가 있다. 연소시스템의 크기나 성능은 공급되는 칩의 크기, 함수율, 발열량 등에 의하 좌우된다. 목질칩의 수분함량은 목재의 종류에 다양하게 나타나나 30wt% 이내로 유지하는 것이 바람직하다. 함수율 25wt% 목질칩의 발열량은 약 2,400kcal/kg(10MJ/kg)이다.

<표 4-46> 목질칩 제조공정별 함수율

구분	내용 및 기간	함수율	비고
벌채	가지치기, 제벌 혹은 간벌	〉 60%	
조제	재장 2m 혹은 2m 이상	〈 60%	
노천저목	약 1~2년	〈 40%	
칩제조	칩 제조시 자동 박피	〈 35%	
칩저장	칩 저장 창고	〈 20% (최종)	

자료) 숲가꾸기 산물의 경제적 활용방안에 관한 연구, 2003, 한국임정연구회

● 목질 펠릿(Wood Pellet)

목질 펠릿은 목재 가공과정에서 발생하는 건조된 목재 잔재 (일반적으로 톱밥)를 압축하여 생산하는 작은 원통모양의 표준화된 목질계 연료를 말한다. 화학적 결합물질의 첨가 없이 고압으로 압축되어 생산되며, 크기는 직경 4~10㎜, 길이 20~50㎜정도이다. 함수율은 목질칩에 비해 낮아서 약 10wt% 수준이며 다른 형태의 목질계 연료에 비해 에너지밀도가 높으며 운반이 용이하다. 또한 목질칩에 비해 열량이 높아서 1㎥의 석유에 해당하는 열량을 발생시키기

위해 목질펠릿 3㎥가 필요하지만 목질펠릿의 생산에 필요한 에너지량은 생산된 목질펠릿 에너지량의 약 5% 정도로 목질칩에 비해 큰 편 이다. 대기오염물질 및 타르의 발생이 적으며 이용하기에 편리한 장점이 있다.

목재에 저장된 태양에너지를 재활용하는 한편, 환경오염을 최소화할 수 있고, 목재 폐기물을 이용하므로 폐기물 처리량을 감소시키고 그 처리비용도 크게 절감할 수 있어 매우 많은 장점을 지니고 있음이 사실이다.

또한, 목재자원의 95%를 외국으로부터 수입하고 있는 현 실정에서 외화를 들여 사온 목재자원을 폐기물 없이 완벽하게 활용할 수 있다는 점에서도 큰 의미를 지니고 있다. 그러나 연료의 형상이 불규칙하고 단위 투입량당 발열량이 기존 연료에 비하여 낮은 수준이어서 개별난방에 제한적으로 사용될 뿐 산업적인 이용이 불가능하였다.

이와 같은 문제점을 해결하기 위하여 미국을 중심으로 목질자원의 에너지화와 그 산업적 응용을 위한 연구가 꾸준히 진행된 결과 목재를 마쇄하여 〈그림 3-21~22〉와 같은 형태의 펠릿(펠릿)으로 성형하는 방법이 개발되었다. 목재 펠릿 연료(wood pellet fuel)는 밀도가 성형 전 목재의 약 3배에 이를 정도로 압축되어 단위 중량당 발열량이 크게 증가되었고, 형태와 크기가 일정하여 정량공급이 가능하게 되므로 산업적인 이용이 가능하게 되었다.

<그림 4-21> 목재 칩

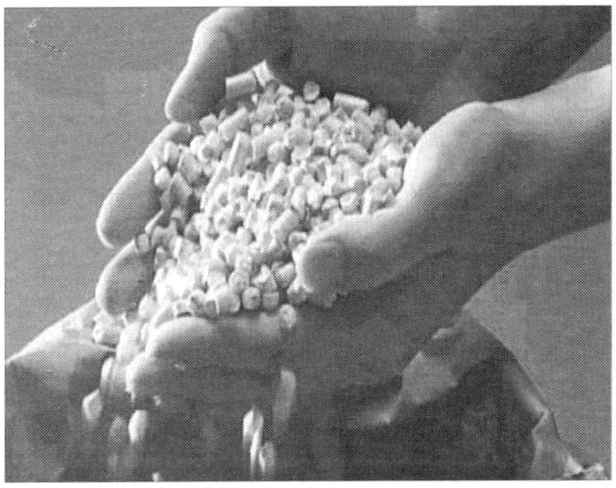

<그림 4-22> 목재 펠릿

● 목질 브리켓(Wood Briquette)

목질 브리켓은 느슨한 바이오매스 원료를 일정한 밀도로 압축하여 생산한 고품질의 연료를 의미한다. 목질 브리켓은 목재를 그대로 이용하는 것에 비해 효율을 향상시킬 수 있으며 오염물질 배출을 저감할 수 있을 뿐 아니라, 수송 및 저장이 용이하고 기계적으로 다루기도 수월하다. 모든 농업 또는 임업 부산물을 이용하여 제조가 가능하지만 상대적으로 수분이 적은 (15% 이하) 바이오매스 폐기물이 브리켓의 생산에 유리하다. 브리켓은 기본적으로 특정산업의 틈새시장을 목표로 제조하여 몇몇 국가에서만 요리용이나 난방용으로 연료목재나 다른 비정재 바이오매스와 비교하여 경쟁력을 확보하고 있다. 일반적으로 브리켓은 바이오매스 폐기물이 무료이거나 처리비용을 받고 회수될 때 가격경쟁력을 확보할 수 있다. 원료가격이 0이라고 가정할 때 브리켓의 생산가격은 톤당 20~36달러 정도이다. 브라질의 경우 전력가격이 낮고 제재소 폐기물이 풍부하여 대규모 브리켓 생산이 가능하기 때문에 생산단가 범위 중 하한에 해당하며 연료목재의 가격이 평균보다 높은 아프리카 일부 지역에서는 브리켓을 가정용으로 사용하기도 한다.

목재 연료의 특징 중 하나는 압축에 의한 성형에 아무런 첨가물질이 필요 없다는 점이다. 다음은 목재의 주요성분 비율로서 lignin과 hemi-cellulose 및 resin이 열에 의해 연화되어 thermoplastic flow를 나타내게 되어 결국 자체 binder의 역할을 하게 된다. 따라서 결합을 위한 첨가물질로 인한 환경오염의 발생문제가 원천적으로 제거되는 것이다.

Cellulose 40 ~ 50%, Hemi-cellulose 20 ~ 35%, Lignin 15 ~ 35%, Resins or Extractives 소량

(나) 주요 처리공정

목질펠릿의 제조공정은 톱밥이나 목피 및 폐목재 등을 균일하게 파쇄하고 압축하여 펠릿으로 성형하는 과정을 거친다. 펠릿의 길이는 10~20 ㎜, 직경은 6, 8, 10, 12 ㎜로 하는 것이 일반적이며, 최대 25 ㎜까지도 가능하다. 가정용으로는 6 ㎜정도가 가장 좋다. 목질펠릿 제조에는 열을 가하여 용해 및 고착시키기 위한 접합제 등의 첨가물이 필요 없다.

목질펠릿은 최소발열량이 약 4,000 kcal/kg이며, 함수율 8~13%, 무게 650 kg/m3, 등유 1 m3=펠릿 2.1 t의 특성을 가지고 있다. 모양과 수분함유율이 일정하여 자동운전기기에 적합하고, 압축으로 밀도가 높기 때문에 수송에도 적합하며, 건조된 것은 장기간 저장할 수도 있다. 단점으로는 습기에 약하고, 성형에는 에너지가 소비되며, 또한 연소 후에 재가 남기 때문에 그 처리가 필요하다는 점이다.

(다) 장단점

장 점	단 점
▪ 균일 규격으로 균질한 연료화 가능 ▪ 정량공급으로 정확한 제어 가능 ▪ 연소공기 공급량 조절로 최적의 연소효율 유지가능 ▪ 환경오염 최소화 ▪ 기존 에너지 기기에 약간의 변형만으로도 활용 가능 ▪ 압축으로 인한 Compact화 ▪ 에너지 밀도의 증가 ▪ 에너지 저장능력 증가 ▪ Bulk density 증가로 운송비용 및 저장비용 절감	▪ 사용자 인식미흡과 법적규제로 인해 수요처 확보 곤란 ▪ 국내 설치사례가 적고 소규모 시설에 적용 ▪ 국내 기술업체 극소수 ▪ 비교적 소요면적 큼 ▪ 제품에 대한 정기적인 검사 필요 ▪ 수요 불규칙함으로 넓은 보관장소

(라) 국내 · 외 기술적용 사례[20)]

● 국내 기술적용 사례

2004년 (주)건조기술에서 에너지관리공단 지원을 받아 목질펠릿 제조 및 목질 펠릿용 농업 보일러 제조에 관한 연구를 추진하여 현재 실증사업을 추진 중이다. 군장단지내의 제재소에서 발생되는 톱밥 등 가공 부산물과 제재 폐재를 이용하여 원료수급의 안정성을 확보하고, 물류 비용의 절감으로 원료 구입비를 절감함으로써 수입 펠릿에 대한 시장 경쟁력 향상을 기하고 있으며 향후 부족한 원료는 중남부 지방에서 발생되는 간벌재 및 리기다 수종갱신재 중 저급의 목질 자원으로 충당할 예정이다.

그리고 여주에 있는 산림조합 중앙회 소속의 여주임산물 유통센터에서도 25억원의 예산을 들여 연 14,000톤 규모의 목질 펠릿 제조시설을 독일에서 들어와 설치할 계획이다.

〈표 4-47〉과 같이 국내 바이오매스 고형연료화 부분 기술개발은 왕겨탄, 임산폐기물을 중심으로 진행되고 있다.

<표 4-47> 바이오매스 고형연료화 부분 기술개발

분류	과제명	주관기관	사업 기간	사업비 (백만원)
기술 개발	왕겨탄 연소장치 개발	한국에너지기술연구원	88.11~89.12	78
	고성능 복합식 왕겨탄 제조기 기술개발	한성기계제작소	89.09~90.12	132
	임산 폐기물의 연소 및 에너지 이용시스템 개발	(주)건조기술	04.12~06.12	845

자료) 국가연구개발과제 정보검색 시스템, 2008

● 국외 기술적용 사례

유럽의 발전업체에서는 발전용 연료로 친환경 연료인 목재 펠릿을 선호하기 시작하였다. 지난 2년간 덴마크는 유럽연합의 Emission Trading System과 Kyoto Protocol에서 제시한 목표를 달성하기 위하여 많은 노력을 기울여야만 했다. 영국의 경우에도 2004년도에는 목재 펠릿 연료의 사용량이 0이었으나 2006년도에는 그 소요량이 이미 1백만톤을 초과하고 있다. 2004년도 전 유럽의 목재 펠릿 연료 소요량은 약 3백만톤으로 6~7억 유로에 달한다. 그러나 화석계 연료 가격의 앙등이 예상되고 Kyoto Protocol의 목표 달성을 위해서 목재 펠릿 연료 확보를 위한 경쟁은 계속 치열해질 것이 자명한 현실이다. 따라서 유럽 각국에서는 러시아와 캐나다로부터 많은 양의 목재 펠릿 연료 수입을 시도하고 있으며, 캐나다의 대 유럽 수출량은 2006년도 기준 50만톤에 이르고 있으며, 2007년도에는 70만톤으로 증대될 예정이다. 한편, 캐나다에서는 향후 5년간 생산량을 3백만톤으로 증대할 계획인 것으로 알려져 있다. 이는 석유 1천만 배럴에 해당하는 양이 된다.

20) 신재생에너지 RD&D 전략 2030 바이오(목질계), 2007, 산업자원부

<표 4-48> 국외 목재 펠릿 연료 제조업체 현황

국 가	업체수	총생산량 (톤/년)	생산능력(톤/년)		
			최소	최대	평균
스웨덴	32	1,356,000	6,000	160,000	42,375
캐나다	11	1,200,000	20,000	200,000	109,090
러시아	25	758,000	8,000	100,000	30,320
이탈리아	36	720,000	9,000	400,000	20,000
덴마크	8	550,000	20,000	280,000	68,750
오스트리아	15	509,000	2,000	100,000	33,933
핀란드	18	460,000	5,000	70,000	25,556
독일	20	388,000	5,000	80,000	19,400
폴란드	19	356,000	5,000	100,000	18,737
에스토니아	5	345,000	20,000	120,000	69,000
라트비아	8	340,000	8,000	110,000	42,500
프랑스	11	165,000	10,000	27,000	15,000
리투아니아	7	150,000	6,000	60,000	21,429
노르웨이	9	150,000	6,000	45,000	16,667
영국	3	110,000	10,000	50,000	36,667
네덜란드	1	100,000	100,000	100,000	100,000
슬로베니아	3	90,000	10,000	40,000	30,000
스페인	3	70,000	15,000	40,000	23,333
스위스	4	60,000	5,000	35,000	15,000
체코	2	11,000	5,000	6,000	5,500
벨라루스	2	NA	NA	NA	NA
벨기에	2	NA	NA	NA	NA
불가리아	1	NA	NA	NA	NA
헝가리	1	NA	NA	NA	NA
슬로바키아	7	NA	NA	NA	NA
합 계	253	7,888,000	275,000	2,123,000	29,597

〈표 4-48〉는 2005년 12월 현재 북미와 유업지역에서 가동 중인 목재 펠릿 연료 제조공장의 수와 그 생산능력에 관한 자료이다. 현재 전 세계에 약 250여개의 업체가 목재 펠릿 연료를 생산 중에 있으며, 그 생산량은 총 790만톤에 이르고 있다. 유럽에서는 2010년까지 목재 펠릿 연료 생산량이 1천만톤으로 증가될 것으로 예상되고 있다. 업체별 평균 생산능력은 약 30,000톤/년이었으며, 최대 280,000톤/년의 초대형 공장도 가동 중에 있다. 연산 30,000톤/년의 공장인 경우 생재 상태 목재의 함수율을 100%(건량기준), 목재의 겉보기 밀도를 400kg/m3이라 가정할 때 150,000m3의 목재가 소요된다.

(3) 바이오매스 열분해(가스화, 오일화)

(가) 기술개요 및 특징

대부분의 건식계 바이오매스는 열적으로 불안정하며 효소가 없는 상태에서 가열하면 열 Cracking 및 응축반응에 의해 기체, 액체, 고체상태로 분해하게 된다.

연소공정이 발열반응인데 비하여 이 공정은 고온의 흡열반응이다. 열분해 처리법은 열분해된 물질을 연료가스, 증기, 전기 및 기타 이용가능 물질로 전환시켜 효과적으로 재이용하고자 하는 방법이다.

열분해 방법에는 저온법과 고온법이 있는데 저온에서는 Tar, Char 및 액체상태의 연료가 많이 생성되며, 고온에서는 가스상태의 연료가 많이 생성된다. 따라서 저온법을 열분해(Pyrolysis)라고 부르고 고온법을 가스화(Gasificati on)라고 부르기도 하나, 저온(500~900℃)이나 고온(1,100~1,500℃) 모두를 열분해법이라고 총칭하는 것이 상례이다. 만약 온도를 1,700℃까지 증가시켜 고온의 열분해 장치를 운전시키면 생산되는 모든 재는 Slag로 배출된다. 열분해시 생성물의 종류와 양에 영향을 미치는 인자로서는 열분해 온도와 시간, 폐기물 자체의 구성성분, 단위시간당 열분해 온도의 증가량(Heating Rate), 가열방법, 생성가스나 고형탄화물의 회수방법 등을 들 수 있다.

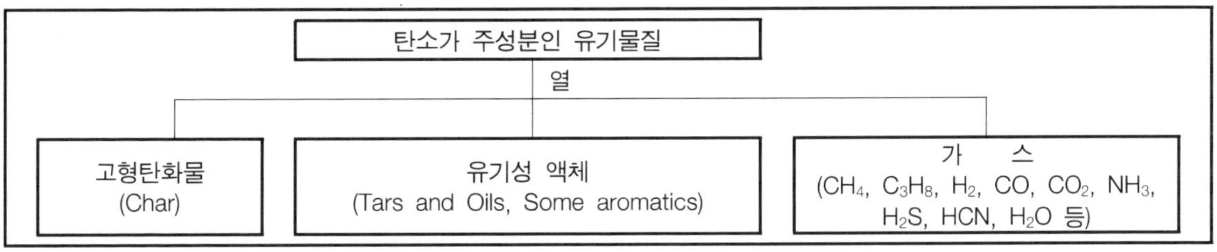

<그림 4-23> 바이오매스 열분해 개요

(나) 주요처리공정

목재의 열분해는 열적거동이 목재의 구성성분에 따라 다소 차이가 있다. 또한 이 구성성분들은 단일의 순물질이 아니고 혼합물로 된 천연물 특유의 복잡한 구조로 이루어져 있기 때문에 같은 온도에서도 구성성분이 선택적으로 분해가 일어난다. 열중량 변화에서는 각 주요 성분별로 헤미셀룰로오스가 가장 낮은 250 ~ 300℃에서 급속한 중량감소를 나타내고, 셀룰로오스는 그것보다 고온인 350℃ 전후에서 급속한 중량감소를 나타내었으며, 리그닌은 비교적 저온에서 서서히 중량을 감소시켜 고온에 있어서도 상당한 잔사가 남는 특징이 있다. 수분함량이 20 ~ 40%인 바이오매스를 산소결핍 하에서 가열(부분연소)시키면 목탄, 열분해유(목초액) 및 가연성가스가 얻어진다. 이 방법은 전통적 숯가마에서부터 최근의 열분해로까지 모두 동일한 원리인데 생성물의 성상은 반응기내 체류시간과 가열속도에 크게 좌우된다.

<표 4-49> 열분해 공정 조건과 주생성물

열분해 모드	체류시간	가열속도	압력(bar)	반응온도 (℃)	주생성물
전통숯가마	수시간~수일	매우느림	1	400	숯
전형적모드	5~30분	느림	1	600	고체, 액체, 기체
고속열분해	0.5~5초	빠름	1	650	액체
급속열분해	〈1초	아주빠름	1	〉650	기체
수첨열분해	〈10초	빠름	20	〈500	액체

자료) Guide Biomasse-Energie(1994) I.E.P.F. Editions ACADEMIA(Belgique)

(다) 장단점

<표 4-50> 열분해 가스화.오일화 장단점

항목	열분해 가스화	열분해 오일화
개요	• 목질자원을 부분연소 혹은 불활성가스에서 가열분해하여 CO, H_2 등 가열성 가스를 얻음. • 발생한 고온의 가스를 이용해서 발전을 함 • 생성물은 연료전지의 연료, 화학원료 또는 메탄올 합성연료로서 이용하는 것도 가능	• 목질자원을 불활성가스(질소)에서 500℃이하로 가열 분해하여 액체(油)를 얻는 기술
장점	• 일부 실용화단계에서 기술 실증을 이미 증명하였음 • 수kw ~ 수 100kw의 소규모가스화로는 분산전월 열원요으로 유럽, 인도 등에서 실용화된 사례가 있음	• 폐기물계 바이오매스를 이용한 연료유 생산에서 바이오유는 디젤유의 대체 가능성을 가지고 있을 보여주는 좋은 사례가 되었음.
단점	• 고 H_2비율의 합성가스화는 곤란 (수증기의 품질개선이 필요한 단계)	• 가스화에 비해 반응공정이 복잡하고 고품질의 기름(경질탄화수소유)을 고수율로 제조하므로 기술은 아직 개발 과정에 있음

(라) 국내 · 외 기술적용 사례

● 국내 기술적용 사례

에너지기술연구원을 중심으로 목질 바이오매스 가스화에 관한 연구가 추진 중에 있는데 주로 수행 되고 있는 연구의 주요 내용은 목질 바이오매스 가스화 및 복합발전 기술의 보급과 사용화 전 단계에 관련된 기술로써 가스화 제조장치에 대한 원료 공급을 위한 방법과 목질 바이오매스에 가장 적합한 가스화 장치의 구조에 대한 연구가 이루어지고 있으며 목질 바이오매스의 가스화시 발생되는 타르 및 폐수처리 및 가스화장치의 부식방지에 대한 기초연구가 이루어지고 있다. 또한 국내에서 〈표 4-51~52〉과 같이 열분해용융(가스화)에 신기술을 연구개발하고 도입한 것으로 조사되었다.

<표 4-51> 국내 용융로 연구개발 및 신기술 도입사례

연구개발 대상	연구 및 기술도입 내용	비 고
PLASMA 용융	PLASMA 용융	러시아
THERMOSELECT열분해용융	열분해 용융 소각로	THERMOSELECT
미쓰이조선 R-21 열분해용융	열분해 용융 소각로	미쓰이 조선

<표 4-52> 목질계 바이오매스 연소 부분 기술개발

분류	과제명	주관기관	사업 기간	사업비 (백만원)
기술 개발	주 · 간벌 목재의 에너지 회수를 위한 가스화 공정개발 선행 연구	한국에너지기술연구	03.07~05.06	162
	바이오매스로부터 가스화에 의한 합성가스 제조기술 개발연구	한국에너지기술연구원	04.12~07.12	796
	바이오매스 가스화 열병합시스템	한국에너지기술연구원	05.03~08.02	680

● 국외 기술적용 사례

초기 1980년대 일본, 유럽 등에서 열분해공정 개발 착수하여 이탈리아, 스위스 등 유럽에서 시범시설을 가동하기 시작하였다. 또한 현재 대구모 기술적용 사례로는 스웨덴의 베르나모 IGCC 실증플랜트가 가동중이다. 또한 소규모로는 인도에서 가스화로+디젤발전기의 분산형 발전시스템으로 (3~100kW 규모)의 도입사례 등이 있다. 또한 미국 및 일본의 열분해 가스화 시스템에 대한 기술개발 동향은 〈표 4-53~54〉과 같다.

<표 4-53> 미국의 기술개발 동향

Developer	공 정	현 황	방 식
Bal Pac	Thermal Convertor	Pilot plant	급속열분해
Battelle/Ferco	BHTGS	준상업화	가스화+연소
Molten Metal Tech.	Precon	상업화	가스화+촉매
Proler	SynGas	piot plant	가스화+연소
Texaco		Being adapted	가스화

<표 4-54> 일본의 기술개발 동향

기 술 명	기 술 내 용	기술개발 형태
외열 킬른형 열분해 시스템 (미쓰이 조선)	킬른형 열분해 기술선: 독일 SIEMENS	실증플랜트(20T/일)를 통하여 자체기술로 발전
Shaft로형 가스화 용융(新日鐵)	코크스 bed 가스화용융	자체 개발
NKK식 가스화 용융로	코크스 유동층 bed 가스화 용융	자체 개발
유동상형 열분해 용융 (原製作所)	선회 유동층 가스화 가스 연소 용융	자체 개발
미쓰비시식 열분해 용융	열분해로 선회 용융로	자체 개발
로타리킬른열분해 용융 (스미토모 중기계)	로타리킬른 열분해 및 용융 기술선:ABB에네텍사	상용플랜트(150톤/일)로서 자체기술개발

(4) 바이오매스 탄화

(가) 기술개요 및 특징

탄화란 예로부터 널리 사용하던 탄화로의 원리에 기초하여 건식계 바이오매스들을 무산소 상태에서 가열하면 로내에서 수분 및 가스가 발생하고 열분해가 시작되며, 잔존물에는 탄소를 주체로 하는 무기물이 남는 것을 말 한다.

최근에 탄화원리에 기초하여 공기를 차단하는 등의 기술개발에 의하여 소각공정을 탄화공정으로 대체할 수 있게 되었다. 건식계 바이오매스의 탄화처리 부산물인 탄화물(숯)은 고온에서 탄화된 탄소알갱이의 미립자로서 무취한 제품으로 흡취, 흡착성이 좋고, 약 3000 kcal/kg 이상 발열량을 가지고 있으며, 강알카리성이고 비표면적이 비교적 커서 다방면의 용도로 사용가능하다. 비교적 발열량이 높은 탄화물은 석탄등과 혼합하여 비닐하우스의 보조연료 또는 이동식 간이연료로 성형하여 사용이 가능하고, 알카리성분을 가지고 있으므로 소금과 중금속이 많이 함유되지 않은 탄화물은 산성토양의 개토제는 물론 골프장이나 운동장의 잔디 흙충제용으로 사용이 가능하다.

건식계 바이오매스는 탄화(carbonization)를 통해 목탄을 만들어 사용하기도 하는데, 이 방법은 우리 일상에서 흔히 볼 수 있다. 결국 열분해의 조건에 따라 반응 산물을 다르게 조절할 수 있는데, 대체로 탄화를 통해 100 kg의 마른 나무에서 30 ~ 50 kg의 목탄을 생성한다. 현사시, 일본잎갈나무, 잣나무, 소나무, 졸참나무의 수피를 포함한 톱밥을 이용하여 제조한 펠릿을 400℃와 600℃에서 4시간, 6시간씩 탄화할 때 탄화온도가 400℃에서 600℃로 증가하면 탄화수율은 약 30%에서 20%대로 감소된 반면, 탄화시간이 증가하여도 탄화수율의 변화는 미미하다고 하였다. 탄화온도가 증가하면 탄화물의 탄소함량과 발열량이 증가하여 600℃에서 탄화한 것의 탄소함량은 85% 이상, 발열량은 약 7,000~8,000kcal/kg(31~35 MJ/kg)으로 나타났다. 목탄의 비표면적은 흑탄의 경우 200 ~ 300 m2/g 정도이나, 비표면적의 값은 탄화온도나 탄화시간 또는 수종에 따라 다양하게 변화한다.

최근 국내에서는 목탄의 사용량이 급속히 증가하고 있으며, 그 사용 용도는 조리용, 토양개량용, 수질정화용 등으로 이용되고 있는 실정이다. 현재 국내에서 생산되는 목탄은 대부분 참나무를 이용한 참숯이고 최근에 들어서야 임협 등에서 낙엽송을 이용한 목탄을 비롯한 간벌재 탄화물이 토양개량제나 정화용제로 이용되고 있다.

바이오매스를 탄화처리할 경우, 무취상태로 화학적으로 안정되어 있으며, 안전하게 장기 보관 및 운송이 용이하며, 다음과 같이 다양한 용도로 재활용될 수 있다.

- 보조 연료
- 토양 개량재
- 보온 단열재
- 흡음, 방음재
- 퇴비 부자재
- 제습재
- 폐수처리제
- 제설제
- 매립장의 복토재
- 건축 자재
- 흡착 탈취재
- 적조 구제용 살포재
- 융설재
- 여과, 흡착제
- 전자파 방지제
- 하천 정화제

(나) 주요 처리공정

탄화방식은 열원과 건식계 바이오매스의 열접촉방식에 따라 직접가열식과 간접가열식이 있으며, 탄화로 구조에 따라 입상식과 로타리식 등이 있다.

● 입식 탄화설비(Vertical Stational Furnace)

투입원료의 형태는 칩 등의 형태로 하여 칩가공시설을 고려하여 훈연발생과 탄화공정이 단일 탄화로에서 이루어지고 탄화온도는 500℃를 기준으로 하고 소규모시설에서 도입할 수 있는 시설이다. 또한 입식 탄화설비는 원통 형상의 입형로로서, 가열용 공기와 버너의 화염은 로내의 연소가스 및 화염이 선회하는 방향의 각도로 공급되고, 선회연소에 의하여 건조, 탄화된다. 로내의 온도와 건조 탄화 조건이 선회 흐름에 의하여 균일하게 조성되기 때문에 효율이 좋은 건조 탄화가 이루어진다.

건조 바이오매스는 원통 외주부에서 투입되어 교반 날개에 의하여 서서히 내부로 유도되어, 골고루 건조 탄화되며 탄화물은 중심부에서 하부로 내려간다. 또한 로상의 회전수를 조정함으로써 체류시간을 조정하여 함수율 변화에 대응할 수 있는 구조로 되어 있다. 탄화로에서 발생한 건조가스는 재연소실로 유도되어 850℃에서 2초 이상 체류하여 완전연소된다. 공기를 차단하는 직접가열식 처리방법의 장점은 간접가열방식에 비해 설비가 간편화, 소형화해지며 연료 소모량이 현저히 줄어 경제성을 높일 수 있다는 점이다.

● 회전식 탄화로(Rotary Kiln)

탄화로의 형태는 회전식 Kiln Type으로 하고 탄화온도는 700 · 1,000℃로 설정하여 가동하며, 중규모 이상의 탄화시설에 도입가능하다. 본 기술의 탄화의 원리는 건식계 바이오매스 등 유기물에 열을 가했을 때 고체카본(숯)과 H_2, CO, CO_2, CH_4 등의 휘발성가스가 생성되는 반응이다.

$$C_nH_n(\text{유기물}) \rightarrow xCH_4 + yH_2 + C(\text{숯}) \quad (1)$$
$$CH_4 + H_2O \rightarrow CO + 3H_2 \quad (2)$$
$$C + H_2O \rightarrow CO + H_2 \quad (3)$$
$$C + CO_2 \rightarrow 2CO \quad (4)$$

위의 (1)반응은 탄화과정이고 (2)의 반응은 CO와 H_2 합성가스를 생성하는 반응이며, 분리된 고체탄소(숯)은 필요한 경우 H_2O와 반응하여 연료가스를 만든다. 주요원리는 외열실 내부에 Retort를 경사하여 관통시킨 외열형 탄화로로 건류처리한 건식 탄화물를 Retort를 회전시켜서 순차적이송. 하부에 붙어있는 조연버너로 Retort의 외부케이싱을 가열하면 반송중의 슬러지는 열분해되어 건류되고 건류가스는 Retort에 붙어 있는 노즐로부터 외열실 내부로 분출 직접 연소하고 탄화기로 투입되는 대상 탄화물을 휘발분과 탄소분으로 분리되어 연속적으로 탄화물(숯)을 생성하는 공정이다. 이때 탄화관의 상부 가스배출구에서 나오는 휘발성 가스인 건류 가스는 자체소화에 의해 재 연소되어 탄화기의 열원으로 활용되어 1, 2차 버너 연료소모량을 약 50%절감시킨다. 탄화중 완전 연소되지 않은 잔류가스는 예열관 상단에 설치된 2차 버너에 의해 850~1,100℃로 완전연소 되어 대기오염이 없는 상태로 배출된다.

(다) 장단점

<표 4-55> 직접가열 회전로상과 회전로식 탄화로의 장단점

구 분	직접가열 회전로상식	회전로식 탄화로
장 점	• 구조가 단순하고 기계적 구동부위가 적어 유지관리 용이 • 장치가 소형 • 설치면적 작음. • 설비투자비 및 운영비가 저렴. • 탄화 체류시간 짧음. • 탄화물 중 휘발분 함량이 적음.	• 건류가스 연소로 다이옥신 발생 어려움. • 건류가스 직접연소로 폭발우려 없음. • 기계 구조가 단순하고 기계적 구동부위가 적어 유지관리 용이 • 중규모 이상 탄화시설 적용 가능
단 점	• 표면연소로 다이옥신 발생 가능 위험 • 안정연소/건류/배출제어 어려움 • 탄화물제품 얼룩 발생 용이 • 정지후 잔류 탄화물이 발화할 염려가 있음	• 입상식과 비교하여 설비 투자비 및 운영비가 고가 • 잔류가스 완전배출 어려움. • 장치가 크다 • 설치면적 큼 • 탄화제품이 균일하지 않다 • 탄화체류시간 장시간

(라) 국내외 기술적용 사례

● 국내 기술적용 사례

국내 목재 탄화의 생산과 이용은 오랜 역사를 갖고 있는데 주로 연료용으로 널리 이용되었으나 프로판과 LNG 등 값싸고 편리한 화석계 연료의 보급으로 수요과 감퇴되고 제조공정상 3D업종이 되어 생산이 급격히 감소되었으나 새로이 농업용 등의 용도가 창출됨에 따라 수요는 급격히 신장되고 있어 매년 급증하고 있는 실정이다.

목재 탄화시설은 현재 가동중인 9개의 기계식 생산시설을 제외하고는 대부분이 재래식 숯가마형태의 소규모 영세업체인 것으로 나타났다.

1999년 2월에 발족된 한국임산탄화물협회의 25개 회원사중 목재탄화 생산업체는 16개 사이며 생산업체 생산능력 및 생산방식은 〈표 4-56〉와 같다.

<표 4-56> 목탄 생산업체의 생산능력 및 생산방식(단위 : 톤)

업체명	생산능력		생산방식
	목탄(연간)	목초액(연간)	
수촌임산	1,500	480	기계식(회전식 탄화로)
거여산업	150	540	기계식(입식 탄화로)
청정환경	1,200	1,000	기계식(입식 탄화로)
강촌임산	600	500	기계식(입식 탄화로)
동야목초	150	600	기계식(입식 탄화로)
임산물유통센타	1,320	975	기계식(회전식 탄화로)
우리숯농법	350	350	건류식, 재래식
태백목탄공업사	300	300	재래식
(주)금강식물원	500	264	재래식
진영상사	20	30	재래식
칠봉참숯	240	384	재래식
제일참숯	590	118	재래식
월상참숯	200	160	재래식

자료) 한국임산탄화물협회, 2000

● 국외 기술적용 사례

국외에서 생산되는 활성탄(Activated carbon), 목탄(Wood Charcoal)은 1994년 꾸준히 생산되고 있으며 자동차, 담배의 필터, 하수처리장의 정수제 그리고 의학용으로 널리 사용되고 있다. 이중 가장 많은 수요처로 고장에 의무적으로 설치하도록 되어 있는 하수처리장에서의 사용이다. 주요 국가는 중국과 동남아국가 중 인도네시아, 말레이시아, 필린핀 등으로 구분하고 그 중 중국은 주로 참나무 백탄으로 대부분이 외식용으로 사용되어 지면 일부는 분쇄된 후 농업용으로 이용되어 지고 있다. 한편 인도네시아, 말레이시아, 필리핀 등 열대지방의 목탄은 주로 야자껍질, 망그로브나무로 만든 목탄이다. 국가별 목탄의 수입·수출 현황은 〈표 4-57〉과 같다.

<표 4-57> 목탄 생산업체의 생산능력 및 생산 (단위 : 톤)

국가명	수출입 상황		비고
	수입	수출	
중국	8,932	-	
인도네시아	28,426	-	
말레이시아	7,885	-	
필리핀	1,648	-	
태국	1,394	-	
미국	3	2	
스리랑카	32	-	
일본	0.6	1,001	
싱가폴	-	0.4	
EU	13	-	
프랑스	13	-	
그리스	0.3	-	
미얀마	83	-	
카메룬	16	-	

자료) 한국무역협회, 1999

5. 기타 바이오매스 활용 기술

1) 기타 바이오매스 개요

습 · 건식계 바이오매스 이외 기타 바이오매스는 섬유질, 전분질 등 유지류의 특성을 가진 바이오매스로 주로 당전분류, 셀롤로오스류, 식물유류 등으로 구분할 수 있다. 〈표 4-58〉는 기타 바이오매스 특징에 대해 분류하였다.

또한 이러한 유지류 등의 바이오매스를 활용할 수 있는 기술로는 〈표 4-59〉와 같이 바이오연료를 생산하는 기술들로 바이오에탄올화, 에스테르화, 수소화 등이 있다.

<표 4-58> 바이오매스의 형태에 의한 분류

분 류	특 징	내 용
기타	섬유질, 전분질, 유분을 포함하고 있는 등의 특징을 가진 바이오매스	당 · 전분(감자, 고구마, 옥수수, 사탕수수 등), 셀룰로오스(헌종이 등), 식물유(유채기름, 폐식용유 등)

<표 4-59> 기타 바이오매스 활용기술

명 칭	개 요	주요 특징
바이오에탄올	- 사탕수수나 옥수수, 목재, 폐지 등 식물에서 추출한 다당에서 생산되는 액체 알코올(C_2H_5OH)	- 휘발유 대체·혼합사용 가능, 에탄올함유량에 따라 E3(3%혼합), E10(10%혼합)으로 표기
바이오디젤(BDF)	- 식물성유지를 메틸에스테르화해 얻을 수 있는 액체 연료로서 주성 분은 지방산 메틸에스테르임	- 경유 대체·혼합사용 가능, BDF의 혼합율에 따라 BD5, BD20등으로 표기
에코 경유	- 식물성 유지 등을 수소화 정제 해 얻을 수 있는 탄화수소유	- 경유 대체·혼합사용 가능 - 일반경유에 비해 고세탄가, 저황유

2) 기타 바이오매스 기술

가. 바이오 에탄올발효[21]

(1) 기술개요 및 특징

에탄올 발효란 각종 식물성 잔재물이나 미 이용 곡류로부터 추출되는 전분이나 당이 주 원료가 되며 효모의 작용에 의해 에탄올을 얻는 기술을 말한다. 포도당(glucose), 과당(fructos), 자당(sucrose)등의 당류는, 효모의 작용에 의해서 분해되고, 에탄올과 이산화탄소를 생성한다. 이 미생물 작용은 오래 전부터 술을 제조하는데 이용되어왔으며, 이 작용을 에탄올 발효라고 부른다. 효모를 이용하여 생성시키는 에탄올은 증류 과정을 통해 순도를 높여 회수하면 연료로서 이용할 수 있다. 리그노셀룰로스계의 원료를 이용하는 경우에는 우선 셀룰로스 및 헤미셀룰로스를 가수분해하여 당을 생성하고, 뒤이어 생성한 당을 에탄올 발효한다.

이 기술에 있어서 리그노셀룰로스계의 바이오메스으로부터 에탄올을 생산하는 연구 개발이 활발히 진행되고 있으며, 가수분해에는 저농도 황산이나 농황산 등의 산이나, 셀룰라제가 이용된다. 전처리로서 백색부후균(白色腐朽菌)을 이용하여 리그닌을 분해하고, 셀룰로오스에의 효소의 작용을 높이는 연구도 진행되고 있다. 기술개발 과제로는 에탄올의 고효율 증류, 저가의 리그노셀룰로스계 바이오메스의 가수분해 기술이 요구된다.

브라질에서는 석유위기 직후부터 국책으로 사탕수수를 원료로 하는 에탄올을 생산하여 자동차 연료에 이용하고 있으며, 미국에서는 옥수수를 원료로 하는 에탄올을 생산하여, 휘발유에 10% 혼입 한 E10이라 불리는 연료가 자동차용에 이용되고 있다.

에너지원 뿐만 아니라 시약용으로서는 일본에 있어서도 생산되고 있으며, 이미 실용화한 기술이다. 바이오매스를 이용하여 화학물질 또는 연료용 에탄올을 생산하는 공정에서 바이오매스의 전처리 공정은 필수 불가결한 주요 공정으로 고려되고 있다.

---

21) 폐목재 관리체계 개선 및 재활용 활성화 방안 연구, 2007, 국립환경과학원

전처리 공정의 주목적은 바이오매스의 구조를 변경함으로써, 효소로 하여금 흡착이 용이하게 하여 가수분해 효율을 증진시키는데 있다. 목질계 바이오매스는 90%이상이 섬유소, 헤미셀룰로스, 그리고 리그닌으로 구성되어 있다.

이상적인 전처리 공정은 이러한 바이오매스를 그것의 주요 요소인 섬유소와 헤미셀룰로스, 그리고 리그닌으로 수율을 높게 분리하는 것이다. 지금까지 목질계 바이오매스의 전처리 방법으로 증기 폭쇄법, 알칼리 처리법, 이산화황 처리법, Organosolv 처리법, 과산화수소처리법, 초임계 암모니아 처리법, 약산처리법, 그리고 암모니아 동결 폭쇄법(AFEX) 등 수많은 방법들이 연구되어 왔다.

이들 공정 이외에 암모니아 재순환 침출공정(ARP : Ammonia Recycled Percolation)이 개발되었다. 암모니아는 목질계 바이오매스의 전처리에 적당한 여러 가지 특징들을 가지고 있다. 암모니아는 탈리그닌 용매이며, 그 외에도 바이오매스의 구조를 변경시키는 기능이 있다. 즉, 리그닌과 헤미셀룰로스의 결합을 끊어주는 동시에 거대 리그닌 분자의 C-C, C-O 결합을 끊어주고 헤미셀룰로스의 uronic acid ester group의 가암모니아 가수분해(ammonolysis)를 야기 시킨다.

ARP 처리된 바이오매스는 α-cellulose 보다 가수분해 속도 및 가수분해 허용범위에서 높은 값을 얻을 수 있다. 또한 ARP 공정을 통해서 황이 포함되어 있지 않은 순수한 리그닌을 얻을 수 있고, 휘발성 암모니아는 회수되어 재사용되기 때문에 환경문제를 줄이거나 운전비를 감소시키는 등 공정의 경제성을 증가시킬 수 있는 장점이 있다. 또한 ARP 공정에서는 바이오매스 중의 헤미셀룰로스가 반 이상 리그닌과 함께 용해된다.

따라서 ARP 공정은 유효 효소의 손실을 감소시키며, 가수분해 반응 속도를 증가시킬 수 있다. ARP 공정에서 암모니아수는 전처리 용제로써 침출반응기에 주입되어 반응기내의 바이오매스로부터 리그닌과 헤미셀룰로스를 용해시켜 반응기로부터 유출되어 나온 다음 증기화를 거쳐 연속적으로 재사용될 수 있다. 섬유소 가수분해 공정에서 ARP 공정의 효율성을 정리해보면 다음과 같다. 우선, 전처리된 바이오매스의 리그닌함량이 줄어들고 상대적으로 섬유소의 함량이 증가되어 효소의 손실을 줄이고 결과적으로 가수분해 속도를 증가시킬 수 있다. 두 번째로, 암모니아 전처리를 비롯해 대부분의 알칼리 처리의 경우 탄수화물의 손실이 적다는 것이다. 세 번째로는 ARP 공정을 통해 생산되는 리그닌은 일반적인 제지 공정에서 생산되는 리그닌과는 달리 황을 함유하고 있지 않기 때문에 순수한 리그닌을 얻을 수 있고, 이 리그닌은 용도개발을 통해 다른 화학물질로 쓰일 수 있어 전체 바이오매스 전환 공정의 경제성을 증가시킬 수 있다. 또한, ARP 공정에서는 암모니아의 휘발성이 높아 고압력의 반응이 요구되지만, 온도가 140~180℃인 ARP 공정에서 요구되는 압력은 20 kg/cm3이나 290 psi 정도의 허용가능한 압력범위를 요구한다. 이 온도의 범위에서 암모니아는 황산에 비해 부식성이 적어 공정설계나 공정의 조작에 있어 중요한 장점을 가지고 있다.

목질계를 원료로 하는 경우에도 목질계의 주성분인 셀룰로스를 산이나 효소(cellulase)로 분해하는 과정을 거쳐 발효하여 에탄올을 얻게 된다.

목질계 바이오매스 중의 헤미셀룰로스는 산이나 효소(Xylanase)존재 하에서 자일로즈(Xylose)를 비롯한 오탄당으로 대부분 분해되는데 지금의 효모나 박테리아로는 좋은 효율로 에탄올을 생산할 수 없다. 그러나 최근 성능이 좋은 자일로즈 발효균주들이 개발되고 있다. 효소를 이용한 생물공정으로 목질계 바이오매스를 에탄올로 전환하는 공정은 화학공정이나 산을 이용한 방법에 비해 여러 가지 이점이 있다. 에탄올은 수송용 대체연료로서 아주 우수한 특성을 갖고 있음이 입증 되고 있다. 에탄올은 휘발유와 혼합연료(가소홀, Gasohol)의 형태, 산화물(ETBE, Ethyl Tertiary Buthyl Ether)의 혼합연료 혹은 수화에탄올(95%(v/v)에탄올 + 5%(v/v)물)로 기존의 내연기관에 거의 완벽하게 사용될 수 있다. 즉 〈표 3-60〉에서 보는 바와 같이 먼저 공연비(Air/Fuel ratio)를 낮게 유지할 수 있으며, 증발잠열이 높고, 옥탄가가 높으며 화염온도는 낮다. 실제로, 에탄올은 이와 같은 이유로 Indianapolis 500 같은 고성능 자동차 경주에서 종종 휘발유 보다 우수한 연료로 경주차에 사용되기도 하며, 브라질에서는 수화에탄올 자동차가 휘발유 자동차 보다 더 많이 출고되기도 하였다.

<표 4-60> 가솔린과 에탄올의 연료특성 비교

연료특성	에탄올(바이오)	가솔린
증기압(mmHg) 38.1℃	129	414 ~ 776
46.4℃	165	640
4.8℃	21	160
열량 (kcal/L)	5,060	7,589
옥탄가 (RON)	111	91 ~ 98
증발열 (kcal/L)	158	62
비중	0.789	0.70 ~ 0.76
비등점 (℃)	78.7	27 ~ 205
분자량	46.1	100 ~ 105
탄소함유량 (g/L)	412	640
공연비	9.0	14.5
발화 한계농도 (Vol%)	3.3 ~ 19	1.4 ~ 7.6
인화점 (℃)	13.1	-42.4
자동 착화점 (℃)	218	125

(나) 주요 처리공정

전처리가 끝난 목질계 바이오매스로부터 연료용 에탄올을 생산하는 반응 메커니즘은 크게 두 가지로 당화와 발효라 할 수 있다. 당화란 셀룰로스 성분이 효소의 작용에 의해 글루코스

로 전환되는 과정이며, cellulase 효소가 셀룰로스의 반응표면에 흡착하여 셀룰로스를 cellobiose로 바꾸는 과정과 이렇게 생성된 cellobiose 효소는 β-glucosidase 효소반응에 의해 글루코스로 전환되는 과정으로 나눌 수 있다. 이때 cellulase 효소는 cellobiose와 글루코스에 의해 억제영향을 받는데 특히 cellobiose와 최종 생성물인 글루코스에 의해 억제영향을 받는다. 따라서 글루코스에 의한 억제작용에 더 민감한 것으로 보고되었다.

발효란 당화 과정에 의해 생성된 글루코스가 효모 등의 미생물에 의해 혐기성 조건하에서 에탄올과 이산화탄소로 전환되는 과정을 일컫는다. 일반적인 바이오매스로부터 에탄올로의 생물학적 전환 공정에 대한 모식도를 〈그림 4-24〉에 나타내었다.

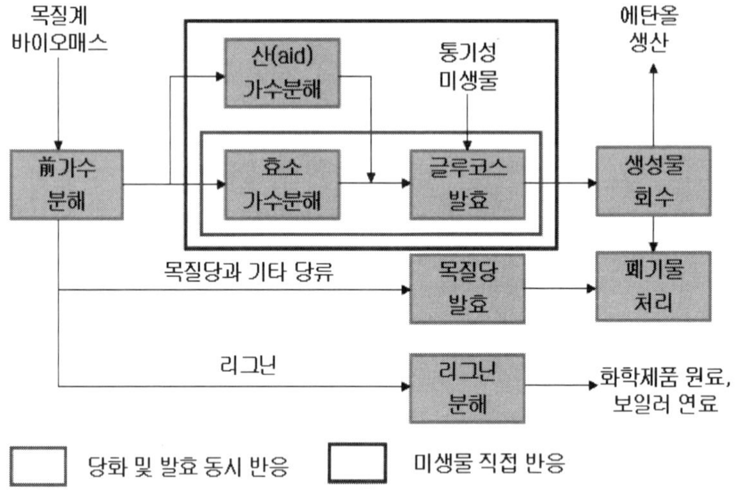

<그림 4-24> 전형적인 바이오 에탄올 생산공정

우선적으로 섬유소계 바이오매스를 작은 크기로 분쇄시켜 산이 기질의 구조 안쪽으로 깊이 침투할 수 있도록 한다. 이러한 산당화는 기본적으로 바이오매스의 헤미셀룰로스를 자일로오스(Xylose) 및 다른 형태의 환원당으로 전환시키는 과정을 의미하며 당화 후에 남는 잔류 셀룰로스 및 리그닌이 함유된 헤미셀룰로스 성분들은 전체 공정을 위한 연료로 사용이 가능하다.

분리당화발효 공정은 당화과정과 발효과정을 각각 다른 반응기에서 수행하는 것으로서 당화과정과 발효과정에서 효소와 효모에 대해 각각 최적화된 조건하에 반응시킬 수 있다. 그러나 분리 당화발효 공정에서의 효소반응은 그 중간생성물과 최종 생성물인 셀룰로바이오스와 글루코스에 의해 억제영향을 받기 때문에 반응이 진행됨에 따라 축적된 글루코스의 농도가 높아지면 반응이 종결되는 단점이 있다. 이를 극복하기 위해 효소의 양을 늘리는 방법이 있지만 효소의 생산비용이 비싸기 때문에 경제적인 방법이 될 수 없다.

섬유소계 바이오매스의 당화 및 발효공정에서 얻어진 에탄올이 연료용 에탄올로 사용되기 위해서는 일반적으로 분리와 정제과정을 거쳐야 한다. 전통적인 분리, 정제과정은 발효액으로부터 에탄올을 분리한 다음 증류 방법에 의해 에탄올을 95%의 농도까지 농축시키고 이것을 다시 공비증류(Azeotropic distillation) 방법에 의해 에탄올을 연료용 등급인 99%이상의 농도로 올리는 과정을 사용하였다. 이러한 분리, 정제과정에 사용되기 위해 필요한 에탄올 농도는 10%정도이어야 하고 6%이하의 농도에서는 경제적으로 매우 불리하다. 그러나 최근 연구에 의하면 기존의 증류공정에 흡착제를 사용한 흡착회수공정(Sorptive Recovery Process)을 결합하여 4.5%의 에탄올로부터 99.4%의 연료용 에탄올을 얻었다.

다. 장단점[22]

바이오에탄올은 바이오디젤과 함께 가장 널리 사용되는 바이오연료(bio-fuel)이로서 수송용 휘발유를 대체하여 사용되고 있다. 바이오디젤이 유지(油脂) 작물에서 식물성 기름을 추출해 만드는 데 반해, 바이오에탄올은 녹말(전분) 작물에서 포도당을 얻은 뒤 이를 발효시켜 만든다는 점에서 바이오디젤과 다르다.

대표적인 원료는 사탕수수 · 밀 · 옥수수 · 감자 · 보리 · 고구마 따위의 녹말 작물이다. 그밖에 카사바 · 볏짚 등 다양한 식물에서도 바이오에탄올을 추출할 수 있다. 바이오매스 안에 있는 탄수화물을 글루코오스(포도당)로 전환시킨 뒤, 다시 포도주나 양조 맥주를 발효시키는 것과 비슷한 발효과정을 거쳐 만든다.

화석연료와 달리 환경친화적이며, 식물로부터 연료를 얻기 때문에 언제든지 재생이 가능하다. 특히, 일산화탄소와 같은 환경오염 물질을 배출하는 가솔린과 달리, 유해물질을 전혀 배출하지 않아 일찍부터 차량용 대체에너지로 주목을 받았다.

가장 널리 사용되는 바이오에탄올의 원료는 사탕수수이다. 사탕수수가 많이 생산되는 브라질에서는 차량의 70% 정도가 바이오에탄올을 연료 첨가제로 사용할 만큼 일반화되었다. 그러나 다른 나라에서는 사탕수수의 생산 원가가 비싸, 섬유소가 풍부한 각종 바이오매스에서 대량으로 바이오에탄올을 추출하는 기술을 개발하고 있다. 바이오에탄올을 차량 연료 첨가제로 사용할 경우, 휘발유만 사용할 때보다 일산화탄소 배출량이 훨씬 줄어드는 것으로 확인되었다.

현재 사용되고 있는 수송용 휘발유와 비교할 경우 바이오에탄올의 장점은 다음과 같다.

① 바이오디젤과 마찬가지로 바이오에탄올은 식물자원에서 생산되므로 화석연료 고갈에 따른 문제를 해결할 수 있다.

② 가솔린 대신 에탄올 연료를 사용하면 바이오매스의 이산화탄소 사이클을 고려하지 않을 때 이산화탄소의 배출량을 12% 감소시킬 수 있으며, 바이오매스의 이산화탄소 사이클을 고려할 때 이산화탄소의 배출량을 90-100% 감소시킬 수 있다.

③ 에탄올 연소시 formaldehyde, benzene, 그리고 1,3-butadiene같은 유독성 물질의 방출량을 감소시킬 수 있다.

22) 바이오연료의 환경·경제성 분석 및 보급 확대방안 연구, 한국환경정책·평가연구원

④ 에탄올은 자동차 연료인 가솔린에 연료 첨가제로 사용될 수 있고 10%의 에탄올과 90%의 가솔린 혼합액을 사용했을 때, engine power를 5% 향상시킬 수 있고 5 units의 옥탄가를 증가시킬 수 있으며 또한 배출가스의 일산화탄소량을 30% 감소시킬 수 있다.

⑤ 원료 식물 재배 산업의 활성화를 기대할 수 있다.

⑥ 에탄올 연소시 매우 적은 양의 비메탄계 유기가스(Non-methane organic gas)가 방출되고 이러한 유기가스는 지속적으로 도시의 대기환경 문제를 유발시키는 오존(Ozone) 형성에 대해 낮은 광화학적 반응성을 가지고 있다.

바이오에탄올의 단점을 보면 다음과 같다.

① 공급 및 유통단계의 수분에 관리가 어렵다.

바이오연료 유통시 수분이 혼입될 경우 상분리를 일으켜 옥탄가 저하 등의 휘발유 품질저하 문제를 발생한다.

② 자동차, 주유기, 저장탱크, 송유관 등 금속 및 고무재료의 부식/팽윤/변형이 발생한다. 이 때문에 에탄올 혼합 휘발유를 취급하기 위해서는 저장탱크로부터 저유소, 탱크로리, 주유소에 이르는 전체 물류 시스템의 개조가 필요하다.

<표 4-61> 바이오에탄올 사용시 부품별 문제점

부품	주요 재질	예상 문제점
호스	고무, 수지, 접착제	내구성 저하에 의한 파손·누유
노즐	알루미늄 합금, 고무계 실	자동정지기구 작동 불량·누유
안전장치	주철, 스테인레스, 고무계 실	절단하중 상승에 의한 작동불량·누유
Meter	알루미늄 합금, 주철, 고무계 실, 패킹	부식 등에 의한 계량 정밀도 변화
펌프	알루미늄 합금, 주철, 고무계 실, 패킹	부식 등에 의한 내구성 저하누유

자료) 대한석유협회

③ 바이오에탄올 사용시 기존의 수송용 휘발유보다 대기오염 물질 중 NOx 배출량이 증가한다.

④ 바이오에탄올 공급 인프라 구축비용이 너무 크다.

일본의 연료정책 소위원회에 따르면 바이오에탄올 도입을 위한 저유소, 유조선, 철도 수송을 위한 설비 비용 및 수입을 위한 하화설비 비용, 주유소 지하 저장탱크 개조 등 인프라 구축비용을 약 3,320억엔으로 추산하고 있다.

(라) 국내·외 기술적용 사례[23)]

● 국내 기술적용 사례

바이오에탄올은 현재 시범보급중인 바이오디젤과 달리, 국내도입을 위한 타당성 검토를 실시하고 있는 준비단계에 있다.

먼저 정부의 준비과정을 보면 환경부의 경우 바이오에탄올 도입 및 보급관련 연구를 통해 휘발유와 바이오에탄올 혼합사용 비율에 따른 대기오염 개선효과 및 차량 안전성 등에 미치는 영향을 상세히 분석하고, 바이오 에탄올을 보급하는 선진국 동향 파악 및 비용·편익분석, 장기적 바이오 연료 수급 가능성 등의 세부 검토진행 중에 있다.

산업자원부에서는 「바이오에탄올 국내도입을 위한 유통시스템, 수급안정성 및 제도개선방안 연구('06~'08)」를 통해 바이오에탄올의 도입을 위한 구체적인 방안을 추진 중에 있다.

다음으로 관련 업계 중 주정 업계의 경우 에탄올 원료 확보를 위하여 국내 일부 알코올 주정회사(창해에탄올 등)에서 해외 농장 개발에 많은 관심을 가지고 있으며, 자동차 업계는 E10 이하를 사용하는 차량에 대하여 자동차 품질 보증 약속한 상태이다[24)].

바이오에탄올과 관련하여 향후 추진 방향은 바이오에탄올을 MTBE 대체제로 사용하는 방안을 검토 중에 있다.

현행 대기환경보전법(휘발유 품질기준)은 산소함량 기준(하절기, 0.5~2.3%, 동절기 1.0~2.3%)을 규정하고 있고, 산소함량을 위해서 정유사는 MTBE를 사용하고 있다.

이에 따라 바이오에탄올의 보급촉진과 MTBE 유해성 등을 고려하여 일정량 이상의 바이오에탄올을 산소함량제로 사용하도록 의무화하는 방안을 추진할 필요성이 대두되고 있다. 예를 들어 휘발유 산소함량(2.3%)을 전량 바이오에탄올로 충당한다면, E2.3 사용효과가 발생할 수 있게 된다.

● 국외 기술적용 사례

전 세계 에탄올 생산량은 2004년 현재 연간 약 3,300만㎘가 생산되고 있다. 1980~2004년까지 전 세계 에탄올 생산량의 추이를 나타내며, 2000년부터 해마다 증가하여 지난 5년간에 약 2배의 수준으로 증가하였다.

국가별로 보면 브라질의 생산량이 가장 많고, 그 다음으로 미국, 중국, 인도 순이다. 생산량 1~2위인 브라질과 미국의 생산량은 전체 에탄올생산량의 약 70%에 해당한다. 현재 바이오 에탄올을 자동차용 연료로 이용하고 있는 나라는 기본적으로 자국에서 생산한 에탄올을 이용하고 있지만 최근 바이오에탄올을 수입하여 사용하는 국가가 점차 증가하는 추세이다. 세계 최대 에탄올 생산국인 브라질의 경우 최근 에탄올 수출량이 증가하고 있으며 주요 수출국을 보

23) 바이오연료의 환경·경제성 분석 및 보급 확대방안 연구, 2007, 한국환경정책평가연구원

24) 미국 등 선진국에서 국내차량 수입시 E10이하 사용가능 차량을 요구하고 있음.

면 인도가 20% 수준으로 가장 많으며, 다음으로 미국, 한국, 일본 순으로 나타났다.

미국의 에탄올 생산량은 지속적으로 증가하는 추세이며, 미국재생가능연료협회(RFA)의 자료에 따르면 과거 3년간 약 2배의 성장을 보이고 있다.

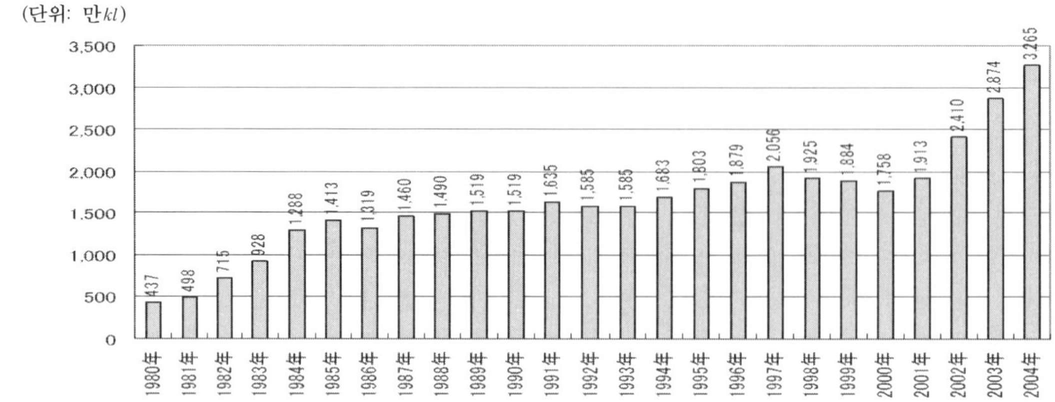

<그림 4-25> 국외 에탄올 생산량 추이(1980~2004년)

<표 4-62> 국가별 에탄올생산량 비중 (단위: %)

국가	브라질	미국	독일	캐나다	프랑스	영국	스페인	폴란드
비중	37.0	32.8	0.7	0.6	2.0	1.0	0.7	0.5
국가	인도	중국	러시아	우크라이나	남아프리카	타이	사우디 아라비아	기타
비중	4.3	9.0	1.8	0.6	1.0	0.7	0.7	6.5

자료) F.O.LICHT사 자료

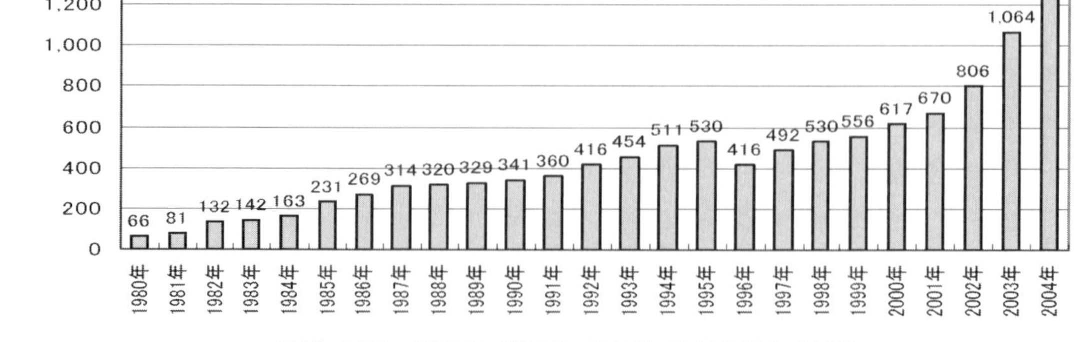

<그림 4-26> 미국의 에탄올 생산량 추이(1980~2004)

〈표 4-63〉은 각국의 바이오에탄올 도입정책 및 목표를 보여주고 있다. 각국의 바이오에탄올의 혼합율은 5~85%이며 에탄올 보급을 위한 지원책으로는 주로 연료에 대한 면세나 세금 감면과 재배작물에 대한 보조 등을 실시하고 있다.

<표 4-63> 각국의 바이오에탄올 도입목표 및 지원정책

국가	혼합율	원료	도입목표
미국	·10% ·85%	옥수수	-2006년 40억 갤런(휘발유유통량의 2.78%)도입 -2012년 70억 갤런 도입 -2005년 재생가능연료기준 의무화(에너지정책법)
캐나다	·5~10% ·85%	옥수수, 밀, 보리	-2010년까지 에탄올3.5%혼합목표(휘발유소비량의 35%에 E10보급) -2030년전체보급목표
브라질	·20~25% ·100%	사탕 수수	-에탄올20~25%혼합의무, 휘발유차량 전체 E25보급
콜롬비아	·10%	사탕 수수	-2001년 에탄올법에 근거 2005년부터 인구50만명 이상 도시에 대해 에탄올 10%혼합 사용 의무화
EU	-	-	-수송용연료에 대한 바이오연료비율(2005년말 2%에서 2010년말 5.75%)
스웨덴	·5% ·85%	밀	-2005년말 현재 바이오연료3%도입목표
스페인	·3~4% ·6~7%	밀, 보리	-2005년말 현재 바이오연료3%도입목표
프랑스	·6~7%	사탕수수,밀	-2005년말 현재 바이오연료3%도입목표
독일	에탄올 또는 ETBE	호밀,밀	-2005년말 현재 바이오연료2%도입목표
영국	·5%	옥수수	-2005년말 현재 바이오연료3%도입목표 -EU지시에 따라 2010년 5%까지 의무화 검토중
인도	·5%	사탕수수	-2003년부터 E5 전국보급 -E10전국보급이 최종목표
중국	·10%	옥수수,밀	-2005년 말까지 휘발유 자동차의 E10화(차량용에탄올 확대시험계획2004)

자료) エコ燃料利用推進会議, 「輸送用エコ燃料の普及拡大について」, 2006

(2) 바이오 디젤(에스테르화 발효)

(가) 기술개요 및 특징

에스테르화란 폐식용유 등을 메탄올과 반응시켜 메틸 에스테르계 물질을 생성하는 기술을 말하며, 이 과정을 통해 생성되는 바이오 디젤이라고 불리는 물질은 디젤 자동차용연료로 사용된다.

기름은 지방산이 글리세린과 에스테르를 만든 분자구조를 하고 있지만, 이것을 메탄올과 혼합하여, 알칼리 등의 촉매를 가하여 70℃정도에서 1시간 정도 가열하면 지방산은 메탄올과 에스테르를 만들고, 글리세린이 유리된다. 이 지방산의 메틸에스테르는 디젤 연료로서 이용가능하고, 이것을 바이오 디젤이라고 한다.

바이오디젤이란 자연에 존재하는 각종 기름(Fat, Lipid) 성분을 물리화학적 처리과정(에스테르 공정)을 거쳐 석유계 디젤과 유사한 액체연료로 변환시켜 디젤엔진에 사용하는 기술이다.

바이오디젤의 원료가 되는 기름은 크게 유채씨, 해바라기씨, 대두 등과 같이 다량의 식물유

(植物油)를 (Vegetable Oil) 함유하는 종자(Oil seed)를 이용하거나 기타 쌀기름 (일명 미강유)과 같이 각종 곡·식물의 가공처리 과정에서 발생하는 부산물 기름혹은 폐식용유 등을 이용하고 있다.

미국의 경우 건강상의 이유로 저지방 육류를 선호함에 따라 닭고기, 돼지고기 등에서 인위적으로 기름을 제거하게 되며 이때 발생한 다량의 동물성 유지(油脂)를 바이오디젤의 원료로 이용하기도 하고 있다.

이들 원료를 이용하여 알카리 촉매 존재하에서 에스테르화 반응을 시키고 부산물인 Glycerol을 정제하면 경유와 비슷한 균질상 지방산에스테르즉 바이오디젤이 생성된다.

(나) 주요 처리공정

바이오디젤유는 〈그림 4-27〉과 같이 식용유에 알코올과 촉매를 첨가한 후 반응시켜 제조하며, 생산공정은 〈그림 4-28〉에서와 같이 반응기, 생성물의 분리를 위한 침강조, 정제 및 증발단계 등으로 구성된다.

반응 후에 바이오디젤유와 부산물인 글리세린이 생산되며 글리세린은 침강조에서 비중 차이에 의해 분리된다. 반응속도를 높이기 위해 알코올을 과량 첨가하며 반응 후의 잔여 알코올은 회수하여 다시 사용한다. 침강조에서 분리된 글리세린은 정제 과정을 거친 후 화학산업의 원료로 사용된다.

CH_2-O-CO-R_1 | CH_2-O-CO-R_2 | CH_2-O-CO-R_3 + 3R-OH 〈=====〉 (촉매) CH_2-OH | CH_2-OH | CH_2-OH + 3 R-O-CO-R

〈동식물성 기름〉	〈알코올〉	〈글리세린〉	〈바이오디젤유〉
1kg	0.1kg	0.1kg	1kg

<그림 4-27> 바이오디젤유의 반응 메카니즘

촉매는 산과 염기 촉매 모두 사용가능하나 후자가 보다 경제적이기 때문에 대부분 이를 사용한다. 다만 유지중의 유리지방산 함량이 높아 염기 촉매의 직접 적용이 어려운 경우에는 산 촉매를 사용한다. 알코올은 생산비용을 낮추기 위해 저렴한 메탄올을 주로 사용한다. 그러나 메탄올은 극성이 큰 화합물이어서 기름과 2상을 형성하므로 반응의 효율적 진행을 위하여 균일한 혼합이 필요하며 이를 위해 교반 속도를 높이거나 반응 조건을 조정하여 단일상이 되게 하는 기술이 상용 공정에 적용되고 있다.

바이오디젤의 제조공정은 크게 나누어 회분식과 연속식으로 나뉜다. 회분식 공정(batch

process)은 반응조에 식물유, 메탄올 및 염기촉매를 동시에 첨가하여 반응시킨 후 글리세린의 분리공정을 거친 다음 알코올을 제거하고 물로 세정 탈수하여 제조한다. 그러나 회분식은 효율성, 생산성, 반응성 등이 연속식에 비해 떨어지기 때문에 소규모공정에 주로 사용된다.

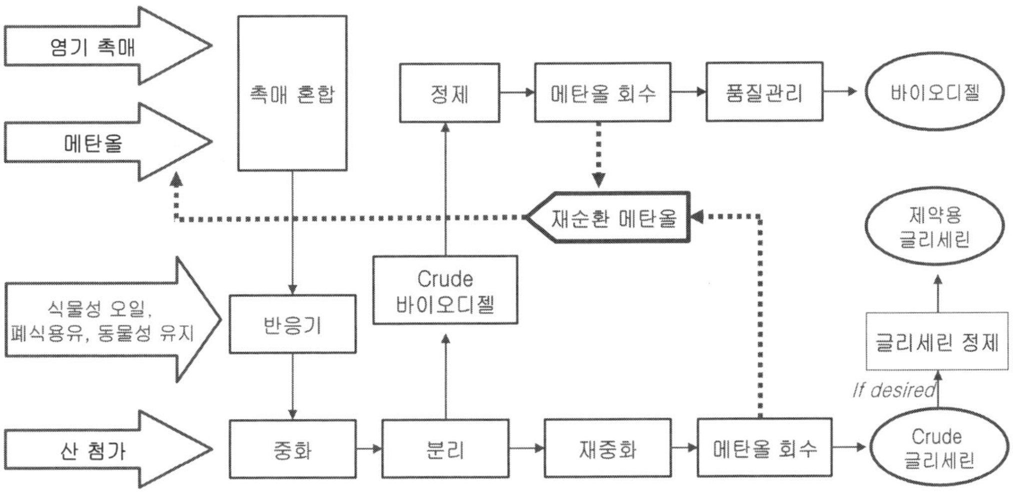

<그림 4-28> 바이오디젤유 생산 공정도

연속식 공정(Continuous process)은 원료유지의 성상이 비교적 일정한 대규모 바이오디젤유 생산에 적합하며 대표적인 공정으로서 Henkel 공정과 CD 공정이 있다. Henkel 공정은 2기의 직렬식 튜브반응기로 구성되며 각 반응기 후단에는 글리세린을 회수하기 위한 침강조가 설치된다. 촉매의 성능저하를 방지하고 공정의 효율성을 높이기 위하여 친유성 성분에 잘 용해되는 소디움메톡사이드를 사용하여 친유성 바이오디젤유 층에 촉매가 남아있도록 함으로써 수율을 높이고 있다. 단점은 촉매로 소디움 메톡사이드를 사용하여 글리세린 층으로의 촉매 이동을 적절하게 유지함으로써 반응 후기 수율 증가에 기여하도록 하였으나 반응계가 2상이므로 반응 초기 촉매 성능 저하를 최소화하고 연속식 관형 반응기의 혼합을 높이기 위해 관형 반응기내에서 유속을 Re 2,300 이상으로 유지하도록 하여야 고수율을 얻기 위해 2단계의 에스테르 교환 반응기를 설치해야 하므로 2차 반응 중 촉매와 메탄올의 소모가 불가피하여 원가가 상승하는 문제가 있다. 또한 바이오디젤유의 정제에 증류공정을 사용함으로 생산수율이 4∼5% 저하하고 생산된 바이오디젤유의 산화안정성이 낮다는 문제가 있다.

CD (Continuous Deglycerolization) 공정은 컴팩트화로 투자비를 낮추고 상압운전으로 에너지소비량을 줄임으로써 Henkel 공정에서 나타난 대부분의 문제점을 해결할 수 있으나 지방산 함량이 높은 저가의 원료(지방산 함량 2% 이상의 폐식용유 등)에는 적용할 수 없다는 단점이 있다. 또한 바이오디젤유의 정제에 수세공정을 적용함으로써 다량의 폐수가 발생하는 문제가 있다.

그 외에 유리지방산 함량이 높은 원료로부터 효율적으로 바이오디젤유를 생산하기 위하여 회분식 전처리공정을 적용하는 하이브리드 시스템도 개발되고 있다. 이는 전처리 조건을 원료의 상태(유리지방산 함량)에 따라 자유롭게 바꿀 수 있어서 전처리된 원료의 성상을 일정하게 유지할 수 있으므로 반응기는 연속식으로 운전이 가능하다

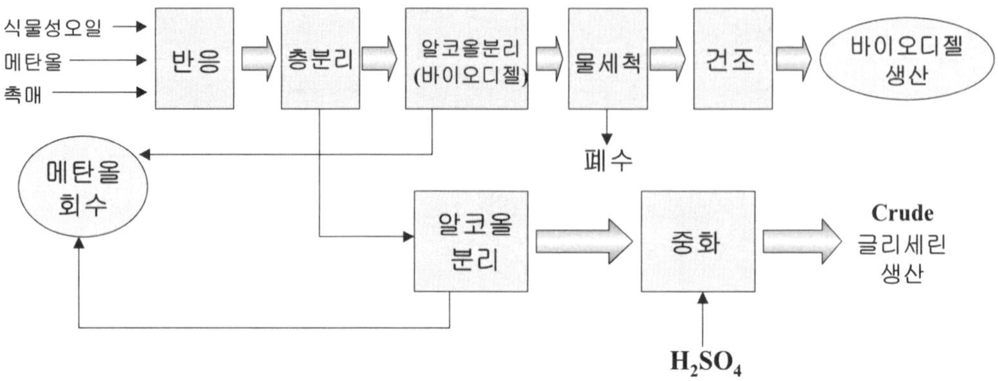

<그림 4-29> Batch식 공정의 바이오디젤유 합성기술 (Novance, France)

(다) 장단점[25]

바이오디젤유란 식물성 기름, 동물성 지방, 폐식용유 등 재생 가능한 자원을 촉매 존재 하에 알콜과 반응시켜 생성하는 에스테르화 기름을 말하며, 경유와 물성이 유사하므로 경유에 대체 또는 혼합하여 압축착화 디젤엔진에 사용할 수 있다

천연가스나 LPG 등 타 대체연료가 기존 디젤엔진을 Otto Cycle인 스파크점화방식으로 개조하여 적용해야 함에 따라서 개조범위가 넓어지고 개조비용이 많이 소요되며 효율이 저하하는 단점이 있음에 대하여, 바이오디젤유는 세탄가가 높아서 Diesel Cycle에 의한 압축착화연소가 가능하므로 엔진의 개조가 거의 불필요하고 기존 주유소 인프라도 그대로 활용할 수 있으며 디젤엔진의 장점인 고효율을 그대로 살릴 수 있는 장점이 있다.

다음으로 수송용경유와 비교할 경우 바이오디젤의 장점을 살펴보면 다음과 같다.

① 국내 자급이 가능하고 재생 가능한 식물자원(바이오매스)에서 생산되므로 에너지자원의 고갈 문제가 없고, 폐식용유 등의 폐자원을 유효 활용할 수 있다.

② 공정의 전 주기(Life cycle)에서 볼 때, 연료 사용에 의해 배출된 이산화탄소는 바이오매스의 생산과정에서 식물의 광합성 작용으로 회수되므로 그의 순 배출량이 대단히 적다.

③ 산성비의 주범인 SOx를 적게 배출하고, 함산소연료(산소 10% 이상 함유)이므로 발암물

25) 바이오연료의 환경·경제성 분석 및 보급 확대방안 연구, 한국환경정책·평가연구원

질인 입자상물질이나, CO, HC 등 디젤엔진의 유해 배출가스를 크게 저감할 수 있다.

④ 세탄가가 경유보다 높아서 압축착화엔진에 그대로 적용이 가능하며, 경유에 소량(20% 이내) 혼합 사용하는 경우에는 기존 엔진의 개조가 거의 불필요하고 출력이나 연비 변화도 거의 문제시되지 않는다.

⑤ 액상 연료이기 때문에 기존의 연료 인프라를 그대로 활용할 수 있다.

⑥ 윤활성이 좋기 때문에 경유의 저유황화에 따른 윤활성 저하 대책으로 사용할 수 있다(경유에 1% 혼합하면 윤활성 40% 향상).

⑦ 벤젠 등을 배출하지 않아서 독성이 적고, 생분해도가 높아서 유출시 환경오염이 적다(3주 이내에 90% 이상 분해).

다음으로 수송용경유와 비교할 경우 바이오디젤의 단점은 다음과 같다.

① 연료의 안정성이 경유에 비해 좋지 않기 때문에 적절히 제조 또는 관리되지 않으면 산가나 수분함량의 증가 등 연료품질의 악화에 기인하여 엔진 연료계 금속부품의 부식 또는 손상을 유발할 수 있고, 연료분사 인젝터의 막힘이나 실린더내 카본 퇴적의 증가를 유발할 수 있다.

② 경유에 비해 유동점이 높기 때문에 한냉시의 시동성 악화를 유발할 수 있다

③ 연료계통의 일부 고무재료를 열화시킬 수 있으므로 고농도로 사용하는 경우에는 재질 변경을 요한다.

④ 바이오디젤 사용시 기존의 수송용 경유보다 대기오염 물질 중 NOx 배출량이 증가한다.

그 밖에도 바이오디젤 제조사의 난립으로 바이오디젤의 품질저하 우려되며, 국내 바이오디젤 원료 생산문제 등 여러 가지 문제가 남아있다.

(라) 국내·외 기술적용 사례[26)]

● 국내 기술적용 사례

국내 바이오연료는 바이오디젤을 중심으로 시범 보급되고 있다. 2006년 현재 국내에 등록된 바이오디젤 생산능력은 314,300㎘이며, 이 중 2005년 BD생산능력은 13만㎘이며, 2006년 하반기에는 15.9만㎘로 증가하였다. 한편 2006년 7월 이후 정부와 정유사간의 자발적 협약에 의해 바이오디젤을 최소 9만㎘ 공급할 계획이다.

산업자원부에서 지정한 국내 바이오디젤유 생산기업은 2002년에 BDK(구 신양현미유)와 가야에너지 (구 신한에너지)의 2개소이었으나, 2006년 4월 현재 바이오대체에너지, 에코에너텍, BND에너지, 3M안전개발, 단석산업, 무등에너지, 씨엔지 등이 추가되었다. 바이오디젤 생

26) 바이오연료의 환경·경제성 분석 및 보급 확대방안 연구, 한국환경정책·평가연구원

산공정을 살펴보면 가야에너지와 BND에너지가 연속식 생산공정을 갖추고 있으며 그 밖의 기업은 현재 배치식 공정을 갖추고 있다. 바이오디젤 원료는 대두유, 현미유 정제 부산물, 폐식용유 등 다양하나 주로 대두유가 사용되고 있다.

<표 4-64> 바이오디젤 생산업체별 생산능력 현황(단위: kℓ/년)

BD생산업체	등록 생산능력	증류제품 생산능력	최대 제조가능 생산능력	
			2006년	2007년 (증설 후)
A사	100,000	16,848	72,000	100,000
B사	50,000	38,623	42,749	70,000
C사	33,000	17,302	19,030	24,480
D사	20,000	17,224	18,947	37,000
E사	60,000	5,371	5,908	40,000
F사	27,300	39,283	39,283	39,283
G사	9,000	-	-	-
H사	9,000	-	-	-
I사	6,000	-	-	-
총 계	314,300	134,651	158,634	310,763

자료) 산업자원부, 바이오디젤 기술현황 세미나, 2006. 및 환경부 내부자료 재정리

바이오디젤의 이용현황을 살펴보면 1999년도에 열린 하남국제환경박람회 기간 중에 유채유를 원료로 만든 바이오디젤유를 광주 시내 청소차에 투입하여 사용한 바 있으나 환경단체에 의한 소규모로 시범생산으로서 상용화에는 기여하지 못하였다. 그 후에 BDK의 전신인 신양현미유에서 현미유 정제부산물 바이오디젤유를 이용하여 익산시 시내버스와 전북도내 관용차량 등을 대상으로 시범운행을 실시하였고, 가야에너지에서도 대두유 바이오디젤유를 사용하여 의왕시청 관용차량을 대상으로 시범운행을 실시하였으며, 환경부와 서울시에서도 2002 월드컵을 맞이하여 서울시의 쓰레기수거차를 대상으로 시범운행을 실시하였다. 그밖에 전북대학교, 한국에너지기술연구원, 국립환경연구원 자동차공해연구소 등에서 엔진 또는 차량을 사용한 성능평가 또는 실증시험을 실시하였다.

<표 4-65> 바이오디젤 보급 실적 (단위: kℓ)

<table>
<tr><th>연도</th><th>BD5(BD0.5%)용</th><th>BD20(BD20%)용</th></tr>
<tr><td>2006.7월</td><td>5,080</td><td rowspan="4">6,736
[2006.1~2006.10월 까지]</td></tr>
<tr><td>2006.8월</td><td>6,489</td></tr>
<tr><td>2006.9월</td><td>7,341</td></tr>
<tr><td>2006.10월</td><td>7,907</td></tr>
</table>

● 국외 기술적용 사례

바이오디젤유는 높은 생산비용에도 불구하고 환경친화성이 좋고 재생에너지라는 장점 때문에 1988년 오스트리아의 소규모 공장(500톤/년)에서 세계 최초로 상용 생산된 이래 유럽연합을 중심으로 생산용량이 급격히 증가하고 있다. 독일을 필두로 이태리, 프랑스, 영국, 오스트리아 등지에서는 2005년 6월 현재 3백 70만톤/년의 생산용유럽 국가 중에서 바이오디젤유의 보급에 가장 활발한 독일에서는 정부의 적극적인 지원에 따라서 2005년 현재 총 1백 9십만톤/년의 생산능력을 구비하여 이중에서 1백 8만톤/년을 판매하였다. 주로 대두유를 원료로 사용하는 미국의 경우에도 바이오디젤의 생산 및 사용량이 최근에 급격히 증가하여 2006년 1월 현재 53개소의 생산설비에서 354 Million gallon/year를 생산하고 있다.

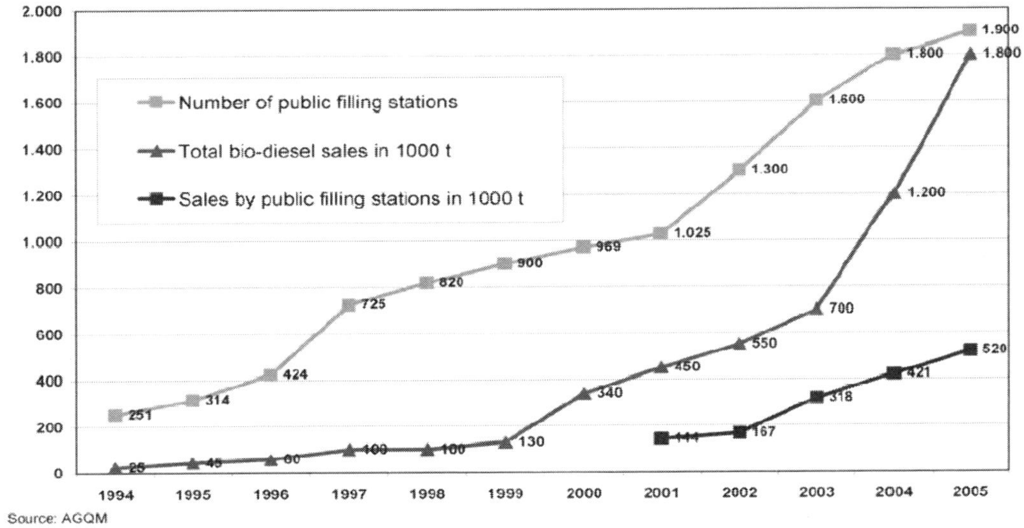

<그림 4-30> 독일의 바이오디젤 생산 및 판매 현황

유럽에서는 1990년대 초 프랑스를 필두로 바이오디젤 혼합유가 버스, 트럭용 연료로 사용된 이래, 독일, 오스트리아, 스웨덴 등지에서는 차량 연료계 부품을 일부 수정한 바이오디젤유 전용차량(고무계 부품 등 재질 변경)을 대상으로 100% 바이오디젤유를 보급하고 있고, 프랑스, 이태리, 체코, 슬로바키아, 스위스 등지에서는 대형트럭 또는 버스회사 차량을 대상으로 BD30(바이오디젤유 30% 혼합 경유)을 보급하고 있다. 2003년 10월에 도입된 유럽의 경유 품질규격인 EN 590에서는 경유에 바이오디젤유 5% 이내의 포함을 허용함에 따라서 일반적인 경유 연료로서 전 유럽지역을 대상으로 BD5의 판매가 가능하게 되어 있다. 특히 EU에서는 2003년 5월에 EU Directive 2003/30/EC를 발효하여 2005년에 자동차 연료의 2%, 2010년에 5.75%, 2020년에 20%를 바이오디젤유를 포함한 바이오연료로 대체하기로 함에 따라서 그의 생산 및 사용량이 보다 증가할 것으로 예상된다. 다른 나라가 주로 혼합유의 판매에 주력하는

반면, 독일에서는 순수 바이오디젤유의 보급을 정부 차원에서 적극 지원하고 있어서, 2006년도 현재 총 생산량의 약 70%가 플릿차량 소유사(트럭, 버스, 택시회사 등 운수회사)에게, 나머지 30%는 공공주유소에서 판매되고 있다. 예를 들어, Hinsberg 시의 버스회사에서는 CNG 버스와 기존 차량에 바이오디젤유를 사용하는 방안을 경제성 검토한 결과 자체 보유 130대 버스를 모두 바이오디젤유 차량으로 전환한 바 있고, 독일의 택시연합(German Taxi Association)에서도 경유에 비해 가격이 저렴하고 환경친화성이 우수한 바이오디젤유를 적극 사용하고 있다. 이에 따라서 순수 바이오디젤유를 취급하는 주유소가 전국적으로 1,700여개에 달하고 있다(전체 주유소의 약 10%에 해당). 순수 바이오디젤유를 사용하는 차량은 분사계, 배관계의 재료 등을 수정한 OEM차량으로서(내부식성에 대응하기 위한 Anti Corrosion Material의 채용 등) 현재 약 3백여만대가 보급되어 있으며, 자동차제작사에서는 바이오디젤 부품 패키지나, 바이오디젤 트럭용 히팅시스템(연료탱크 등을 히팅)을 판매하고 있다.

유럽의 두 번째 바이오디젤유 소비국인 이탈리아는 바이오디젤유 생산량의 약 50%를 난방연료로 사용하고 있고, 나머지는 프랑스와 유사하게 경유에 5% 이내 또는 30% 혼합하여 보급하고 있다. 또한, 1999년도에는 관련법을 개정하여 인구 십만 이상인 도시에서는 공공운송 수단의 경우에 바이오디젤 혼합 연료를 의무적으로 사용하도록 하고 있다.

바이오디젤유를 유럽에서 세 번째로 많이 사용하는 프랑스에서는 바이오디젤유의 보급 유통에 정유업체가 적극적인 역할을 하는 데에 특징이 있다. 즉 바이오디젤유 생산업체는 생산된 바이오디젤유를 정유업체 또는 운수업체에 공급하고 정유업체는 공급받은 바이오디젤유를 경유에 5% 이내 혼합하여 일반 경유로서 판매하고 있다(실제적으로 대략 2% 내외). 아울러 시내버스 등을 대상으로 BD30도 보급하고 있다. 미국의 경우에는 바이오디젤유의 약 90%가 대두유를 원료로 하여 생산되고 있다. 미국에서는 1992년에 국립 Biodiesel Board가 설립된 이래, 1998년에는 국회 및 EPA에서 BD20을 디젤차량 연료로서 승인하였고, 2001년에는 부쉬 대통령이 바이오디젤유를 포함한 신재생에너지의 보급 확대를 천명한 바 있다. 이러한 정부차원의 적극적인 도입책에 따라서 바이오디젤유의 보급실적이 매년 증가하여 연방 관용차량, 주정부 수송차량, 스쿨버스, 국립공원 운행차량 등 대규모 플릿차량을 대상으로 2006년도 1월 현재 354 Million gallon/year이 생산되었다.

그 밖에 남미 제국, 오스트레일리아, 동남아시아(말레이시아, 태국 등), 일본, 중국 등지에서도 바이오디젤의 보급 확대를 위한 시범 보급사업이 적극 추진되고 있다.

(3) 바이오 수소 발효

가. 기술개요 및 특징

수소발효는 반응 조건 조절을 통해 유기성 폐기물로부터 수소를 생산하는 미생물을 이용하여 수소 가스를 얻는 기술이다.

나. 주요 처리공정

통상의 혐기성소화에서는 메탄이 발생하지만, 반응조건을 조절하면 수소의 발생이 가능하게 된다. 이 기술을 수소 발효라고 부르지만 일반적으로 수소만이 발생하는 것은 아니고, 초산이나 프로피온산 등의 유기산, 이산화탄소도 아울러 발생된다.

<표 4-66> 세계 각국의 바이오디젤 보급 현황

국 가	보급 연료	주요 사용처	원료	세제 혜택
오스트리아	BD100, BD2	시내버스 등	유채유, 폐식용유	BD100 면세
체코	BD31∼BD36	관용차량 등	유채유	BD100 면세
프랑스	BD30, ≤BD5	대형운수회사, 일반주유소	유채유	BD100 면세
독일	BD100	일반주유소, 택시/공공버스/장거리트럭	유채유	BD100 면세
이태리	BD5, BD30	공공버스	유채유	BD100 면세
슬로바키아	BD31		유채유	BD100 면세
스웨덴	BD100, BD2	운수회사, 일반주유소	유채유	BD100 면세
스위스	BD5, BD30	일반주유소, 운수회사	유채유, 해바라기유	BD100 면세
영국	BD5	일반주유소, 운수회사	폐식용유, 유채유	BD100 감세
브라질	BD2	일반주유소	대두유	-
캐나다	BD100	운수회사	유채유, 해바라기유, 폐식용유 외	온타리오주만 지방세 면제
미국	BD2(미네소타주), BD20, BD100	운수회사, 정부차량 등	대두유 외	BD100 1페니/갤런 감세
호주	BD20	플릿차량	폐식용유, 동물유 외	-
일본	BD20	시내버스	폐식용유	-
한국	BD5, BD20	일반주유소, 운수회사	대두유, 폐식용유 외	BD100 면세

자료) 이영재, 국내외 바이오디젤 보급 현황 및 정책, 바이오디젤기술현황세미나 발표자료, 2006

바이오매스의 생물학적 방법에 의한 수소의 생성기술은 백 년 전에 시작되었으나 실험실 규모의 연구로 가능성만 확인되었을 뿐 실제 적용에는 아직도 많은 연구가 필요한 상황이다. 수소 발효에는 함수율이 높은 바이오메스가 원료로 이용될 수 있고 비교적 분해하기 쉬운 글루코스 수용액과 제빵업 폐기물이라 하는 기질에 관한 검토 사례까지 밖에 없기 때문에 이후 보다 넓은 범위의 기질에 관한 데이터의 축적 및 실증 시험에 의한 문제점의 확인이 요구된다.

수소발효는 메탄 발효와 비교하여 비교적 고농도의 원료에 대응할 수 있고, 처리 시간도 10분의 1 정도로 짧으며 소요되는 면적도 혐기성소화의 3분의 1정도만이 요구되기 때문에 처리 시간과 비용의 대폭적인 감소가 예상된다. 또한 반응후의 액은 메탄 발효가 진행되기 쉬운 유기산을 포함하기 때문에 메탄 발효와 연계하여 2단 발효하는 연구도 진행 중에 있다.

생물학적 방법에 의한 수소생성은 광합성직접물분해(direct biophotolysis), 광합성간접물분해(indirect biophotolysis), 전환반응(biological water-gas shift reaction), 광합성발효(photo-fermentation), 혐기발효(dark- fermentation)의 다섯 가지로 대별된다. 모든 공정은 수소화효소(hydrogenase)와 질소화효소(nitrogenase) 같은 수소생성효소에 의하여 좌우된다.

<그림 4-31> 수소 발효의 에너지 변환기술

〈표 4-67〉은 바이오에너지기술연구회에서 발췌한 바이오수소 생산기술의 종류에 관한 자료이다. 이 중에서도 현재 선진국에서 추진 중인 내용은 다음 세 가지로 정리할 수 있는데, 첫째, 수중 미생물인 green algae가 태양광을 에너지원으로 이용하고, 물로부터 양성자와 전자를 공급받아 수소를 생산하는 효소에 의한 물 분해 수소생산 연구이다. 즉 자연계에 존재하는 수소 생산력이 우수한 미생물이 태양에너지를 받아서 미생물 자체가 갖는 고유의 광합성 작용에 의해 물을 분해하고 공기 중 이산화탄소를 고정화하여 균체가 성장하며, 이로부터 수소를 발생하는 현상으로 마치 식물체가 태양에너지를 이용하여 잎과 꽃을 피우고 열매를 주는 것과 유사한 광합성 작용이다.

<표 4-67> 바이오수소 생산기술의 종류

원료	방법	Chemistry
물	광합성 직접 물분해 (direct photolysis)	$H_2O \xrightarrow{light} PS\ II\ (\nearrow O_2) \rightarrow PS\ I \rightarrow FD \rightarrow H_2\ ase \rightarrow H_2$
	광합성 간접 물분해 (indirect photolysis)	$H_2O \xrightarrow{light} PS \rightarrow (CH_2O)$ CO_2 $(CH_2O) \rightarrow FD \rightarrow H_2\ ase, N_2\ ase \rightarrow H_2$
바이오매스	혐기발효 (Dark Fermentation)	$C_6H_{12}O_6 + H_2O \xrightarrow{dark} 4\sim6\ H_2 + CO_2 + \text{유기산}$
	광합성 발효 (Photosynthetic Fermentation)	$\text{유기산} + H_2O \xrightarrow{light} 4\sim7\ H_2 + CO_2$
	In Vitro Reaction	$C_6H_{12}O_6 + GDH, H_2\ ase \xrightarrow{light} \text{gluconic acid} + H_2$
가스 (CO)	전환반응 (Shift Reaction)	$CO + H_2O \xrightarrow{dark} CO_2 + H_2$

이는, algae와 같은 자연계 미생물은 각각 녹색 띄는 미생물로 태양에너지 중 일정한 파장의 빛을 흡수하여 물로부터 수소를 발생시키고 동시에 미생물 자체가 성장하는 것을 말한다. 또한 Cyanobacteria는 공기중의 이산화탄소를 흡수하여 균체가 성장하는데 이와 같이 생성된 균체는 일정 조건에서 태양에너지를 이용하여 수소 생산 효소인 hydrogenase, nitrogenase에 의해 수소 가스를 발생한다.

둘째, 질소 고정력이 있는 cyanobacteria가 광합성 중에 세포의 일부분인 vegetative cell에서는 물을 분해하여 산소를 발생하고, 이산화탄소를 고정하며, 세포의 다른 부분인 heterocyst에서 이산화탄소와 수소를 발생하는 2 단계 수소 생산 연구가 지난 20여 년간 진행되었다. 셋째로 최근 일본을 비롯한 유기성 폐자원이 풍부한 국가에서 집중적으로 연구되는 기술로써, 유기물로부터 광합성 세균 특히 purple non-sulfur bacteria에 의한 수소생산 또는 광이 존재하지 않는 조건에서 혐기 미생물에 의해 유기물 자체가 에너지원으로 사용되는 발효에 의한 수소 생산 연구가 중심이 되고 있다.

<표 4-68> 바이오수소의 장단점

장 점	단 점
▪ 수소는 연료로 사용할 경우에 연소시 극소량의 NOx를 제외하고는 공해물질이 생성되지 않음 → 환경오염 우려 최소, CO_2배출 없음 ▪ 수소는 가연한계(λ=10~0.14)가 넓고, 최소 점화에너지가 작으므로 불꽃점화기관에 적합하고, 희박한 혼합기를 사용하여 안정적 연소가능	▪ 대량제조기술과 저장·운반·이용 기술 등 수소를 에너지원으로 상용화 하기엔 아직 해결해야 할 과제가 많이 남아 있는 것이 현실. ▪ 수소는 상온, 상압(끓는점 -253℃)에서 기체로 존재하기 때문에 체적당 에너지 밀도가 매우 낮아 저장, 운반이 용이하지 않음.

(다) 국내외 기술적용 사례

외국과 국내에서 개발되고 있는 주요 바이오에너지 기술개발현황과 기술 수준을 〈표 4-69〉와 같이 비교하였다. 국내의 경우 메탄발효, 유기성 폐기물 메탄발효 생산 분야에서 상업적 활용 가능하고 바이오 수소생산 분야에서는 한국에너지기술연구원에서 기술개발 중인 것으로 나타났다.

<표 4-69> 바이오에너지 분야 국내외 기술개발 보급 현황(2000년)

기술 분야/세부기술	국외기술현황		국내기술현황	
	주요개발국가명	개발단계	주관기관명	개발단계
메탄발효 기술	EU국가, 일본, 미국	상용화	현대Eng.(여상발효조) 대우건설(UASB)	상용화
메탄발효 유기성 폐기물처리	프랑스, 독일, 핀란드, 벨지움, 이탈리아, 일본 등	보급 (실용화)		상용화
바이오 수소생산	일본	응용연구	에너지기술(연)	응용연구

자료) 이상필 외(2002)

제 V 장

녹색마을 유형별 분류 및 시범지역 검토

1. 녹색마을 유형별 분류 및 개념

본 장에서는 향후 전국의 각 지자체에 조성될 600개의 저탄소 녹색마을에 대하여 시행착오를 최대한 줄이면서 효율적으로 도입하기 위한 방안으로 대표성을 띄는 유형을 제시하도록 한다. 유형별 개념을 구분하고, 유형에 맞는 시범적으로 조성될 마을을 선정하여 검토하여 보도록 한다.

녹색마을조성은 기본적으로 바이오매스와 자연력(태양열, 풍력, 소수력 등)을 이용하는 사업으로 도시와 농촌, 산촌 등 그 지역의 특성에 따라 바이오매스 발생특성 및 이용가능성이 조금씩 다르게 나타난다.

도시형의 경우, 인구밀도가 높아 음식물 및 분뇨슬러지의 발생이 높고, 하수슬러지도 많이 발생된다. 농촌형은 가축분뇨, 과수전정가지, 볏짚, 왕겨 등의 발생이 많다. 산촌형은 많은 임목자원을 활용할 수 있다. 이처럼 지역의 특성에 따라서 녹색마을의 유형도 달리 적용되어야 한다.

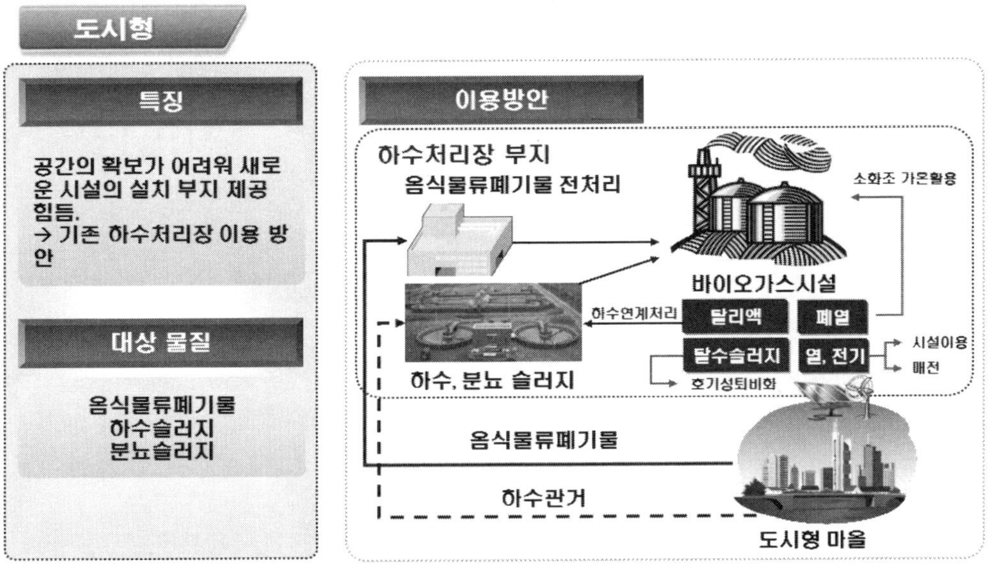

<그림 5-1> 도시형 유형 개념도

이러한 배경을 바탕으로 본 연구에서는 우리나라의 마을을 바이오매스 발생특성에 따라서 도시형, 농촌형, 도·농복합형, 산촌형, 어촌형 등으로 분류하여 검토해 보도록 하겠다.

첫 번째, 도시형은 인구의 밀도가 높아 많은 양의 폐기물이 발생된다. 이 폐기물 중에서 바이오매스라 불리는 것은 음식물류폐기물, 하수슬러지, 분뇨슬러지, 폐목재 등이다. 이것을 이용한 마을의 에너지 자립을 위해서는 시설의 설치가 필요한데, 도시형에서는 높은 지가로 인하여 시설설치 부지 제공에 어려움이 있다. 이 문제는 기존에 도시 또는 도시인근에 위치하고 있는 환경기초시설을 이용하면 해결이 가능하다. 예를 들어, 하수종말처리장의 부지를 이용하고 음식물류폐기물 처리시설을 함께 두어, 발생된 하수슬러지와 음식물류폐기물을 바이오가스 시설을 통하여 열 및 전기를 생산한다. 생산된 전기는 시설내 이용, 마을이용을 하고, 남는 것에 대해서는 매전 하도록 한다. 폐열은 소화조의 가온용으로 재사용 한다. 소화 후 탈리액은 하수연계처리를 하고, 탈수슬러지는 퇴비화를 하여 근처 농지에 공급하는 시스템으로 유형의 개념도를 나타낼 수 있다.

두 번째, 농촌형은 도시와는 반대로 인구밀도가 낮아 음식물류폐기물의 발생량이 적고, 발생된 음식물류폐기물도 가축에게 먹이거나, 근처 논 · 농지에 뿌려 배출되는 양이 극히 적다. 또한, 농촌에서 발생되는 볏짚, 왕겨 등은 이미 유가로 거래되고 있어 처리에 있어서 문제가 되지 않는다. 따라서 농촌형에서 주로 이용 가능한 바이오매스는 가축분뇨를 꼽을 수 있다.

<그림 5-2> 농촌형 유형 개념도

가축분뇨를 이용한 바이오가스시설을 마을에 위치시켜 열·전기를 생산하고, 생산된 열 · 전기는 시설내 이용 및 마을 주민에게 공급한다. 폐열은 비닐하우스에 열공급용으로 이용하고, 탈수슬러지 및 탈리액은 퇴비화, 액비화하여 경종농가에 공급하도록 한다. 하지만, 바이오가스화시설의 운영상 문제가 일어날 경우를 대비하여 보조수단으로 화목보일러를 함께 설치한다. 화목보일러의 원료는 산림바이오매스 및 농촌지역에 많이 분포되어 있는 과수원의 전정가지 등을 비축해 두었다가 필요시 운영하도록 하는 개념이다. 또한 연중 일기가 맑은 지역에는 태양열을 이용하고, 바람이 많은 지역에는 풍력, 저수지가 위치하는 지역에는 소수력을 이용하는 등 자연력을 이용하는 방안도 고려될 수 있다.

세 번째, 도 · 농복합형은 도시와 농촌이 공존하는 형태의 지역으로 기본개념은 상대적으로 지가가 낮은 농촌지역에 시설설치를 하고, 도시에서는 음식물류폐기물 등의 원료를 공급, 바이오가스시설을 통하여 열·전기를 생산한다는 것이다.

대상 바이오매스로는 도시의 음식물류폐기물, 분뇨, 농촌의 가축분뇨, 산림바이오매스 등이 있다. 음식물류폐기물 및 가축분뇨를 바이오가스시설을 통하여 열·전기를 생산하고, 농촌지역 및 도시지역에 공급한다. 또한 폐열은 농촌의 비닐하우스에 공급되며, 탈수슬러지 및 탈리액은 퇴비화, 액비화하여 농촌의 경종농가에서 이용한다. 보조수단으로 화목보일러를 설치하여 산림바이오매스, 과수 및 가로수 전정가지로부터 발생된 임목을 비축해 두었다가 필요시 사용한다는 개념이다.

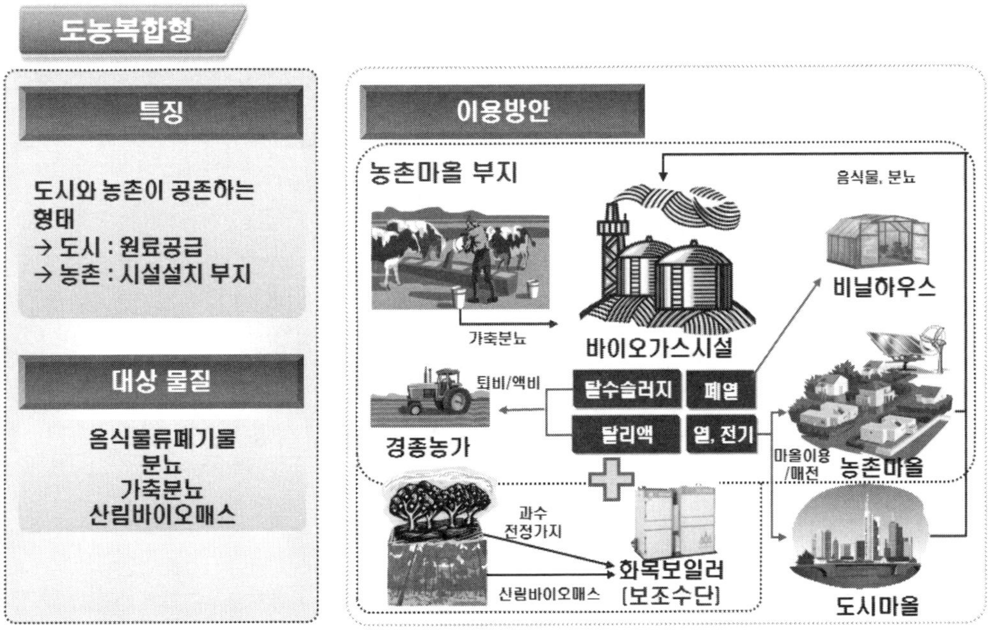

<그림 5-3> 도.농복합형 유형 개념도

네 번째, 산촌형은 산지가 많은 지역에 위치한 마을로 산림자원을 이용하여 마을의 에너지 자립도를 제고시킬 수 있다. 중앙공급방법과 개별공급방법의 두 가지 방안이 있으며, 첫 번째, 중앙공급방법은 마을에 화목보일러를 설치하여 지역내에서 발생되는 산림바이오매스 및 과수·가로수 전정가지 등을 이용하여 열·전기를 생산하여 마을에 공급하는 방식이다. 두 번째 개별공급방법은 마을에 목재칩 또는 펠렛 제조시설을 두고, 마을의 각 가정에는 펠렛보일러를 공급하여, 개별난방을 하는 방법이다. 여기에 자연력(태양열, 풍력 등)을 이용하여 열·전기를 생산 및 이용할 수 있게 하는 개념의 유형이다.

<그림 5-4> 산촌형 유형 개념도

다섯 번째, 어촌형(도서)은 주로 해안가에 위치한 지역으로 타 지역에서 발생되는 바이오매스와는 달리 어류가공부산물이 주로 발생되고, 이것을 이용하여 바이오가스시설을 운전한다. 지리적으로 바다에 인접하여 바람이 많이 불어 풍력 이용가능성이 높고, 파도에 의한 파력발전도 가능하다. 연중 일기가 맑은 지역에는 태양열의 이용도 고려될 수 있다. 또한 어촌마을에서 발생된 어류가공부산물은 어유(fish oil)를 이용한 바이오디젤의 생산이 가능하다. 생산된 바이오디젤은 경유와 혼합하여 BD20의 자동차 연료로 사용될 수 있다.

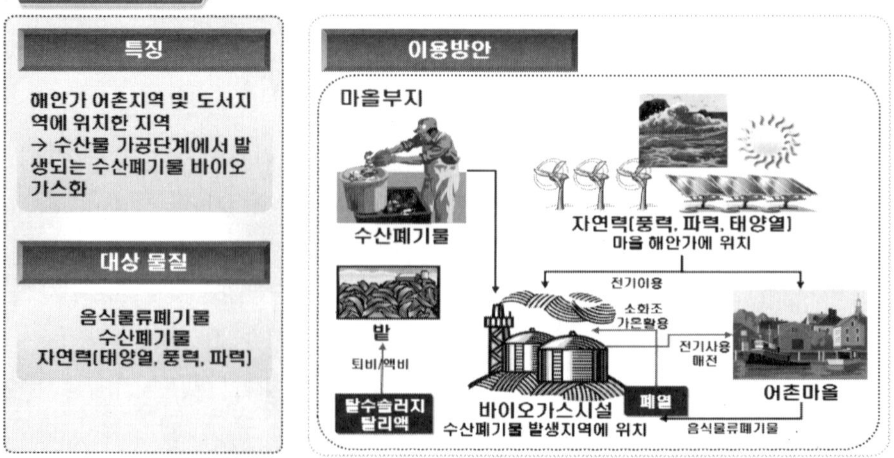

<그림 5-5> 어촌형 유형 개념도

이상 저탄소 녹색마을을 도시형, 농촌형, 도 · 농복합형, 산촌형, 어촌형의 5가지 유형으로 분류하고, 개념을 설정하였다. 위와 같은 유형의 분류 및 개념을 바탕으로 각 유형에 적합한 마을의 적용 기준을 다음과 같이 제시하였다.

〈도시형 모델〉

기본적으로 농촌과 구분 되어야하기 때문에 시지역의 동을 기준으로 하고, 농촌지역 미포함 지역이어야 한다. 또한 현장조사 결과 저탄소 녹색마을 조성에 있어서 인구규모 보다는 바이오매스의 물량확보 측면에 더 초점을 맞추어 대상마을을 검토하여야 할 것으로 판단 되었다. 하지만, 저탄소 녹색마을 기본방향인 소규모 마을 지향 측면에서 권고기준으로 마을의 인구규모는 1000가구 이내로 제시하였다.

〈농촌형 모델〉

읍 또는 면을 기준으로 하고, 도시지역이 포함되지 않은 지역이어야 한다. 또한 농촌지역의 한 개 마을 규모는 대략 100~200가구 내외로 바이오매스 물량확보 측면에서 보았을 때, 2~3개 마을을 묶어서 저탄소 녹색마을을 조성하는 방안이 적합할 것으로 사료되었다. 따라서 농촌형 저탄소 녹색마을의 권고기준으로 인구규모 약 500가구 이내로 제시하였다.

〈도 · 농복합형 모델〉

도시지역과 농촌지역이 서로 근접하게 위치하고 있으며, 도시지역의 동과 농촌지역 읍의 리를 기준으로 한다. 도 · 농복합형 역시 바이오매스 물량확보 측면이 가장 우선시 되어야 하고, 소규모 마을 지향 측면에서 권고기준으로 도시와 농촌 마을의 인구수를 합하여 약 1000가구 이내로 제시하였다.

〈산촌형 모델〉

산림자원이 풍부한 지역이 우선시 되며, 면지역을 기준으로 한다. 강원도와 같이 산림자원이 풍부한 지역의 한 개 마을 규모는 대략 100가구 내외인 경우가 대부분인 점에서 산촌형 저탄소 녹색마을의 인구규모는 100가구 이내로 제시한다.

〈어촌형 모델〉

도서지역을 포함한 해안지역을 대상으로 읍 또는 면지역을 기준으로 하며, 해안가 및 도서지역 대부분의 한 개 마을 규모인 약 100가구 이내를 권고기준으로 제시한다. 이상의 내용을 다음 〈표 4-1〉와 같이 유형 형태별 활용되는 물질과 적용방안 기준(안)을 설정하였다.

<표 5-1> 녹색마을 유형별 분류

구 분	유형형태	활용분야	적용방안
Model A	도시형	자연력, 폐자원, 바이오매스	시(市)지역의 동을 기준으로 하되 1000가구 이내로서 농촌지역이 포함되지 않는 지역
Model B	농촌형	바이오매스, 자연력	읍(邑) 또는 면(面)지역을 기준으로 하되 500가구 이내로서 도시지역이 포함되지 않는 지역
Model C	도·농복합형	폐자원, 바이오매스, 자연력	시(市) 또는 읍(邑)지역의 동·리를 기준으로 하되 1000가구 이내로서 도시·농촌지역이 포함되는 지역
Model D	산촌형	바이오매스, 자연력	면(面)지역을 기준으로 하되 100가구 이내로서 산림자원이 풍부한 지역
Model E	어촌형(도서)	자연력, 폐자원, 바이오매스	읍(邑) 또는 면(面)지역을 기준으로 하되 100가구 이내로서 해안지역(도서지역 포함)

2. 유형별 적합한 기술 적용 검토

1) 바이오매스 특성별 에너지 활용방안

대상지역에서 발생된 바이오매스에 대하여 물질 및 에너지활용 방안에 대하여 다음 〈표 5-2〉에서 제시하였다. 에너지 활용방안을 제시하기에 앞서, 물질재활용이 우선되는 방향을 모색한 후 물질회수가 불가능한 것은 에너지를 회수한다.

<표 5-2> 바이오매스 특성별 에너지 활용방안

구 분				원형이용	물질전환이용	에너지전환이용
폐기물계	식품 폐기물	식품가공잔사		×	○	○
		수산가공잔사		×	○	○
		사업장계 음식물류 폐기물		×	○	○
		가정계 음식물류 폐기물		×	○	○
		폐식용유		×	×	○
	축산 폐기물	우분뇨		×	×	○
		돈분뇨		×	×	○
		계분뇨		×	×	○
	각종 슬러지류	하수슬러지		×	×	○
		분뇨슬러지		×	×	○
		축분처리슬러지		×	×	○
		폐수처리슬러지		×	×	○
	사업장계 폐목재	건설폐재		×	×	○
		가공공장잔사	수피	○	○	○
			톱밥	○	○	○
			목편(목칩)	○	○	○
농업계 부산물		짚류 및 부산물		○	○	○
임산계 부산물		전지작업 폐목재		○	○	○
		임목 폐기물		○	○	○

2) 기술선정 및 타당성 분석

가. 유형별 기술선정 개요

우리나라의 마을을 바이오매스 발생특성에 따라서 도시형, 도·농복합형, 농촌형, 산촌형, 어촌형 등으로 분류하여 대상 지자체에서 발생된 바이오매스의 종류별 연료화 및 에너지화 기술을 선정하고 타당성 분석을 실시하여 지역에 적정한 기술을 선정하였다.

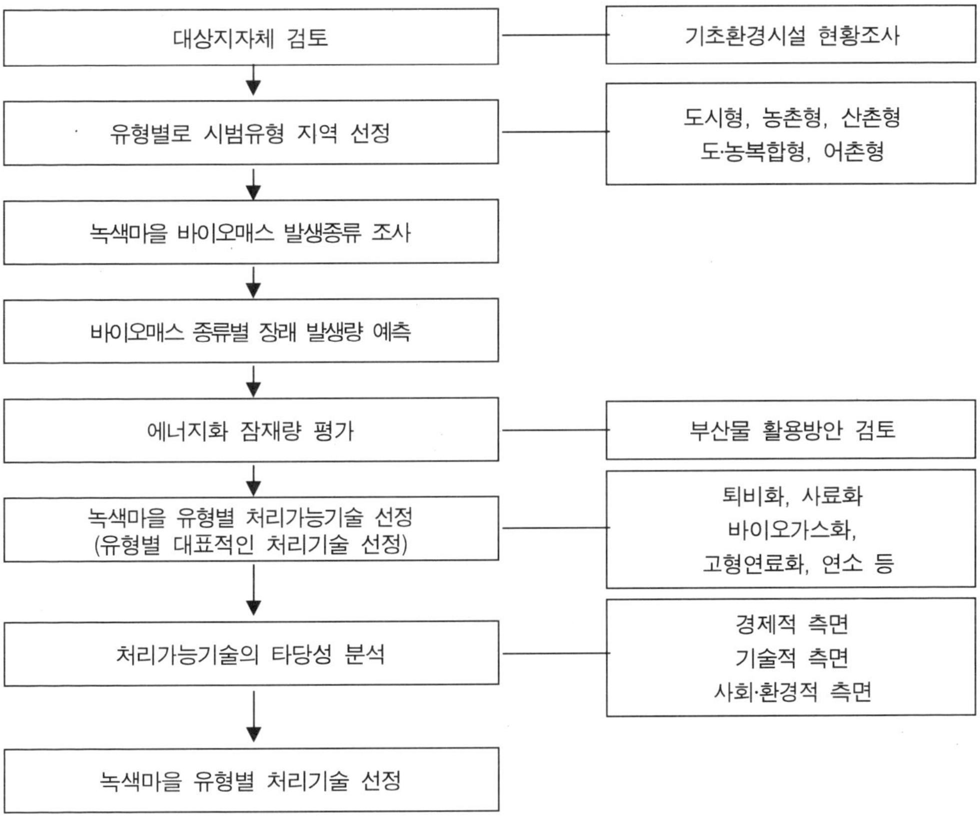

<그림 5-6> 유형별 기술선정

나. 타당성 분석

타당성 분석은 경제적 측면(운영비, 처리단가), 기술적 측면(감량효율, 부산물활용도 등), 사회 · 환경적 측면(2차오염, 민원발생 등)의 다각도에서 검토 및 분석이 이루어 질 것이며, 이를 바탕으로 대상지역에 적용 가능한 기술을 선정 · 제시 할 수 있다.

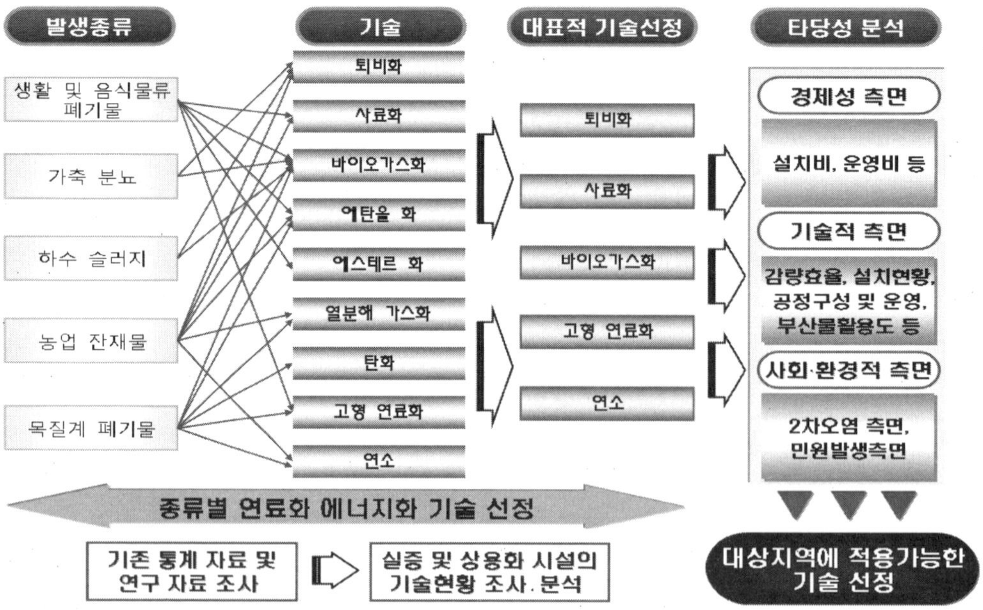

<그림 5-7> 바이오매스 연료화.에너지화 기술 선정 및 타당성 분석

다. 유형별 경제성 평가

지자체 유형별 선정된 기술을 통해 에너지 생산시스템 구성도를 계획 후 에너지화 시스템의 에너지원 및 에너지 생산량을 토대로 경제성 분석을 검토하였다. 경제성 분석에서 시설 설치비, 시설 운영비, 판매수익 등에 따른 경제적 측면과 온실가스 감축 등에 따른 환경적 측면을 고려하여 저탄소 녹색마을 설치에 따른 경제·환경적 효과를 검토할 수 있다.

또한, 에너지 생산량 산출에 따른 분석을 통해 저탄소 녹색마을의 에너지 자립율을 검토하여 에너지자립형 저탄소 녹색마을을 계획할 수 있다.

<그림 5-8> 저탄소 녹색마을의 경제.환경적 분석 흐름도

3. 저탄소 녹색마을 유형 및 분석사례

1) 도시형의 녹색마을조성방안

도시형 유형은 시(市)지역의 동을 기준으로 하되 농촌지역이 포함되지 않는 지역을 대상으로 할 필요성이 있다. 본 사례검토에서는 서울에서 가까이 위치해 있고, 도시화가 빠르게 진행되고 있는 0000신도시개발계획에 맞추어 음식물자원화시설(40톤/일) 설치 및 하수종말처리장(TJ면 4만톤/일 신설, KC면 1만톤/일 신설, GP동 4만톤/일 증설) 설치를 계획하고 있는 A마을을 대상으로 검토 하였다.

도시형 유형은 높은 지가로 인하여 시설설치 부지 선정에 어려움이 있다. 따라서 기존에 설치되어 있는 환경기초시설의 부지를 이용하는 방안이 있다. 앞에서 A마을의 환경기초시설 현황을 조사한 결과 음식물 자원화시설 3개, 하수종합처리장 1개 인 것으로 나타났다. 이 시설 중 도시지역에 위치하고 있는 GP동 하수종합처리장을 대상으로 검토하였다.

하수처리장의 경우 차집 · 이송 관거의 길이 등 경제성을 고려하여 발생원과 가까운 도심내 혹은 도심인근 지역에 설치되어 있다. 또한 하수처리장은 넓은 부지를 확보하고 있으며 주거 밀집지역과는 떨어져 있어 혐기소화조를 보유하고 있는 하수처리장은 인근 지역에서 발생하는 음식물류폐기물과 하수병합처리하는 것이 바람직하다. 이 때 발생하는 액상잔재물은 하수처리장에서 연계처리가 가능하다. 하수처리장의 특성상 대규모로 건설되기 때문에 음식물류폐기물 하수병합처리시설은 중앙집중식으로 계획하는 것이 바람직하다.(국립환경과학원 2006) 또한 병합소화는 물리적 화학적 성상이 다른 각각 다른 둘 이상의 유기성 폐기물을 혼합하여 단일 소화조에서 일괄적으로 처리하는 소화 공정으로 유기성폐기물의 안정적인 처리뿐 아니라 소화 효율의 향상과 더불어 바이오가스의 에너지 이용과 폐기물 처리비용 그리고 소화 잔류물의 퇴비로서의 가치 측면에서 단일 유기성폐기물 소화공정에 비하여 훨씬 효과적이고 경제적인 것으로 보고되고 있다.

가. 대상마을 개요

도시형 저탄소 녹색마을 조성방안을 검토해본 결과, 도시형은 인구과밀로 인하여 음식물류 폐기물과 하수슬러지가 주로 발생되고 있으며, 도시정비 차원에서 발생된 폐기물의 수거 및 처리가 원활히 이루어지고 있다. 따라서 녹색마을 조성을 위해 가장 중요한 원료자원 확보문제가 발생되며, 또한 높은 지가로 인한 부지확보 문제도 발생된다. 이 같은 문제점의 해결 방안으로 본 연구에서는 새로 조성되는 신도시 지역에서 발생되는 바이오매스 자원을 이용하는 방법과 기존의 하수종말처리장 부지를 이용하는 방안을 제시하였다.

현재 A마을는 00000신도시계획에 따라 인구 20만명의 증가가 예상되며, 이에 따라 음식물

처리장이 건식사료화 공정으로 40톤/일 규모로 신설계획에 있다. A마을에 따르면 음식물의 혐기성소화 시 음폐수의 문제로 인하여 건식사료화 공정을 선택하였다고 한다. 하지만 건식사료화는 정부의 에너지화 정책에 부합되지 않는다. 따라서 본 연구에서는 다른 지자체에서도 수렴 가능한 도시형 유형으로 하수처리장과 연계한 음식물처리시설(40톤/일), 즉 하수병합처리시설을 이용하여 에너지화 이용방안을 검토하였다.

<그림 5-9> A마을 GP동 KP하수처리장 위성사진

<그림 5-10> 대상지역(신도시)과 시설설치지역과의 거리

<표 5-3> A마을 저탄소 녹색마을 개요

구분	GP한강신도시
세대수(인구)	- 0000신도시 약 145,480인(약 5만 가구)
주요 부산물	- 음식물류폐기물, 하수슬러지, 분뇨, 폐목재
환경시설 현황	- TG하수처리장 · 계획인구 : 116,000명 · 처리용량 : 4만톤/일 · 처리방식 : 간헐포기식 활성슬러지법(고도처리) - A마을분뇨처리장 · 계획인구 : 300,000명 · 처리용량 : 150톤/일 · 처리방식 : 1차처리후 하수처리장에 연계처리
기타 특이사항	- TG하수처리장 4만톤/일 증설계획(2009년 착공)

나. 마을의 바이오매스 발생 및 처리현황

바이오매스 에너지 잠재량은 A마을내에서 발생하는 바이오매스 중 도시형 유형에 맞추어, 다음 바이오매스에 대하여 조사하였다.

습식계 바이오매스로는 음식물류폐기물, 하수슬러지, 분뇨슬러지가 있다. 음식물류폐기물은 24,930 톤/년 발생하고 있으며, 기존 음식물처리장에서 퇴비화 및 사료화 처리하고 있다. 향후 0000신도시의 인구증가로 14,600 톤/년(40 톤/일) 추가 발생이 예상된다. 하수슬러지의 경우도 4 만톤/일 증설계획으로, 현재 하수와 분뇨가 연계처리 되고 있으며, 발생량은 25톤/일이다. 음식물류폐기물과 병합처리 하기위한 농축조에서의 생슬러지+잉여슬러지+분뇨슬러지의 양은 현재 200 ㎥/일이며, 4 만톤/일 증설시 200 ㎥/일 추가 발생이 예상된다. 따라서 신도시가 완공되는 2012년에는 약 400 ㎥/일 발생으로 예측된다. 건식계 바이오매스는 폐목재가 4,782 톤/년 발생되고 있으며, 70%이상 소각 처리되고 있다. 소각처리 대상 폐목재는 대부분이 폐가구류나 건설현장 해체 폐목재로 등급이 서로 다른 폐목재가 혼합되어 있는 경우 낮은 등급으로 분류한다는 '환경부 고시 제2008 - 147호'에 의거 3등급에 해당된다. 따라서 대기오염 방지설비를 갖춘 소각장시설에서 에너지를 회수하는 것이 경제적이라고 사료된다. 가로수 전정가지의 발생량은 A마을 설문 및 방문조사결과 데이터가 없었다. 가지치기 및 수거운반 등은 민간 위탁하여 처리하는 것으로 조사되었고, 파쇄 후 화단깔개 등으로 재활용하고 있는 것으로 나타났다.

<표 5-4> A마을 저탄소 녹색마을 대상지역의 바이오매스 발생량

구분			발생	처리	비고
습식	음식물류 폐기물		- 24,930 톤/년 - 신도시 예상 발생량 40 톤/일	- 재활용 : 23,068 톤/년 기존 음식물처리시설에서 퇴비화 처리 - 소각 : 1,862 톤/년	※2012년 발생예상량 산정 근거 - 0000신도시의 예상 발생량 40 톤/일 (한국토지공사 시설계획 자료)
	하수 슬러지 + 분뇨혼합 처리		- 6,206 톤/년 (생슬러지+잉여슬러지= 170 ㎥/일, 분뇨슬러지 30 ㎥/일)	수도권매립지로 고화처리 (처리비 4만원/톤)	※2012년 발생예상량 산정 근거 - 하수처리장 4만톤/일 증설 계획 → 생슬러지+잉여슬러지+분뇨슬러지=200 ㎥/일 추가 발생
		분뇨	- 31,025 ㎥/년 (85 ㎥/일)	- 하수처리장 연계처리 - 65% 분뇨처리수 - 35% 분뇨슬러지(탈수전) (85㎥×0.35=30㎥)	
건식	목질계	폐목재	4,782 톤/년	- 매립 : 438 톤/년 - 재활용 : 913 톤/년 - 소각 : 3,468 톤/년	- 매립 : 생활계 종량제봉투의 나무류 - 소각 : 대부분이 폐가구류, 건설현장 해체폐목재로 '환경부고시 제2008 - 147호'에 의거 3등급에 해당됨 →대기오염 방지설비를 갖춘 시설에서 에너지회수용도로 사용
		가로수 전정가지	발생량 자료 없음 (지자체 설문)	- 가지치기 및 수거운반은 민간위탁 - 재활용(파쇄 후 화단깔개)	

다. 대표적인 처리기술 선정

A마을 저탄소 녹색마을 대상지역(도시형)의 바이오매스타운 시범단지 개발에 적용 가능한 기술을 선정하기 위하여, 기존 통계 자료, 전수조사 및 연구 자료를 바탕으로 현재 실증 및 상용화 시설의 기술현황을 조사분석 하였고, 대상지역의 바이오매스 발생량에 따른 바이오매스 적용가능 기술을 검토하여, 적용 가능한 대표적인 기술을 선정하였다.

<표 5-5> 발생되는 바이오매스의 대표적 처리기술

구 분			적용 가능기술	대표적 처리기술
습식	음식물류 폐기물		사료화, 바이오가스화, 에탄올화, 에스테르 화, 고형연료 화	사료화+ 바이오가스화 바이오가스화
	하수슬러지		퇴비화, 고형연료화, 바이오가스화	
	분뇨슬러지		퇴비화, 고형연료화, 바이오가스화	
건식	목질계	폐목재	연소, 열분해 가스화	직접연소 (방지시설 필요)
		가로수 전정가지	바이오가스화, 열분해 가스화 고형연료화, 연소	

유기성폐기물 발생량을 고려하여 대표적인 처리기술을 검토한 결과 습식계 바이오매스 활용기술은 음식물류 폐기물, 하수슬러지, 분뇨슬러지의 혼합처리가 가능한 바이오가스화와 하루 발생되는 음식물류 폐기물 40톤을 사료화하고, 음식물류 폐기물 사료화에서 발생되는 음폐수를 하수슬러지와 분뇨슬러지의 혼합처리가 가능한 바이오가스화를 선정하였다. 건식계 바이오매스 활용기술은 폐가구류, 건설현장 해체 폐목재의 재활용 기준은 3등급이므로 직접연소(방지시설 필요)를 선정하였다.

라. 타당성 분석을 통한 처리기술 선정

(1) 경제적 측면

습식계 유기성폐기물 발생량은 음식물류 폐기물 24,930톤/년, 하수슬러지 6,206톤/년, 분뇨 31,025톤/년이고 신도시계획으로 음식물 40톤/일이 증가될 것으로 조사되었으며, 건식계 유기성 폐기물인 폐목재는 4,782톤/년 발생되고 이중 소각량은 3,468톤/일으로 조사되었다. 유기성폐기물 처리시설 설치비용으로 바이오 가스화(혐기성 소화)는 톤당 1.2억원, 건식 사료화 톤당 0.7억원, 습식 사료화 톤당 0.4억원(2009년도 국고보조사업 신청지침, 환경부)이며 폐수처리시설과 발전시설이 설치되면 공사비는 더 증가된다. 소각시설은 톤당 2.3~2.8억원(환경부)이며 발전시설 설치시, 시설설치비용은 다른 시설보다 높은 것으로 조사되었다.

유기성 폐기물 처리시설의 운영비용으로 바이오 가스화(혐기성 소화)는 톤당 약 17,000원~34,000원이며(음식물류폐기물 발생폐수 육상처리를 위한 환경기초시설 연계처리 타당성조사 보고서, 김해시), 소각시설 톤당 약 76,759원(「07년도 생활폐기물 자원회수시설 운영현황, 환경부, 2008.3」의 운영비 평균값)으로 조사되었다.

유기성 폐기물 처리시설 건설용지로 사료화 시설 및 바이오가스화시설은 김포하수처리장에 설치하여 하수처리시설에 부산물(바이오가스화시설에서 발생된 폐수 등)을 연계처리가 용이한 것으로 조사되었다. 또한, 하수처리장의 경우 차집·이송 관거의 길이 등 경제성을 고려하여 발생원과 가까운 도심인근 지역에 설치되어 하수처리장에 바이오가스화시설 설치시 운송도 용이한 것으로 판단된다. 소각시설은 님비현상 등에 의해 시설부지를 선정의 어려움이 예상되며, 도심인근 지역에 설치가 어려우므로 운송 역시 어려울 것으로 판단된다.

(2) 기술적 측면

유기성폐기물 자원화에 따라 감량효과는 사료화 약 80%, 바이오가스화 약 80%, 소각처리 약 85~90%(음식물류 폐기물 및 발생폐수의 에너지화를 위한 방법별 최적유형 및 설치·운영 지침서 개발 연구 최종보고서)로 조사되었다.

바이오가스화시설은 음식물 혐기성 소화로 많은 시설이 가동 중이며, 최종생산물로 발생되는 바이오 가스는 정제하여 가스터빈 발전기와 보일러로 통해 전기 및 열을 이용할 수 있으며 최종 생산물로 퇴비가 발생되어, 재활용할 수 있다. 소각시설은 국내 상용화 되었으며, 최종생산물로 발생되는 증기로 발전을 통해 전기 및 여열을 이용할 수 있어 그 활용도가 우수하다.

(3) 사회 · 환경적 측면

바이오가스화시설은 시설 가동 시 발생되는 악취 및 폐수로 인하여 2차 오염의 발생이 높다. 악취는 악취제거시설을 두어 처리하여야 하며, 폐수는 자체 처리나 하수처리장에 연계 처리하여야 한다. 악취발생 등의 2차 오염으로 민원이 발생될 것으로 예상된다.

소각시설 가동 시 대기오염, 악취, 폐수 등 2차 오염의 발생이 높다. 특히 소각 시 발생되는 배가스는 대기오염을 발생시키므로 대기오염 방지시설을 설치하여 법적 기준치 이하로 배출오염 농도를 준수해야 하며, 폐수는 자체 또는 하수처리장으로 연계 처리하여야 한다. 소각시설 역시 혐오시설로 인식하여 민원이 발생될 것으로 예상된다.

(4) 검토결과

이와 같이 유기성 폐기물의 처리시설을 경제적 측면, 기술적 측면, 사회 · 환경적 측면으로 검토를 하였으며, 다음 〈표 5-6〉에서 기술선정 매트릭스 표를 통해 A마을 저탄소 녹색마을 대상지역(도시형)의 기술을 선정하였다.

<표 5-6> 도시형 바이오매스 기술선정 표

<table>
<tr><th colspan="2">타당성분석 항목</th><th>바이오 가스화</th><th>사료화 +
바이오 가스화</th><th>직접 연소
(방지시설 포함)</th></tr>
<tr><td rowspan="5">경제적
측 면</td><td>유기성폐기물 처리량</td><td>○</td><td>○</td><td>△</td></tr>
<tr><td>유기성폐기물
처리시설 설치비용</td><td>△</td><td>×</td><td>×</td></tr>
<tr><td>유기성폐기물
처리시설 운영비용</td><td>△</td><td>△</td><td>×</td></tr>
<tr><td>유기성폐기물
처리시설 건설용지</td><td>○</td><td>○</td><td>×</td></tr>
<tr><td>유기성폐기물 운송용이</td><td>○</td><td>○</td><td>×</td></tr>
<tr><td rowspan="3">기술적
측 면</td><td>유기성 폐기물 감량율</td><td>○</td><td>○</td><td>○</td></tr>
<tr><td>유기성 폐기물
처리시설 기술현황</td><td>△</td><td>△</td><td>○</td></tr>
<tr><td>최종생산물 활용도</td><td>○</td><td>○</td><td>○</td></tr>
<tr><td rowspan="3">사 회
환경적
측 면</td><td>2차 오염 발생</td><td>×</td><td>×</td><td>×</td></tr>
<tr><td>온실가스 감축량</td><td>○</td><td>○</td><td>△</td></tr>
<tr><td>민원 발생</td><td>×</td><td>×</td><td>×</td></tr>
<tr><td colspan="2">합 계</td><td>26점</td><td>24점</td><td>19점</td></tr>
<tr><td colspan="5">※ ○: 3점 / △:2점 / ×:1점</td></tr>
</table>

검토 결과 A마을 저탄소 녹색마을 대상지역(도시형)은 하수슬러지, 분뇨슬러지, 음식물류 폐기물을 병합하여 바이오 가스화 하여 에너지로 활용하며 바이오가스화 시설에서 부산물로 발생된 퇴비를 활용하는 것이 가장 우수하다고 검토되었다. 음식물류 폐기물을 사료화 후 발생되는 음폐수를 하수슬러지와 분뇨슬러지 혼합하여 바이오가스화 하는 기술은 부산물 활용도는 우수하나 시설 설치비가 높아 녹색마을에서 적용하기 어렵다고 사료된다.

마. 에너지자립형 저탄소 녹색마을(안)

(1) 에너지 생산시스템

A마을의 도시형 저탄소 녹색마을 에너지 생산시스템은 습식계 바이오매스인 하수슬러지, 분뇨슬러지, 음식물류폐기물을 이용하는 시스템으로 구성하였다. 기존 하수처리장과 연계되어있는 분뇨처리장에 음식물처리시설(40톤/일)을 추가 설치하여 소화조에서 병합처리한다. 바이오가스화를 통하여 발생된 메탄가스는 에너지원으로 이용하고, 후단의 탈수여액은 하수처리장과 연계하여 처리, 탈수케익은 퇴비화하여 경종농가에서 사용한다.

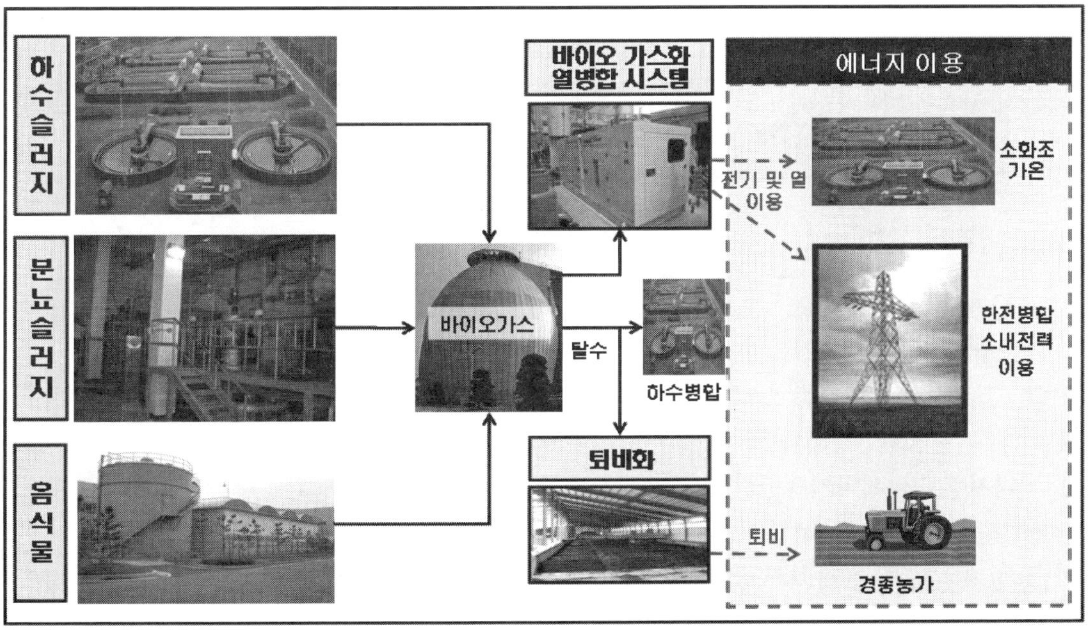

<그림 5-11> A마을 저탄소 녹색마을 에너지화 시스템 구성도

유기성오니 등을 토지개량제 및 매립시설 복토 용도로의 재활용 방법에 관한 규정(환경부고시 제2003-214호, 2003. 12. 20) 별표2의 부숙토 원료로 사용 가능한 폐기물(제5조 관련)에서 사전에 분석검토 후 사용이 가능한 폐기물에 명시하고 있다. 음식물의 경우는 바로 가능하나, 하수 및 분뇨는 사전 분석 검토 후 부숙토 원료로 사용 가능여부를 확인하여야 한다.

<표 5-7> 사전 분석 검토 후 부숙토 원료로 사용가능한 폐기물

폐기물 범위	비고
1. 하수도법 제2조의 규정에 의한 하수종말처리시설에서 발생하는 유기성오니 2. 오수·분뇨 및 축산폐수의 처리에 관한 법률 제2조의 규정에 의한 축산폐수처리시설 및 분뇨처리시설에서 발생하는 유기성오니 3. 비료관리법 제4조의 규정에 의한 비료공정규격 별표 1 제2호의 원료범위에 해당하는 유기성오니	

자료) 유기성오니 등을 토지개량제 및 매립시설 복토 용도로의 재활용 방법에 관한 규정 (환경부고시 제2003-214호) 별표2

다음은 A마을 저탄소 녹색마을에 적용될 에너지 시스템(안)이다.

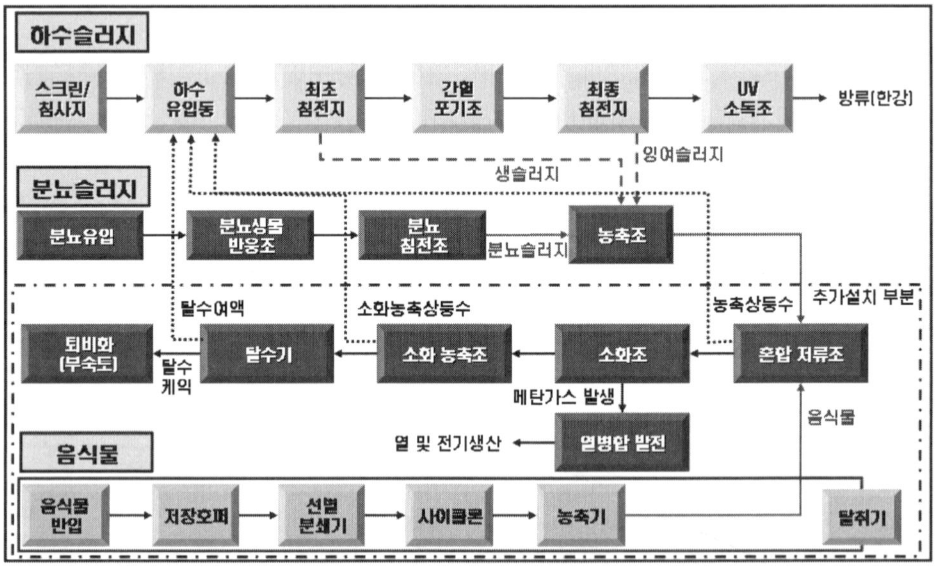

<그림 5-12> A마을 저탄소 녹색마을 에너지 시스템(안)

(2) 에너지원 및 에너지생산량

조사된 이용 가능한 바이오매스는 하수슬러지, 분뇨슬러지, 음식물류폐기물 등으로 하수슬러지는 1차침전조에서 발생된 생슬러지와 2차침전조에서 발생된 잉여슬러지 340 ton/day, 전처리된 분뇨슬러지 60 ton/day, 음식물류폐기물 40 ton/day를 100% 이용하여 에너지화 하는 것으로 하였다.

<표 5-8> A마을 녹색마을 바이오매스 에너지원 이용량

구분	단위	하수슬러지 (생슬러지+잉여슬러지)	분뇨슬러지	음식물	합계
2012년 발생량 예측 (신도시 완공시) (이용 가능량)	ton/day	340	60	40	440
바이오매스 에너지원 이용량 (이용율)	ton/day	340 (100%)	60 (100%)	40 (100%)	440

위의 이용가능량 440 ton/day로 다음 〈표 5-9〉에 A마을 저탄소 녹색마을의 에너지 생산량을 산출하였다. 운전시간은 기존 하수처리장의 운전시간과 동일하게 하루 24시간, 1년은 300일로 정하였다.

공정운전을 하였을 때 생산된 바이오가스는 6,352 ㎥/day이고, 메탄 함량을 60%로 보았을 때, 3,811 ㎥/day의 메탄가스를 생산할 수 있다. 생산된 메탄가스를 이용하여 열병합발전을 하였을 때, 얻을 수 있는 전기량은 효율 35%에서 16,364 kWh/day이고, 열에너지는 효율 45%에서 18,094 Mcal/day인 것으로 산출되었다.

<표 5-9> A마을 저탄소 녹색마을 에너지 생산량

구분	단위	대상 바이오매스	비고
시설 총 처리용량	ton/day	440	-
운전시간	day/yr (hr/day)	300 (24)	- 김포하수처리장 운전 기준
바이오가스 생산	㎥/day	6,352	- 음식물 TS 20%, VS/TS0.82 - 하수 TS 2%, VS/TS 0.7 - 분뇨 TS 4%, VS/TS 0.85 - 0.5 ㎥가스/kgVS
	㎥/yr	1,905,600	
메탄 발생량	㎥/day	3,811	메탄 60%
	㎥/yr	1,143,300	
전기 생산량	kWh/day	16,364	- 전기 효율 35% - 메탄 10,550kcal/㎥ (국제 에너지기구 TOE 환산표) - 1kWh=860kcal
	kWh/yr	4,909,200	
열에너지 생산량	Mcal/day	18,094	- 열효율 45%
	Mcal/yr	5,428,200	

다음 〈그림 5-21〉은 에너지화 시스템의 공정도와 물질수지를 나타내었다. 음영이 없는 부분은 실제 데이터를 참고하여 임의로 설정된 값이고, 이 값을 가지고 음영이 들어간 부분에 계산 값을 나타내었다.

〈표 5-41〉는 공정 운영을 함으로서 이산화탄소의 절감효과를 알아보기 위하여 공정에 투입되는 같은 양의 바이오매스를 가지고 소각, 매립(단순매립, LFG발전) 했을 때와 비교하여 나타내었다.

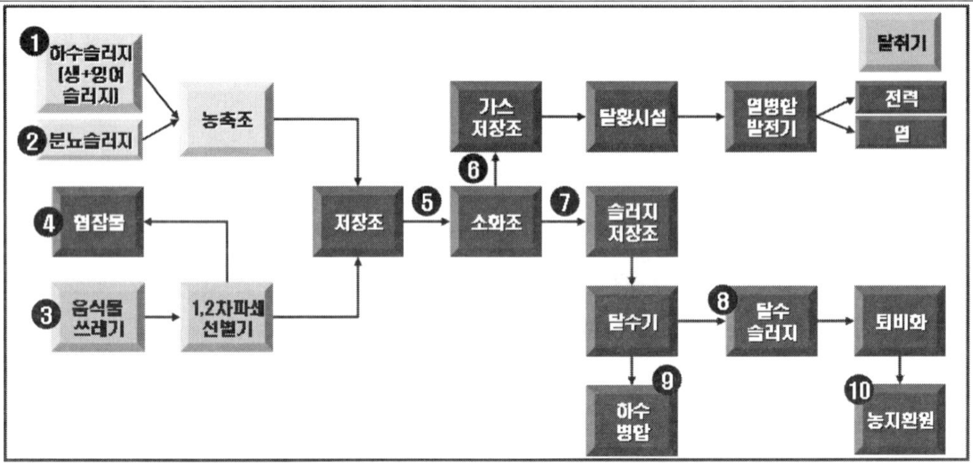

구분	①	②	③	④	⑤	(⑥)	⑦	⑧	⑨	⑩
발생량 (kg/day)	340,000	60,000	40,000	4,000	436,000	-	422,920	54,980	367,940	6,598
TS(%)	2	4	20	20	3.8	-	3	19	0.6	66
고형물 (kg/day)	6,800	2,400	8,000	800	16,400	-	12,704	10,446	2,258	4,353
VS/TS	0.7	0.85	0.82	0.82	0.77	-	0.5	0.5	0.5	0.78
유기물 (kg/day)	4,760	2,040	6,560	656	12,704	-	6,352	5,223	1,129	3,395
탄소(C)	47.68	42.28	49.45	49.45	47.64	-	47.64	47.64	47.64	47.64
kg-C /kg-CO_2 (kg/day)	2,270 /8,322	863 /3,163	3,244 /11,894	324 /1,189	6,052 /22,189	-	3,026 /11,096	2,488 /9,124	538 /1,972	1,617 /5,930
VS제거율 (%)	-	-	-	-	-	50	-	-	-	35
협잡물 제거율 (%)	-	-	-	10	-	-	-	-	-	퇴비화 12%
고형물 (%)	-	-	-	-	-	-	-	13	-	-

biogas	
구분	⑥
m³/kgVS	0.5
m³/day	6,352
CH_4(%)	60
m³CH4/day	3,811
CH_4 (kcal/m³)	10,550
열효율(%)	45
Mcal/day	18,094
1kWh(=kcal)	860
전기효율(%)	35
kWh/day	16,364

음영이 없는 부분의 값은 실제 데이터를 참고로 임의로 설정한 값임.
(TS, VS/TS, 탄소(C), VS·협잡물제거율, 고형물, m³/kgVS, CH_4, 열효율, 전기효율)

<그림 5-13> A마을 저탄소 녹색마을 에너지화 시스템 물질수지

<표 5-10> A마을 녹색마을 처리방법별 CO2 발생량 비교(1일 발생 기준)

구분		내용	비고
소각		- ①+②+③의 이산화탄소 발생량 = 8,322+3,163+11,894 = 23,379 kg-CO2	- 소각에 의하여 완전 연소될 경우
매립	단순 매립	- ①+②+③의 바이오가스 발생량 = 2,380+1,020+3,280 = 6,680 ㎥ → CO2 : 5,840×40% = 2,672 ㎥-CO2 → CH4 : 5,840×60% = 4,008 ㎥-CH4 (4,008㎥-CH4×21CO2/CH4 = 84,168㎥-CO2) → 2,672+84,168 = 86,9840 ㎥-CO2 → 86,840 ㎥CO2÷0.509 ㎥/kg = 170,609 kg-CO2	①TS 2%, VS/TS 0.7 ②TS 4%, VS/TS 0.85 ③TS 20%, VS/TS0.82 - 0.5 ㎥가스/kgVS - CO2 ㎥→kg 환산인자 (22.4/44=0.509㎥/kg) - 매립시 혐기성 조건에서 CH4 60%, CO2 40% 발생되어 표면방출 가정
	LFG 발전	- ①+②+③의 바이오가스 발생량 = 2,380+1,020+3,280 = 6,680 ㎥ → CO2 : 5,840×40% = 2,672 ㎥-CO2 → CH4 : 5,840×60% = 4,008 ㎥-CH4 (발생되는 메탄가스량은 실제 연소에 의하여 에너지를 얻는 것으로부터 감축량으로 간주) → 2,672 ㎥CO2÷0.509 ㎥/kg = 5,250 kg-CO2	
녹색마을 공정(안)		- 공정을 운영함으로서 공정에서 밖으로 방출되는 이산화탄소량 → 총 합계 : 1,189+4,992+1,972+3,194 = 11,347 kg-CO2 → ④소각시 = 1,189 kg-CO2 → ⑥바이오가스 중 CO2(40%) = 6,352×40% = 2,541 ㎥CO2 = 2,541 ㎥CO2÷0.509 ㎥/kg = 4,992 kg-CO2 → ⑨폐수 = 1,972 kg-CO2 → ⑩퇴비화 과정 중 발생 = ⑧-⑩ = 9,124-5,930 = 3,194 kg-CO2	-
공정 운영시 CO2 절감효과		※ 녹색마을 공정 운영시 CO2 절감효과 - 소각에 비하여 12,032 kg-CO2(52%) 절감 - 단순매립에 비하여 159,262 kg-CO2(93%) 절감	-

(3) 경제성 분석

시설 설치비, 시설 운영비, 연간 판매수익 등을 산출하여 경제성을 분석한 결과 <표 5-42>와 같이 나타났다. 연간 수익은 81,745 만원으로 산출되었고, 지원금 없이 8년째에 적자를 해소하는 것으로 나타났으며, 국비 30억원을 지원 받을 시, 5년째에 흑자로 전환되는 것으로 산출되었다. 효율적인 사업을 위해서는 시설설치비를 보조하는 형태로 사업이 이루어 져야 할 것으로 판단되었다.

<표 5-11>A마을 녹색마을 에너지화 시스템 경제성 분석

구분		비용	비고
시설 설치비		560,000 만원	-
시설 운영비		52,960 만원/년	-
판매 수익		134,705 만원/년	- CDM(CERs수익)제외 675,617,832 원/년
년간 수익		81,745 만원/년	-
적자해소 기간	지원 0원	8년째 흑자 전환	-
	지원	- 국비 30 억원 지원시 5년째 흑자전환	- 시설비 보조형태로 지원

① 시설 설치비 및 운영비

시설 설치비 산정은 환경부의 "2009년도 국고보조사업 신청지침" 자료를 참고하였고, 관련업체 설문조사를 통하여 전처리 설비, 혐기성 소화조 설비, 기타설비, 발전설비, 폐수처리설비 등의 개략적인 시설설치비용을 적용하여 작성하였다. 폐수처리설비의 경우, A마을은 하수처리시설로 유입하여 하수연계 처리하는 것으로 하여 설치비용에 포함하지 않았다.

<표 5-12> A마을 녹색마을 에너지화 시스템 개략적 시설설치비 (단위 : 만원)

<table>
<tr><th colspan="2">구분</th><th colspan="2">비용</th><th>비고</th></tr>
<tr><td colspan="2">①바이오가스 시설 40톤/일</td><td rowspan="4">480,000</td><td></td><td>1.2 억원/(톤/일)[1]
전처리시설, 혐기성소화조, 기타설비 포함 가격
(발전설비, 폐수처리설비 제외)</td></tr>
<tr><td>②전처리 시설</td><td>계량기, 스크린, 혼화조</td><td>80,000</td><td>0.2 억원(톤/일)[2]</td></tr>
<tr><td>③혐기성 소화조</td><td>메탄발효조, 슬러지저장조, 가스저장조</td><td>200,000</td><td>0.5 억원(톤/일)[2]</td></tr>
<tr><td>④기타 설비</td><td>탈수 및 퇴비화설비 기타공사비</td><td>200,000</td><td>④=①-②-③</td></tr>
<tr><td>발전설비</td><td>탈황장치, 열병합발전기</td><td colspan="2">80,000</td><td>0.2 억원(톤/일)[2]</td></tr>
<tr><td colspan="2">폐수처리설비</td><td colspan="2">-</td><td>하수처리장 연계처리
(설치비에서 제외)</td></tr>
<tr><td colspan="2">합계</td><td colspan="2">560,000</td><td>-</td></tr>
</table>

자료) 1) 2009년도 국고보조사업 신청지침, 환경부(2008.4)
2) 관련업체 설문조사 개략적인 평균값

시설 운영비 산정은 국회예산정책처, 2006의 음식물류폐기물 처리공법별/처리용량별 연간 운영비를 참고하여 작성하였다. 2004년 운영중인 40개 업체에 대한 설문조사 및 현장조사를 바탕으로 50톤/일 규모에서 하수병합처리시의 자료를 인용하였다. 운영비는 인건비와 경비로 대별되고, 경비는 다시 연료비, 소모품비, 공공비용과 보험료, 복리후생비, 전력비, 검사료, 유지보수비, 부자재사용료, 약품비, 위탁처리비, 용수비 등을 포함하여 감가상각비와 이윤은 제외하고 산정된 자료를 인용하였다.

<표 5-13> A마을 녹색마을 에너지화 시스템 개략적 운영비 (단위 : 만원/년)

구분	비용	비고
인건비, 경비, 연료비, 소모품비, 공공비용, 보험료, 복리후생비, 전력비, 검사료, 유지보수비, 약품비 등	52,960	국회예산정책처, 2006의 하수병합 50톤 기준 운영비 66,200만원/년을 근거로 대상시설(40톤) 운영비 추정 → 66,200×(40÷50)= 52,960
톤당 시설운영비 (원/톤)	4,4133	현재 가동중인 시설 운영비 약 3~4만원/톤

자료) 국회예산정책처, 2006 유기성폐기물 자원화 사업별 환경성 · 경제성 분석

② 판매 수익

경제성 평가의 판매수익 산출은 음식물 처리비용 5만원/톤, 바이오가스 판매비용 121원/kWh, 퇴비판매 125원/kg, 열에너지 1만원/Gcal의 기준으로 산출하였다.

<표 5-14> A마을 녹색마을 에너지화 시스템 판매수익 (단위 : 만원/년)

구분	내용	비고
폐기물 처리비용	60,000	40 톤/day (50,000 원/톤)
전력	54,275	- 바이오가스 121 원/kWh[27] → 16,364 kWh/day - 하수처리장 사용전력 제외
퇴비	15,000	40 톤/day×10% (125 원/kg)
열공급	5,430	18.1 Gcal/day (10,000 원/Gcal)
합계	134,705	-

③ 환경성(온실가스 감축 및 CDM사업) 분석

환경성 분석은 원유대체 효과와 온실가스감축 효과로 나타내었으며, A마을의 저탄소 녹색마을 조성시 연간 1,113 TOE의 에너지를 생산할 수 있고, 약 8억/년의 원유값 절감이 가능하다. 또한 탄소배출권 거래시 연간 약 6억원의 환경비용을 절감 할 수 있다.

27) 전력단가는 2008년 전력거래소 SMP(계통한계가격) 평균단가인 121원 적용

<표 5-15> A마을 저탄소 녹색마을 환경성 분석

구분			내용
원유대체 효과	원유량		3,811㎥CH4/day×300일/년×10,550kcal/㎥÷158.9L/배럴 ÷9,276kcal/L = 8,184 배럴/년
	대체원유가격		8,184 배럴/년×$73.95/배럴[28]×1,371원/$[29] = 829,710,240 원/년
	석유환산톤(TOE)		8,184 배럴/년×0.136TOE/배럴 = 1,113 TOE/년
온실가스 감축	감축량	CO2	1,113 TOE/년×0.829톤CO2/TOE×(44÷12)[30] = 3,383 톤CO2/년
		CH4	3,811㎥CH4/day×300일/년÷1,400㎥/톤 = 816.6 톤CH4/년 → 816.6 톤CH4/년×21톤CO2/톤CH4 = 17,150 톤CO2/년
	탄소배출권 (CERs)		(3,383톤CO2/년+17,150톤CO2/년)×(24$/톤CO2×1,371원/$)[31] = 675,617,832 원/년

자료) 2008년, 폐기물에너지화 종합대책 실행계획 마련 연구, KEI

(4) 에너지 자립율

A마을 저탄소 녹색마을의 총 전력생산량은 4,909,200 kcal/년으로 현재 하수처리장에서 사용 중인 전력의 100%를 자립할 수 있으며, 잉여전력으로 약 1,495 가구가 1년 동안 사용이 가능하다. 열에너지의 경우 연간 약 5,430 Gcal 생산이 가능하며, 소화조 가온 및 온수로 사용하거나 외부로 판매 할 수 있다.

A마을의 시형 저탄소 녹색마을의 경우 위에서 검토한 바와 같이 신도시 5만가구를 대상으로 시설에서 생산된 전기에너지를 공급할 시에 총 에너지 자립도가 2.6%로 극히 낮은 수치를 보였다.

도시형 녹색마을은 생산되는 에너지에 비하여 인구수가 많아 각 가정으로 에너지를 공급하는 시스템으로는 모두에게 혜택을 가져다주기에 역부족이다. 따라서, 생산되는 에너지를 대상 녹색마을 주민들 모두에게 혜택을 주는 방안으로 잉여전력 및 열을 매전하고 남은 수익금으로 공공시설 및 주민편의 시설 등에 지원하여 대상 녹색마을 주민들이 편의를 누릴 수 있도록 하는 방안이 있다. 또한, 앞의 도시형 저탄소 녹색마을 개념에서 나타내었던 자연력(태양열 등)을 추가로 설치하여 각 가정에서 소량의 전력을 자급자족 할 수 있도록 하여 총 에너지 자립도를 제고시키는 방안도 생각 할 수 있다.

28) 2007년 기준 e-나라지표
29) 2007년 평균, 외환은행
30) IPCC 가이드라인
31) 2008년, 폐기물에너지화 종합대책 실행계획 마련 연구, KEI

<표 5-16> A마을 저탄소 녹색마을 에너지 자립율

구분	내용	비고
○ 전기 에너지		
- 하수처리장 전기사용량(kWh/년)	423,688	- 2008년도 기준
- 시범마을 총 전력생산량(kWh/년)	4,909,200	- 잉여전력 4,485,512 kWh/년 → 1,495 가구/년 사용가능 (250kWh/월/가구 기준)
- 하수처리장 전력에너지 자립율(%)	100	
○ 열에너지		
- 시범마을 열에너지 생산량(Gcal/년)	5,430	- 소화조 가온 및 온수로 사용
○ 총 에너지 자립도(%)	2.6	- 총 에너지=가정에서 소비되는 열에너지+온수+전기에너지 자립도= $\frac{\text{시설에서 가정으로 공급되는 열량}(Gcal/yr)}{\text{시범마을 총에너지 사용량}(Gcal/yr)}$ ※열에너지는 2005년 가구당 평균에너지소비[32]를 참고하였다.
- 시범마을총에너지사용량(Gcal/년)	148,350	- 전기+열에너지 사용량(신도시 5만가구 기준)
- 시설에서 가정으로 공급되는 열량(Gcal/년)	3,858	-

(5) 기대효과

기대효과로는 시설 가동으로 인한 일자리 창출 효과 및 시범마을로서 타지자체의 견학 등으로 인한 부수적인 관광효과 등 다음과 같다.

기 대 효 과
○ 운영수익금으로 녹색마을 지역의 공공시설 및 편의시설 지원 ○ 마을의 열 및 전기에너지 자립도 제고 ○ 신재생에너지 생산 : 1,113 TOE/년 ○ 온실가스 감축효과 : 20,533 톤CO2/년 ○ 시설 가동으로 인한 일자리 창출 효과 ○ 시범마을로서 언론 노출에 의한 마을 이미지 개선 → 타지자체의 견학 등으로 인한 부수적인 관광효과 기대

32) 산업자원부, 2005년도 에너지총조사 보고서, 2006 〈열에너지 = 815Mcal/년/가구〉

2) 농촌형 녹색마을

가. 농촌형 녹색마을 유형 및 사례 분석

농촌형은 읍(邑) 또는 면(面)지역을 기준으로 하되 도시지역이 포함되지 않는 지역을 대상으로 한다. 본 연구에서는 두 개 지자체를 대상으로 농촌형 유형을 검토하였다. 지역 특화사업과 연계한 신 성장동력사업 개발로 군정목표의 조기달성을 군정의 운영방향으로 삼고 있고, 또한 "과일나라"라고 불릴만큼 과실류 재배량이 많아 과수전정가지의 발생량이 높은 충청북도에 위치한 C마을과, 『천부농 만부촌 친환경 생명농업 육성』으로 생산적인 농업기반 확충과 농업경영 개선 및 농업인의 전문성강화, 고품질 농축산물 생산 및 산림소득원 개발 등의 프로젝트를 진행하고 있고, 또한 군내에 319개의 친환경 자연마을을 지정하여 농촌 활성화에 중점을 두고 있는 경상남도의 B마을을 대상으로 검토하였다.

B마을의 농촌형 유형 시범마을 대상 지역은 앞에서 조사한 B마을의 전체 현황 중 가축분뇨 및 농산부산물의 발생 현황과 지역여건을 고려하여, 녹색마을 조성을 필요로 하는 마을에 대하여 B마을청의 추천을 받아 조사가 이루어졌다.

(1) 대상마을 개요

대상마을은 B마을 JR면 DS리에 위치한 YSW 마을과 인접해 있는 마을 이다. 2009년 기준 총 129가구(255명)가 거주하고 있으며, YSW 82가구(145명), HDS 47가구(110명)이 거주 중이다.

하동의 B 마을은 약 92%를 임야가 차지하고 있으며〈표 5-17〉, 주로 소, 돼지, 닭 등의 가축사육을 하고 있다. B마을은 대부분이 경종농가로 논과 밭을 이용하여 여름에는 벼재배, 겨울에는 하우스를 이용하여 수박 및 양상추를 재배하고 있다. 다음은 B 마을의 토지현황을 나타낸 표이다.

<표 5-17> B 마을 토지현황 (단위 : m²)

구분	계	답	전	임야	목장 용지	하천 용지	대지	잡종지	분묘지
YSW	975,504	65,536	5,137	901,254	1,346	598	516	971	146

자료) 재단법인 하동 B 토지조사 위원회

〈그림 5-29〉의 위성영상에서 위쪽에 길쭉하게 자리잡고 있는 것이 YSW 마을로 면적은 약 976 ㎢ 이고, 마을 아래쪽으로 가축분뇨처리시설이 위치하고 있다. 시설규모는 40톤/일 이며, 고액분리 후 활성오니법과 퇴비화 방법으로 처리되고 있다.

그 아래쪽에 HDS 마을이 위치해 있으며, 비닐하우스 단지를 형성하고 있다. 하우스단지 면적은 약 263 ㎢ 이며, HDS 마을 전체 면적은 약 780 ㎢ 이다.

<그림 5-14> B마을 저탄소 녹색마을 대상지역

<표 5-18> B마을내 대상마을 개요

구분	계	YSW 마을	HDS 마을
세대수(인구)	129가구(255명)	82가구(145명)	47가구(110명)
마을면적	약 1,756 ㎢	약 976 ㎢	약 780 ㎢
주요 부산물	-	가축분뇨(소, 돼지, 닭)	농업부산물 (볏짚, 수박줄기 등)
환경시설 현황	1개	마을내 가축분뇨처리시설 (40톤/일)	-
기타 특이사항	-	악취문제	하우스단지 조성(26.3ha)

<그림 5-15> YSW 마을 입구

<그림 5-16> B 산 마을의 경작지(비닐하우스 단지)

(2) 마을의 바이오매스 발생 및 처리현황

바이오매스 에너지 잠재량은 B마을 적량면내 대상마을에서 발생하는 바이오매스 중 농촌형 유형에 맞추어, 다음 바이오매스에 대하여 조사하였다.

<표 5-19> B마을 저탄소 녹색마을 대상지역의 바이오매스 발생량

구분			발생	처리	비고
습식 1)	축산분뇨	돼지	25.5 톤/일 9,307 톤/년 (과거 5년간 4000두~5000두 유지)	가축분뇨처리시설 → 고액분리 후 활성오니+퇴비화 → 돈분퇴비 2,500원/20kg에 판매	
			외부반입 약 10 톤/일		
		닭	5.6 톤/일 (45,000수) 2,044 톤/년	퇴비화 판매 (4,000원/20kg)	
		소	0.9 톤/일 (72두) 328 톤/년	퇴비화 자가이용	
건식 2)	목질계	임목벌채	B마을 : 9.3톤/년 적량면 : 0 톤/년	임지내 방치 (일부 농가에서 땔감으로 사용)	
		숲가꾸기 사업	B마을 : 5,053 톤/년		
	초본계	볏짚	157,800 톤/년	유가거래 (kg당 100~150원)	
		왕겨	26,300 톤/년	RPC에서 유가거래 (kg당 10~50원)	
		수박 부산물	발생량 추정 불가	1~2틀 건조, 경작지에 거름사용	

1) 환경부 수생태보전과-867(' 08.12.23)
→ 돼지 5.1 ℓ/두·일, 닭(산란계) 124.7 ℓ/1,000수·일, 소 13.7 ℓ/두·일
2) 3장 바이오매스 이용현황 참고

습식계 바이오매스에는 축산분뇨가 있으며, 돈분, 계분, 우분 등이 발생되고 있다. 건식계로는 목질계, 초본계로 나뉘며, 목질계에는 임목벌채 부산물과 숲가꾸기사업 부산물이 있고, 초본계에는 벼 재배 후 발생되는 볏짚, RPC에서 도정공정에서 발생되는 왕겨, 1월~6월 동안 하우스 수확 작물인 수박 부산물(줄기) 등이 발생되고 있다.

현재 계분은 퇴비화하여 20kg 포대당 4,000원에 판매되고 있고, 우분은 자가이용하고 있다. 목질계에서 발생되는 부산물은 임지내에 방치되고 있으며, 일부 농가에서 가져다 땔감으로 사용하고 있는 것으로 조사되었다. B마을 내에서 발생되는 목질계 부산물은 발생량이 적어 이용하는데 있어서 경제성이 없을 것으로 판단된다. 볏짚과 왕겨는 각각 유가거래 중으로 나타났고, 수박 부산물은 하우스에서 1~2틀 건조 후, 경작지에 바로 거름으로 사용하고 있다.

이상 발생 및 처리현황을 조사한 결과, 연중, 연간 일정하게 발생되고 있는 가축분뇨(돈분, 계분, 우분)을 이용한 에너지 시스템 이용방안이 이 지역에 적합할 것으로 사료된다.

마을의 향후 가축분뇨 발생량을 설문조사한 결과 향후 5년간 축사규모는 현재와 같이 유지 될 것으로 예상되며, 외부반입 돈분뇨가 약 10 톤/일로 추정되었다.

(3) 대표적인 처리기술 선정

B마을 저탄소 녹색마을 대상지역(농촌형)의 바이오매스타운 시범단지 개발에 적용 가능한 기술을 선정하기 위하여, 기존 통계 자료, 전수조사 및 연구 자료를 바탕으로 현재 실증 및 상용화 시설의 기술현황을 조사분석 하여, 적용 가능한 대표적인 기술을 선정하였다.

<표 5-20> 발생되는 바이오매스의 대표적 처리기술

구 분			적용 가능기술	대표적 처리기술
습식	축산분뇨		퇴비화, 바이오가스화	퇴비화, 바이오가스화
건식	목질계	임목벌채	바이오가스화, 열분해 가스화 고형연료화, 연소	연소 (화목보일러)
		숲가꾸기 사업		–
	초본계	볏집	퇴비화, 사료화, 바이오가스화, 연소	–
		왕겨		
		수박 부산물		

유기성폐기물 발생량을 고려하여 대표적인 처리기술을 검토한 결과 습식계 바이오매스 활용 기술로는 가축분뇨 처리가 가능한 퇴비화 및 바이오가스화를, 건식계 바이오매스 활용기술로는 숲가꾸기 사업에서 발생되는 목재는 연중, 연간 일정하게 발생되지 않으므로 배제하였으며, 임목벌채는 발생량이 적어 고형연료화하기는 어렵다고 판단되며, 임목벌채 등을 연소하여 증기공급이 가능한 화목보일러를 선정하였다. 초본계의 볏집과 왕겨는 유가거래를 통해 처리가 되고 있으며, 수박 부산물은 경작지 거름으로 사용되고 있으므로 배제하였다.

(4) 타당성 분석을 통한 처리기술 선정

(1) 경제적 측면

습식계 유기성폐기물 처리량은 돼지분뇨 9,307톤/년, 닭분뇨 2,044톤/년, 소분뇨 328톤/년이며 총 발생량은 11,679톤/년 조사되었으며, 건식계 유기성폐기물인 목재는 임목벌채 9.3톤/년, 숲가꾸기 사업에서 목재 5,053톤/년이 발생되는 것으로 조사되었다. 숲가꾸기 사업에서 발생되는 목질계는 연중, 연간 일정하게 발생되지 않는 것으로 조사되었다.

유기성폐기물 처리시설 설치비용으로 바이오 가스화는 톤당 1.2억원(2009년도 국고보조사업

신청지침, 환경부)이며 폐수처리시설과 발전시설이 설치되면 공사비는 더 증가된다. 퇴비화 처리시설은 톤당 1.2억원(2009년도 국고보조사업 신청지침, 환경부)이며 폐수처리시설이 설치되면, 시설설치비용은 다른 시설보다 높은 것으로 조사되었다.

유기성 폐기물 처리시설의 운영비용으로 바이오 가스화(혐기성 소화)는 톤당 약 17,000원~34,000원이며(음식물류폐기물 발생폐수 육상처리를 위한 환경기초시설 연계처리 타당성조사 보고서, 김해시), 퇴비화 처리시설은 톤당 약 17,000원~33,000원(환경부)으로 조사되었다.

유기성 폐기물 처리시설 건설용지로 바이오가스화시설 및 퇴비화처리시설은 기존 가축분뇨 처리시설에 근처에 설치하는 것이 용이한 것으로 조사되었다.

(2) 기술적 측면

유기성폐기물 자원화에 따라 감량효과는 호기성 퇴비화 약 70%, 혐기성 퇴비화 약 80%, 바이오가스화 약 80%(음식물류 폐기물 및 발생폐수의 에너지화를 위한 방법별 최적유형 및 설치·운영 지침서 개발 연구 최종보고서)로 조사되었다.

바이오가스화시설은 음식물 혐기성 소화로 많은 시설이 가동 중이며, 최종생산물로 발생되는 바이오 가스는 정제하여 가스터빈 발전기와 보일러를 통해 전기 및 열을 이용할 수 있으며 최종 생산물로 퇴비도 발생되어, 재활용할 수 있다. 퇴비화시설은 건·습식으로 분뇨 공공처리시설에서 상용화되어있으며, 최종생산물인 퇴비를 이용할 수 있다. 화목보일러로 목재류를 소각하여 증기를 주변 소요처(비닐하우스 등)에 공급하거나, 바이오가스시설 정비기간에 가동하여 증기를 공급할 수 있다.

(3) 사회 · 환경적 측면

바이오가스화시설 및 퇴비화시설은 시설 가동시 발생되는 악취 및 폐수로 인하여 2차 오염의 발생이 높다. 악취는 악취제거시설을 두어 처리하여야 하며, 폐수는 자체 처리나 하수처리장에 연계 처리하여야 한다. 악취발생 등의 2차 오염으로 민원이 많이 발생된다.

(4) 검토결과

이와 같이 유기성 폐기물의 처리시설을 경제적 측면, 기술적 측면, 사회 ·환경적 측면으로 검토를 하였으며, 다음 〈표 5-21〉에서 기술선정 매트릭스 표를 통해 B마을 저탄소 녹색마을 대상지역(농촌형)의 기술을 선정하였다.

검토 결과 B마을 저탄소 녹색마을 대상지역(농촌형)은 가축분뇨 바이오가스화 후 에너지로 활용하는 것이 가장 우수하며 부산물로 발생되는 퇴비를 농가에 공급하는 것으로 검토하였다. 화목보일러는 주벌, 간벌된 양은 없고 소량의 벌체 부산물만 발생하므로 설치를 제외하는 것이 타당하다고 사료된다.

<표 5-21> B마을(농촌형) 바이오매스 기술선정 매트릭스 표

타당성분석 항목		바이오 가스화	퇴비화	소각 (화목보일러)
경제적 측 면	유기성폐기물 처리량	○	○	×
	유기성폐기물 처리시설 설치비용	△	△	△
	유기성폐기물 처리시설 운영비용	△	△	○
	유기성폐기물 처리시설 건설용지	○	○	△
	유기성폐기물 운송용이	○	○	△
기술적 측 면	유기성 폐기물 감량율	○	○	○
	유기성 폐기물 처리시설 기술현황	△	△	△
	최종생산물 활용도	○	×	△
사 회 환경적 측 면	2차 오염 발 생	×	×	△
	온실가스 감축량	○	×	△
	민원 발생	×	×	○
합 계		26점	22점	24점

※ ○: 3점 / △:2점 / ×:1점

(5) 에너지자립형 저탄소 녹색마을(안)

(1) 에너지 생산시스템

B마을 적량면 동산리(YSW마을+HDS마을)의 저탄소 녹색마을 에너지 생산시설은 습식계의 돈분과 약간의 우분, 계분을 이용한 바이오가스화 시설을 이용하는 것으로 한다.

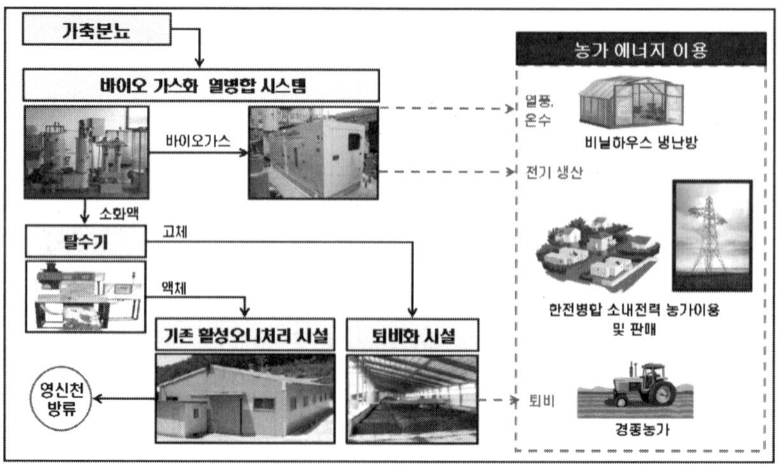

<그림 5-17> B마을 저탄소 녹색마을 에너지화 시스템 구성

(2) 에너지원 및 에너지생산량

조사된 이용 가능한 바이오매스는 돈분, 우분, 계분 등으로 돈분 100%, 우분 100%, 계분 64%를 이용하여 에너지화 하는 것으로 하였다.

<표 5-22> B마을 녹색마을 바이오매스 에너지원 이용량

구분	단위	돈분	우분	계분	합계
2012년 발생량 예측 (이용 가능량)	ton/day	35.5	0.9	5.6	42
바이오매스 에너지원 이용량 (이용율)	ton/day	35.5 (100%)	0.9 (100%)	3.6 (64%)	40

다음 〈표 5-23〉의 조건에서 하루 40 톤으로 계산된 에너지 생산량은 전기 2,332 kWh/day, 열에너지 2,578 Mcal/day인 것으로 산출되었다.

<표 5-23> B마을 녹색마을 에너지 생산량 비교

구분	단위	대상 바이오매스	비고
시설 총 처리용량	ton/day	40	-
운전시간	day/yr (hr/day)	330 (24)	-
바이오가스 생산	㎥/day	905	- 돈분, 우분, 계분 TS 6.5%, VS/TS 0.73 - 0.5 ㎥가스/kgVS
	㎥/yr	198,650	
메탄 발생량	㎥/day	543	- 메탄 60%
	㎥/yr	179,190	
전기 생산량	kWh/day	2,332	- 전기 효율 35% - 메탄 10,550kcal/㎥ (국제 에너지기구 TOE 환산표) - 1kWh=860kcal
	kWh/yr	769,560	
열에너지 생산량	Mcal/day	2,578	- 열효율 45%
	Mcal/yr	850,740	

다음 〈그림 5-18〉는 에너지화 시스템의 공정도와 물질수지를 나타내었고, 〈표 5-85〉는 공정 운영을 함으로서 이산화탄소의 절감효과를 알아보기 위하여 공정운영, 소각, 매립(단순매립, LFG발전)의 경우를 비교하였다.

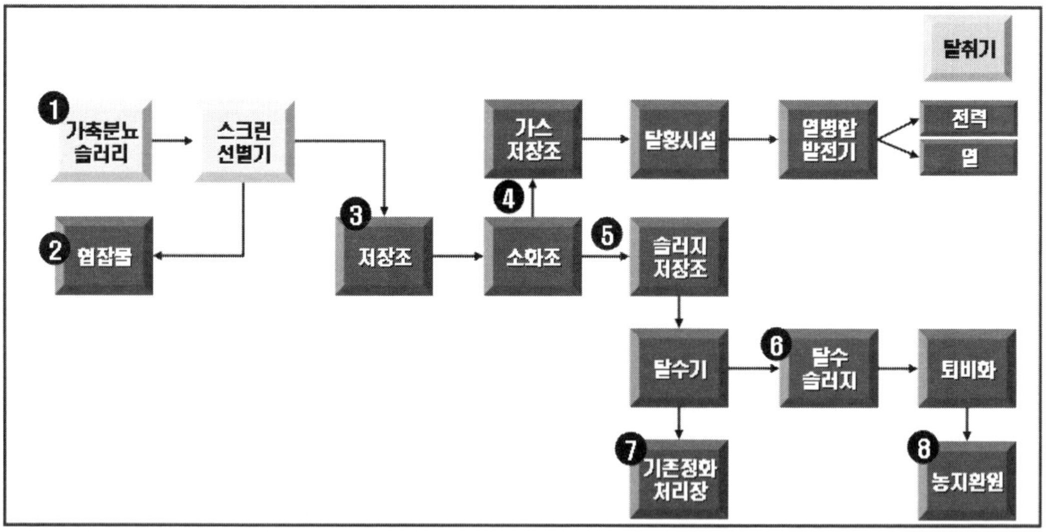

구분	①	②	③	(④)	⑤	⑥	⑦	⑧
발생량 (kg/day)	40,000	800	39,200	-	38,024	6,844	31,180	821
TS(%)	6.5	15	6.3	-	3.6	19.8	0.1	69
고형물 (kg/day)	2,600	120	2,480	-	1,376	1,355	21	565
VS/TS	0.73	0.73	0.73	-	0.5	0.5	0.5	0.78
유기물 (kg/day)	1,898	88	1,810	-	688	678	10	440
탄소(C)	57.75	57.75	57.75	-	57.75	57.75	57.75	57.75
kg-C /kg-CO2 (kg/day)	1,096 /4,019	51 /185	1,046 /3,834	-	397 /1,457	391 /1,435	6 /22	254 /933
VS제거 (%)	-	-	-	62	-	-	-	35
협잡물 제거(%)	-	2	-	-	-	-	-	퇴비화 12%
고형물 (%)	-	-	-	-	-	18	-	

biogas	
구분	④
㎥/kgVS	0.5
㎥/day	905
CH_4(%)	60
㎥CH4/day	543
CH_4 (kcal/㎥)	10,550
열효율(%)	45
Mcal/day	2,578
1kWh(=kcal)	860
전기효율(%)	35
kWh/day	2,332

음영이 없는 부분의 값은 실제 데이터를 참고로 임의로 설정한 값임. (TS, VS/TS, 탄소(C), VS·협잡물제거율, 고형물, ㎥/kgVS, CH_4, 열효율, 전기효율)

<그림 5-18> B마을 저탄소 녹색마을 에너지화 시스템 물질수지

<표 5-24> B마을 녹색마을 처리방법별 CO2 발생량 비교(1일 발생 기준)

구분		내용	비고
소각		- ①의 이산화탄소 발생량 = 4,019 kg-CO2	- 소각에 의하여 완전 연소될 경우
매립	단순 매립	- ①의 바이오가스 발생량 = 1,898×0.5 = 949 ㎥ → CO2 : 949×40% = 379.6 ㎥-CO2 → CH4 : 949×60% = 569.4 ㎥-CH4 (569.4㎥-CH4×21CO2/CH4 = 11,957.4 ㎥-CO2) → 379.6+ 11,957.4 = 12,337 ㎥-CO2 → 12,337 ㎥CO2÷0.509 ㎥/kg = 24,238 kg-CO2	① TS 6.5%, VS/TS 0.73 0.5 ㎥가스/kgVS - CO2 ㎥→kg 환산인자 (22.4/44=0.509㎥/kg) - 매립시 혐기성 조건에서 CH4 60%, CO2 40% 발생되어 표면방출 가정
	LFG 발전	- ①의 바이오가스 발생량 = 1,898×0.5 = 949 ㎥ → CO2 : 949×40% = 379.6 ㎥-CO2 → CH4 : 949×60% = 569.4 ㎥-CH4 (발생되는 메탄가스량은 실제 연소에 의하여 에너지를 얻는 것으로부터 감축량으로 간주) → 379.6 ㎥CO2÷0.509 ㎥/kg = 746 kg-CO2	
녹색마을 공정(안)		- 공정을 운영함으로서 공정에서 밖으로 방출되는 이산화탄소량 → 총 합계 : 185+711+22+502 = 1,420 kg-CO2 → ②소각시 = 185 kg-CO2 → ④바이오가스 중 CO2(40%) = 905×40% = 362 ㎥CO2 = 362㎥CO2÷0.509 ㎥/kg = 711 kg-CO2 → ⑦폐수 = 22 kg-CO2 → ⑧퇴비화 과정 중 발생 = ⑥-⑧ = 1,435-933 = 502 kg-CO2	-
공정 운영시 CO2 절감효과		※ 녹색마을 공정 운영시 CO2 절감효과 - 소각에 비하여 2,599 kg-CO2(65%) 절감 - 단순매립에 비하여 22,818 kg-CO2(94%) 절감	-

(3) 경제성 분석

시설 설치비, 시설 운영비, 연간 판매수익 등을 산출하여 경제성을 분석한 결과 〈표 5-86〉와 같이 나타났다. 연간 수익은 1,013만원으로 산출되었고, 지원금 없이는 555년째에 흑자로 전환될 것으로 나타났다. 사업을 위해서는 시설설치비를 보조하는 형태로 사업이 이루어 져야 할 것으로 판단되었다.

<표 5-25> B마을 녹색마을 에너지화 시스템 경제성 분석

<table>
<tr><th colspan="2">구분</th><th>비용</th><th>비고</th></tr>
<tr><td colspan="2">시설 설치비</td><td>560,000 만원</td><td>-</td></tr>
<tr><td colspan="2">시설 운영비</td><td>45,450 만원/년</td><td>-</td></tr>
<tr><td colspan="2">판매 수익</td><td>46,463 만원/년</td><td>- CDM(CERs수익)제외
105,885,072 원/년</td></tr>
<tr><td colspan="2">연간 수익</td><td>1,013 만원/년</td><td>-</td></tr>
<tr><td rowspan="2">적자해소
기간</td><td>지원 0원</td><td>555년째 흑자전환</td><td>-</td></tr>
<tr><td>지원
(15년 기준)</td><td>국비 30 억원(54%),
지방 및 민간자본 26 억원(46%)</td><td>- 시설비 보조형태로 지원</td></tr>
</table>

① 시설 설치비 및 운영비

시설 설치비 산정은 환경부의 "2009년도 국고보조사업 신청지침" 자료를 참고하였고, 관련업체 설문조사를 통하여 전처리 설비, 혐기성 소화조 설비, 기타설비, 발전설비, 폐수처리설비 등의 개략적인 시설설치비용을 적용하여 작성하였다. 폐수처리설비의 경우 B마을의 대상마을에 기존 시설이 있으므로 설치비용에 포함하지 않았다.

<표 5-26> B마을 녹색마을 에너지화 시스템 개략적 시설설치비 (단위 : 만원)

<table>
<tr><th colspan="2">구분</th><th colspan="2">비용</th><th>비고</th></tr>
<tr><td colspan="2">①바이오가스 시설 40톤/일</td><td rowspan="4">480,000</td><td></td><td>1.2 억원/(톤/일)[1]
전처리시설, 혐기성소화조, 기타설비 포함 가격
(발전설비, 폐수처리설비 제외)</td></tr>
<tr><td>②전처리
시설</td><td>계량기, 스크린,
혼화조</td><td>80,000</td><td>0.2 억원(톤/일)[2]</td></tr>
<tr><td>③혐기성
소화조</td><td>메탄발효조, 슬러지저장조,
가스저장조</td><td>200,000</td><td>0.5 억원(톤/일)[2]</td></tr>
<tr><td>④기타
설비</td><td>탈수 및 퇴비화설비
기타공사비</td><td>200,000</td><td>④=①-②-③</td></tr>
<tr><td>발전설비</td><td>탈황장치,
열병합발전기</td><td colspan="2">80,000</td><td>0.2 억원(톤/일)[2]</td></tr>
<tr><td colspan="2">폐수처리설비</td><td colspan="2">-</td><td>대상마을의 기존설비 사용
(설치비에서 제외)</td></tr>
<tr><td colspan="2">합계</td><td colspan="2">560,000</td><td>-</td></tr>
</table>

자료) 1) 2009년도 국고보조사업 신청지침, 환경부(2008.4)
2) 관련업체 설문조사 개략적인 평균값

시설 운영비는 한국농촌경제연구원, 2007 자료의 자원화 유형별·규모별 경영비와 바이오가스 경영비를 적용하여 전력비, 유류대, 톱밥투입비, 기타수선비, 이자 등의 항목에 대하여 산출하였다. 톤당 인건비는 음식물류폐기물 처리비용 산정 참고자료 중 혐기성소화시설의 용량별 적정 인원 5명(소장, 생산/운영관리, 총무/경리, 중앙전기제어, 처리/운전, 일용직)을 월 200만원 기준으로 산정하였다. 시설의 연간 운영비는 45,450만원으로 산출되었다.

<표 5-27> B마을 녹색마을 에너지화 시스템 개략적 운영비 단위 : 만원/년)

구분	비용(40톤 기준)	비고	
인건비	12,000	200 만원/인	200만원×5인 (음식물혐기성소화시설 적정인원 ; 40톤 기준)
전력비	1,970	1,492.7 원/㎥	한국농촌경제연구원, 2007 참고
유류대	3,129	2,370.8 원/㎥	
톱밥투입비	19,340	14,651.2 원/㎥	
기타수선비	3,886	2,943.6 원/㎥	
이자	5,125	3882.8 원/㎥	
합계	45,450	감가상각비 제외	
톤당 시설운영비 (원/톤)	34,432	현재 가동중인 시설 운영비 약 3~4만원/톤	

자료) 한국농촌경제연구원, 2007(자원화 유형별·규모별+바이오가스 경영비 적용(규모 5,000두))

② 판매 수익

경제성 평가의 판매수익 산출은 가축분뇨 처리비용 15,000원/톤, 전력판매비 121원/kWh, 생산되는 퇴비 125원/kg, 열에너지 1만원/Gcal 기준으로 산출하였다. 연간 약 4.6억원의 판매수입이 있는 것으로 나타났다.

<표 5-28> B마을 녹색마을 에너지화 시스템 판매수익 (단위 : 만원/년)

구분	내용	비고
폐기물 처리비용	19,800	40톤/day (15,000 원/톤)
전력	9,312	2,332kWh/day (121 원/kWh)[33]
퇴비	16,500	40톤/day×10% (125 원/kg)
열공급	851	2.578 Gcal/day (10,000 원/Gcal)
합계	46,463	-

33) 전력단가는 2008년 전력거래소 SMP(계통한계가격) 평균단가인 121원 적용

③ 환경성(온실가스 감축 및 CDM사업) 분석

<표 5-29> B마을 저탄소 녹색마을 환경성 분석

구분			내용
원유대체효과	원유량		543㎥ CH4/day×330일/년×10,550kcal/㎥÷158.9L/배럴 ÷9,276kcal/L = 1,283 배럴/년
	대체원유가격		1,283 배럴/년×$73.95/배럴×1,371원/$ = 130,062,828 원/년
	석유환산톤(TOE)		1,283 배럴/년×0.136TOE/배럴 = 174 TOE/년
온실가스감축	감축량	CO2	174 TOE/년×0.829톤CO2/TOE×(44÷12) = 530 톤CO2/년
		CH4	543㎥ CH4/day×330일/년÷1,400㎥/톤 = 128 톤/년 → 128 톤/년×21톤CO2/톤CH4 = 2,688 톤CO2/년
	탄소배출권 (CERs)		(530톤CO2/년+2,688톤CO2/년)×(24$/톤CO2×1,371원/$)[34] = 105,885,072 원/년

자료) 2008년, 폐기물에너지화 종합대책 실행계획 마련 연구, KEI

(4) 에너지 자립율

다음은 녹색마을 지역의 전기사용 및 비닐하우스 단지의 에너지 사용 절감과 에너지 자립율에 대하여 검토한 것이다.

시범마을의 생산전력은 769,560 kWh/년으로 시범마을의 소비전력 100% 자립이 가능하며, 잉여전력은 398,040 kWh/년이다. 시범마을의 비닐하우스 단지를 대상으로 열에너지 자립율을 산출한 결과 23.7%의 열에너지 공급이 가능한 것으로 나타났다.

34) 2008년, 폐기물에너지화 종합대책 실행계획 마련 연구, KEI

<표 5-30> B마을 저탄소 녹색마을 에너지 자립율

구분	내용	비고
○ 전기 에너지		
- 가구당 월 소비전력(kWh/월/가구)	240	- 월 평균 소비전력
- 시범마을 가구수(가구)	129	
- 시범마을 소비전력(kWh/년)	371,520	
- 시범마을 총 전력생산량	769,560	- 잉여전력 398,040 kWh/년
- 시범마을 전력에너지 자립율(%)	100	
○ 열에너지		
- 비닐하우스 수 (동)	320	
- 비닐하우스 소요열량(Gcal/년/동)	11.2	- 동당 약 12만원/월 전기요금 사용 → 3,267 kWh/월 (겨울 4개월사용) → 13,068 kWh/년×860kcal/kWh = 11.2 Gcal/년
- 연간 총 소요열량(Gcal/년)	3,584	- 11.2 Gcal/년×320 동
- 시범마을 열에너지 생산량(Gcal/년)	851	
- 시범마을 비닐하우스 열에너지 자립율(%)	23.7	
○ 총 에너지 자립도(%)	206	- 총 에너지=가정에서 소비되는 열에너지+온수+전기에너지 자립도= $\frac{\text{시설에서가정으로공급되는열량}(Gcal/yr)}{\text{시범마을총에너지사용량}(Gcal/yr)}$ ※열에너지는 2005년 가구당 평균에너지소비[35]를 참고하였다.
- 시범마을총에너지사용량(Gcal/년)	320	- 전기+열에너지 사용량
- 시설에서 가정으로 공급되는 열량(Gcal/년)	662	-

(5) 기대효과

B마을의 농촌형 저탄소 녹색마을은 가축분뇨를 이용하여 에너지를 얻는 시스템으로 다음과 같은 기대효과를 가진다.

기 대 효 과
○ 시설설치로 인한 악취저감 효과 ○ 마을의 열 및 전기에너지 자립도 제고 ○ 신재생에너지 생산 : 174 TOE/년 ○ 온실가스 감축효과 : 3,218 톤CO2/년 ○ 시설 가동으로 인한 농가 일자리 창출 효과 ○ 시범마을로서 언론 노출에 의한 마을 이미지 개선 → 타지자체의 견학 등으로 인한 부수적인 관광효과 기대

35) 산업자원부, 2005년도 에너지총조사 보고서, 2006 〈열에너지 = 815Mcal/년/가구〉

3) 도농복합형의 유형 및 사례 분석

도·농복합형은 시(市) 또는 읍(邑)지역의 동·리를 기준으로 하되 도시·농촌지역이 포함되는 지역을 대상으로 한다. 기본적으로 도시와 농촌이 함께 있는 지자체를 선택하기 위하여 군단위 보다는 시단위의 지자체를 대상으로 하였다. 강원도 D 마을의 경우 현재 자연력(소수력 발전 10~50kw, 소형풍력, 태양광 발전 300kw)을 이용한 저탄소 녹색마을(그린빌리지)조성계획을 수립한 상태이다. 여기에 바이오매스를 이용한 에너지화 방안을 더 한다면 마을의 에너지 자립도 제고와 동시에 저탄소 녹색마을의 좋은 사례가 될 것으로 보인다. 따라서 도·농복합형 유형은 강원도 D 마을을 대상으로 검토하였다.

저탄소 녹색마을의 도·농복합형 유형은 기본적으로 도시와 농촌이 연계되어져 생활 또는 농업활동에서 발생되는 부산물을 처리한다는 개념이다.

가. 대상마을 개요

농촌지역 대상마을은 D 마을 BR면 SG1리, BC1리, BC2리이고, 도시지역은 MM읍이다.

우선 농촌지역 대상마을은 2009년 기준 363가구 796명이고 면적은 84.06㎢로 임야 59.58㎢, 전 7.45㎢, 답 8.39㎢, 기타로 구성되어 있다. 마을의 환경시설현황으로는 소규모(마을)하수처리장 2개, 저수지 1개, 소류지 2개 등이 있다. 도시지역 대상마을은 2009년 기준 7,320가구 18,560명이고 면적은 104.33㎢이다.

<그림 5-19> D 마을 저탄소 녹색마을 대상지역

<표 5-31> D 마을내 대상마을 개요

구분	농촌지역	도시지역
대상마을	BR면 SG1리, BC1리, BC2리	MM읍
세대수(인구)	- 363가구 (796명)	- 7,320가구 (18,560명)
면적(㎢)	- BR면 84.06㎢ (임야59.58㎢, 전7.45㎢, 답8.39㎢, 기타)	- 104.33㎢
주요 부산물 현황	- 가축분뇨 : 한우 709두, 젖소 176두, 닭 275수, 돼지 12,000두)	- 음식물, 분뇨
환경시설 현황	- 소규모하수처리장(2) - 저수지(1) - 소류지(2)	-
기타 특이사항	-	-

나. 마을의 바이오매스 발생 및 처리현황

녹색마을 대상지역의 바이오매스 발생은 도시지역 음식물류폐기물 4.3톤/일, 분뇨 4 ㎥/일로 퇴비화 또는 가축먹이로 재활용 되고 있다. 하지만 현재 MM읍에는 음식물자원화시설이 없으며, 타지역의 음식물자원화시설도 용량 초과로 D 마을에서 추가 증설계획에 있다. 분뇨는 하수종말처리장에서 정화처리되고 있다.

농촌지역은 음식물, 분뇨, 가축분뇨 등이 발생되고 있으며, 음식물은 0.7톤/일 발생되며 다른 농촌지역과 마찬가지로 가축사료 또는 논, 밭의 거름으로 자체처리 되고 있는 실정이며, 분뇨는 마을의 소규모하수처리장에서 처리되고 있다. 가축분뇨는 한우 9.7 톤/일, 젖소 6.6 톤/일, 닭 0.03 톤/일, 돼지 61.2 톤/일 발생현황을 보이며, 대부분 퇴비화로 처리되고 있으며, 돼지분뇨의 경우 많은 발생량에 처리의 곤란을 겪고 있다.

따라서 D 마을을 대상으로 한 도·농복합형 유형은 도시지역의 음식물류폐기물, 농촌지역의 가축분뇨(돈분)을 이용하는 방안을 검토한다.

<표 5-32> D 마을 저탄소 녹색마을 대상지역의 바이오매스 발생량

구분			발생		처리	비고
			농촌	도시		
습식	음식물		0.7 톤/일	4.3 톤/일	- 퇴비화, 가축먹이 처리	- 음식물 자원화시설 용량 부족으로 증설계획에 있음.
	분뇨		1 ㎥/일	4 ㎥/일	- 하수처리장 처리	-
	축산분뇨 1)	한우	9.7 톤/일	-	- 퇴비화	-
		젖소	6.6 톤/일		- 퇴비화	
		닭	0.03 톤/일		- 퇴비화	
		돼지	61.2 톤/일 (12,000두)		- 퇴비화, 해양배출 등	

1) 환경부 수생태보전과-867(' 08.12.23)
→ 돼지 5.1 l /두·일, 젖소 37.7 l /두·일, 닭(산란계) 124.7 l /1,000수·일,
소 13.7 l /두·일

다. 대표적인 처리기술 선정

D 마을 저탄소 녹색마을 대상지역(도·농복합형)의 바이오매스타운 시범단지 개발에 적용 가능한 기술을 선정하기 위하여, 기존 통계 자료, 연구 자료를 바탕으로 현재 실증 및 상용화 시설의 기술현황을 조사분석 하여, 적용 가능한 대표적인 기술을 선정하였다.

<표 5-33> D 마을 녹색마을 발생되는 바이오매스의 대표적 처리기술

구 분		적용 가능기술	대표적 처리기술
습식	음식물류 폐기물	사료화, 바이오가스화, 에탄올화, 에스테르 화, 고형연료 화	바이오가스화 퇴비화
	가축분뇨	퇴비화, 바이오가스화	

D 마을 저탄소 녹색마을 대상지역인 MM읍은 음식물 자원화시설이 없고, D 마을에서 음식물 자원화시설의 추가 증설계획을 가지고 있으며, 가축분뇨의 일부는 해양배출하므로 음식물 폐기물과 가축분뇨를 처리할 수 있는 기술에 대해 검토하였다. 이에 음식물류폐기물, 가축분뇨 등을 혼합처리가 가능한 병합 바이오가스화와 발생량이 많은 가축분뇨를 처리할 수 있는 퇴비화를 대표적인 처리기술로 선정하였다.

라. 타당성 분석을 통한 처리기술 선정

(1) 경제적 측면

습식계 유기성폐기물 발생량은 음식물류 폐기물 5.0톤/일(농촌 0.7톤/일, 도시 4.3톤/일), 분뇨 5㎥/일(농촌 1㎥/일, 도시 4㎥)이고 타지역의 음식물 자원화시설 용량부족으로 D 마을에서 추가 증설계획이 있다. 가축분뇨는 농촌에서 발생되며 총 77.53톤/일 발생되며, 퇴비화 및 해양배출로 처리하고 있다.

유기성폐기물 처리시설 설치비용으로 퇴비화시설은 톤당 1.2억원, 병합바이오 가스화는 톤당 1.2억원(2009년도 국고보조사업 신청지침, 환경부)으로 나타났다. 또한, 퇴비화시설, 병합바이오 가스화 시설은 폐수처리시설이 필요하며, 폐수처리시설과 발전시설이 설치되면 공사비는 더 증가된다. 유기성 폐기물 처리시설의 운영비용으로 바이오 가스화(혐기성 소화)는 톤당 약 17,000원~34,000원이며(음식물류폐기물 발생폐수 육상처리를 위한 환경기초시설 연계처리 타당성조사 보고서, 김해시) 유기성 폐기물 처리시설 건설용지로 퇴비화시설, 바이오가스화시설은 하수처리장에 설치하여 하수처리시설에 부산물(바이오가스화시설에서 발생된 폐수 등)을 연계처리가 용이한 것으로 조사되었다. 또한, 하수처리장의 경우 차집·이송 관거의 길이 등 경제성을 고려하여 발생원과 가까운 도심인근 지역에 설치되어 하수처리장에 바이오가스화시설 설치시 운송도 용이한 것으로 판단된다.

(2) 기술적 측면

유기성폐기물 자원화에 따라 감량효과는 호기성 퇴비화 약 70%, 혐기성 퇴비화 약 80%, 바이오가스화 약 80%(음식물류 폐기물 및 발생폐수의 에너지화를 위한 방법별 최적유형 및 설치·운영 지침서 개발 연구 최종보고서)로 조사되었다.

바이오가스화시설은 음식물 퇴비화 및 혐기성 소화로 많은 시설이 가동 중이며, 최종생산물로 발생되는 바이오 가스는 정제하여 가스터빈 발전기와 보일러로 통해 전기 및 열을 이용할 수 있으며 최종 생산물로 퇴비가 발생되어, 재활용할 수 있다.

(3) 사회 · 환경적 측면

바이오가스화시설은 시설 가동시 발생되는 악취 및 폐수로 인하여 2차 오염의 발생이 높다. 악취는 악취제거시설을 두어 처리하여야 하며, 폐수는 자체 처리나 하수처리장에 연계 처리하여야 한다. 악취발생 등의 2차 오염으로 민원이 많이 발생된다.

(4) 검토결과

이와 같이 유기성 폐기물의 처리시설을 경제적 측면, 기술적 측면, 사회 ·환경적 측면으로 검토를 하였으며, 다음 〈표 5-34〉에서 기술선정 매트릭스 표를 통해 D 마을 저탄소 녹색마을 대상지역(도·농복합형)의 기술을 선정하였다.

<표 5-34> 도.농복합형 바이오매스 기술선정 매트릭스 표

타당성분석 항목		바이오 가스화	퇴비화
경제적 측 면	유기성폐기물 처리량	○	○
	유기성폐기물 처리시설 설치비용	△	△
	유기성폐기물 처리시설 운영비용	△	△
	유기성폐기물 처리시설 건설용지	○	○
	유기성폐기물 운송용이	○	○
기술적 측 면	유기성 폐기물 감량율	○	○
	유기성 폐기물 처리시설 기술현황	△	△
	최종생산물 활용도	○	×
사 회 환경적 측 면	2차 오염 발생	×	×
	온실가스 감축량	○	×
	민원 발생	×	×
합 계		26점	22점

※ ○: 3점 / △:2점 / ×:1점

검토 결과 D 마을 저탄소 녹색마을 대상지역(도·농복합형)은 다량의 가축분류와 소량의 음식물류 폐기물을 병합하여 바이오가스화 후 에너지로 활용하는 것이 우수하며 바이오가스화 시설 후단에 액비화 공정을 설치하여 퇴비와 액비를 농가에 공급하는 것으로 검토하였다.

마. 에너지자립형 저탄소 녹색마을(안)

(1) 에너지 생산시스템

D 마을의 저탄소 녹색마을 에너지 생산시설은 습식계의 음식물류폐기물과 가축분뇨(돈분)를 이용하여 바이오가스를 생산하고 열병합발전을 하는 것으로 한다.

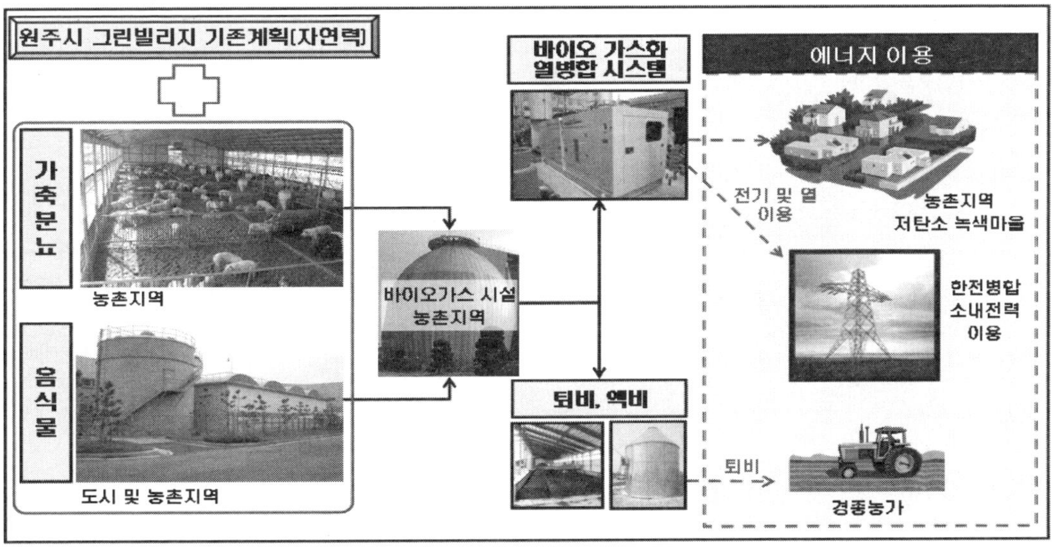

<그림 5-20> D 마을 저탄소 녹색마을 에너지화 시스템 구성도

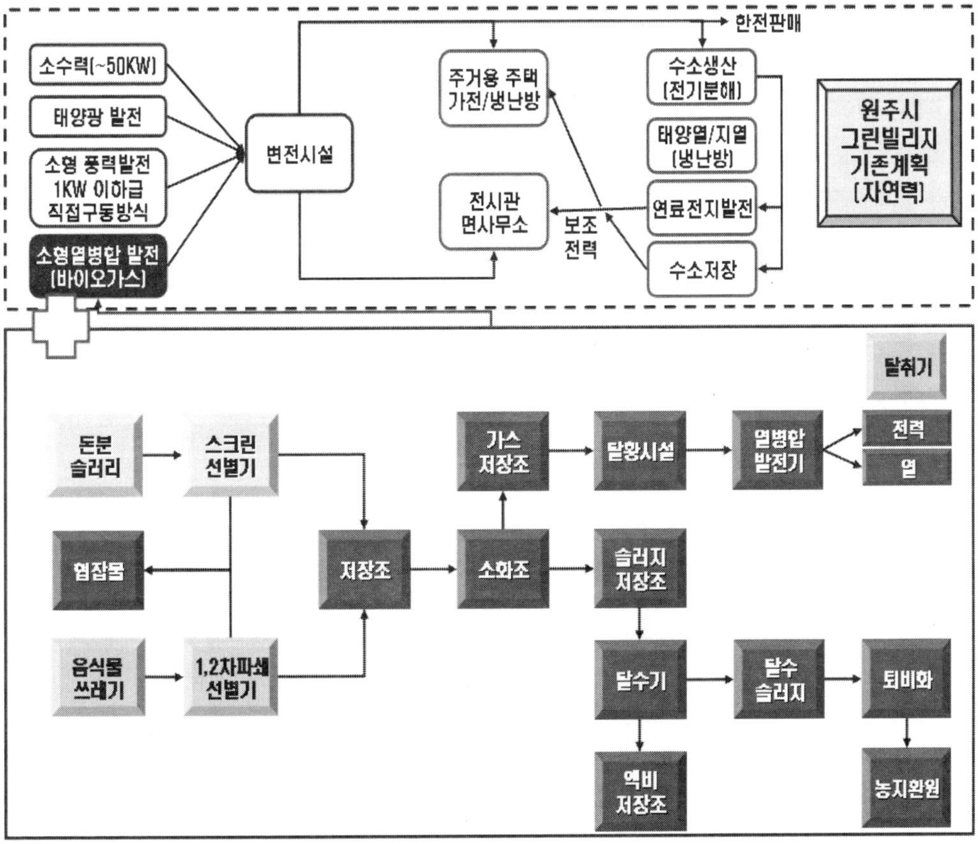

<그림 5-21> D 마을 저탄소 녹색마을 에너지화 시스템 공정(안)

(2) 에너지원 및 에너지생산량

조사된 이용 가능한 바이오매스는 습식계에 돈분과 음식물류폐기물 등으로 가축분뇨(돈분) 75%, 음식물 80%를 이용하여 에너지화 하는 것으로 하였다.

<표 5-35> D 마을 녹색마을 바이오매스 에너지원 이용량

구분	단위	가축분뇨(돈분)	음식물	합계
2009년 발생량(이용 가능량)	ton/day	61.2	5	66.2
바이오매스에너지원 이용량(이용율)	ton/day	46(75%)	4(80%)	50(75.5%)

<표 5-36> D 마을 녹색마을 에너지 생산량 비교

구분	단위	대상 바이오매스	비고
시설 총 처리용량	ton/day	50	
운전시간	day/yr (hr/day)	330 (24)	
바이오가스 생산	㎥/day	1,376	- 음식물 TS 19%, VS 80% - 돈분 TS 8%, VS 60% - 0.5 ㎥가스/kgVS
	㎥/yr	454,080	
메탄 발생량	㎥/day	826	- 메탄 60%
	㎥/yr	247,680	
전기 생산량	kWh/day	3,545	- 전기 효율 35% - 메탄 10,550kcal/㎥ (국제 에너지기구 TOE 환산표) - 1kWh=860kcal
	kWh/yr	1,063,440	
열에너지 생산량	Mcal/day	3,920	- 열효율 45%
	Mcal/yr	1,175,861	

다음 〈그림 5-21〉는 에너지화 시스템의 공정도와 물질수지를 나타내었다.

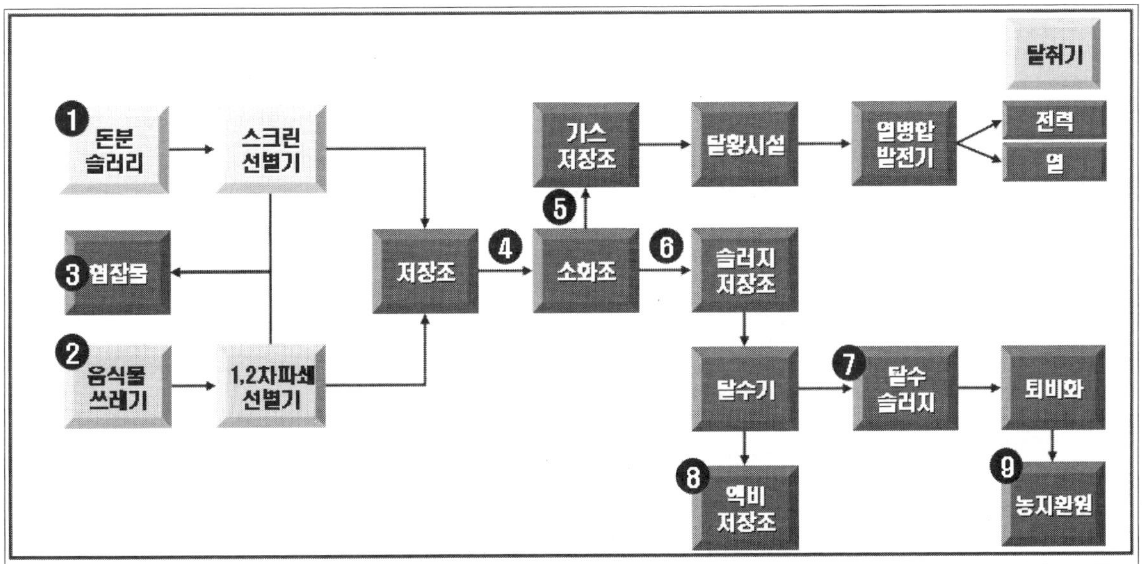

구분	①	②	③	④	(⑤)	⑥	⑦	⑧	⑨
발생량 (kg/day)	46,000	4,000	1,300	48,700	-	47,239	9,448	37,791	1,134
TS(%)	7	19	18	7.5	-	4.1	19	0.4	61
고형물 (kg/day)	2,990	764	239	3,515	-	1,928	1,795	133	688
VS/TS	0.7	0.82	0.775	0.72	-	0.46	0.46	0.46	0.78
유기물 (kg/day)	2,093	626	185	2,534	-	887	826	61	537
탄소(C)	57.75	49.45	53.60	53.60	-	53.60	53.60	53.60	53.6
kg-C /kg-CO2 (kg/day)	1,209 /4,432	310 /1,136	99 /364	1,419 /5,204	-	475 /1,743	443 /1,623	33 /120	288 /1,055
VS제거 (%)	-	-	-	-	65	-	-	-	35
협잡물 제거(%)	-	-	2.6	-	-	-	-	-	퇴비화 12%
고형물 (%)	-	-	-	-	-	-	20	-	- -

biogas	
구분	⑤
㎥/kgVS	0.5
㎥/day	1,267
CH_4(%)	60
㎥CH4/day	760
CH_4 (kcal/㎥)	10,550
열효율(%)	45
Mcal/day	3,609
1kWh(=kcal)	860
전기효율(%)	35
kWh/day	3,264

음영이 없는 부분의 값은 실제 데이터를 참고로 임의로 설정한 값임. (TS, VS/TS, 탄소(C), VS·협잡물제거율, 고형물, ㎥/kgVS, CH_4, 열효율, 전기효율)

<그림 5-22> D 마을 저탄소 녹색마을 에너지화 시스템 물질수지

<**표 5-37**> D 마을 녹색마을 처리방법별 CO2 발생량 비교(1일 발생기준)

구분		내용	비고
소각		- ①, ②의 이산화탄소 발생량 = 4,432+1,136 = 5,568 kg-CO2	- 소각에 의하여 완전 연소될 경우
매립	단순 매립	- ①, ②의 바이오가스 발생량 = 1,047+313 = 1,360 ㎥ → CO2 : 1,360×40% = 544 ㎥-CO2 → CH4 : 1,360×60% = 816 ㎥-CH4 (816 ㎥-CH4×21CO2/CH4 = 17,136 ㎥-CO2) → 544+17,136 = 17,680 ㎥-CO2 → 17,680 ㎥CO2÷0.509 ㎥/kg = 34,735 kg-CO2	① TS 7%, VS/TS 0.7 ② TS 19%, VS/TS 0.82 0.5 ㎥가스/kgVS - CO2 ㎥→kg 환산인자 (22.4/44=0.509㎥/kg) - 매립시 혐기성 조건에서 CH4 60%, CO2 40% 발생되어 표면방출 가정
	LFG 발전	- ①, ②의 바이오가스 발생량 = 1,047+313 = 1,360 ㎥ → CO2 : 1,360×40% = 544 ㎥-CO2 → CH4 : 1,360×60% = 816 ㎥-CH4 (발생되는 메탄가스량은 실제 연소에 의하여 에너지를 얻는 것으로부터 감축량으로 간주) → 544 ㎥CO2÷0.509 ㎥/kg = 1,069 kg-CO2	
녹색마을 공정(안)		- 공정을 운영함으로서 공정에서 밖으로 방출되는 이산화탄소량 → 총 합계 : 364+996+568 = 1,928 kg-CO2 → ③소각시 = 364 kg-CO2 → ⑤바이오가스 중 CO2(40%) = 1,267×40% = 506.8 ㎥CO2 = 506.8 ㎥CO2÷0.509 ㎥/kg = 996 kg-CO2 → ⑧액비로 활용하여 감축량으로 간주 → ⑨퇴비화 과정 중 발생 = ⑦-⑨ = 1,623-1,055 = 568 kg-CO2	-
공정 운영시 CO2 절감효과		※ 녹색마을 공정 운영시 CO2 절감효과 - 소각에 비하여 3,640 kg-CO2(65%) 절감 - 단순매립에 비하여 32,807 kg-CO2(94%) 절감	-

(3) 경제성 분석

시설 설치비, 시설 운영비, 연간 판매수익 등을 산출하여 경제성을 분석한 결과 〈표 5-142〉와 같이 나타났다. 연간 수익은 23,160 만원으로 산출되었고, 지원금 없이는 29년째 흑자로 전환되는 것으로 나타났다. 사업을 위해서는 시설설치비를 보조하는 형태로 사업이 이루어 져야 할 것으로 판단되었다.

<표 5-38> D 마을 녹색마을 에너지화 시스템 경제성 분석

구분		비용	비고
시설 설치비		640,000 만원	-
시설 운영비		51,012 만원/년	-
판매 수익		74,172 만원/년	- CDM(CERs수익)제외 231,018,984 원/년
연간 수익		23,160 만원/년	-
적자해소 기간	지원 0원	29년째 흑자 전환	-
	국비 지원시	- 국비 30억 지원시 16년째 흑자전환	- 시설비 보조형태로 지원

① 시설 설치비 및 운영비

시설 설치비 산정은 환경부의 "2009년도 국고보조사업 신청지침" 자료를 참고하였고, 관련업체 설문조사를 통하여 전처리 설비, 혐기성 소화조 설비, 기타설비, 발전설비, 폐수처리설비 등의 개략적인 시설설치비용을 적용하여 작성하였다. 50톤 규모에서 적용하는 요율 0.9를 곱하여 시설비를 산정하였다.

시설 운영비는 한국농촌경제연구원, 2007 자료의 자원화 유형별·규모별 경영비와 바이오가스 경영비를 적용하여 전력비, 유류대, 톱밥 투입비, 기타수선비, 이자 등의 항목에 대하여 산출하였다. 톤당 인건비는 음식물류폐기물 처리비용 산정 참고자료 중 혐기성소화시설의 용량별 적정 인원 5명(소장, 생산/운영관리, 총무/경리, 중앙전기제어, 처리/운전, 일용직)을 월 200만원 기준으로 산정하였다. 시설의 연간 운영비는 51,012만원으로 산출되었다. 톤당 시설 운영비는 약 3만원인 것으로 나타났다.

<표 5-39> D 마을 녹색마을 에너지화 시스템 개략적 시설설치비 (단위 : 만원)

구분		비용	비고
①바이오가스 시설 50톤/일		540,000	1.2 억원/(톤/일)×0.9[1] 전처리시설, 혐기성소화조, 기타설비 포함 가격 (발전설비, 폐수처리설비 제외)
②전처리 시설	계량기, 스크린, 혼화조	100,000	0.2 억원(톤/일)[2]
③혐기성 소화조	메탄발효조, 슬러지저장조, 가스저장조	250,000	0.5 억원(톤/일)[2]
④기타 설비	탈수 및 퇴비화설비 기타공사비	190,000	④=①-②-③
발전설비	탈황장치, 열병합발전기	100,000	0.2 억원(톤/일)[2]
합계		640,000	-

자료) 1) 2009년도 국고보조사업 신청지침, 환경부(2008.4)
2) 관련업체 설문조사 개략적인 평균값

<표 5-40> D 마을 녹색마을 에너지화 시스템 개략적 운영비 (단위 : 만원/년)

구분	비용(50톤 기준)	비고	
인건비	12,000	200 만원/인	200만원×5인 (음식물혐기성소화시설 적정인원 ; 40톤 기준)
전력비	2,463	1,492.7 원/㎥	한국농촌경제연구원, 2007 참고
유류대	3,912	2,370.8 원/㎥	
톱밥투입비	24,174	14,651.2 원/㎥	
기타수선비	3,596	2,179.1 원/㎥	
이자	4,867	2,949.4 원/㎥	
합계	51,012	-	
톤당 시설운영비 (원/톤)	30,916	현재 가동중인 시설 운영비 약 3~4만원/톤	

자료) 한국농촌경제연구원, 2007(자원화 유형별+바이오가스 설치비용 적용(규모 10,000두))

② 판매 수익

판매수익은 돈분, 음식물 처리, 전력, 퇴비, 액비, 열에너지 등의 판매비용을 각각의 기준으로 산출하였다. 연간 7.4억원인 것으로 나타났다.

<표 5-41> D 마을 녹색마을 에너지화 시스템 판매수익 (단위 : 만원/년)

구분	내용	비고
폐기물 처리비용	29,370	→돈분 46톤/day (15,000 원/톤) →음식물 4톤/day (50,000 원/톤)
전력	13,033	- 바이오가스 121 원/kWh[36)] → 3,264 kWh/day
퇴비	20,625	50 톤/day×10% (125 원/kg)
액비	9,953	37.7 톤/day (8,000 원/톤)
열풍	1,191	3.609 Gcal/day (10,000 원/Gcal)
합계	74,172	-

③ 환경성(온실가스 감축 및 CDM사업) 분석

<표 5-42> D 마을 저탄소 녹색마을 환경성 분석

구분			내용
원유대체 효과	원유량		760㎥CH4/day×330일/년×10,550kcal/㎥÷158.9L/배럴 ÷9,276kcal/L = 1,796 배럴/년
	대체원유가격		1,796 배럴/년×$73.95/배럴×1,371원/$ = 182,054,911 원/년
	석유환산톤(TOE)		1,796 배럴/년×0.136TOE/배럴 = 244 TOE/년
온실가스 감축	감축량	CO2	244 TOE/년×0.829톤CO2/TOE×(44÷12) = 742 톤CO2/년
		CH4	760㎥CH4/day×330일/년÷1,400㎥/톤 = 299 톤/년 → 299 톤/년×21톤CO2/톤CH4 = 6,279 톤CO2/년
	탄소배출권 (CERs)		(742톤CO2/년+6,279톤CO2/년)×(24$/톤CO2×1,371원/$)[37)] = 231,018,984 원/년

(4) 에너지 자립율

D 마을 저탄소 녹색마을의 총 전력생산량은 1,077,120 kWh/년으로 농촌지역 363가구에 대한 전력 자립도는 약 77%로 나타났다. 또한 열에너지의 생산량은 연간 1,191Gcal인 것으로 산출되었다.

36) 전력단가는 2008년 전력거래소 SMP(계통한계가격) 평균단가인 121원 적용

37) 2008년, 폐기물에너지화 종합대책 실행계획 마련 연구, KEI

<표 5-43> D 마을 저탄소 녹색마을 에너지 자립율

구분	내용	비고
○ 전기 에너지		
- 가구당 월 소비전력(kWh/월/가구)	320	- 월 평균 소비전력
- 시범마을 가구수(가구)	363	- 농촌지역
- 시범마을 소비전력(kWh/년)	1,393,920	
- 시범마을 총 전력생산량(kWh/년)	1,077,120	
- 시범마을 전력에너지 자립율(%)	77	
○ 열에너지		
- 시범마을 열에너지 생산량(Gcal/년)	1,191	
○ 총 에너지 자립도(%)	61.9	- 총 에너지=가정에서 소비되는 열에너지+온수+전기에너지 자립도= $\frac{\text{시설에서 가정으로 공급되는 열량}(Gcal/yr)}{\text{시범마을 총에너지 사용량}(Gcal/yr)}$ ※열에너지는 2005년 가구당 평균에너지소비[38]를 참고하였다.
- 시범마을총에너지사용량(Gcal/년)	1,495	- 전기+열에너지 사용량
- 시설에서 가정으로 공급되는 열량(Gcal/년)	926	-

(5) 기대효과

D 마을의 도·농복합형 저탄소 녹색마을은 가축분뇨와 음식물쓰레기를 이용하여 에너지를 얻는 시스템으로 다음과 같은 효과를 기대 할 수 있다.

기 대 효 과
○ 시설설치로 인한 악취저감 효과 ○ 도시지역의 음식물쓰레기를 농촌지역에서 에너지로 수요 ○ 마을의 전기 및 열에너지 자립도 제고 ○ 신재생에너지 생산 : 244 TOE/년 ○ 온실가스 감축효과 : 7,021 톤CO2/년 ○ 시설 가동으로 인한 농가 일자리 창출 효과 ○ 시범마을로서 언론 노출에 의한 마을 이미지 개선 → 타지자체의 견학 등으로 인한 부수적인 관광효과 기대

38) 산업자원부, 2005년도 에너지총조사 보고서, 2006 〈열에너지 = 815Mcal/년/가구〉

4) 도농복합형 녹색마을 사례(2)

가. 대상마을 개요

대상지역은 S시 MW저수지 인근지역인 SH동과 MW동 지역이다. 2010년 6월 기준 총 639명(317가구)이 거주하고 있으며, MW동 370명(178가구), SH동 269명(139가구)이 거주 중이다. 마을면적은 MW동 2.25㎢, SH동 4.46㎢ 이다.

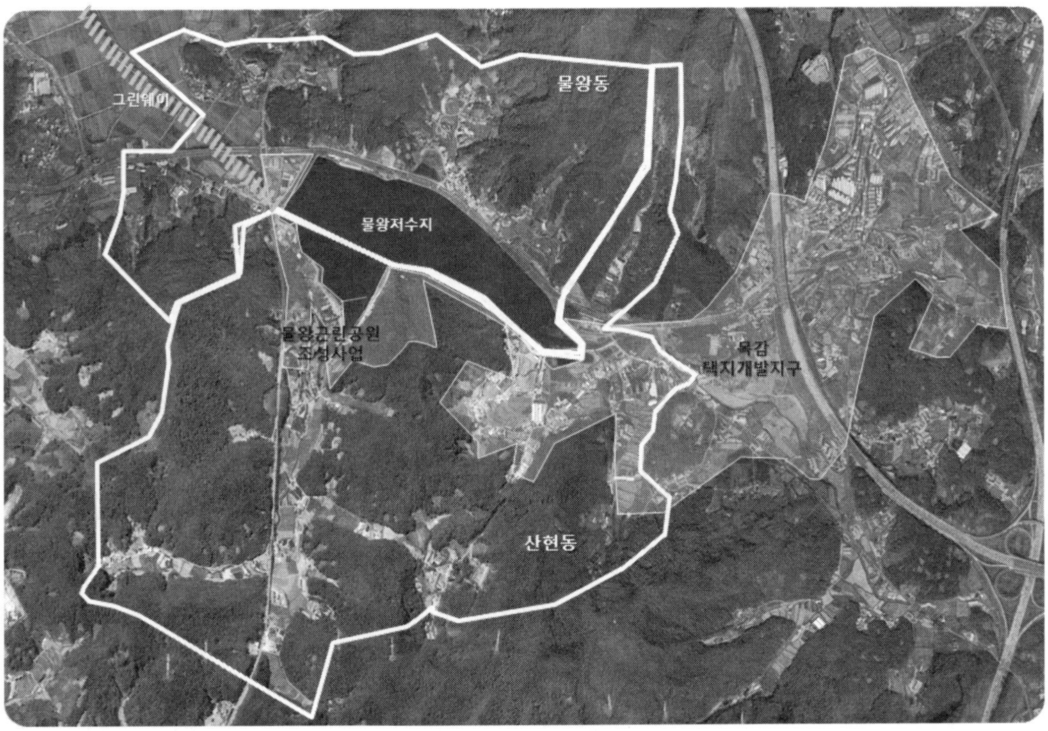

<그림 5-23> S시 MW동 및 SH동 위치도

관무산, 마하산, 운흥산 등에 둘러싸여 있으며, SH동과 MW동에 걸쳐 MW저수지가 있다. MW저수지는 농업용의 목적으로 1946년 설치된 저수지로 S시 최대의 담수호이자 대표적인 낚시터로 많은 사람들이 찾고 있다. 낚시 외에도 포동폐염전~MW저수지간 자전거도로와 SH갯골공원부터 MW저수지 간 그린웨이가 조성되어 있고, 밀집되어 있는 음식점들로 인해 연중 사람들이 많이 찾을 뿐만 아니라 연꽃테마파크와 연계하여 'SH 연(蓮) 음식 축제' 를 음식점 밀집지역을 중심으로 개최하고 있다.

MW저수지	
면적	58만㎡
급수면적	866만 5000㎡
담수량	189만 4000t
수심	7.2m

MW저수지를 중심으로 음식점 밀집지역이 조성되어 있고, 민가지역이 산재해 있는 것이 특징이다. 현재 SH동의 일원은 목감택지개발사업에 포함되어 개발 진행 중에 있고, MW저수지를 중심으로 MW근린공원 조성사업이 계획 중이다.

<그림 5-24> MW저수지 및 MW근린공원 조감도

<그림 5-25> MW저수지 인근 음식점 밀집지역

<표 5-44> MW근린공원 조성계획(안)

구분	항목	내용	
위치 및 면적	위치	경기도 S시 MW동, SH동 일원	
	면적	297,800㎡	
	용도지역	도시기본계획상 보전용지, 도시관리계획상 자연녹지지역(개발제한구역)	
기본방향	◇ 주변지역의 난개발 확산 방지 및 자연자원의 보전·복원을 위하여 도시공원으로 조성 - 기존의 자연습지, 수로 등의 보존가치가 높은 자연자원을 적극적으로 보존하여 자연훼손이 최소화 되도록 계획하되 시설의 이용 효율성·경제성을 높일 수 있도록 야간이용시설 적극 도입 ◇ 공원의 남측은 다양한 레저, 오락, 이벤트, 식음, 숙박 등의 관광수요를 수용할 수 있는 공간으로 조성 - 기존민가지역은 주택정비 및 녹색관광사업을 통한 '녹색관광마을' 조성		
기본구상	◇ 기존 습지지역 및 보전지역은 적극적으로 보존하고 토공의 발생을 최소화하기 위하여 원지형을 활용한 공간계획을 실시 - 기존에 개발이 진행된 지역을 재정비함으로서 개발지역의 확대 최소화 - 저수지 남측변의 수변동선을 정비하여 수변 테마가로공원으로 조성		
도입기능 및 시설	공간구분	성격 및 특징	도입시설
	상징시설지구	◇ MW근린공원의 관문적인 성격 ◇ 랜드마크적 상징시설물 설치 ◇ 만남의 장소 ◇ GB환경평가등급 2등급지의 생태적 복원	대형안내판, 습지원 및 생태연못, MW광장, 수변전망재, 발물놀이터, 벚꽃길
	집단상업시설지구	◇ 기존 음식점 및 까페 산재 ◇ 진입로 정비 및 공용주차장 신설	휴게쉼터, 주차장
	관리·문화지구	◇ 나대지 및 구릉지 분포 지역 ◇ 지형의 훼손을 최소화한 집단편익시설 배치 ◇ 수변공간과 연계되는 문화공간 조성	수변무대, 야외조각원, 잔디마당, 관리사무소, 화장실
	생태체험시설지구	◇ 환경친화적인 생태소하천과 연계한 생태학습공간 조성 ◇ 기존 경작지를 활용한 논 생태체험시설 조성	생태소하천, 습지원, 자생동물관찰원, 습지생태체험시설, 논생태체험시설
	휴게편익시설지구	◇ 양호한 임상을 이용한 휴게편익공간 ◇ 이용객 및 지역주민의 건강증진의 기능 ◇ 조망공간 및 휴게가로쉼터 설치	벚꽃길, 연못, 산수유원, 숲속산책로, 전망대, 산수유원, 잔디피크닉장, 화장실, 주차장

자료) S시청, 2020년 SH도시기본계획

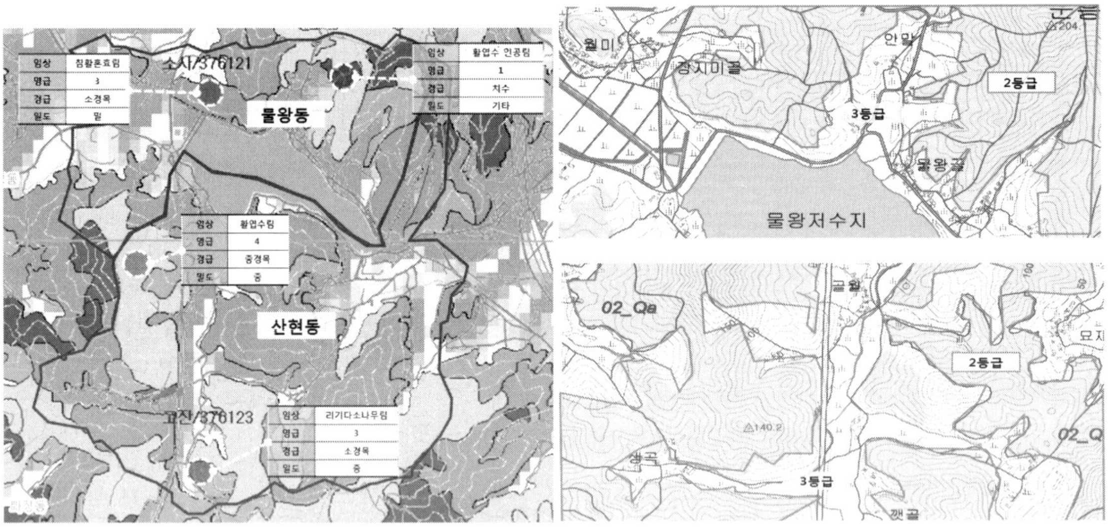

<그림 5-26> 대상지역의 임상도 및 생태자연도

자료) 산림공간정보포털, http://fgis.forest.go.kr/fgis/, 환경부 지리정보서비스, www.egis.me.go.kr

대상지역의 산림면적은 MW동 약 83ha, SH동 약 304ha로 총 387ha이고, 임상도는 대부분 3-4영급의 식생이면서, 주로 침활혼효림, 활엽수림이 분포하고 있다. 대상지역 또한 개발제한구역으로 산림 등의 보존은 잘 되어있지만, 저수지 인근 가로수 외에는 직접 이용가능 한 생활권도시림이 거의 없는 상황이다.

대상지역의 생태자연도는 산림지역이 주로 2등급을 나타내고 있으며, 그 외에는 3등급을 나타내고 있다.

<그림 5-27> 대상지역 현황

나. 마을 내 바이오매스 발생 및 처리현황

대상지역에서 에너지를 생산해 낼 수 있는 가용 재생에너지원의 자원 조사를 위해 지역 내에서 발생되고 있는 자원의 종류를 파악하고, 각 자원별로 잠재량을 조사하였다.

대상지역에서 발생가능한 바이오매스로는 축산분뇨, 음식물류폐기물, 폐식용유, 산림부산물, 농업부산물 등이 있고, 자연력으로는 태양광 · 열, 풍력, 지열 등이 있다.

(1) 태양에너지

태양에너지 잠재량은 해당지역의 면적에 단위시간동안 입사되는 일사량을 에너지단위로 파악하여 나타내었다.

국립기상연구소의 기상자원지도(2009년)에 따른 S시의 일사량은 다음과 같다.

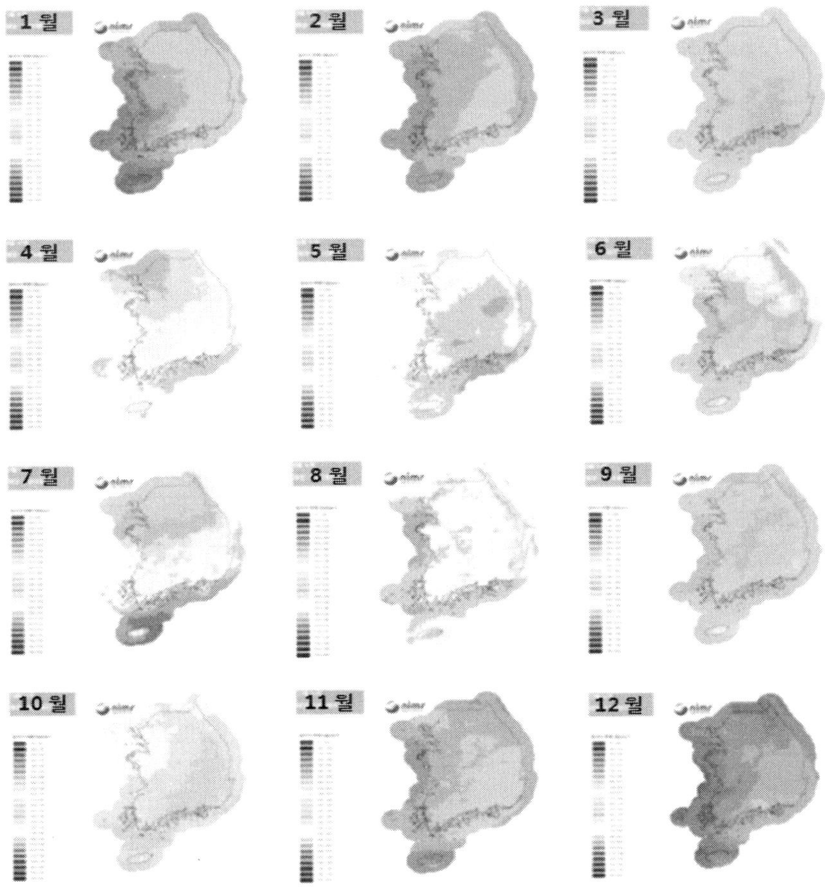

<그림 5-28> 태양 기상자원지도(2009)

<표 5-45> 대상지역의 면적 (2008년)

		면적 (㎡)
시흥시		134,573,022.3
	산현동	4,458,465
	물왕동	2,252,565
	소　계	6,711,030

<표 5-46> SH시 일사량

구 분		일사량		
		월 누적 일사량 (MJ/㎡)	평균 일사량 (30일 기준) (MJ/㎡·day)	
봄	3월	430-460	14.83	16.50
	4월	490-520	16.83	
	5월	520-550	17.83	
여름	6월	460-490	15.83	16.50
	7월	430-460	14.83	
	8월	550-580	18.83	
가을	9월	430-460	14.83	11.83
	10월	340-370	11.83	
	11월	250-280	8.83	
겨울	12월	220-250	7.83	8.17
	1월	250-280	8.83	
	2월	220-250	7.83	
연누적일사량		4880-4920	13.61	

(가) 태양열에너지

대상지역의 태양열 자원을 분석해보면 표 〈5-47〉에서 보는바와 같이 태양열 조건이 가장 좋은 달은 8월로 하루에 4501.17 kcal/㎡·day인 것으로 나타났으며, 가장 낮은 달은 12월과 2월로 하루에 1872.17 kcal/㎡·day로 나타났다. 계절별로는 봄철과 여름철의 태양열 조건이 가장 좋으며, 가을철과 겨울철은 연간 일사량에 못 미치는 낮은 수준인 것으로 나타났다.

<표 5-47> 대상지역의 일사량

구 분		일사량 (kcal/㎡·day)		/A	
봄	3월	3545.17	3943.50	1.09	1.21
	4월	4023.17		1.24	
	5월	4262.17		1.31	
여름	6월	3784.17	3943.50	1.16	1.21
	7월	3545.17		1.09	
	8월	4501.17		1.38	
가을	9월	3545.17	2828.17	1.09	0.87
	10월	2828.17		0.87	
	11월	2111.17		0.65	
겨울	12월	1872.17	1951.83	0.58	0.60
	1월	2111.17		0.65	
	2월	1872.17		0.58	
연누적일사량(A)		3253.06		1.00	

2008년 대상지역의 면적 6,711,030㎡에 평균 일사량을 적용시킨 결과 연간 태양열 에너지 부존잠재량(자원잠재량)은 785,929 TOE인 것으로 나타났다.

<표 5-48> 대상지역의 태양열에너지 부존잠재량

부존잠재량		(Gcal/yr)	(TOE/yr)
시흥시		157,598,466.42	15,759,846.64
	산현동	5,221,308	522,131
	물왕동	2,637,979	263,798
	소 계	7,859,287	785,929

<표 5-49> 대상지역의 가주지 면적 (2008년)

		가주지 면적 (㎡)
시흥시		26,221,257.50
	산현동	81,225
	물왕동	70,000
	소 계	151,225

<표 5-50> 대상지역의 태양열에너지 가용잠재량

가용잠재량		(Gcal/yr)	(TOE/yr)
시흥시		30,707,714.66	3,070,771.47
	산현동	95,123	9,512
	물왕동	81,977	8,198
	소 계	177,100	17,710

(나) 태양광에너지

대상지역의 태양광 자원을 분석해보면 표 〈5-51〉에서 보는바와 같이 태양광 조건이 가장 좋은 달은 8월로 하루에 5.23 kWh/㎡·day인 것으로 나타났으며, 가장 낮은 달은 12월과 2월로 하루에 2.18 kWh/㎡·day로 나타났다. 계절별로는 봄철과 여름철의 태양열 조건이 가장 좋으며, 가을철과 겨울철은 연간 일사량에 못 미치는 낮은 수준인 것으로 나타났다.

<표 5-51> 대상지역의 일사량

구 분		일사량 (kWh/㎡·day)		/A	
봄	3월	4.12	4.58	1.09	1.21
	4월	4.68		1.24	
	5월	4.95		1.31	
여름	6월	4.40	4.58	1.16	1.21
	7월	4.12		1.09	
	8월	5.23		1.38	
가을	9월	4.12	3.29	1.09	0.87
	10월	3.29		0.87	
	11월	2.45		0.65	
겨울	12월	2.18	2.27	0.58	0.60
	1월	2.45		0.65	
	2월	2.18		0.58	
연누적일사량(A)		3.78		1.00	

2008년 대상지역의 면적 6,711,030㎡에 평균 일사량을 적용시킨 결과 연간 태양광 에너지 부존잠재량(자원잠재량)은 1,964,415 TOE인 것으로 나타났다.

<표 5-52> 대상지역의 태양광에너지 부존잠재량

부존잠재량		(GWh/yr)	(TOE/yr)
시흥시		183,170.30	39,391,462.64
	산현동	6,069	1,305,057
	물왕동	3,066	659,358
	소 계	9,135	1,964,415

가용잠재량은 전체 면적 중 임야와 하천 등을 제외한 가주지면적을 적용하여 산출한 결과 연간 44,266 TOE로, 대상지역의 특성 상 임야 및 저수지 등으로 가주지면적이 감소하여 부존잠재량의 약 2%에 해당되는 것으로 나타났다.

<표 5-53> 대상지역의 태양광에너지 가용잠재량

가용잠재량		(GWh/yr)	(TOE/yr)
시흥시		35,690.33	7,675,339.88
	산현동	111	23,776
	물왕동	95	20,490
	소 계	206	44,266

(2) 풍력에너지

국립기상연구소의 기상자원지도에 따르면 S시의 평균풍속은 다음과 같다.

<표 5-54> S시 월 평균 풍속 (2009년)

		평균 풍속 (m/s)	
봄	3월	5.5-6.0	5.75
	4월	5.0-6.0	5.5
	5월	5.0-5.5	5.25
여름	6월	5.0이하	5.0
	7월	5.0이하	5.0
	8월	5.0이하	5.0
가을	9월	5.0이하	5.0
	10월	5.0이하	5.0
	11월	5.5-6.0	5.75
겨울	12월	5.5-6.0	5.75
	1월	5.5-6.0	5.75
	2월	5.5-6.0	5.75
연 평균		5.0-5.5	5.25

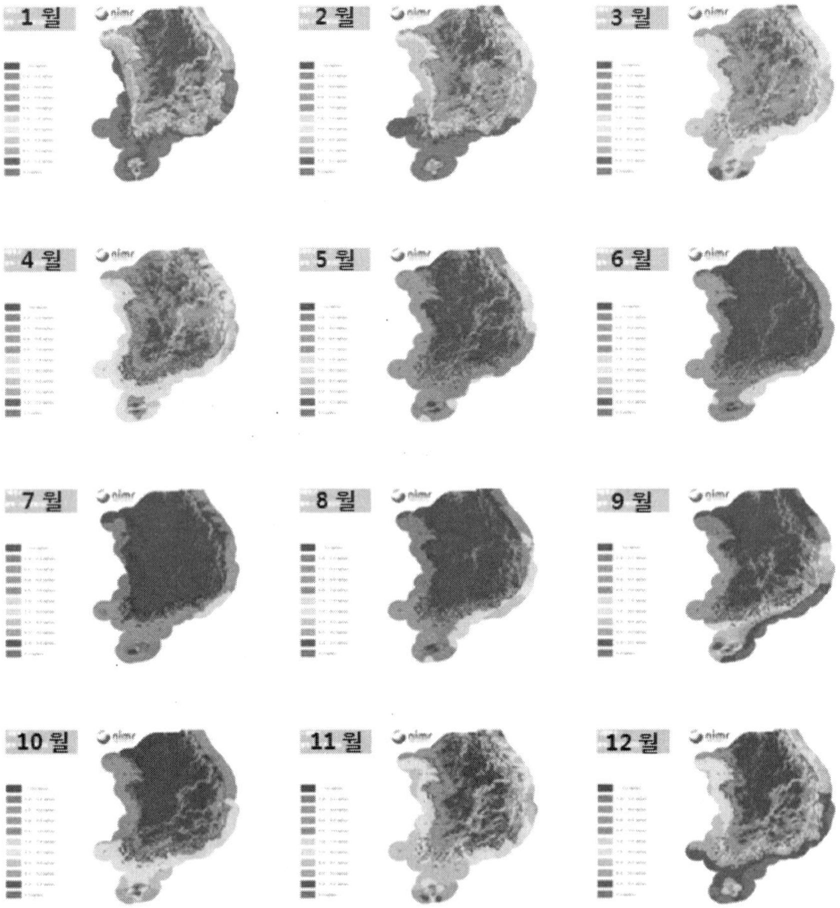

<그림 5-29> 풍력 기상자원지도(2009)

자료) 국립기상연구소 기상자원지도

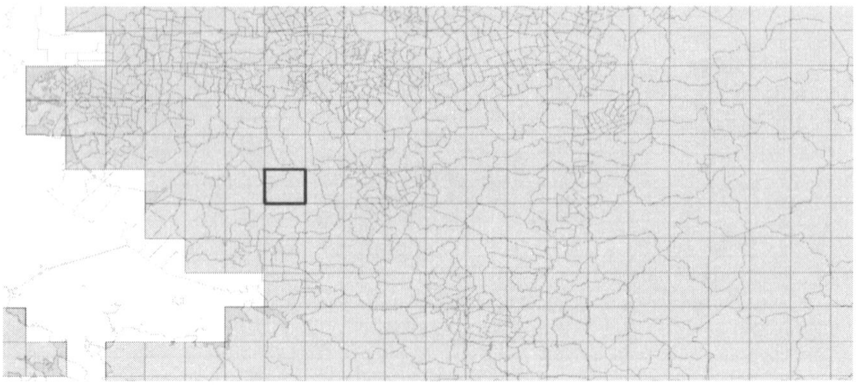

<그림 5-30> 격자 풍력자원정보 지도(2009)

자료) 한국에너지기술연구원 풍력발전연구센터 바람지도 갤러리

한국에너지기술연구원의 격자풍력자원정보에 따르면, 대상지역의 풍력자원정보는 〈표 5-55〉 와 같고, 바람등급 1등급에 해당된다. 이는 국가바람지도[39]를 통해서도 확인할 수 있다.

<표 5-55> 대상지역 풍력자원 정보 (2009년)

구분		단위	산출값	
풍속 wind speed		m/s	avg	4.71
			min	0.01
			max	24.31
풍력밀도		W/㎡	AVG	133.29
			STD	246.36
			MIN	0
			MAX	8261.25
와이블계수 (Weibull parameter)	등급계수(scale factor) c	m/s	WBSC	4.92
	형상계수(shape factor) k	-	WBSH	1.78

50m	80m

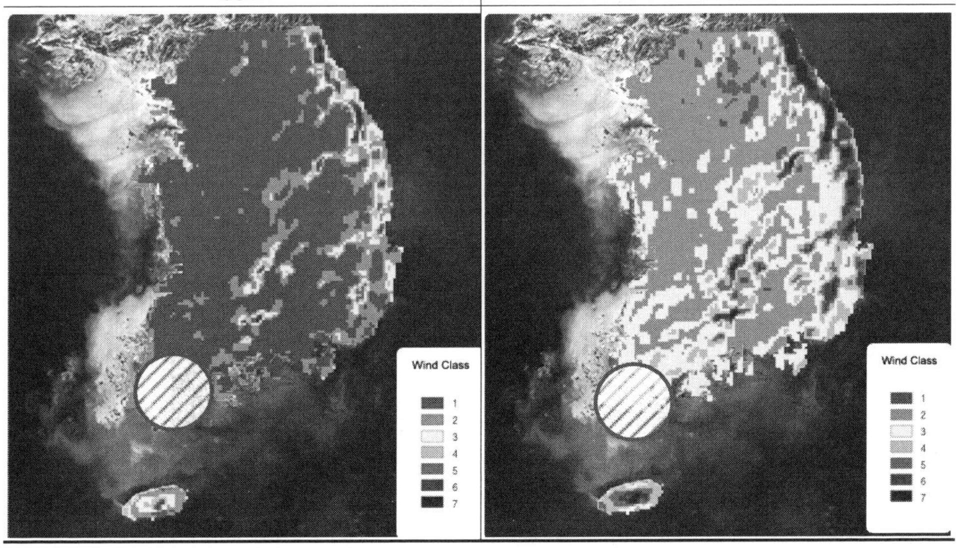

<그림 5-31> 50m, 80m고도에서의 바람 등급
자료) 한국에너지기술연구원, 국가바람지도

(3) 바이오매스

(가) 가축분뇨

축산분뇨의 발생량은 현재 집계되고 있는 통계자료가 없기 때문에 배출원단위를 적용하여 발생량을 산출하였다. 배출원단위로는 환경부 고시 제19999-109호의 재산정되어진 배출원단위를 적용하였다.

39) ▨ : 대상지역 위치

<표 5-56> 가축분뇨 발생원단위

축종별 (단위)		환경부고시('99)				'08 배출원단위 조사결과			
		분	뇨	세정수	계(a)	분	뇨	세정수	계(b)
소·말 (L/두·일)		10.1	4.5	0	14.6	8.0	5.7	0	13.7
젖소 (L/두·일)		24.6	11.0	10	45.6	19.2	10.9	7.6	37.7
돼지 (L/두·일)		1.6	2.6,	4.4	8.6	0.87	1.74	2.49	5.1
닭	산란계 (L/1,000수·일)	미고시				124.7			124.7
	육계 (L/1,000수·일)	미고시				85.5			85.5

자료) 환경부 수생태보전과, 가축분뇨 배출원단위 재산정 결과 공지, 2008

대상지역의 28개소 축산농가는 모두 소(한우, 육우)를 사육하고, 총 사육두수는 554두였다.

<표 5-57> 대상지역 축종별 축산농가 및 사육두수

구분	축종	농가 수(개소)	사육두수(두)
물왕동	소 (한우 · 육우)	15	314
산현동		3	240
합 계		18	554

자료) 시흥시청 농수산과

발생량 산정 결과, 대상지역에서는 하루에 약 7.6ton의 가축분뇨가 발생하고 있으며, MW동 4.3ton, SH동 3.3ton이 발생하고 있다. 년 간 2,770.3ton의 가축분뇨가 발생하며, 가축분뇨는 발생 시기 상관없이 연중, 연간 안정적인 발생량을 보일 것으로 사료된다.

현재 발생된 가축분뇨는 모든 농가에서 퇴비화 처리를 하고 있다.

<표 5-58> 대상지역 가축분뇨 발생 및 처리 현황

	발 생						처리
	분	뇨	세정수	계 (kg/day)	계 (t/day)	계 (t/yr)	
물왕동	2,512	1,790	0	4,302	4.3	1,570.2	퇴비화
산현동	1,920	1,368	0	3,288	3.3	1,200.1	
합계	4,432	3,158	0	7,590	7.6	2,770.3	

<표 5-59> 에너지화 잠재량 산출 적용 계수

Biogas화 가용 유기물 자원량 계수
- 생분뇨 중 소화분해가 가능한 유기물 건중량의 비: 건량 톤/ 생분뇨 톤
- 우분뇨 : 0.1875

Biogas화 수율 계수
- Biogas화 가능 유기물 건량 톤당 Biogas 발생량 : ㎥ Biogas/건량 톤
- 우분뇨 : 281

열량 환산 계수
- 1㎥ Biogas 열량 : 5,185kcal

단위 환산 계수
- 1 toe = 1,000 × 104 kcal

자료) 녹색연합, 에너지자립을꿈구는 마을

산출 계수를 적용하여 대상지역의 에너지화 잠재량을 산출한 결과, 대상지역의 우분 7,590kg/일을 활용해 연간 75.3TOE의 에너지를 얻을 수 있을 것으로 예상된다.

(4) 음식물류폐기물

전국 음식물류폐기물의 발생량은 환경부의 '전국 폐기물 발생 및 처리현황' 통계로 집계되고 있어, 시 · 군 · 구 단위까지는 발생량을 알 수 있으나 그 이하 단위로는 발생량 집계 자료가 구축되어 있지 않다.

따라서 가정 발생 음식물류폐기물의 발생량은 대상지역의 인구에 발생 원단위를 적용하여 산정하였으며, 음식점의 경우 대상지역의 현장조사결과를 바탕으로 발생원단위를 적용하여 산정하였다.

<표 5-60> 대상지역 음식물류폐기물 발생 및 처리 현황

	발생원 단위	인구수	음식물류폐기물 발생량			처리
	(kg/인 · 일)	(인)	(kg/day)	(ton/day)	(ton/year)	
물왕동	0.26	370	97.3	0.10	35.5	퇴비화
산현동		269	70.7	0.07	25.8	
합계		639	168.0	0.17	61.3	

발생원단위는 S시 가정생활폐기물 중 음식물류폐기물의 발생량과 인구를 바탕으로 0.26kg/인 · 일을 적용하였다.

대상지역에서는 하루에 약 0.17ton의 음식물류폐기물이 발생하고 있으며, 년 간 62.1ton의 음식물류폐기물이 발생한다. 발생된 음식물류폐기물은 전용용기를 이용하여 배출된다. 배출된

음식물류폐기물은 모두 시에서 청소대행업체를 통해 수거하여 공공퇴비화시설에서 전량 퇴비화 처리 된다. 현재 음식물류폐기물 처리비용은 수리수선비, 협잡물처리비, 처리 후 음폐수 처리비, 슬러지 처리비, 감가상각비 포함하여 68,000원/ton이 소요되며, 반출된 퇴비는 전량 S시의 논, 밭에 무상공급 되고, 양이 많을 경우에는 다른 지역으로 무상공급 되기도 한다.

대상지역에 위치한 음식점은 총 62개소로 이 중 29개소는 사업장 면적 125㎡이상의 감량의무사업장[40)]이다. 감량의무사업장은 S시의 음식물류 폐기물 수집운반 및 재활용 촉진을 위한 조례에 따라 음식물류폐기물을 재활용하거나 감량처리하여야 하며, 발생 및 감량 · 재활용처리 실적을 시장에게 제출하여야 한다.

대상지역 내 감량의무사업장 대상 음식점에서는 자가처리를 하는 경우는 없었으며, 대부분 위탁하여 재활용 처리 하는 것으로 나타났다.

음식점에서의 폐기물 발생량은 음식점 규모, 음식점의 세부종류(주판매음식종류), 판매량, 요일 등에 따라 차이를 보였다.

발생원단위는 S시 음식물류폐기물발생량과 음식점업 개소수 대비 산정한 값과 대상지역 내 음식점을 대상으로 조사한 발생량을 바탕으로 20L/개소 · 일을 적용하였다.

<표 5-61> 대상지역 음식물류폐기물 발생 및 처리 현황(음식점)

	발생원단위	음식점	음식물류폐기물 발생량			처리
	(L/개소 · 일)	(개소)	(kg/일)	(ton/일)	(ton/년)	
대상지역	20	62	930	0.93	339.5	위탁

음식물류폐기물의 발생량을 바탕으로 에너지 확인 잠재량을 산출하였다.

<표 5-62> 에너지화 잠재량 산출 적용 계수

음식물류폐기물 바이오가스 발생량[41)] - 84㎥/톤 바이오가스 메탄함량 50% 열처리시설 가동일수 300일/년 메탄발열량[42)] - 10,550kcal

산출 계수를 적용하여 대상지역의 에너지화 잠재량을 산출한 결과, 대상지역의 음식물류폐기물 1,098kg/일을 활용해 연간 14.6TOE의 에너지를 얻을 수 있을 것으로 예상된다.

40) S시 음식물류 폐기물 수집 · 운반 및 재활용 촉진을 위한 조례
41) 수도권매립지관리공사, 자원화사업 기본계획, 2008
42) 국제에너지기구(IEA), TOE 환산표

(5) 목질계 바이오매스

목질계 바이오매스의 경우, 대상지역에서는 과일 전정가지 등은 발생하지 않고, 최근 도로변을 포함 숲가꾸기 사업을 실시하여 이로 인한 부산물이 발생하며, 발생된 부산물은 임지 내 방치되거나 도로변의 경우 수거하여 폐기하는 것으로 조사되었다.

최근 대상지역에서 실시한 숲가꾸기 사업 내역은 다음과 같다.

<표 5-63> 대상지역 숲가꾸기 사업 현황

	2007	2008	2009	2010*
물왕동	0	0	58.56	11.9
산현동	8.97	0	35.17	34.8
합 계	8.97	0	93.73	46.7

자료) S시청 * 2010년은 상반기 숲가꾸기사업 내역

숲가꾸기 사업 시 발생하는 부산물의 경우에도 별도의 통계자료가 없어서 사업면적을 바탕으로 선행 연구 문헌에서 조사되어진 발생원단위를 적용하여 발생량을 산출하였다. 대상지역에서는 가장 최근 물왕동에서 11.9ha, 산현동에서 34.8ha의 면적에서 숲가꾸기 사업을 실시하였으며, 이로 인해 발생된 부산물의 양은 각각 25.1톤/년, 73.3톤/년이 발생하였다.

목재(생목) 발열량 2,300kcal/kg[43]을 이용하여 에너지화 잠재량을 산출한 결과, 연간(2010년 기준) 45.4TOE의 에너지를 얻을 수 있을 것으로 사료된다.

<표 5-64> 대상지역 숲가꾸기사업 부산물 발생 및 처리 현황

	부산물 발생					처리
	숲가꾸기 사업A			부산물발생량B (B=A*3.29)	부산물발생량C (B*0.64)	
	물왕동	산현동	합 계			
	(ha)			(㎥)	(ton)	
2007	0	8.97	8.97	29.51	18.89	임지 방치, 폐기
2008	0	0	0	0.00	0.00	
2009	58.56	35.17	93.73	308.37	197.36	
2010	11.9	34.8	46.7	153.64	98.33	

자료) 환경관리공단, 저탄소 녹색마을 시범모델 개발연구, 2009

(6) 농산바이오매스

농업부산물의 발생량은 볏짚을 제외하고는 별도로 집계되고 있지 않아, 선행 연구 자료 등을

43) 산업자원부, 목질계바이오매스의 에너지 활용 방안, 2007

바탕으로 발생원단위를 산정하여 경작지 면적에 적용한다.

대상지역의 경작지 면적은 현재 집계되고 있지 않고 있다. 대상지역의 마을 형태는 전형적인 도농복합형 마을이지만, 대규모의 경작이 이루어지지 않아 부산물의 발생량이 많지 않을 것이라 사료된다.

논의 경우 현재 MW동, SH동 소재의 경작지의 면적은 약 9.11ha이며, 밭의 경우 민가와 음식점 근처에서 평균적으로 0.2ha의 면적에서 경작이 이루어지고 있는 것으로 조사되었다. 그러나 논에서 발생되는 왕겨와 볏짚의 경우 기존에도 유가거래하거나 자가 이용을 하고 있기 때문에 사용하기 적합하지 않다. 밭경작물에는 깻잎, 고추, 옥수수, 수박 등이 있었으며, 발생되는 수박부산물, 고추줄기, 옥수수대 등은 현재 미이용되고 있는 것으로 조사되었으나, 경작지가 산재되어 있는데다 발생량이 많지 않고, 발생시기가 한정되어 있어 이용하기에는 적합하지 않을 것이라 생각된다.

대상지역에서 볏짚과 왕겨는 벼 재배 후 각각 17.58 톤/년, 2.93톤/년이 발생한다. 밭경작부산물의 경우 농작물 별 경작지의 면적이 파악되지 않아 추정이 불가능하였다.

(7) 기타 바이오매스

이 외에 대상지역에서 발생하는 바이오매스에는 폐식용유가 있다. 현재 폐식용유의 발생량은 추정이 불가능하나 음식점이 밀집되어 있는 지역이기 때문에 해당 구역에 전용수거용기를 설치하는 등의 수거 및 운반이 용이하므로, 소규모 시범사업 · 실증사업으로 바이오디젤화를 적용하는 방안이 있다. 대상지역에서는 별도로 폐식용유의 수거가 이루어지고 있지 않기 때문에 가정에서는 소량 발생되는 폐식용유를 쓰레기로 배출하거나 하수구로 폐기하고 있을 것으로 사료된다. 음식점에서는 조사결과 대부분 수거할 정도의 양으로 배출되지는 않으며, 타 음식점과 비교하여 발생량이 많은 음식점의 경우 하루 기준 1~4 l가 발생하고, 발생된 폐식용유는 처리업체에서 무상으로 수거하거나 100원/ l 의 비용을 지불하고 수거하는 것으로 조사되었다.

다. 대표기술 선정

기존의 통계 자료, 연구 자료를 바탕으로 현재 실증 및 상용화 시설의 기술현황을 조사분석하고, 대상지역의 재생에너지 잠재량 현황을 바탕으로 재생에너지 자원의 에너지 이용을 위해 적용가능한 기술의 범위를 설정하였다.

바이오매스 및 자연력 등 재생에너지 자원 별 에너지 이용기술은 다음과 같다.

우리나라의 경우, 현재 마을 단위에서 이용하고 있는 기술은 태양광발전, 태양열 난방온수시스템이 주를 이루고 있으며, 녹색마을 조성 시범사업 대상지역의 경우 음식물류폐기물·하수슬러지·가축분뇨를 이용한 바이오가스화 및 열병합발전, 우드칩·우드펠릿과 자연력을 주요 구상으로 추진하고 있다.

<그림 5-32> 자원 별 에너지 이용 기술

대상지역은 가축분뇨, 음식물류폐기물, 농업잔재물, 숲가꾸기 등으로 발생하는 임목폐기물, 전지목 등의 바이오매스와 태양광, 태양열, 풍력, 소수력, 지열 등의 자연력이 발생한다. 이를 바탕으로 우선 적용가능한 기술을 정리하면 〈표 5-65〉과 같다.

<표 5-65> 대상지역 내 발생되는 재생에너지자원의 적용가능 기술

<table>
<tr><th colspan="3">구 분</th><th>적용 가능기술</th></tr>
<tr><td rowspan="7">바이오매스</td><td colspan="2">가축분뇨</td><td>바이오가스화, 고형연료화</td></tr>
<tr><td rowspan="3">농산</td><td>볏짚</td><td rowspan="3">바이오가스화, 연소, 에탄올발효, 탄화, 열분해, 고형연료화</td></tr>
<tr><td>왕겨</td></tr>
<tr><td>밭경작부산물</td></tr>
<tr><td colspan="2">음식물류폐기물</td><td>바이오가스화, 고형연료화, 에탄올발효, 에스테르화</td></tr>
<tr><td colspan="2">폐식용유</td><td>바이오디젤화</td></tr>
<tr><td>목질계</td><td>숲가꾸기부산물</td><td>연소, 고형연료화, 탄화, 열분해, 바이오가스화</td></tr>
<tr><td colspan="2" rowspan="5">자연력</td><td>태양광</td><td>태양광발전</td></tr>
<tr><td>태양열</td><td>난방온수시스템</td></tr>
<tr><td>풍력</td><td>소형풍력발전</td></tr>
<tr><td>소수력</td><td>소수력발전</td></tr>
<tr><td>지열</td><td>냉 · 난방시스템</td></tr>
</table>

대상지역에서는 소를 사육하는 18개소의 축산농가에서 연간 약 2,770ton의 가축분뇨가 발생하며, 에너지화 잠재량은 75.3TOE로 대상지역의 전력에너지 소비의 약 30%에 해당하는 양

이다. 가축분뇨는 연중 안정한 발생량을 보이고, 축산농가의 위치가 MW저수지를 중심을 반경 1km이내, 축산농가 간의 이동거리는 약 12km이내, 밀집된 축산농가를 중심으로 3~5구역으로 구분하여 수집·운반이 용이하다. 또한 바이오가스화 이용 시에는 다른 바이오매스와 혼합 이용할 수 있기 때문에 이용가능성이 높은 물질이라고 할 수 있다. 그러나 S시의 도시계획 등에서 대상지역 내 위치한 축사를 이주하려는 계획 중임을 고려하였을 때 장기적으로 이용하기에는 적합하지 않을 것이라고 판단되어 이용 자원으로 검토하지 않았다.

대상지역은 도·농복합형 지역으로 축산업을 포함하여 농업 또한 벼농사와 밭경작을 중심으로 이루어지고 있으나, 그 규모는 그리 크지 않다. 발생하는 바이오매스로는 벼재배 후 발생하는 볏짚 및 왕겨와 깻잎, 옥수수, 수박, 고추 등의 밭경작물 재배 후 발생되는 줄기 등이 있다. 볏짚 및 왕겨는 각각 17.58톤/년, 2.93톤/년이 발생하고 있으나 유가거래, 자가이용으로 유효이용 되고 있어 에너지원으로 이용하기에 적합하지 않으며, 밭경작부산물은 소량발생으로 산재해 있어 수집·운반이 비효율적이고 단일적으로 이용하기에 적합하지 않을 것으로 판단되어 검토하지 않았다.

음식물류폐기물은 음식점 및 가정에서 연간 400.8ton이 발생하며, 이를 에너지화 잠재량으로 산출하면 14.6TOE에 해당한다. 현재 대상지역을 포함하여 S시 전체지역에서 발생하는 음식물류폐기물은 전용용기를 이용하여 배출되며, 감량의무사업장을 제외하고 배출된 음식물류폐기물은 시에서 청소대행업체를 통해 수거하여 공공퇴비화시설에서 전량 퇴비화 처리를 하고 있다. 그러나 계속되는 인구증가와 음식물류폐기물 발생량의 증가는 현재 퇴비화시설의 처리용량 대비 과부하가 우려되고, S시 내 모든 지역의 음식물류폐기물을 한 지역에서 처리하기 때문에 수집·운반 비용의 증대 및 배출·수집 상의 민원발생 등의 문제가 있다. 대상지역 내 발생되는 음식물류폐기물의 자체 이용 시 이러한 문제를 감소시킬 수 있을 뿐만 아니라 폐기물 처리와 동시에 에너지 및 자원이용이 가능하다. 이용가능한 기술로는 음식물류폐기물의 에너지이용 기술 중 기술 사례가 많고, 다른 바이오매스와 혼합처리가 가능하며, 부산물의 이용이 가능한 바이오가스화를 선정하였다.

폐식용유의 경우, 밀집된 음식점의 특성 상 수집·운반은 용이하나, 대상지역 내 음식점을 대상으로 설문조사 결과 폐식용유가 일정량 발생하는 음식점의 수가 많지 않아 이용하기에 적합하지 않다고 판단되었다.

목질계바이오매스의 경우, 대상지역에서는 숲가꾸기사업 후 발생하는 부산물이 해당된다. 2009년을 기준으로 197.36톤이 발생하였고, 이를 에너지화 잠재량으로 산출한 결과 45.4TOE에 해당하는 것으로 나타났다. 산림부산물의 경우 재활용등급기준 상 1등급으로 이용방법으로는 연소, 고형연료화, 탄화, 열분해, 바이오가스화 등이 있다. 숲가꾸기부산물은 발생주기가 일정하지 않고, 발생량 또한 안정적이지 않지만 한번 발생 시 발생량이 많고, 현재 방치되거나 많은 비용을 주고 수집·운반하여 단순처리하고 있기 때문에 적절한 처리 또는 이용이 필요하다. 따라서, 일정규모의 시설 설치와 안정적인 원료 공급이 필요한 바이오가스화 등의 방법보다는 저장시설을 설치하고, 음식물류폐기물의 바이오가스화 시설, 공공시설에 보조 에너지원으로 화목보일러를 설치하여 원료로 이용하는 연소 등의 방법이 적합하다고 판단되었다. 저장시설을 설치 시 수집·운반거리를 검토하여 인근 지역에서 발생하는 산림계바이오매스를 처리비를 받고 이용하는 것 또한 가능하다. 이를 바탕으로 시설 설치비 및 이용주기 등을 고려하였을 때 전처리 및 가공공정이 필요한 고형연료화, 탄화보다는 적절하게 자연건조 후 바로 이용가능한 직접 연소가 경제적이라고 판단되었다.

자연력 중 지열 냉·난방시스템은 난방 목적으로 전기 외 에너지를 대량 소비하는 경우 적합하다. 대상지역의 가정이나 음식점에서 개별적으로 이용하기에는 유지·관리비가 많이 소요되는데 특히, 음식점의 경우 난방용으로 LPG, 등유를 사용하는 일부 음식점을 제외하고는 대부분 심야전기를 이용하고 있으므로 일정 기간 이용량 및 예상 전기 요금, 기존 냉·난방비용 등을 면밀하게 검토하여 시스템 적용을 결정하는 것이 바람직하다. 대상지역의 녹색마을 조성을 위해 커뮤니티가든 등의 공동시설을 설치 시에는 냉·난방용으로 지열 이용을 검토할 수 있다.

풍력자원은 대상지역의 위치적 특성 상 자원부존량의 한계와 설치부지 확보의 어려움으로 대형풍력발전은 불가능하나, 관광자원화를 위한 소형풍력 설비 등의 적용은 가능할 것이라 사료되었다.

음식점의 경우, 일반 가정과 달리 영업시간 내내 온수를 이용하기 때문에 태양열 온수시스템을 이용하기에 적합하다. 태양열시스템은 집열매체의 온도가 낮을수록 성능이 우수하므로, 집열온도가 낮아도 가능한 분야가 보다 효과적이다. 즉, 태양열시스템을 난방에 이용하기 보다는 온도가 낮아도 되는 온수급탕에 이용하는 것이 더 효율적이다. 따라서 음식점의 온수이용을 중심으로 기술을 검토하였으며, 일반 가정을 대상으로는 생산된 전기를 직접 이용하고, 남은 전기는 한전에 판매할 수 있는 태양광발전시스템을 검토하였다.

<표 5-66> 대표적 이용 자원과 이용 기술

이용 자원	이용 기술	비고
음식물류폐기물	바이오가스화	
숲가꾸기부산물	연소	
태양광	태양광발전	
태양열	온수시스템	
풍력	소형풍력발전	* 주요 검토 대상은 아님 (사업추진계획 및 내용에 따라 추가적인 검토 필요)
지열	냉 · 난방시스템	

〈표 5-67〉은 앞서 적용가능기술을 대상으로 최종 이용형태 및 자원부존량과 이용가능량, 시설설치비용 등을 정리하였다.

<표 5-67> 대상지역 재생에너지 자원 이용 종합 검토

이용 가능성검토	태양광	태양열	풍력	지열	바이오매스				
					가축분뇨	음식물류 폐기물	농업부산물	숲가꾸기 부산물	폐식용유
이용가능기술	태양광발전	태양열변환	소형풍력	냉·난방시스템	바이오가스화		연소 고형연료화	연소 고형연료화	바이오디젤화
최종 이용형태	전기	열·온수	전기	열	전기		열	열	바이오디젤
자원부존량	1,964,415TOE/yr	785,929TOE/yr	-	-	가축분뇨 2,770ton/yr 발생	음식물폐기물 1,000ton/yr 발생	볏짚17.58ton/yr 왕겨 2.93ton/yr 발생 밭경작부산물 부존량 추정 불가	부산물 197.36ton 발생	부존량 추정 불가
에너지 이용가능량	44,266TOE/yr	17,710 TOE/yr	-	-	축사이전계획으로 장기이용 불가	14.6TOE	볏짚, 왕겨 유효이용 밭경작부산물 발생 小 이용하기 어려움	45.39TOE (발생주기 및 발생량 일정하지 않음)	-
시설설치비용	가정용 16,950천원 일반용 21,540천원	30㎡기준 2,700만원	200W 기준 500만원 2.4-3.7kW 기준 1,400만원	1RT당 410만원	15톤/일 기준 설치비 6억		-	-	-
시설운영비용	小 고장 시 수리비용 외 유지·관리 비용 거의없음		유지·관리 비용 많이 듦	히트펌프 가동에 소모되는 전력비용 大	15톤/일 기준 유지관리비 5.8천만원		-	-	-
제도적지원	보급사업을 통하여 설치비 60% 지원	보급사업을 통하여 설치비 50% 지원	보급사업을 통하여 설치비 60% 지원	보급사업을 통하여 설치비 50% 지원	국가보조사업을 통하여 총 사업비의 70% 지원		-	보급사업을 통하여 설치비 50% 지원	-
시설건설부지	기존의 건물 이용 최소 26㎡ 이상	기존의 건물 이용 최소 12㎡ 이상	소형풍력발전기는 저수지 주변 가능 대형풍력발전기는 부지확보 어려움	기존의 건물 이용 1RT규모 기준 8-10평 냉난방 가능	대상지역 내 부지 확보 가능		대상지역 내 부지 확보 가능		대상지역 내 부지 확보 가능
2차오염발생	2차오염 없음	2차오염 없음	2차오염 없음	2차오염 없음	악취발생우려, 폐수발생		2차오염 없음		2차오염 없음
민원발생	민원발생 없음	민원발생 없음	소음발생	민원발생 없음	폐기물 인식, 악취발생 우려		민원발생 없음		민원발생 없음
기술이용도	개별 및 집단발전으로 에너지 직접 이용 및 판매사례가 많음	개별 난방(온수)으로 많이 이용하고 있음	주로 자원이 풍부한 지역에 대형규모 단지 조성	난방을 목적으로 전기 외 에너지를 사용하는 주택/공공시설에서 이용	단일 유기성폐기물 및 병합처리, 기존시설연계를 통해 진행 및 계획 중 아직 성공사례가 많지 않음, 규모는 주로 대형		주로 펠렛화하여 많이 이용 농가 및 시범사업 대상으로 전용 보일러 도입 주관부처에서 보급계획 추진중		아직 상용화된 사례가 많지 않음

라. 에너지자립형 저탄소 녹색마을 (안)

대상지역의 주요 에너지 전환방안으로는 음식물류폐기물을 이용한 바이오가스화 및 열병합 발전, 일반 주택 대상의 태양광발전, 음식점 대상의 태양열 온수시스템을 검토하였다.

에너지 전환방안은 (1)안과 (2)안으로 구분하여 검토하였다. (1)안의 검토과정에서 바이오가스화 시설의 부지 확보, 이용 바이오매스 확보 및 수집·운반, 폐수 및 악취 처리 등의 문제가 우려되었다. 이를 바탕으로 지자체의 의견 수립 과정 중 이에 대하여 대상지역에 바로 인접한 목감택지지구 내 하수처리장 계획과의 연계를 제안하여 (2)안을 추가 검토하였다. 바이오가스화 시설 부지 및 시설을 제외한 이용자원 및 에너지 전환방안은 모두 동일하다.

a. 에너지 전환 방안 (1)

b. 에너지 전환방안 (2)

<그림 5-33> 에너지 전환방안 개요

(1) 에너지 생산시스템

대상지역의 녹색마을 에너지 생산 시스템은 음식물류폐기물, 하수슬러지를 이용하는 바이오가스 시스템과 태양광발전, 태양열 난방·온수시스템으로 구성하였다.

바이오가스화시설의 이용량은 45톤/일(시설 총 처리용량: 50톤/일)로 음식물류폐기물 12톤/일(택지지구 발생 10.8톤/일+대상지역 1.2톤/일)과 MG하수처리장에서 발생하는 하수슬러지 33톤/일이다. 대상지역 내 발생하는 음식물류폐기물만을 이용하는 경우, '규모의 경제성' 으로 인해, 운영에 어려움이 있을 것으로 판단되어 대상지역에 바로 인접한 목감택지지구 내 음식물류폐기물과 하수처리장에서 발생하는 하수슬러지를 추가 이용하기로 하였다. 하수슬러지를 추가함으로써 음식물류폐기물을 희석하여 함수율이나 부패정도 등과 같은 초기특성에 의한 영향을 줄일 수 있고, 음식물류폐기물의 처리 시 문제되는 염분과 이물질 문제도 상당부분 해결할 수 있다고 보고되고 있다. 따라서 가능한 지역 내에서 발생하는 유기성폐기물을 병합처리하는 것이 경제적으로도 유리할 수 있다.

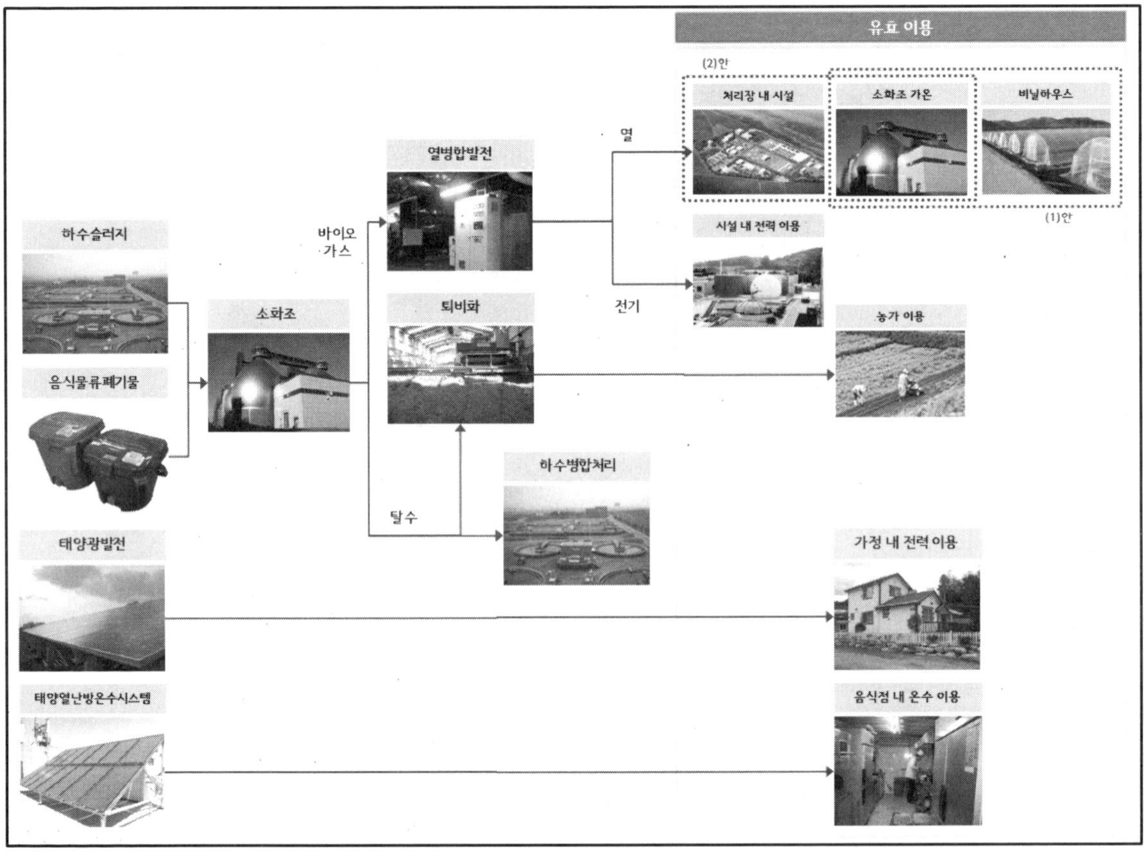

<그림 5-34> 대상지역의 에너지생산시스템 구성도

(2) **에너지원 및 에너지 생산량**

(가) 에너지시설 설치 부지 검토

● 태양광발전

태양광발전은 소규모에서 대규모까지 다양하게 설치가 가능하다. 대규모 태양광발전의 경우 주로 에너지발전사업 진행으로, 우리나라에서는 산지나 유휴농경지 등에서 이루어지고 있다.

대상지역에서 태양광발전 설치가 가능한 부지는 건물, 유휴공간, 산지가 있으나, 대규모의 태양광발전시설을 설치할 수 있는 유휴부지 및 대형건물이 없고, 대상지역의 녹색마을 조성 기본방향에 따라 기존의 산림은 개발 없이 보존하기 위하여 소형 건물 및 유휴공간을 대상으로 소규모 개별 시설 설치를 검토하였다. 주요 설치대상은 일반 가정주택으로 설정하였다.

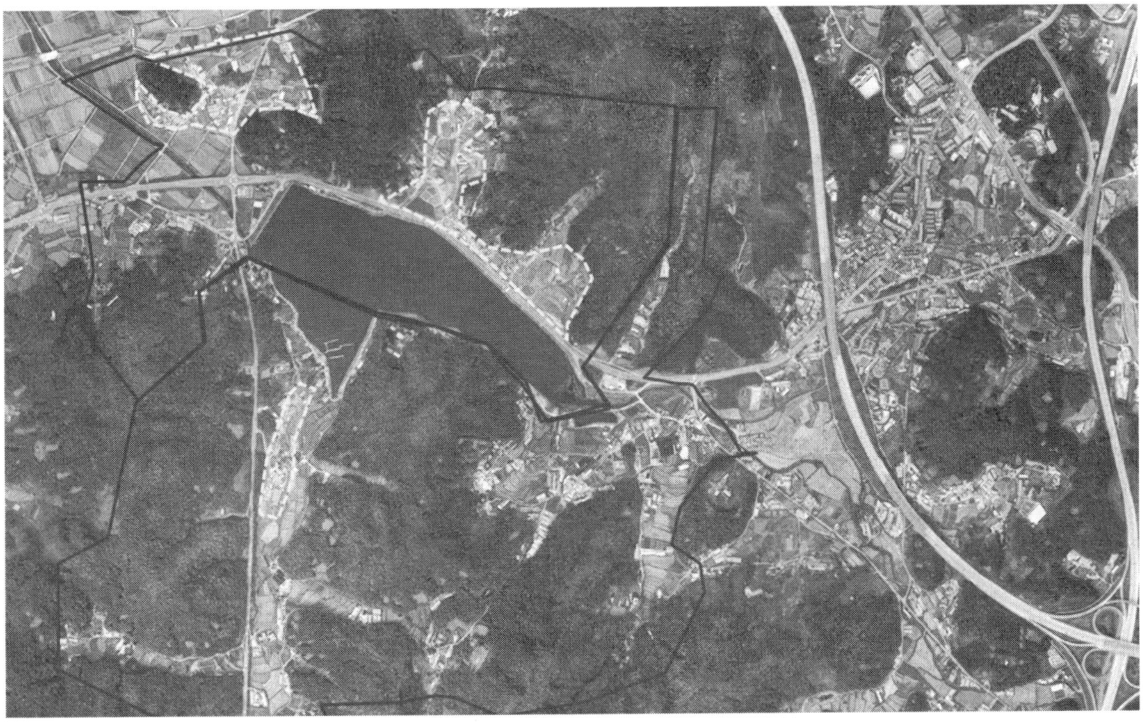

<그림 5-35> 태양광발전 설치 부지

일반적으로 가정용 태양광발전시설은 2~3kW 규모의 시설을 설치하며, 정부부처의 설치비용 지원 대상도 3kW 규모까지 해당된다.

태양광발전 시설, 즉 태양전지모듈의 크기는 셀의 크기가 규격화 되어 있지 않아 생산업체마다 차이가 있지만 최소 8평 이상(26㎡이상)의 면적을 요구하며, 설치기간은 10kW급 이하의 소규모의 경우 제작에서 설치까지 2개월 정도가 소요된다.

<표 5-68> 태양광발전시설 권장 설치용량 기준

태양광용량(kw)/사용량(kwh)	1	1.5	2	2.5	3
120이하	O				
120초과~200이하		O			
200초과~300이하			O		
300초과~350이하				O	
350초과					O

<그림 5-36> 태양광발전 가정 설치 사례

자료) (위)www.genstar.co.kr, (아래)http://blog.daum.net/ksgcyj/14733680

● 태양열 온수시스템

태양열시스템은 봄과 여름에는 일조시간이 길고 에너지가 매우 풍부하여 생산된 열의 수요처를 고려하는 것이 매우 중요하다.

<그림 5-37> 태양열시스템 설치 부지

목욕탕과 같은 대형시설은 없지만, 대상지역 내 주요 에너지 소비처인 음식점의 경우 일반 가정과 달리 평균 10-12시간의 영업시간 내내 온수를 사용하기 때문에 매우 안정적인 열 수요처라고 할 수 있다.

<그림 5-38> 태양열온수기 설치 사례

자료) http://blog.naver.com/ygh2146

또한, 태양열 설비는 가능한 정남향으로 설치하는 것이 유리하기 때문에 일사조건의 침해가 없는 공간의 확보가 중요한데, 대상지역은 고층 건물이 위치하고 있지 않기 때문에 주변의 건물 등에 의해 일사조건이 저해되지 않는 조건을 갖추고 있다.

● 바이오가스화 시설

- 에너지 생산시스템 (1)안

바이오가스화 시설부지는 현재 축사가 위치한 지역으로, 추후 대상지역의 도시계획에 따라 이전예정에 있다.

<그림 5-39> 바이오가스화 시설 설치 부지

도로가 인접해 있어 접근성이 좋고, 음식물류폐기물 및 하수슬러지 발생지역으로부터 최대 6km 이내에 위치하고 있다. 산림에 둘러싸여 있는 지역이라 그 외 지역으로의 악취발생을 방지할 수 있으며, 주거분포현황은 "폐기물처리시설설치촉진및주변지역지원등에관한법률"에서 간접영향권으로 설정하고 있는 부지경계선으로부터 이격거리 300m내에 주거지역은 없는 것으로 조사되었다.

그러나 500m 거리부터 민가가 위치하고 있어 바이오가스화시설 설치에 따른 지역주민의 민원이 예상된다. 따라서 사업 준비단계부터 세밀한 주민설득계획을 세워야 한다. 바이오가스화시설이 혐오시설이 아닌 자원화 및 에너지 생산시설이라는 측면에서 지역주민을 설득하고 충분한 교육과 홍보활동을 펼쳐야 할 것이다. 또한 주민복지시설, 완충녹지 등의 조성과 악취 및 폐수 등의 2차 오염을 방지할 수 있는 시설 설치의 적절한 검토가 필요하다.

- 에너지 생산시스템 (2)안

바이오가스화 시설의 부지는 현재 개발 중인 MG택지지구 내 하수처리장 내에 위치한다.

MG택지지구는 MG동, JM동, SH동, MW동 일원에 위치한 1,747,688㎡의 주거개발지구로 대상지역의 일부가 포함되어 있다. 'S시 하수도정비기본계획 변경' 에서 기존 하수처리장의 포화상태로 인한 하수처리장의 신설 필요성 제기와 함께 MG택지지구, MG동, NG동 일원의 하수를 처리할 지구 내 하수처리장 건설계획이 검토되었다.

도로가 인접해 있어 접근성이 좋고, 음식물류폐기물 최대 7km이내에 위치하고 있다. 아직 택지지구 사업시행자인 한국토지주택공사와 협의 중으로 시설 설계가 이루어지지 않았기 때문에, 계획 초기 단계부터 음식물류폐기물의 병합처리를 검토하여 시설 설계를 할 수 있고, 음식물류폐기물 바이오가스 시설의 인근 민원요소를 줄일 수 있다. 음식물류폐기물의 처리 시 문제 해결 및 소화효율 향상을 위해 첨가할 수 있는 유기성폐기물인 하수슬러지가 시설 내에서 발생하고, 폐수처리시설을 따로 설치할 필요가 없이 하수처리장과 연계하여 처리가 가능하다. 또한 환경부의 '하수처리시설 에너지 자립화 기본계획' 과 연계하여 하수처리장 설계 단계부터 신재생에너지의 이용을 검토할 수 있다. '하수처리시설 에너지 자립화 기본계획' 은 범정부적으로 추진중인 "저탄소 녹색성장" 과 관련, 에너지 다소비 시설인 하수처리시설에 녹색기술을 적용하여 에너지를 절감하고 청정에너지를 생산하는 "에너지자립화" 추진을 목적으로 하수슬러지의 소화가스 이용, 하수처리수의 소수력, 하수열 이용, 침전지·생물반응조·관리동 지붕 등 시설의 유휴공간을 활용한 태양광 이용, 처리시설 여유부지의 풍력이용 등을 주요 내용으로 하고 있다. 음식물류폐기물 처리시설을 포함하여 하수처리장을 더 이상 폐기물처리시설이 아닌 '바이오에너지 센터' 로 인식을 변화시키고, 지역주민의 공간이 될 수 있는 적정 사례가 될 수 있다.

<그림 5-40> 바이오가스화 시설 설치 부지

택지지구 부지 특성 상 "폐기물처리시설설치촉진및주변지역지원등에관한법률" 에서 간접영향권으로 설정하고 있는 부지경계선으로부터 이격거리 300m내에 주거지역이 위치하고 있어 시설의 지하화, 완충녹지 구축, 부지 공원화 등의 검토가 필요하다.

(나) 에너지 생산량 검토

● 태양광발전

국내 환경을 고려하여 1KW 용량의 설비 설치 시 월 평균 80~100KWh의 전기 생산이 가능하며, 대부분이 계통연계형으로 설치되므로 야간에 발전이 되지 않을 경우에는 한전과 연결된 전력망을 통해서 전기를 이용하게 된다. 날씨에 따라 전기생산량에도 차이를 보이지만 기본적으로 우천 시에도 맑은 날 대비 10% 이상의 발전은 가능하고, 흐린날에도 평균 30%이상의 발전은 가능하다.

> 대상지역 에너지 생산량 =
> 2kW × 가구수 × 평균 일조시간(hr/day)* × 일기일수** × 발전효율***
>
> * 평균 일조시간 (대상지역 : 6hr/일)
> ** 일기일수 (대상지역: 맑은날 98일, 흐림 90일, 강수 108일)
> *** 발전효율 (맑은날 1 대비 : 강수 0.1, 흐림 0.3)

대상 지역 내 가정 소비전력은 701.9MWh로 가구당 월 사용전력은 180~200kWh이상이므로, 일반주택에 2kW용량의 태양광발전시설 설치를 기준으로 이용가능성을 평가해보았다.

일반주택 설치 용량은 2kW용량 설치 기준으로 총 638kW이다.

2008년 일기 일수 및 일조시간을 기준으로 대상지역에서는 연간 533.6MWh (115TOE/yr)의 전력 생산이 가능하며, 이 양은 가정 소비 전력의 약 76%에 해당하며, 전체 소비전력의 약 16%에 해당한다.

추후 사업 진행 시 주차장, 공원 등의 유휴공간에도 적용하여, 시설 내 가로등 등의 전력으로 이용가능하다.

● 태양열 온수시스템

대상지역내 음식점을 대상으로 에너지생산량을 산출하기 위해, 집열면적은 상가면적의 10%로 설정하고, 집열효율은 온수이용을 기준으로 45%로 설정하였다. 태양광과 마찬가지로 S시의 2008년 일기 일수와 일조시간을 적용하였다.

대상지역 에너지 생산량 =
상가 면적 × 0.1 × 평균 일조시간(hr/day)* × 일기일수** × 집열효율***

* 평균 일조시간 (대상지역 : 6hr/일)
** 일기일수 (대상지역: 맑은날 98일)
*** 집열효율 (온수 이용 0.45)

산출 결과, 대상지역에서는 연간 118Gcal(12TOE/yr)의 열을 생산할 수 있는 것으로 나타났으며, 대상지역의 음식점은 온수를 포함한 난방을 목적으로 주로 심야전기 및 LPG를 사용하는데, 태양열을 이용하여 생산할 수 있는 에너지를 LPG 및 심야전기 사용으로 환산하면 각각 7,867㎥, 54.8MWh를 대체할 수 있는 것으로 나타났다.

● 바이오가스화 시설

바이오가스화시설의 이용량은 45톤/일(시설 총 처리용량: 50톤/일)로 음식물류폐기물 12톤/일(택지지구 발생 10.8톤/일+대상지역 1.2톤/일)과 MG하수처리장 하수슬러지 33톤/일이다. 이용자원은 시설 규모의 경제성을 위해 대상지역과 대상지역에 인접한 MG택지지구에서 발생하는 음식물류폐기물과 MG택지지구 내 하수처리장에서 발생되는 하수슬러지를 검토하였으며, 이용량은 연간 발생량을 기준으로 1.2의 여유를 두고 산정하였다.

<표 5-69> 대상지역 바이오가스화 에너지 생산량

구분	단위		비고
시설 총 처리용량	ton	50	-
처리량	ton/day	45	-
운전시간	hr/day (day/yr)	24 (300)	-
바이오가스 생산	㎥/day	686	- 0.5㎥/kg VS
	㎥/yr	205,800	
메탄 발생량	㎥/day	411	- 메탄 60%
	㎥/yr	123,300	
전기 생산량	kWh/day	1,767	- 전기 효율 35% - 메탄 10,550kcal/㎥ (국제 에너지기구 TOE 환산표) - 1kWh=860kcal
	kWh/yr	530,100	
열에너지 생산량	Mcal/day	1,954	- 열효율 45%
	Mcal/yr	586,000	

음식물류폐기물에 하수슬러지를 추가함으로써 음식물류폐기물을 희석하여 함수율이나 부패정도 등과 같은 초기특성에 의한 영향을 줄일 수 있고, 음식물류폐기물의 처리 시 문제되는 염분과 이물질 문제도 상당부분 해결할 수 있다고 보고되고 있다. 따라서 가능한 지역 내에서 발생하는 유기성폐기물을 병합처리하는 것이 경제적으로도 유리할 수 있다.

운전시간은 하루 24시간, 300일을 기준으로 에너지생산량을 산출한 결과 연간 530.1MWh의 전력과 586,000Mcal의 열을 생산할 수 있다. 석유환산톤으로 환산하면 총 104.2TOE에 해당하는 양이다.

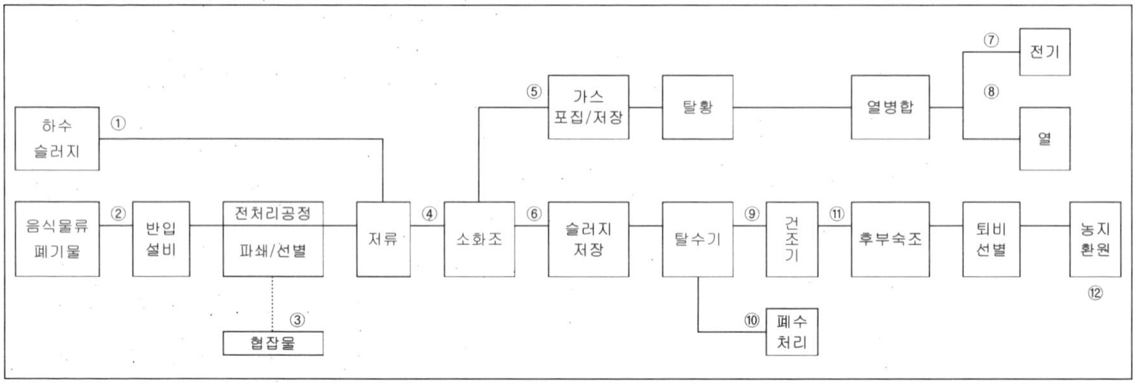

<그림 5-41> 바이오가스 시설(1안) 물질수지도

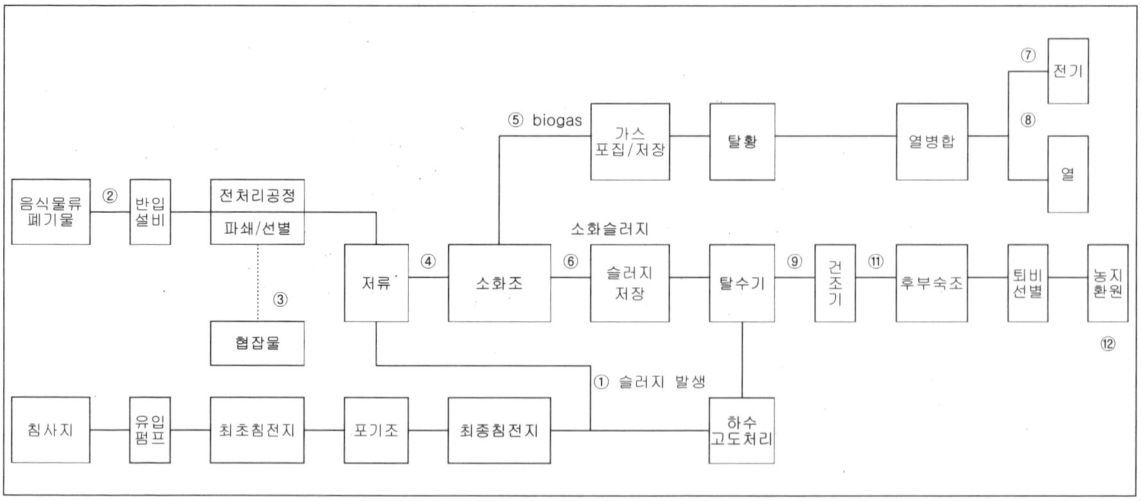

<그림 5-42> 바이오가스화시설(2안) 물질수지도

<표 5-70> 바이오가스화 시설 물질수지 계산

구분	단위	①	②	③	④	⑤	⑥	⑦	⑧	⑨	⑩	⑪	⑫
유량	kg/day	33,000	12,000	1,200	43,800		42,428			9,842	32,424	4,168	2,659
수분량	kg/day	31,350	10,200	1,020	40,530		40,530			8,106	32,262	2,432	1,216
함수율	%	95	85	85	93		96			82	99.5	58	46
TS	%	5	15	15	7		4			18	0.5	41	54
TS	kg/day	1,650	1,800	180	3,270		1,898			1,736	162	1,736	1,444
VS/TS	%	60	80	80	70		48			48	48	48	38
VS	kg/day	990	1,440	144	2,286		914			836	78	836	544
FS	kg/day	660	360	36	984		984			900	84	900	900
Biogas	㎥/day					686							
CH_4	㎥/day					411							
전기	kwh/day							1767					
열	kcal/day								1,953,501				
비고	③	협잡물제거 10%											
	⑤	VS제거 60% Biogas 발생 0.5㎥/kg VS CH4/Biogas (%) = 60											
	⑦	메탄 발열량 10,550kcal (국제에너지기구 TOE 환산표) 전기효율 35% 1kWh= 860kcal											
	⑧	열효율 45%											
	⑨	탈수 80%											
	⑪	건조 70%											
	⑫	VS제거 35%											

(3) 경제성 분석

(가) 시설설치비 및 운영비

● 태양광발전 시설설치비 및 운영비

태양광발전 설비는 물리적인 충격, 자체 결함 등에 의한 고장으로 인한 수리비 외에는 운영비가 거의 들지 않는다. 따라서 본 사업비 검토에서는 운영비를 제외한 설치비만 산정하였다.

<표 5-71> 2010년 신재생에너지 원별 기준단가 (단위: 천원)

구 분			기 준 단 가
태양광	일반건물	고 정 식	7,180/kW
		추 적 식	8,220/kW
		B I P V	14,420/kW
	태양광주택	고 정 식	5,650/kW
		추 적 식	6,710/kW
		B I P V	13,290/kW

자료) 지식경제부 고시 제2009-322호, 2010년 신재생에너지 원별 기준단가, 2009

<표 5-72> 태양광 설비 설치비용 (단위:백만원)

구분	비용	비고
① 태양광설비	3,605	2010년 신재생에너지 원별 기준단가 태양광주택(고정식) 5,650천원/kW * 2kW * 가구수 가구당 11,300,000원
② 태양광모듈	2,871	2kw 기준 9,000,000원1)
③ 인버터	351	2kw 기준 1,100,0001)
④ 기타	383	④=①-②-③

1) 태양광발전 설비 설치 사례 비교 평균 가격 적용

산정결과, 태양광발전 설비 설치 시 대상지역 전체 설치비는 3,605백만원이 소요되며, 가구당 1,130만원의 설치비가 소요된다.

● 태양열 온수시스템

태양열 설비의 설치비는 2010년 신재생에너지 원별 기준단가를 적용하여 산정하였다. 태양광과 마찬가지로 운영비는 제외하였다.

<표 5-73> 2010년 신재생에너지 원별 기준단가 (단위: 천원)

구 분		기 준 단 가
태양열	평 판 형	1,020/㎡
	단일진공관형	1,160/㎡
	이중진공관형	1,030/㎡

<표 5-74> 태양열 설비 설치비용 (단위:백만원)

구분	비용	비고
태양열설비	838	2010년 신재생에너지 원별 기준단가 평판형 1,020천원/㎡ * 대상지역 설치 면적 개소당 14,000,000

산정결과, 태양열 설비의 설치 시 전체 8억 3천 8백 만원이 소요되며, 대상 음식점 개소 당 1천 4백 만원의 설치비가 소요되는 것으로 나타났다.

● 에너지 생산시스템 (1)안의 바이오가스화 시설 설치비 및 운영비

바이오 가스화 시설의 시설설치비는 한국에너지기술연구원의 '축산폐기물 바이오가스 이용 발전 타당성 조사 용역'을 시설용량 50톤/일을 기준으로 산정하였다. 부지매입비 등은 제외되었으며, 폐수처리설비는 '여주군 음식물류폐기물처리시설 타당성조사 및 기본계획'을 참고하였다.

환경부의 "음식물 공공처리시설 운영·관리실태 조사"에 따르면 혐기성소화시설은 톤당 69,000천원에서 80,000천원의 설치비 분포를 보였다.

<표 5-75> 바이오가스화 시설 설치비 (단위:백만원)

구분		비용	비고
① 시설비		3,080	① = ② + ③
② 바이오가스설비	소화조	140	메탄발효조 900㎥ 용량 기준1)
	가스저장조	43	
	탈황장치	3	
	열병합발전기	217	
	계통선연결	81	
③ 전처리 및 퇴비화	반입공급설비	430	시설 50톤/일 기준2)
	전처리설비	566	
	퇴비화설비	1,020	
	탈취 및 협잡물 처리시설	310	
	기타(이송장치, 배관 등)	270	
④ 건축토목비		1,540	④ = ① * 0.5
폐수처리설비		728	폐수처리 30톤/일 기준2)
합계		5,348	톤당 106,960천원

1) 한국에너지기술연구원, 축산폐기물 바이오가스 이용 발전 타당성 조사 용역, 2001

2) 여주군 음식물류폐기물 처리시설 타당성조사 및 기본계획

시설운영비는 국회예산정책처의 '유기성폐기물 자원화 사업별 환경성·경제성 분석' 을 참고하여 시설용량 50톤/일을 기준으로 산정하였다. 운영비는 인건비와 경비로 구분되며, 경비는 다시 연료비, 소모품비, 공공비용과 보험료, 복리후생비, 검사료 유지보수비 부자재사용료, 약품비, 위탁처리비, 용수비 등을 포함하여 감가상각비나 이윤 등은 제외하였다.

환경부의 "음식물 공공처리시설 운영·관리실태 조사" 에 따르면 혐기성소화시설의 운영비는 톤당 42,000원에서 80,000원의 분포를 보였다. 운영비를 세부항목별로 구분해 보면 인건비가 33%, 재료비 18%, 감가상각비 16%, 연료비 13%, 유지보수비 10%의 비율을 보였다. 또한 폐수 및 이물질 처리비용의 비율은 3%로 보고하였다.

<표 5-76> 바이오가스화 시설 운영비 (단위 : 백만원/년)

구분			비용	비고
	인건비		545	유기성폐기물 자원화 사업별 환경성·경제성 분석 50톤/일 기준
	경비	연료비, 소모품비, 공공비용, 보험료, 복리후생비, 유지보수비, 약품비 등		
톤당 시설운영비 (원/톤)			36,333(≒37,000)	현재 가동 중인 시설 운영비 약 6~7만원/톤

● 에너지 생산시스템 (2)안 바이오가스 시설의 시설설치비 및 운영비

시설설치비는 환경관리공단의 '저탄소 녹색마을 시범모델 개발연구' 를 참고하여 시설용량 50톤/일을 기준으로 산정하였다.

<표 5-77> 바이오가스화 시설 설치비 (단위:백만원)

구분		비용	비고
① 시설비		3,080	① = ② + ③
② 바이오가스설비	소화조	140	메탄발효조 900㎥ 용량 기준1)
	가스저장조	43	
	탈황장치	3	
	열병합발전기	217	
	계통선연결	81	
③ 전처리 및 퇴비화	반입공급설비	430	시설 50톤/일 기준2)
	전처리설비	566	
	퇴비화설비	1,020	
	탈취 및 협잡물 처리시설	310	
	기타(이송장치, 배관 등)	270	
④ 건축토목비		1,540	④ = ① * 0.5
합계		4,620	톤당 92,400천원

1) 한국에너지기술연구원, 축산폐기물 바이오가스 이용 발전 타당성 조사 용역, 2001

2) 여주군 음식물류폐기물 처리시설 타당성조사 및 기본계획

발생되는 폐수는 하수처리장에 연계하여 처리하기 때문에 폐수처리시설 및 부지매입비 등은 제외하고 산정하였다.

시설운영비는 국회예산정책처의 '유기성폐기물 자원화 사업별 환경성·경제성 분석' 을 참고하여 시설용량 25톤/일을 기준으로 산정하였다. 운영비는 인건비와 경비로 구분되며, 경비는 다시 연료비, 소모품비, 공공비용과 보험료, 복리후생비, 검사료 유지보수비 부자재사용료, 약품비, 위탁처리비, 용수비 등을 포함하여 감가상각비나 이윤 등은 제외하였다.

<표 5-78> 바이오가스화 시설 운영비 (단위 : 백만원/년)

구분			비용	비고
	인건비		545	유기성폐기물 자원화 사업별 환경성·경제성 분석 50톤/일 기준
	경비	연료비, 소모품비, 공공비용, 보험료, 복리후생비, 유지보수비, 약품비 등		
톤당 시설운영비 (원/톤)			36,333(≒37,000)	현재 가동 중인 시설 운영비 약 6~7만원/톤

(나) 판매수익

에너지생산시스템의 경제성 검토는 사업비를 중심으로 시설 설치비, 시설운영비, 탄소 편익을 제외한 연간 판매수익 등을 산출하여 지원 유 · 무에 따른 단순투자회수기간(흑자전환기간)을 검토하였다.

● 태양광발전

태양광발전설비는 가구당 11,300,000원, 총 시설설치비로 3,605,000,000원이 소요된다. 설비의 수명기간을 반영구적으로 보고, 추가적인 투자비는 검토하지 않았으며, 운영수익은 계통연계형으로 생산된 전기는 직접 이용하면서, 부족한 전력은 한전에서 공급받고, 남은 전기는 한전으로 보내 전기요금을 절감 받을 수 있다. 발전 설비 설치로 인해 절감되는 전기요금으로 산출하였다.

<표 5-79> 가구당 전기 절감 요금 산출결과

설치 전		2kW 태양광발전 설비 설치 후				
월평균 사용량	사용요금	월 발전량	월 한전사용량	월 전기요금	월 절감전기요금	연간 절감전기요금
181kWh	15,864원	139kWh	42kWh	3,110원	12,754원	153,049원
300kWh	47,460원	139kWh	161kWh	15,390원	32,070원	384,840원

가구당 평균 사용량 181kWh와 일반적으로 2kW 규모의 설비 권장 최대 사용량인 300kWh를 기준으로 연간 절감전기요금을 산출한 결과, 가구당 각각 153,049원, 384,840원으로 나타났으며 총 절감비용은 48,516,533원, 121,994,280원이다.

<표 5-80> 태양광발전 시설 경제성 검토

<table>
<tr><th colspan="2" rowspan="2">구분</th><th colspan="2">비용</th></tr>
<tr><th>181kWh 기준</th><th>300kWh 기준</th></tr>
<tr><td colspan="2">시설 설치비</td><td colspan="2">3,605,000,000 원</td></tr>
<tr><td colspan="2">운영 수익</td><td>48,516,533원</td><td>121,994,280원</td></tr>
<tr><td colspan="2">연간 수익</td><td>48,516,533원</td><td>121,994,280원</td></tr>
<tr><td rowspan="2">적자해소 기간</td><td>지원 0원</td><td>74년 흑자전환</td><td>30년 흑자전환</td></tr>
<tr><td>지원1)</td><td>30년 흑자전환</td><td>12년 흑자전환</td></tr>
</table>

1) 그린홈 100만호 보급사업 태양광시설 지원비율 60%

산출결과, 태양광발전 설비 설치 시 지원이 되지 않은 경우 74년째 흑자전환이 이루어지는 것으로 나타났으며, 그린홈 100만호 보급사업의 지원을 받을 경우, 시설설치비의 60%까지 지원이 가능하며, 30년째 흑자전환이 이루어질 것으로 나타났다. 그러나 사용전력 300kWh에 대해서는 흑자전환기간이 1/2로 감소한 것으로 보아, 일반적으로 전력을 냉난방에 많이 이용하는 가정의 경우, 300kWh이상의 전력을 사용하기 때문에 투자회수기간이 더 짧을 것으로 사료된다.

- 태양열 온수시스템

태양열시스템은 음식점 개소당 14,000,000원, 총 시설설치비로 838,000,000원이 소요된다. 설비의 수명기간을 반영구적으로 보고, 추가적인 투자비는 검토하지 않았으며, 운영수익은 기존의 심야전력 및 LPG를 이용한 온수이용을 바탕으로 절감되는 에너지요금을 산출하였다.

<표 5-81> 가구당 에너지 절감 요금 산출결과

연간 에너지량	연간 절감 에너지요금1)
1,903,226kcal	250,000원

1) 지역 내 음식점을 대상으로 온수 에너지 이용 조사 결과를 바탕으로 추정

개소당 생산가능한 에너지량과 이에 해당하는 에너지요금은 250,000원으로 나타났으며 총 절감비용은 15,500,000원이다.

<표 5-82> 태양열 설비 경제성 검토

구분		비용
시설 설치비		838,000,000 원
운영 수익		15,500,000원
연간 수익		15,500,000원
적자해소 기간	지원 0원	55년 흑자전환
	지원1)	28년 흑자전환

1) 그린홈 100만호 보급사업 및 보급보조사업의 태양열시설 지원비율 50%

산출결과, 태양열 설비 설치 시 지원이 되지 않은 경우 55년째 흑자전환이 이루어지는 것으로 나타났으며, 그린홈 100만호 보급사업의 지원을 받을 경우, 시설설치비의 50%까지 지원이 가능하며, 28년째 흑자전환이 이루어질 것으로 나타났다.

기존에 온수를 포함한 난방에너지로 LPG 및 등유를 사용하고 있는 음식점의 경우, 에너지 비용이 지속적으로 증가하고 있어, 투자비회수기간은 더 짧을 것으로 사료된다.

● 바이오가스화 시설

- 에너지 생산시스템 (1)안

바이오가스화 시설은 소화조, 폐수처리시설, 퇴비화시설을 포함한 시설비, 토목공사비, 기타 소요 비용 등 총 사업비로 5,400,000,000원의 초기투자비용이 소요된다. 시설운영비는 인건비, 경비, 연료비, 소모품비 등을 포함하여 연간 545,000,000원으로 산출되었으며 톤당 약 37,000원의 처리비용이 소요된다.

운영수익은 탄소편익 등을 제외한 폐기물 처리 비용, 생산된 전력 및 열의 자체 이용에 의한 에너지절감비용, 유가물회수를 기준으로 산출한 결과 다음과 같다.

<표 5-83> 바이오가스화 시설 운영수익 (단위: 원/년)

구분		비용	비고
① 시설 운영비용		545,000,000	- 인건비, 경비, 연료비, 소모품비 등 포함
② 폐기물 처리비용		675,000,000	- 50,000원/톤 기준
③ 에너지절감비용		50,859,200	- 전력: 전체 소비전력의 64.6% 60원/kWh 기준 - 열: 소화조 가온 100% LNG 600원/㎥
④ 유가물 회수	퇴비 공급	0	- 인근지역 무상공급
	열 공급	14,214,920	- 50,000원/Gcal
⑤ 운영 수익 (⑤=②+③+④-①)		195,074,120	

폐기물 처리 비용, 에너지절감비용, 유가물 회수 등으로 인한 총 수익은 연간 740,074,120

원 인 것으로 산출되었고, 시설운영비용을 제외한 순 운영수익은 연간 195,074,120원으로 나타났다.

이를 바탕으로 단순투자회수기간을 검토한 결과는 다음과 같다.

<표 5-84> 바이오가스화 시설 경제성 검토

구분		비용
시설 설치비		5,400,000,000 원
시설 운영비		545,000,000원
운영 수익		740,074,120원
연간 수익		195,074,120원
적자해소 기간	지원 0원	30년 흑자전환
	지원1)	3년 흑자전환

1) '11년 녹색마을 조성 시범사업 지원 예산 50억 기준

산출결과, 바이오가스화 시설 설치 시 지원이 되지 않은 경우 30년째 흑자전환이 이루어지는 것으로 나타났으며, 시설 설치비 형태로 지원될 경우 3년째 흑자전환이 가능한 것으로 산출되었다.

- 에너지 생산시스템 (2)안

에너지시스템 (2)안의 경우, 폐수처리시설을 제외한 소화조, 퇴비화시설의 시설비, 토목공사비, 기타 소요 비용 등 총 사업비로 4,700,000,000원의 초기투자비용이 소요된다. 시설운영비는 인건비, 경비, 연료비, 소모품비 등을 포함하여 (1)안과 동일하게 연간 545,000,000원으로 산출하였으며 톤당 약 37,000원의 처리비용이 소요된다. 운영수익 또한 (1)안과 동일하게 탄소편익 등을 제외한 폐기물 처리 비용, 생산된 전력 및 열의 자체 이용에 의한 에너지절감비용, 유가물회수를 기준으로 산출하여 총 수익은 연간 740,074,120원, 시설운영비용을 제외한 순 운영수익은 연간 195,074,120원으로 나타났다. 이를 바탕으로 단순투자회수기간을 검토한 결과는 다음과 같다.

(다) 경제성 종합 검토

대상지역 에너지생산시스템의 경제성 검토결과는 다음과 같다.

태양광발전, 태양열온수시스템, 바이오가스화시설의 에너지생산설비 설치비는 총 9,143,000,000원이며, 운영비는 연간 545,000,000원이 소요된다. 운영비를 제외한 연간 수익은 186,010,813원(332,568,400원)으로 지원이 없을 경우, 단순투자비회수기간은 약 28~40년으로 예상되며, 그린홈 보급사업 및 녹색마을 조성 시범사업의 국비 지원 시, 투자회수기간은 약 8~10년이 걸리는 것으로 예상된다.

녹색마을의 조성 및 운영의 중심은 대상 마을의 주민들이지만, 아직까지는 재생에너지 이용의 경제성이 충분하지 않기 때문에 투자 및 사업유지에 어려움이 있을 수 있다. 이러한 애로사항을 해결하고, 에너지자립의 기반을 구축하기위해서는 제도적 뒷받침이 필요하다는 것을 알 수 있다.

<표 5-85> 바이오가스화 시설 경제성 검토

<table>
<tr><th colspan="2">구분</th><th>비용</th></tr>
<tr><td colspan="2">시설 설치비</td><td>4,700,000,000 원</td></tr>
<tr><td colspan="2">시설 운영비</td><td>545,000,000원</td></tr>
<tr><td colspan="2">운영 수익</td><td>740,074,120원</td></tr>
<tr><td colspan="2">연간 수익</td><td>195,074,120원</td></tr>
<tr><td rowspan="2">적자해소 기간</td><td>지원 0원</td><td>25년 흑자전환</td></tr>
<tr><td>지원1)</td><td>195,074,120원 흑자</td></tr>
</table>

1) '11년 녹색마을 조성 시범사업 지원 예산 50억 기준

<표 5-86> 에너지생산시스템 경제성 종합 검토

<table>
<tr><th colspan="2">구분</th><th colspan="2">태양광</th><th>태양열</th><th>바이오가스화</th></tr>
<tr><td colspan="2" rowspan="2">시설 설치비</td><td colspan="2">3,605,000,000 원</td><td>838,000,000 원</td><td>4,700,000,000원</td></tr>
<tr><td colspan="4">9,143,000,000원</td></tr>
<tr><td colspan="2" rowspan="2">시설 운영비</td><td colspan="2">-</td><td>-</td><td>545,000,000원</td></tr>
<tr><td colspan="4">545,000,000원</td></tr>
<tr><td colspan="2" rowspan="2">운영 수익</td><td>48,516,533원</td><td>121,994,280원</td><td>15,500,000원</td><td>740,074,120원</td></tr>
<tr><td colspan="4">804,090,653원/877,568,400원</td></tr>
<tr><td colspan="2" rowspan="2">연간 수익</td><td>48,516,533원</td><td>121,994,280원</td><td>15,500,000원</td><td>195,074,120원</td></tr>
<tr><td colspan="4">259,090,653원/332,568,400원</td></tr>
<tr><td rowspan="3">적자 해소 기간</td><td>지원 0원</td><td>74년</td><td>30년</td><td>55년</td><td>25년</td></tr>
<tr><td>지원</td><td>30년</td><td>12년</td><td>28년</td><td>195,074,120원</td></tr>
<tr><td colspan="5">지원 0원: 40년/28년, 지원: 10년/8년</td></tr>
</table>

(4) 환경성(온실가스 감축 및 CDM사업) 분석

(가) 태양광발전

태양광발전시스템으로 인한 환경적 이익은 CO2 저감이 가장 크다. 전기 소비 자체로는 온실가스 배출이 없으나, 전기를 생산하는 과정에서 사용하는 연료에 의해 온실가스가 배출되므로 전체 전력 사용량 대비 태양광 발전량을 기준으로 CO2 배출량을 산출하였다. 전력 배출계수는 발전원 별 온실가스 배출량을 바탕으로 산정한 0.4503ton CO2/MWh(2008년 기준)를 적용하였다.

원유대체효과 및 온실가스 감축에 따른 탄소편익은 다음과 같다.

산출 결과, 태양광 발전으로 인하여 연간 240.3 ton의 CO_2 배출량을 저감할 수 있으며, 전력 발전 시 필요한 유연탄 164ton 또는 천연가스 88ton 등의 화석연료를 감축할 수 있다. 원유대체효과는 연간 778.3배럴이며, 대체원유가격으로 환산하면 Dubai유 기준으로 연간 81,144,345원 인 것으로 나타났다. 온실가스 감축량 240.3ton에 따른 탄소편익(CERs)은 연간 7,606,456원(평균 기준)으로 산출되었다.

<표 5-87> 태양광 발전의 환경성 분석

구분			내용
원유대체효과	원유량		533.6MWh/년 × 2150kcal/kWh ÷ 9,276kcal/L1) ÷ 158.9L/배럴 =778.3 배럴/년
	대체원유가격2)	WTI	778.3 배럴/년 × \$81.96/배럴×1,298.2원/\$3) = 82,811,487 원/년
		Brent	778.3 배럴/년 × \$83.17/배럴×1,298.2원/\$ = 74,034,058 원/년
		Dubai	778.3 배럴/년 × \$80.31/배럴×1,298.2원/\$ = 81,144,345 원/년
	석유환산톤(TOE)		778.3 배럴/년 × 0.136TOE/배럴 = 105.8 TOE
온실가스감축	CO2감축량		240.3 ton/년
	탄소배출권(CERs)4)	최대	240.3tonCO2/년 × 23€/ton CO2 × 1,808.8원/€5) = 9,997,056 원/년
		평균	240.3tonCO2/년 × 17.5€/ton CO2 × 1,808.8원/€ = 7,606,456 원/년
		최소	240.3tonCO2/년 × 13€/ton CO2 × 1,808.8원/€ = 5,650,510 원/년

1) 지식경제부, 대체에너지 보급 통계. 2007
2) 에너지경제연구원, 2009년 평균 원유가격
3) 외환은행, 2009년 평균 \$환율
4) orbeo, SG Commodities Research
5) 외환은행, 2009년 평균 € 환율

(나) 태양열 온수시스템

태양열 온수시스템을 이용함으로써 얻는 환경적 이익은 온수(열) 생산을 위한 화석연료 사용의 감축과 그로 인한 CO_2저감이다. 원유대체효과 및 온실가스 감축에 따른 탄소편익은 다음과 같다. 온실가스 감축은 대상지역의 전기 이용(태양열시스템에 의한 열 생산/심야전기를 이용한 난방)을 기준으로 산출하였다.

산출결과, 연간 58.3ton CO_2의 감축이 가능한 것으로 나타났다.

(다) 바이오가스화 시설

음식물류폐기물 및 하수슬러지를 바이오가스화 함에 따라 대기로 방출되는 메탄을 포집하여 전기 및 열로 이용하는 것을 기준으로 원유대체효과 및 온실가스 감축효과를 검토하였다.

<표 5-88> 태양열 온수시스템 환경성 분석

구분			내용
원유 대체 효과	원유량		118Gcal/년 ÷ 9,276kcal/L1) ÷ 158.9L/배럴 = 80.1 배럴/년
	대체 원유 가격2)	WTI	80.1 배럴/년 × $81.96/배럴×1,298.2원/$3) = 8,522,677 원/년
		Brent	80.1 배럴/년 × $83.17/배럴×1,298.2원/$ = 8,648,500 원/년
		Dubai	80.1 배럴/년 × $80.31/배럴×1,298.2원/$ = 8,351,101 원/년
	석유환산톤 (TOE)		80.1 배럴/년 × 0.136TOE/배럴 = 10.9 TOE
온실 가스 감축	CO2감축량		118Gcal/년 ÷ 860kcal/kWh × 0.425g CO2/Wh = 58.3tonCO2/년
	탄소배출권 (CERs)4)	최대	58.3tonCO2/년 × 23€/ton CO2 × 1,808.8원/€5) = 2,425,420 원/년
		평균	58.3tonCO2/년 × 17.5€/ton CO2 × 1,808.8원/€ = 1,845,428 원/년
		최소	58.3tonCO2/년 × 13€/ton CO2 × 1,808.8원/€ = 1,370,890 원/년

1) 지식경제부, 대체에너지 보급 통계. 2007
2) 에너지경제연구원, 2009년 평균 원유가격
3) 외환은행, 2009년 평균 $환율
4) orbeo, SG Commodities Research
5) 외환은행, 2009년 평균 € 환율

<표 5-89> 바이오가스시설 환경성 검토

구분			내용
원유 대체 효과	원유량		123,300㎥CH4/년 × 10,550kcal/㎥ ÷ 9,276kcal/ℓ 1) ÷ 158.9ℓ/배럴 = 882.5 배럴/년
	대체 원유 가격2)	WTI	882.5 배럴/년 × $81.96/배럴 × 1,298.2원/$3) = 93,898,417 원/년
		Brent	882.5 배럴/년 × $83.17/배럴 × 1,298.2원/$ = 95,284,667 원/년
		Dubai	882.5 배럴/년 × $80.31/배럴 × 1,298.2원/$ = 92,008,075 원/년
	석유환산톤 (TOE)		882.5 배럴/년 × 0.136TOE/배럴 = 120 TOE
온실 가스 감축	감축량	CO2	120TOE/년 × 0.829tonC/TOE × (44÷12) = 364.8 tonCO2/년
		CH4	123,300㎥CH4/년 ÷ 1,400㎥/ton = 88.1 tonCH4/년 88.1tonCH4/년 × 21tonCO2/tonCH4 = 1850.1 tonCO2/년
	탄소 배출권 (CERs)4)	최대	1,938.2tonCO2/년 × 23€/ton CO2 × 1,808.8원/€5) = 80,633,772 원/년
		평균	1,938.2tonCO2/년 × 17.5€/ton CO2 × 1,808.8원/€ = 61,351,783 원/년
		최소	1,938.2tonCO2/년 × 13€/ton CO2 × 1,808.8원/€ = 45,575,610 원/년

1) 지식경제부, 대체에너지 보급 통계. 2007
2) 에너지경제연구원, 2009년 평균 원유가격
3) 외환은행, 2009년 평균 $환율
4) orbeo, SG Commodities Research
5) 외환은행, 2009년 평균 € 환율

(라)환경성 종합 검토

대상지역의 에너지생산시스템 적용에 따른 환경성 검토결과는 다음과 같다.

에너지 생산시스템 적용 시 연간 1,740.9배럴의 원유대체효과가 발생하며, Dubai유기준으로 181,503,521원에 해당한다.

<표 5-90> 에너지 생산시스템 적용 시 원유대체 효과

구분			내용
원유 대체 효과	원유량		1,740.9 배럴/년
	대체원유 가격	WTI	185,232,581 원/년
		Brent	177,967,225 원/년
		Dubai	181,503,521 원/년
	석유환산톤		236.7 TOE

에너지 생산시스템 적용 시 온실가스 감축효과는 공정 상 배출되는 온실가스를 제외한 전체 온실가스 감축량으로 산정하였다. 공정 상에서 배출되는 온실가스는 바이오가스화 시설의 소화조에서 발생하는 바이오가스 중 CO_2와 퇴비화공정에서 발생하는 온실가스를 CO_2로 산정하였다. 연간 온실가스 감축량은 1538.8 ton인 것으로 나타났다.

<표 5-91> 에너지 생산시스템 적용 시 온실가스 감축 효과

구분			내용
온실 가스 감축	① 감축량	CO2	364.8 tonCO2/년
		CH4	1,850.1 tonCO2/년
	② 공정 배출량 (③+④+⑤)	③ 바이오가스 중 CO21)	161.7 tonCO2/년
		④ 퇴비화공정 중 CO22)	514.4 tonCO2/년
	⑤ 온실가스 감축량 (⑤=①-②)		1,538.8 tonCO2/년

1) 바이오가스 중 CO2 함량 40%
2) 한국환경공단, 지자체 온실가스 산정지침, 2010

에너지 생산시스템 적용 시 탄소편익은 온실가스 감축량을 바탕으로 산정한 결과 연간 48,709,175 원(평균 기준)인 것으로 나타났다.

<표 5-92> 에너지 생산시스템 적용 시 탄소편익

구분		내용
탄소배출권 (CERs)4)	최대	64,017,773 원/년
	평균	48,709,175 원/년
	최소	36,183,959 원/년

(5) 에너지 자립율

에너지생산시스템의 적용 시 생산가능한 에너지량을 바탕으로 대상지역의 에너지 자립률을 분석해보면 에너지 생산 설비를 포함하여 대상지역 에너지 소비량의 약 60%를 자립하는 것이 가능하다.

검토된 에너지시스템 외 태양광발전 설비의 건물규모 별 추가 적용, 대형음식점의 태양열설비 이용, 에너지 절약/효율개선에 의한 에너지 소비 절감 및 기타 분야별 구상사업의 추진 등을 통하여 60% 이상을 충족할 수 있을 것으로 사료된다. 실제로, 에너지자립은 단순히 에너지를 많이 생산하는 것으로 가능하지 않으며, 에너지절약과 효율개선을 통하여 에너지절대량을 감소시키는 것이 중요하다. 에너지 절약과 효율 개선은 적은 비용으로도 에너지자립의 기여도가 높은 사업으로, 단기간에 추진할 수 있는 사업 중에서 건물에너지 효율 개선사업을 추진할 수 있다.

대표적인 건물 효율 사업인 외단열과 창호단열 사업을 추진하는 경우, 일반적으로 외단열은 5~10%, 창호단열은 10~20%의 에너지 절감이 가능하다고 보고되고 있다.

건물효율개선사업을 포함하여 마을 주민들의 적극적인 참여가 필요한 에너지 절약 프로그램 등의 효율적인 추진을 위해서는 국가 계획, 지자체 계획, 대상지역의 비전을 바탕으로 적절한 에너지 자립 목표를 설정하여 에너지계획을 수립하고, 단계적으로 사업을 추진할 필요가 있다.

5) 산촌형 저탄소 녹색마을의 유형과 사례분석

산촌형은 면(面)지역을 기준으로 하되 산림자원이 풍부한 지역을 대상으로 한다. 기본적으로 강원도 지역을 생각할 수 있다. 2009년 1월 강원도의 E 군은 『기후변화대응 시책 보고』에서 총 62가지의 시책들을 진행 및 계획하였다. 그 중에서 녹색마을과 관련된 사항으로는 그린홈 단지조성, 그린투어리즘 활성화, 우분연료화 시스템이용 친환경마을조성, 폐자원을 활용한 바이오매스타운 건설, 바이오매스 펠렛 보일러 지원 등이 있다. 바이오매스를 이용한 여러 가지 시책들이 군 차원에서 적극적으로 추진 되고 있는 강원도의 E 군에 대하여 검토하였다.

저탄소 녹색마을의 산촌형 유형은 관계부처간 정책적으로 중복지원이 되지 않도록 산림청에서 추진 중에 있는 목재펠렛 및 펠렛보일러 지원 사업에 맞추어 구상하였다.

E 군을 대상으로 한 산촌형 녹색마을의 구상은 녹색마을 대상지역에 목재펠렛 가공시설을 두고, 그 마을 주민에게 펠렛보일러를 공급하여 혜택을 주도록 하는 방안이다. 펠렛가공시설의 적절한 입지장소에 따라 녹색마을이 설정되는 것이다. 펠렛가공시설의 적절한 입지 조건으로는 첫 번째로 목재부산물의 발생이 많은 지역, 두 번째로 목재운반차량의 출입 및 펠렛 수요자에게 공급이 편리한, 교통이 양호한 지역이다. 세 번째로 입지대상지역 주민들의 적극적인 유치의사여부 등을 꼽을 수 있다.

하지만, E 군을 상대로 지역조사를 한 결과 첫 번째 조건인 목재부산물의 발생이 많은 지역을 선정하는데 있어서 많은 애로사항이 있었다. 목재부산물의 발생은 임목벌채허가 지역 또는 숲가꾸기사업지역 등에서 발생이 되고 있는데 이 같은 사업지역은 최소 5년을 주기로 이루어지고 있어 매년 군내에서 다른 지역으로 변경된다. 시, 군 단위의 지방자치단체 지역 내에서 목재부산물의 발생이 많은 지역을 정하는 것은 맞지 않다.

<표 5-93> 목재펠렛 가공시설 입지장소 조건

구분	내용	비고
목재펠렛 가공시설 입지장소 조건	1. 목재부산물의 발생이 많은 지역 (임목벌채허가, 숲가꾸기사업 대상)	- 시, 군 대상으로 선정시 적합 - 군 이하 지자체에서는 부적합
	2. 목재운반차량의 출입 및 펠렛수요자에게 공급이 편리한 교통이 양호한 지역	-
	3. 입지대상지역 주민들의 적극적인 유치의사	-

따라서 두 번째와 세 번째 조건을 충족하는 방안으로 목재펠렛 가공시설 입지지역을 검토해야 한다.

그 결과 2번 지역의 마을이 가장 적합한 것으로 조사되었다.

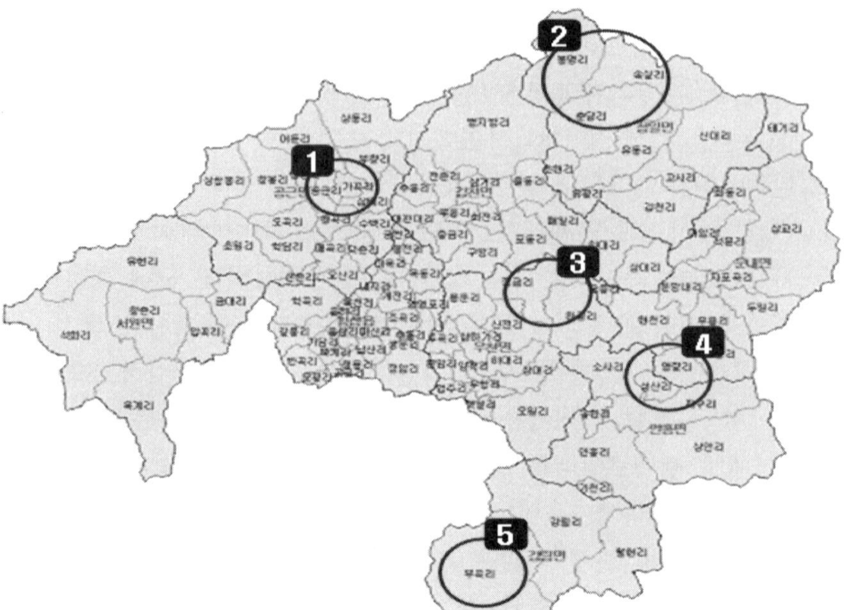

<그림 5-43> 목재펠렛가공시설 입지 대상지역

<표 5-94> 목재펠렛가공시설 대상 입지 검토

구분	1번 마을	2번 마을	3번 마을	4번 마을	5번 마을
교통	△	○	○	△	×
주민의사	△	○	×	×	△
비고	적합한 시설 입지장소 없음	적합 (주민적극적)	주민의 반대 (타사업진행중)	가축사육농가 많아 시설가동시 가축에 스트레스 작용우려	교통이 좋지 않음

좋음 ○ / 보통 △ / 나쁨 ×

가. 대상마을 개요

대상마을은 E 군 CI면의 '가' 마을 이다. 2009년 기준 총 202가구(458명)가 거주하고 있다. 토지이용현황으로는 전 196ha, 답 89ha, 임야 1,724ha로 약 86%가 임야인 것으로 나타났다 〈표 5-95〉.

<표 5-95> E 군 CI면 '가' 마을 토지이용현황 (단위 : ha)

구분	합계	전	답	임야
합계	2,009	196	89	1,724
CD1리	995	99	46	850
CD2리	1,014	97	43	874

자료) CI면 내부자료(2009. 1)

주요 산업현황으로는 농업(오이 8.5ha, 더덕 4ha, 고추 9ha, 벼 30ha), 축산업(소 766두, 닭 248수)이며, 마을내 위치한 환경시설은 없는 것으로 조사되었다.

<표 5-96> E 군내 대상마을 개요

구분	'가' 마을
세대수(인구)	- 202가구(458명)
주요 산업현황	- 농업 (오이 8.5ha, 더덕 4ha, 고추 9ha, 벼 30ha) - 축산 (소 766두, 닭 248수)
환경시설 현황	-
기타 특이사항	-

〈그림 5-44〉는 숲가꾸기사업 및 임목벌채부산물의 운반비용을 고려하기 위하여 시설입지 대상지역으로부터 E 군내의 직선거리를 타나낸 것이다. 시설입지 대상지역으로부터 가장 먼 직선거리는 약 30km인 것으로 조사되었다.

<그림 5-44> E 군 저탄소 녹색마을 대상지역과 타지역간 거리

나. 마을의 바이오매스 발생 및 처리현황

바이오매스 에너지 잠재량은 E 군내에서 발생하는 바이오매스 중 산촌형 유형에 맞추어, 다음 목질계 바이오매스(숲가꾸기사업 및 임목벌채 부산물)에 대하여 조사하였다. 대상 마을내에서 년간 일정하게 주기적으로 발생되고 있는 목질계 바이오매스(예를 들어 버섯폐목 등)는 없었다.

발생량 조사는 지자체의 4년간 실적을 통하여 2012년 발생량을 등차, 등비, 경향법(Trend)으로 예측하여 평균값을 사용하였다.

<표 5-97> E 군 숲가꾸기사업 부산물의 발생량

구분	숲가꾸기 사업(ha)1)					
	솎아 베기	천연림 개량	천연림 보육	소계(A)	부산물 발생량(㎥) (B=A*40)2)	부산물 발생량(톤)(C=B*0.64)
2005	463	0	954	1,417	56,680	36,275
2006	100	825	57	9824	39,280	25,139
2007	193	965	143	1,301	52,040	33,306
2008	345	1,096	77	1,518	60,720	38,861

자료) 1) E 군청 환경산림과통계, 2) E 군 숲가꾸기사업 면적당(ha) 평균 산물발생량(㎥)

<표 5-98> E 군 벌채 부산물의 발생량

구분	임목벌채 허가량(㎥)				벌채부산물 추정량(㎥)					합계(ton) (F=E*0.64)
	주벌	간벌	수종 갱신	기타	주벌 (A)	간벌 (B)	수종 갱신 (C)	기타 (D)	합계 (E=A+B+ C+D)	
2005	12,164	5,484	0	4,943	5,309	5,082	0	2,157	12,549	8,031
2006	15,153	2,198	212	6,790	6,614	2,037	93	2,964	11,707	7,492
2007	14,031	2,058	622	10,607	6,124	1,907	271	4,630	12,932	8,277
2008	25,400	3,447	364	3,629	11,086	3,194	159	1,584	16,023	10,255

자료) 1) E 군청 환경산림과 : 통계, 2) 한국농촌경제연구원(2006) : 부산물 발생량 원단위

E 군의 통계를 바탕으로 산림부산물 발생량을 추정한 결과 임목벌채허가 10,255 톤/년, 숲가꾸기사업에서 38,861 톤/년 발생되었다.

<표 5-99> E 군 저탄소 녹색마을 대상지역의 바이오매스 발생량

구분			발생		처리	비고
건식	목질계	임목벌채허가	10,255 톤/년	49,116 톤/년	- 정확한 통계 데이터 없음 - 일부 농가주민들 땔감용 - 임지내 방치	
		숲가꾸기사업	38,861 톤/년			

<표 5-100> E 군 임목부산물 발생량 추정 (단위 : 톤/년)

구분		2005	2006	2007	2008	2009	2010	2011	2012
숲가꾸기	등차	36,275	25,139	33,306	38,861	39,723	40,585	41,447	42,309
	등비					39,755	41,604	44,542	48,783
	경향법					37,376	38,968	40,560	42,152
	평균					38,951	40,386	42,183	44,415
임목벌체	등차	8,031	7,492	8,277	10,255	10,996	11,737	12,479	13,220
	등비					11,127	13,099	16,731	23,186
	경향법					10,378	11,123	11,869	12,615
	평균					10,833	11,986	13,693	16,340
평균 합계		44,306	32,632	41,582	49,116	49,785	52,372	55,876	60,755

다. 대표적인 처리기술 선정

E 군 저탄소 녹색마을 대상지역(산촌형)의 바이오매스타운 시범단지 개발에 적용 가능한 기술을 선정하기 위하여, 기존 통계 자료, 전수조사 및 연구 자료를 바탕으로 현재 실증 및 상용화 시설의 기술현황을 조사분석 하여, 적용 가능한 대표적인 기술을 선정하였다.

<표 5-101> 발생되는 바이오매스의 대표적 처리기술

구 분			적용 가능기술	대표적 처리기술
건식	목질계	임목벌채허가	바이오가스화, 열분해 가스화 고형연료화, 연소	연소(화목보일러) 고형연료화
		숲가꾸기사업		-

건식계 바이오매스 활용기술로는 숲가꾸기 사업에서 발생되는 목재는 연중, 연간 일정하게 발생되지 않으므로 배제하였으며, 임목벌채를 이용, 고형연료를 제조하여 고형연료를 소요처에 공급이 가능한 목재펠렛 제조시설과 임목벌채를 연소하여 증기공급이 가능한 화목보일러를 선정하였다.

라. 타당성 분석을 통한 처리기술 선정

(1) 경제적 측면

건식계 유기성폐기물 처리량은 임목벌채에서 16,340톤/년 발생되는 것으로 조사되었으며, 목제펠렛 가공시설은 2톤/hr 설치비는 약 25억 ~ 35억 정도로 조사되었다. 유기성 폐기물 처리시설 건설용지로 교통이 편리하고 주민의 적극적인 협력이 가능한 지역으로 선정하였다.

(2) 기술적 측면

목제펠렛 제조시설은 E 군 전역에서 발생되는 목재류를 목제펠렛(고형연료)으로 만들어 소요처에 공급할 수 있으며, 화목보일러로 목재류를 소각하여 증기를 주변 소요처(비닐하우스 등)에 공급할 수 있다.

(3) 사회·환경적 측면

목제펠렛 제조시설에 발생되는 분진은 분진제거설비를 두어 제거하여 주위 민원을 최소화하여야 한다.

(4) 검토결과

이와 같이 유기성 폐기물의 처리시설을 경제적 측면, 기술적 측면, 사회 ·환경적 측면으로 검토를 하였으며, 다음 〈표 5-102〉에서 기술선정 매트릭스 표를 통해 E 군 저탄소 녹색마을 대상지역(산촌형)의 기술을 선정하였다.

<표 5-102> (산촌형) 바이오매스 기술선정 매트릭스 표

타당성분석 항목		고형연료화 (펠렛 제조)	소각 (화목보일러)
경제적 측 면	유기성폐기물 처리량	○	○
	유기성폐기물 처리시설 설치비용	△	△
	유기성폐기물 처리시설 운영비용	○	△
	유기성폐기물 처리시설 건설용지	△	△
	유기성폐기물 운송용이	△	△
기술적 측 면	유기성 폐기물 감량율	○	○
	유기성 폐기물 처리시설 기술현황	△	△
	최종생산물 활용도	○	×
사 회 환경적 측 면	2차 오염 발생	△	△
	온실가스 감축량	△	△
	민원 발생	○	○
합 계		27점	24점

※ ○: 3점 / △:2점 / ×:1점

검토 결과 E 군 저탄소 녹색마을 대상지역(산촌형)에서 임목벌체 목질계가 상당량 발생되므로 E 군 전역에서 발생되는 건식계의 임목부산물을 이용하여 목제펠렛을 제조하는 시설로 선정되었다. 화목보일러에서 발생되는 증기를 소요처에서 사용되기에는 너무 멀어 활용도가 떨어지므로 펠렛으로 제조하여 소요처에 목제펠렛을 공급하고 소요처에서 펠렛보일러를 사용하여 열을 얻는 것이 우수한 것으로 조사되었다.

마. 에너지자립형 저탄소 녹색마을(안)

(1) 에너지 생산시스템

E 군의 저탄소 녹색마을 에너지 생산시설은 건식계의 임목부산물을 이용한 목재펠렛 가공시설을 이용하여 우드펠렛을 가공하고, 펠렛보일러를 공급하여 사용하는 것으로 한다.

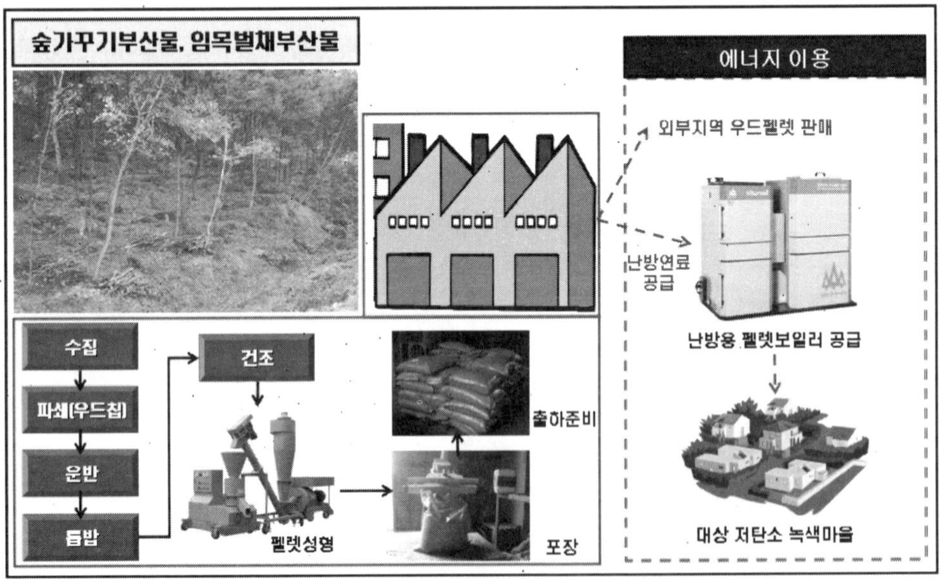

<그림 5-45> E 군 저탄소 녹색마을 에너지화 시스템 구성도

(2) 에너지화 시스템의 에너지원 및 에너지생산량

조사된 이용 가능한 바이오매스는 건식계에서 발생되고 있는 숲가꾸기사업, 임목벌채허가 등으로 숲가꾸기사업에서 발생된 부산물의 20%를 이용하여 에너지화 하는 것으로 하였다.

<표 5-103> E 군 녹색마을 바이오매스 에너지원 이용량

구분	단위	임목벌채허가	숲가꾸기사업	합계
2012년 발생량 예측 (이용 가능량)	ton/yr	16,340	44,415	60,755
바이오매스 에너지원 이용량 (이용율)	ton/yr	0 (0%)	8,800 (20%)	8,800

<표 5-104> E 군 녹색마을 에너지 생산량 비교

구분	단위	대상 바이오매스	비고
시설 총 처리용량	ton/hr	2	
운전시간	day/yr (hr/day)	330 (8)	
목재펠렛 생산	ton/day	16	- 목재펠렛 가공시 원료의 60%가 펠렛제품으로 생산됨.
	ton/yr	5,280	
바이오매스 총에너지량	Mcal/day	50,400	- 목재펠렛 4500 kcal/kg - 효율 70%
	Mcal/yr	16,632,000	

다음 〈그림 5-46〉는 에너지화 시스템의 공정도와 물질수지를 나타내었다. 음영이 없는 부분은 실제 데이터를 참고하여 임의로 설정된 값이고, 이 값을 가지고 음영이 들어간 부분에 계산 값을 나타내었다. 시설에서 하루에 생산하는 펠렛양과 1가구에서 1년동안 사용하는 펠렛에 대한 전기 및 열에너지에 대하여 나타내었다.

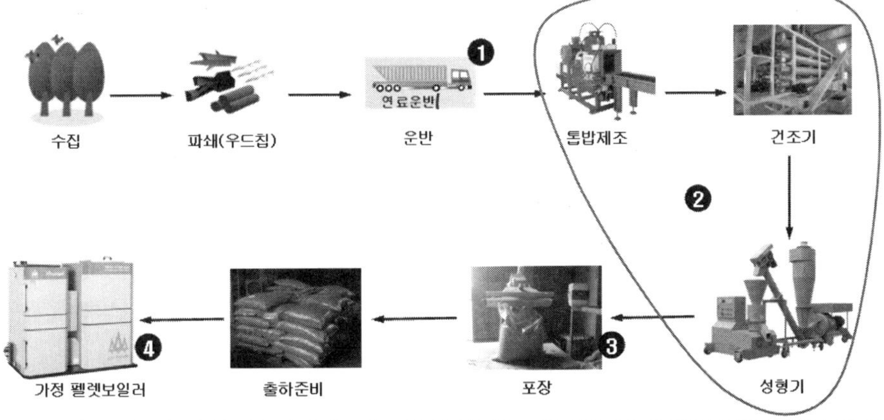

<table>
<tr><td rowspan="2">구분</td><td rowspan="2">①</td><td rowspan="2">②</td><td rowspan="2">③</td><td colspan="4">④</td></tr>
<tr><td colspan="2">시설하루 생산량</td><td colspan="2">1가구1년 사용량</td></tr>
<tr><td>생산량
kg/day</td><td>26,666</td><td>-</td><td>16,000</td><td>kg/day</td><td>16,000</td><td>kg/가구.년</td><td>4,000</td></tr>
<tr><td>감량율(%)</td><td>-</td><td>40</td><td>-</td><td>펠렛(kcal/kg)</td><td colspan="3">4,500</td></tr>
<tr><td colspan="4" rowspan="2">-</td><td>효율(%)</td><td colspan="3">70</td></tr>
<tr><td>Mcal/day</td><td>50,400</td><td>Mcal/yr</td><td>12,600</td></tr>
</table>

<그림 5-46> E 군 저탄소 녹색마을 에너지화 시스템 물질수지

(3) 경제성 분석

시설 설치비, 시설 운영비, 연간 판매수익 등을 산출하여 경제성을 분석한 결과 〈표 5-105〉와 같이 나타났다. 연간 수익은 1,700 만원으로 산출되었고, 지원금 없이는 182년째 흑자로 전환되는 것으로 나타났다. 사업을 위해서는 시설설치비를 보조하는 형태로 사업이 이루어 져야 할 것으로 판단되었다.

<표 5-105> E 군 녹색마을 에너지화 시스템 경제성 분석

구분		비용	비고
시설 설치비		306,560 만원	- 대상지역 주민에 펠렛보일러 지원금 포함
시설 운영비		168,960 만원/년	
판매 수익(Case 3)		170,660 만원/년	- CDM(CERs수익)제외 251,248,363 원/년
연간 수익		1,700 만원/년	
적자해소 기간	지원 0원	182년째 흑자 전환	
	지원 30억	5년째 흑자 전환	- 시설비 보조형태로 지원

① 시설 설치비 및 운영비

시설설치비는 산림조합중앙회의 내부자료를 바탕으로 산출한 것을 인용하였다. 시설설치는 톱밥제조기, 건조기, 분쇄기, 페렛성형기, 냉각건조기, 투입장치 및 이송장치, 포장설비 등이 포함되어 있다.

<표 5-106> E 군 녹색마을 에너지화 시스템 시설설치비 (단위 : 만원)

구분	비용	비고
톱밥제조기	250,000	산림조합중앙회 및 해표산업주식회사 자료 참고
건조기		
분쇄기(톱밥분쇄)		
펠렛 성형기		
냉각건조기		
투입장치 및 이송장치		
포장 설비		
사무실 및 창고		
부지 매입비		
기타 경비		
녹색마을 주민 펠렛보일러 공급	56,560	- 펠렛보일러 400만원/대 - 70% 지원(280만원/가구) - 202가구
합계	306,560	-

자료) 산림조합중앙회 목재유통센터 내부자료

본 시설설치비는 설계기준, 설계사양에 따라 비용이 상이할 수 있다. 시설운영비는 산림조합중앙회의 내부자료를 바탕으로 톤당 제조원가를 기준으로 산출한 것을 인용하였다. 시설운영비는 원료비, 인건비, 건조비, 제조경비, 포장비, 이윤 등을 포함하여 산출하였다. 1년 330일, 하루 8시간을 운전하는 기준으로 산출하였다.

<표 5-107> E 군 녹색마을 에너지화 시스템 시설운영비 (단위 : 만원/년)

구분	비용 (용량 16톤/일)	비고	
원료비	63,360	원재료(숲가꾸기부산물)+톱밥제조 - 120,000원/톤 (수집·운반(E 군자료참고) : 70,000원/톤, 톱밥제조 : 50,000원/톤)	산림 조합중앙회 목재유통센터 자료 인용
인건비	21,120	40,000원/톤	
건조비	21,120	40,000원/톤	
제조경비	21,120	40,000원/톤	
포장비	21,120	40,000원/톤	
이윤	21,120	40,000원/톤	
합계	168,960	-	
톤당 시설운영비 (원/톤)	320,000		

자료) 산림조합중앙회 목재유통센터 내부자료

② 판매 수익

판매수익은 목재펠렛을 제조하여 판매하는 수익을 산출하였다. 단가는 350원/kg을 적용하였다. 3개의 Case로 검토한 결과 Case 2는 적자인 것으로 나타났다.

<표 5-108> E 군 녹색마을 에너지화 시스템 판매수익 (단위 : 만원/년)

구분	Case 1 (전량판매)	Case 2 (녹색마을 무료지원)	Case 3 (녹색마을 50%지원)	비고
우드 펠렛	184,800	156,520	170,660	- 가구당 사용량 4톤/년·가구 (20~30평 규모 : 8시간/일×5개월) - 녹색마을 202가구

③ 환경성(온실가스 감축 및 CDM사업) 분석

<표 5-109> E 군 저탄소 녹색마을 환경성 분석

구분			내용
원유대체효과	원유량		5,280톤/년×4,500kcal/kg×1000kg/톤×0.7=1,663.2×107kcal/년 → 1,663.2×107kcal/년÷107kcal/TOE = 1,663.2TOE/년 → 1,663.2TOE/년÷0.136TOE/배럴 = 12,229 배럴/년
	대체원유가격		12,229 배럴/년×$73.95/배럴×1,371원/$ = 1,239,842,668 원/년
온실가스감축	감축량	CO2	1,663.2TOE/년×4.591톤CO2/TOE[44] = 7,635.8톤CO2/년
	탄소배출권 (CERs)		7,635.8톤CO2/년×(24$/톤CO2×1,371원/$)[45] = 251,248,363 원/년

(4) 에너지 자립율

다음은 '가' 마을 지역의 펠렛보일러 사용시 난방비 절감과 에너지 자립율에 대하여 검토한 것이다. 기존의 심야보일러 사용시와 펠렛보일러를 사용하여 난방할 때의 난방비 절감액을 비교하였다. 저탄소 녹색마을 주민에게 펠렛비용의 50%를 지원할 때, 약 35%의 난방비가 절감되는 것으로 나타났고, 또한 열에너지로 환산하였을 때, 100% 자립율을 보였으며, 잉여 열에너지가 13,114Gcal/년인 것으로 나타났다.

<표 5-110> E 군 저탄소 녹색마을('가' 마을) 에너지 자립율

구분	내용	비고
○ '가' 마을 열에너지(기존 심야보일러)		
- 가구당 월 소비전력(kWh/월/가구)	4,050	- '가' 마을 평균 소비전력(27kw) - 1달 : 30일 / 1일 : 5시간
- '가' 마을 가구수(가구)	202	
- 가구당 월 난방비용(원/월/가구)	211,005	- 심야전기(겨울) : 52.1원/kwh
- '가' 마을 지역 난방비용(원/년)	213,115,050	- 1년 : 5개월 기준
○ '가' 마을 열에너지(펠렛보일러)		
- 가구당 월 난방비용(원/월/가구)	136,500	- 1달 : 30일 / 1일 : 26kg사용 - 우드펠렛 : 175원/kg(50%지원금)
- '가' 마을 지역 난방비용(원/년)	137,865,000	- 1년 : 5개월 기준
- 난방비 절감액(원/년)	75,250,050	- 심야보일러 대비 35% 절감효과
- '가' 마을 열에너지 생산량(Mcal/년)	16,632,000	- 연간소요 열에너지(3,517,830)
- '가' 마을 난방에너지 자립율(%)	100%	- 잉여 열에너지(13,114,170Mcal/년)
○ 총 에너지 자립도(%)	99.9	- 총 에너지=가정에서 소비되는 열에너지+온수+전기에너지 $자립도 = \frac{시설에서 가정으로 공급되는 열량(Gcal/yr)}{시범마을총에너지사용량(Gcal/yr)}$ ※열에너지는 2005년 가구당 평균에너지소비[46]를 참고하였다.
- 시범마을총에너지사용량(Gcal/년)	3,519	- 전기+열에너지 사용량
- 시설에서 가정으로 공급되는 열량(Gcal/년)	3,518	-

44) IPCC 고체바이오매스의 톤CO_2/TOE 값
45) 2008년, 폐기물에너지화 종합대책 실행계획 마련 연구, KEI

(5) 기대효과

E 군의 농촌형 저탄소 녹색마을은 산림부산물을 이용하여 에너지를 얻는 시스템으로 다음과 같은 효과를 기대 할 수 있다.

기 대 효 과
○ 산지에 방치되고 있는 삼림부산물의 에너지화 이용 → 방치된 나무로 인한 산불방지 효과 → 목재 운반인력 고용으로 인한 농가 일자리 창출 효과 ○ 마을의 열에너지 자립도 제고 ○ 신재생에너지 생산 : 1,663 TOE/년 ○ 온실가스 감축효과 : 7,635.8 톤CO2/년 ○ 시설 가동으로 인한 농가 일자리 창출 효과 ○ 시범마을로서 언론 노출에 의한 마을 이미지 개선 → 타지자체의 견학 등으로 인한 부수적인 관광효과 기대

4. 녹색마을 조성 지원수단 검토

1) 각종 보급·지원제도 활용

사업 계획 시 재생에너지를 선택할 때 기준이 되는 것이 바로 경제적 기반으로, 경제성을 최대한 올릴 수 있는 방안이 필요하다. 그러나 재생에너지는 시설설치비 면에서 현시점에서는 경제성을 확보하는데 어려움이 많기 때문에 정부의 지원 제도가 필수적이다. 태양광발전 및 태양열온수시스템, 바이오가스화 시설을 설치하는데 이용할 수 있는 각종 보급·지원제도는 다음과 같다.

보급보조사업, 공공기관 설치의무화, 그린홈 100만호 보급 사업 등은 시설 설치 시 이용할 수 있는 제도이며, 발전차액 지원제도는 시설 운영 시, 지방보급사업과 국고보조사업은 시설의 설치 및 운영 시 이용할 수 있는 제도이다.

46) 산업자원부, 2005년도 에너지총조사 보고서, 2006 〈열에너지 = 815Mcal/년/가구〉

<표 5-111> 이용 가능한 신.재생에너지 보급.지원 제도

제도		주요 내용	태양광	태양열	바이오가스
보급보조사업	시범보급	◇ 개발된 신·재생에너지기술의 상용화를 위한 시범보급설비 (정부지원R&D활용조건) ◇ 자가용에 한해 설치비의 최대 80% 이내 지원			○
	일반보급	◇ 상용화된 신·재생에너지기술의 설비 대상 ◇ 자가용에 한해 설치비의 최대 60% 이내 지원 ◇ 태양광 60%, 태양열 50%, 폐기물이용 30%	○	○	
	계획보급	◇ 지자체 또는 공공기관 등과 연계하여 사업비 지원	○	○	○
지방보급사업	기반구축	◇ 지자체의 합리적인 에너지이용을 위하여 에너지이용과 관련된 교육, 홍보사업, 신재생에너지 사업의 타당성 조사, 모니터링 등 ◇ 소요자금 100% 이내	○	○	○
	시설보조	◇ 지자체가 추진하는 재생에너지 및 에너지절약 설비 설치 ◇ 소요자금 70% 이내(나머지 30% 지방비분담)	○	○	○
국고보조사업		◇ 국가정책 상 필요한 정부정책사업이나 국가위임사업을 수행하는 지방자치단체에 사업비의 일부 또는 전부를 보조 ◇ 유기성폐기물에너지화시설 설치 국고 30~70%, 지방 30~70% ◇ 음식물류폐기물 공공처리시설 설치 국고 30%, 지방 70%			○
융자지원제도		◇ 상용화된 신재생에너지시설의 설치 혹은 운영 시 장기저리의 융자지원 ◇ 설치비 또는 소요자금의 90% 이내	○	○	○
공공기관 설치의무화		◇ 공공기관이 발주하는 연 건축면적 3천㎡이상의 신축건물에 대하여 총 건축 공사비의 5%이상을 신재생에너지 시설 설치에 투자하도록 의무화 ◇ 태양열의 경우 건축연면적 대비 일정크기 이상일 경우 의무투자비용의 10% 감액 가능	○	○	
그린홈 100만호보급		◇ 2020년까지 신재생에너지주택 100만호 보급 목표 ◇ 설치비 태양광 60% 이내, 태양열 50% 이내	○	○	
발전차액 지원제도		◇ 신재생에너지 발전에 의하여 공급한 전기의 전력거래 가격이 고시 기준가격보다 낮은 경우, 차액 지원 ◇ 2011년까지 진행	○		○

2) 중앙정부의 시범사업 제안

국가의 저탄소 녹색마을 조성 시범사업을 이용하면 일정금액의 지원 하에 녹색마을 조성과 관련된 주요 부분들을 단일사업으로 추진하는 것이 가능하다.

<표 5-112> 2010년 녹색마을 조성 시범사업

유형	사업명	주무부처	지원금액
도농복합형	녹색 에너지자립마을 조성 사업	행정안전부	50억
도시형	저탄소 녹색마을 조성 사업	환경부	55억
산촌형	산림탄소순환마을 조성 사업	산림청	50억
농촌형	농촌형 에너지자립 녹색마을 조성 사업	농림식품부	146억

3) 지자체 독자재원 확보

지속적인 사업추진을 위해서는 국가 지원, 민간 투자뿐만 아니라 지자체의 재원 확보 및 지원 또한 필요하다.

지자체의 재원확보 방안으로는 재정 지출 조정과 추가 재원확보가 있다. 재정지출 조정은 기존 사업간 우선순위 조정을 통하여 우선 투자하거나 중복 투자 및 과다 책정 분야의 삭감 등의 재정 낭비요인을 제거를 통하여 가능하다. 그러나 기 계획된 사업이 추진 중이거나 시급한 사업인 경우 우선순위 조정이 용이하지 않은 어려움이 있다. 추가 재원 확보로는 특별회계 배분, 조례 제정을 통한 기금 조성 등이 있다.

〈표 5-113〉와 〈표 5-114〉는 각각 S시의 녹색성장, 신재생에너지, 에너지관리와 관련된 업무를 추진하고 있는 녹색성장과의 2011년 예산과 자원회수시설건립을 위한 2011년 특별회계 예산을 나타낸 것이다.

<표 5-113> 2011년 녹색성장과 예산(일반회계) (단위:천원)

정책	단위(회계)	세부사업	예산		
			국	도	시
저탄소 녹색성장 추진	저탄소 녹색성장	녹색성장 및 녹색생활	864,100	258,330	672,120
		녹색성장 및 기후변화 대응사업			
		공공청사 신·재생에너지 보급			
		녹색성장 지원			
대기개선	수도권대기개선	운행자동차 배출가스저감사업 홍보	3,446,820	1,723,410	1,735,755
		운행차 저공해화 사업			
		배출가스저감장치 성능유지 관리			
		천연가스자동차 보급사업			
		자동차 공회전 제한구역 관리			
		환경측정기 운영			
	녹색생활 지원	탄소포인트 운영	20,000		20,000
기후대응	기후변화대응	녹색성장종합체험전시관 건립	500,000	125,000	375,000
에너지 안전 및 공급 개선	에너지 안전관리	가스안전관리	7,600		
녹색성장 육성 지원	녹색교통 육성	자전거이용시설 관리 및 정비	470,000		
		자전거이용 활성화 사업			
행정운영경비	기본경비		63,108		

자료) S시청, 2011년 재정운영계획

<표 5-114> 2011년 청소행정과 예산(특별회계) (단위:천원)

정책	단위(회계)	세부사업	예산		
			국	도	시
도시환경관리	자원회수시설 건립	예비비	8,956,328		
		수도권 광역 음식물 바이오가스화 시설 설치 부담금	101,729		

자료) S시청, 2011년 재정운영계획

4) 추진체계 구성 및 주민참여 방안 검토[47)48)]

주요 국내 · 외 사례를 살펴보면 사업의 추진주체를 중심으로 (1) 지역정부 주도, (2) (지역)기업 주도 (3) 지역 주민 및 환경단체 주도. (4) 지역정부-기업-주민의 공동 주도 등의 유형으로 분류할 수 있다.

앞서 검토되어진 국내·외 사례를 유형으로 분류하면 다음과 같다.

<표 5-115> 국내.외 사례 별 추진체계 유형

구분	사례		추진체계
국외	독일 바이오에너지마을		지역주민 주도
	일본 바이오매스타운		지역정부 주도
	덴마크	삼소도	지역정부 및 주민 공동 주도
		티스테드	지역주민 주도
	오스트리아	무레크	지역주민 주도
		귀싱	
국내	부안 등용마을		지역주민 및 공동체 주도
	광주 신효천		지자체 및 지역주민(지역대표 추진-지역주민 참여) 공동 주도
	통영 연대도		지자체 및 환경협의회, 주민 공동 주도
	제주 화순리		지역주민 주도

유럽의 주요 에너지자립 지역은 대부분 지역의 주민들이 지역 에너지자립의 필요성을 느끼고, 환경과 에너지를 연계한 새로운 지역발전모델로 재생에너지를 이용하기 위해 스스로 투자하고, 국가 및 지역 지원을 받아 기반을 조성한 사례이다. 국내의 제주도 화순리 등 또한 지역주민이 마을 법인 등을 구성하고 주도한 사례이다.

47) 에너지정치센터, 농촌지역 자립형 에너지체계 확립방안, 2009
48) 지속가능발전협의회, 에너지자립마을 만들기 가이드북, 2008

국내 사례 중 통영 연대도는 처음으로 시도되는 에코아일랜드 조성사업으로 지구온난화에 따른 탄소저감, 석유화석제로, 생태관광, 주민소득을 연계한 지속가능발전 모델의 모범사례로 추진 중이다. 2007년, 지방의제 사무국인 '푸른통영21 추진협의회' 에서 통영의 섬들에 대해 개발과 관심을 유도하자는 취지로 의제를 선정하면서 연대에코아일랜드 조성사업이 시작되었다. 푸른통영21은 사업을 총괄하면서 재생에너지 예산확보를 위한 심포지움, 생태마을만들기 워크샵 및 주민설명회 개최, 선진사례 주민답사 실시 등을 추진하였고, 통영시와 산양읍 지자체는 사업을 지원하기 위해 기본계획 연구 용역을 발주하고, 예산확보를 위해 생태섬 조성을 위한 조례를 제정, 주민설득작업을 진행하였다. 이 과정에서 에너지경제연구원과 MOU체결을 추진하고, 생태섬 태양광 발전사업비(국비) 13억 5천만원을 확보하였다. 또한 에코아일랜드 심의위원을 구성하여 다양한 전문분야에서의 의견을 수렴하였고, 연대도 어촌계 및 주민들은 에코아일랜드 조성에 적극적으로 참여하고 있다. 행정, 주민, 지방의제추진기구는 수시로 모여 의견을 교환하고, 에코센터 교육 및 체험프로그램 구축, 연대주민대학 개강 등 주민교육을 지속적으로 실시하고 있다. 연도에코아일랜드는 지방의제추진기구, 지자체, 주민, 관련 분야 전문가 등의 공동 주도가 매우 돋보이는 추진 사례라고 할 수 있다.

녹색마을 조성을 위한 추진체계 구축의 중요한 점은 대상지역의 구성원인 '주민' 이 빠져서는 안된다는 것이다. 대상지역의 주민공동체 또는 지역공동체가 사업의 중심이 되어 사업의 필요성을 인식하고 적극적으로 참여하는 것이 중요하다.

정부에서 추진하고 있는 시범사업 또한 녹색마을 사업의 주요 기반을 자발적 주민공동체로 보고 있으며, 에너지는 주민(지역)공동체 발전의 매개(수단)적 역할로서 에너지설비의 운영과 에너지절약 실천은 자발적 주민(지역)공동체의 형성 없이는 불가하다고 보고 있다. 즉 녹색마을 조성사업은 자발적 주민(지역)공동체의 형성과 적극적 활동이 중심축이며, 신재생에너지(바이오에너지) 생산은 필수적이지만 보조 축으로 자립형 지역공동체 사업과 연계하여 추진할 필요가 있다.[49)]

실제로, 위의 국내·외 선진사례들은 추진체계는 다르지만, 지역 주민의 참여를 기반으로 추진되고 있다는 공통점이 있다.

반면, 국내 신재생에너지 이용 관련 사례 중에서는 국비지원을 통하여 재생에너지 시설을 설치함으로서 전기요금의 혜택과 재생에너지 등에 관심이 증가하면서 부수적인 관광효과가 있었으나, 사업 추진 대부분에서 주민참여가 부족했고, 이 과정에서 주민의 에너지 절약 효과 및 환경에 대한 이해도 또한 부족하였다. 오히려 재생에너지 설비를 설치하기 전보다 더 많은 전기를 사용하고 있는 것으로 나타났으며, 설치된 설비에 대한 관심도가 시간이 지날수록 감소하고 있었다. 이러한 경우, 사업의 지속적인 유지가 어렵고, 지역경제 모델과의 연계성이 부족하다.

49) 최인수, 도농복합형 저탄소 녹색 에너지자립마을 추진방향, 2010

가. 지역주체의 참여 확보

녹색마을 조성사업의 시작으로서 사업의 필요성을 인식하고, 목적의식을 가진 사람들이 모이는 것이 중요하다. 마을 구성원들이 이 일에 관심을 갖고 참여할 수 있도록 이끄는 역할을 할 사람들이다. 광주 신효천마을과 제주 화순리는 마을 대표, 부안군에서는 농민회와 부안시민발전소, 홍동면에서는 풀무학교, 통영연대도는 푸른통영21 추진협의회가 그 역할을 맡고 중심이 되어 재생가능에너지를 도입하는 계기를 마련하였다.

그 다음은 당지 관심을 갖기 시작한 몇 사람이 아니라 마을 주민들과 함께 할 수 있는 방안을 모색해야 한다. 주요 벤치마킹 사례로 꼽히는 독일의 윤데마을은 150여 가구의 작은 농촌마을로, 바이오에너지 열병합발전을 통해 마을에서 필요한 전기의 2배를 생산해내고 있다. 윤데마을이 에너지자립을 이루기까지는 7년의 시간이 소요되었는데 처음 사업제안을 한 것이 1998년, 윤데 마을이 참여하기로 결정하고 주민의 70%가 참여한 바이오에너지마을조합을 결성한 것이 2001년으로, 교육, 토론, 대화를 하는데 4년의 시간이 걸렸다.

사업의 운영은 추진형태에 따라 주민공동체, 마을 법인 등을 설립하여 사업 추진 및 운영을 위한 체계를 구축할 수 있다. 주민들이 재생가능에너지 시설에 직접 투자하고, 스스로 운영하며 경제적 이득을 얻는 출자형 에너지조합 또는 회사를 구성함으로써 에너지 이용의 편익과 책임에 있어서 주체가 되는 것이다. 독일의 윤데마을은 주민들이 조합을 결성하여 바이오가스 열병합발전소를 직접 운영하여 전기는 전력회사에 판매하고 열은 난방에 사용하고 있으며, 다르데스하임 마을은 풍력에너지 회사를 설립하여 전기를 판매해 얻은 수익을 주민들에게 배분하고 있다. 오스트리아의 무레크는 지역 농부들이 바이오디젤 생산 공장, 열병합발전소 등의 지역회사를 설립하고 직접 운영하고 있다. 마을 주민들은 자신들이 투자한 에너지 회사에서 에너지를 구입하여 사용하고, 일자리도 얻었다. 제주도 화순리는 (사)화순리마을회를 설립하고 '번내 태양광발전주식회사' 를 만들어 대표는 마을이장, 주민들이 이사를 맡고 있다. 시설관리는 마을 청년회가 맡고 있으며, 수익금은 마을 복지사업에 이용하고, 풍력발전소의 설립을 계획하고 있다. 화순리에서는 주식회사를 설립했다면, 인제군 남면 남전1리 주민들은 태양광발전사업을 위한 영농조합법인을 설립하였다. 전기를 팔고 남은 수익은 우선 태양광발전시설을 설치하는데 투자된 대출금을 상환하는데 이용하고, 마을 발전을 위한 일에 참여한 주민들의 인건비로 지급한다. 또한 정기적으로 들어오는 수익의 사용을 위해 마을사람들이 모두 모여 토론과 합의를 통해 결정하고, 그 과정에서 많은 공부를 하게 된다고 한다. 현재는 '마을발전 100년 계획' 을 세우면서 태양광발전소 주변 유휴지를 활용하여 주말농장과 특용작물을 재배할 예정이다. 이 외에도 홍성의 고요마을, 신효천마을 마을회관, 제주도 자구내마을 동사무소는 지역주민 출자 또는 지역의 지원금을 활용해 태양광발전기를 설치하여 운영할 계획을 갖고, 법인 등록을 통해 준비하고 있다.

지역주체의 참여 확보에서는 기후변화에 대응하기 위해 에너지 전환이 필요하다는 당위적

접근만으로는 한계가 있다. 에너지 전환이 가시적인 지역경제 활성화에 기여한다는 적극적인 논리 제기가 필요하다. 특히, 군청 및 지역 이해관계자들의 관심과 참여를 끌어내기 위한 수단으로서 에너지자립의 경제적 파생효과가 매우 뛰어나다는 것을 입증할 필요가 있다.

나. 법·조례 · 예산 등 제도적 기반 구축

국가 및 지자체에서는 지역 내 에너지 전환을 위한 수단으로 제도적 인프라 요소를 구축할 필요가 있다. 특히 지역주민과 지역 자본이 에너지전환을 통해 자신들의 이해와 가치를 확대할 수 있다는 신념을 안정적으로 심어 줄 수 있는 제도적 기반을 만드는 것이 중요하다. 우선적으로 지자체가 협의하여 '에너지기본계획'을 수립하여, 중장기적인 에너지전환 정책을 추진할 필요가 있다. 독일의 바이오에너지마을은 발전차액지원제도를 적극적으로 활용하여 수익을 창출하였고, 통영은 연대에코아일랜드 조성의 기반 확보를 위하여 조례를 제정하고, 예산 확보가 용이하도록 하였다.

다. 사업 운영 지원체계 구축

녹색마을 사업 운영을 위해서는 지원단, 인적네트워크, 교육센터 등을 통하여 지역 내 각 주체의 교육 및 소통 프로그램을 개발하고 운영함으로써, 에너지전환을 위한 지역사회의 요구를 모으는 등 거버넌스 구축이 필요하다. 녹색마을 사업의 중심은 지역 주민들이지만, 사업을 조성하고 운영하는데 있어서 전문적인 분야를 포함하여 지역 주민들만의 노력으로는 한계가 있다. 추진하고 싶은 사업이 있어도 예산과 규모, 기술의 안정성과 유지에 대한 정확한 정보를 구하는 것이 어렵다.

녹색마을 사업 지원단은 대학, 지역의제21, 지역 NGO 등 다양한 주체들이 진행할 수 있으며, 마을주민들이 녹색마을을 계획하고, 조성 및 운영하는 모든 과정에서 조언하고 정보를 제공하는 역할을 한다. 통영 연대도는 외부 전문가들로 구성된 연대에코아일랜드 심의위원을 구성하여 다양한 의견을 수렴하고 있다.

또한 지원단을 포함하여 정부가 소규모 마을에 적합한 재생에너지 기술과 업체에 대해 체계적인 정보를 제공하고, 조언을 해줄 수 있는 인적 네트워크를 제공하는 것이 필요하다.

대상지역 내에 녹색마을과 기후변화, 재생에너지에 대한 기본적인 이론 교육 및 체험교육 등을 할 수 있는 교육센터를 마련하는 방안도 있다. 교육 센터는 지역주민의 교육뿐만 아니라 지역 커뮤니티 증진, 외부 방문객의 공간 목적으로도 이용할 수 있으며, 교육프로그램을 통해서도 부가적인 수익 창출이 가능하다.

참고문헌

강원발전연구원, 「강원도 바이오에너지사업의 경제적 타당성에 관한 연구」, 2007
경기개발연구원, 「경기도의 바이오매스 에너지 이용체계 구축방안」, 2008.11
국가연구개발과제 정보검색 시스템, 2008
국립기상연구소 기상자원지도
국립환경과학원, 「유기성폐기물종합관리기술 구축 (III)」, 2006
국립환경과학원, 「폐목재 관리체계 개선 및 재활용활성화 방안 연구」, 2007
국모조정실, 재정경제부, 기획예산처, 산업자원부, 환경부, 건교부, 산림청, 『폐목재 재활용 활성화 대책』, 2007.09
국무총리실, 『제1차 국가에너지기본계획(2008-2030)』, 2008.08.27
국토연구원, 「탄소제로도시 건설을 향한 영국 베드제드의 혁신사례와 시사점」, 『국토정책 Brief』, 2008
국회예산정책처, 「유기성폐기물 자원화 사업별 환경성·경제성 분석」, 2006
김종일(전남발전연구원), 「에너지 자립마을 조성과 지역 활성화 전략」, 『리전인포』 (제157호), 2009
녹색연합, 『에너지자립을 꿈꾸는 마을 〈부안〉 등용 에너지 자립 마을 만들기』, 2009
농림부, 『가축분뇨 해양배출 감축대책』, 2007.07
농림부, 환경부 합동, 『가축분뇨 관리이용대책』, 2004.11
산림공간정보포털 http://fgis.forest.go.kr/fgis/
산림청, 『제5차 산림기본계획(2008-2017)』
산업자원부, 「2005년도 에너지총조사 보고서」, 2006
산업자원부, 바이오디젤 기술현황 세미나, 2006
산업자원부, 『신재생에너지 RD&D 전략 2030 바이오(목질계)』, 2007
수도권매립지관리공사, 『자원화사업 기본계획』, 2008
신재생에너지센터, 『2009년도 신재생에너지 융자지원사업을 위한 자금지원지침』
여주군, 「음식물류폐기물 처리시설 타당성조사 및 기본계획」
에너지경제연구원, 『해외에너지정책동향 2009(Issue 18)』. 2009.05.08
에너지관리공단 신재생에너지센터 http://www.knrec.or.kr
에너지정치센터, 「농촌지역 자립형 에너지체계 확립방안」, 2009
에너지정치센터 http://blog.naver.com/good_energy
외교통상부 블로그 http://blog.naver.com/ilovemofa
원주시, 「지속가능한 친환경 에너지자립형 도시 조성사업」, 2008
이영재, 「국내외 바이오디젤 보급 현황 및 정책」, 『바이오디젤기술현황세미나발표자료』. 2006
일본 환경성, 『상업폐기물 처리 처분의 추이』, 2005
일본 환경성, 『식품폐기물의 발생 및 처리현황』, 2005
전국지속가능발전협의회, 『에너지자립마을 만들기 가이드북』, 2008.01
지식경제부, 『30년 국가에너지기본계획』, 2008.08.27
지식경제부, 『대체에너지 보급 통계』, 2007

지식경제부 보도자료, 「저탄소 녹색성장의 열쇠, "그린에너지 발전전략" 발표」, 2008.09.11
지식경제부 보도자료, 「제3차 신재생에너지 기술개발 및 이용보급 기본계획 확정」, 2008.12.31
진상현, 「사회생태자본에 기반한 대안적 지역발전모델」, 『한국정책학회보』 제16권 4호, 2007
최인수, 「도농복합형 저탄소 녹색 에너지자립마을 추진방향」, 2010
한국농촌경제연구원, 「선진국 농업부문 바이오매스 이용활성화 정책과 시사」, 『농업분야 바이오매스의 이용활성화를 위한 정책방향과 전략 자료집(1)』, 2006.12
한국농촌경제연구원, 「주요국의 바이오에너지 개발 및 보급동향」, 『농업분야 바이오매스의 이용활성화를 위한 정책방향과 전략 자료집(2/2차년도)』, 2008
한국에너지기술연구원, 국가바람지도
한국에너지기술연구원, 「축산폐기물 바이오가스 이용 발전 타당성 조사 용역」, 2001
한국에너지기술연구원, 풍력발전연구센터 바람지도 갤러리
한국임정연구회, 「숲가꾸기 산물의 경제적 활용방안에 관한 연구」, 2003
한국환경정책평가연구원, 「바이오연료의 환경경제성 분석 및 보급 확대방안 연구」, 2006
한국환경정책평가연구원, 「폐기물에너지화 종합대책 실행계획 마련 연구」, 2008
환경부, 『2009년도 국고보조사업 신청지침』, 2008.04
환경부, 『건설폐기물 재활용기본계획(2007-2011)』, 2006.12
환경부, 『런던협약 '96의정서 발효에 따른 하수슬러지 관리 종합대책』, 2007.05
환경부, 『음식물류폐기물 처리시설 현황(2007)』, 2008
환경부, 『음폐수 육상처리 및 에너지화 종합대책』, 2008.02
환경부, 『제2차 국가폐기물관리종합계획(2002-2011) 수정계획』, 2007
환경부 지리정보서비스 www.egis.me.go.kr
환경부 등, 『폐자원 및 바이오매스의 에너지화 종합대책』, 2008
환경부 수생태보전과, 「가축분뇨 배출원단위 재산정 결과 공지」, 2008
황규철, 김수경, 원장묵, 「국가에너지자원기술개발 기본계획의 주요 내용」, 『한국지구시스템공학회지』, 2006.04

Bioenergidorf Mauenheim http://www.bioenergiedorf-mauenheim.de
Bioenergie Mureck http://www.seeg.at
BioRegional solutions for sustainability, http://www.bioregional.com
Biotown USA http://www.in.gov/biotownusa
COM, 『Biomass action plan』, 2005
デリヘルの大革命 http://www.sugre.info
エコ燃料利用推進会議, 『輸送用エコ燃料の普及拡大について』, 2006
EEA, 『Biodegradable municipal waste management in Europe part 2』, 2002
EERE Network News, 「Indiana Town Takes Major Step to Becoming "BioTown, USA"」, 2007.03.28
EurObserv'ER. 『State of Renewable energies in Europe: 6th Report』, 2008
Eurostat, 『Europe in figures : Eurostat yearbook 2005, European Comission』
FORSCHUNGSFORUM, 「MODEL REGION GUSSING」, 2007.01
Guide Biomass-Energie, I.E.P.F. Editions ACADEMIA(Belgique), 1994

関東バイオマス発見活用協議会, 関東地域のバイオマス利活用事例集, 2008

Nikolaou, A; Remrova, M; Jeliazkov, I. 「Biomass availability in Europe」, 2003

農林水産省, バイオマスタウン構想策定マニュアル

農林水産省, バイオマスタウン公表状況, 「バイオマムスタウン構%想策定マiニュアル」, 2008

農林水産省大臣官房環境バイオマqス政策課,

jenkins and Bowman, 「Viability of Pathogens in the Environment」, 『Pathogens in the Environment Workshop Proceedings』, Kansas City, MO. PP. 30~33, 2004

Samso Energy Academy http://www.energiakademiet.dk

USDOE-EIA, 『Monthly Energy Review』, 2009.03

USEPA, 『EPA Regional Priority AFO Science Question Synthesis Document : Manure Management』, 2004

USEPA, 『Municipal Solid Waste Generation, Recycling, and Disposal in the United States』, 2005

Volker Ruwisch, benedikt Sauer 「Bioenergy Village Juhnde: Experience in rural self-sufficiency」, 2007.9

바이오매스와 저탄소녹색마을

A-JIN

지은이와 협의 인지 생략

인　　쇄 : 2012년 5월 10일
발　　행 : 2012년 5월 15일
저　　자 : 배 재 근
발 행 처 : 도서출판 아진
135-010
서울시 강남구 논현동 148-19 한미빌딩 201호
TEL:02-737-0663 FAX:02-737-0664
Homepage:ajin.to
E-mail:kgb@ajin.to
발 행 인 : 김　근　배
등록번호 : 제300-1995-56호
I S B N : 978-89-5761-332-0　　93530

본 교재는 환경부의 폐기물에너지화 특성화대학원사업으로 지원된 것입니다.

환경부　KEITI 한국환경산업기술원

가격 25,000원